21 世纪高等职业教育规划教材

高职高专机械类专业通用技术平台精品课程教材

机械设计基础

主　编　马贵飞

副主编　戴克良　王　琦　季益义

编　委　马贵飞　戴克良　王　琦
　　　　　季益义　陈丹晔　余启志
　　　　　徐德爱　于　明　肖翀宇

上海交通大学出版社

内 容 提 要

本书根据"机械设计基础"教学基本要求以及最新国家标准而编写。全书共分 17 章,包括绪论,平面机构及自由度计算、平面连杆机构、凸轮机构、齿轮机构、齿轮传动、蜗杆传动、齿轮系、间歇运动机构、带传动、链传动、螺纹联接与螺旋传动,其他常用联接、轴承、轴、机械的平衡与调速、机械传动方案综合分析与工程应用。各章备有一定数量的思考题与习题,以便教学人员选用。本书可作为高职高专机械类及近机械类学生机械设计基础教学用书(含实验实训指导),也可作为职工大学、成人高校的教学用书,还可供有关工程技术人员参考。

图书在版编目(CIP)数据

机械设计基础/马贵飞主编. —上海:上海交通大学
出版社,2013
ISBN 978-7-313-10115-0

Ⅰ. 机…　Ⅱ. 马…　Ⅲ. 机械设计—高等学
校—教材　Ⅳ. TH122

中国版本图书馆 CIP 数据核字(2013)第 182163 号

机械设计基础

马贵飞　主编

上海交通大学出版社出版发行

(上海市番禺路 951 号　邮政编码 200030)
电话:64071208　出版人:韩建民
上海宝山译文印刷厂 印刷　全国新华书店经销
开本:787mm×1092mm 1/16　印张:21.25　字数:517 千字
2013 年 8 月第 1 版　2013 年 8 月第 1 次印刷
印数:1～2 030
ISBN 978-7-313-10115-0/TH　定价:45.00 元

序

发展高等职业技术教育,是实施科教兴国战略、贯彻《高等教育法》与《职业教育法》、实现《中国教育改革与发展纲要》及其《实施意见》所确定的目标和任务的重要环节;也是建立健全职业教育体系、调整高等教育结构的重要举措。

近年来,年轻的高等职业教育以自己鲜明的特色,独树一帜,打破了高等教育界传统大学一统天下的局面,在适应现代社会人才的多样化需求、实施高等教育大众化等方面,做出了重大贡献,从而在世界范围内日益受到重视,得到迅速发展。

我国改革开放不久,从1980年开始,在一些经济发展较快的中心城市先后开办了一批职业大学。1985年,中共中央、国务院在关于教育体制改革的决定中提出,要建立从初级到高级的职业教育体系,并与普通教育相沟通。1996年《中华人民共和国职业教育法》的颁布,从法律上规定了高等职业教育的地位和作用。目前,我国高等职业教育的发展与改革正面临着很好的形势和机遇:职业大学、高等专科学校和成人高校正在积极发展专科层次的高等职业教育;部分民办高校也在试办高等职业教育;一些本科院校也建立了高等职业技术学院,为发展本科层次的高等职业教育进行探索。国家学位委员会1997年会议决定,设立工程硕士、医疗专业硕士、教育专业硕士等学位,并指出,上述学位与工程学硕士、医学科学硕士、教育学硕士等学位是不同类型的同一层次。这就为培养更高层次的一线岗位人才开了先河。

高等职业教育本身具有鲜明的职业特征,这就要求我们在改革课程体系的基础上,认真研究和改革课程教学内容及教学方法,努力加强教材建设。但迄今为止,符合职业特点和要求的教材却似凤毛麟角。由镇江市高等专科学校、上海第二工业大学、金陵职业大学、扬州职业大学、泰州职业技术学院、彭城职业大学、沙州职业工学院、上海交通高等职业技术学校、上海交通大学技术学院、上海汽车工业总公司职工大学、江阴职工大学、江南学院、常州职业技术师范学院、苏州职业大学、锡山市职业教育中心、上海商业职业技术学院、福州大学职业技术学院、芜湖职业技术学院、青岛职业技术学院、宁波高等专科学校、上海工程技术大学等70余所院校长期从事高等职业教育、有丰富教学经验的资深教师共同编写的《21世纪高职高专规划教材》,将由上海交通大学出版社陆续向读者朋友推出,这是一件值得庆贺的大好事。在此,我们表示衷心的祝贺,并向参加编写的全体教师表示敬意。

高职教育的教材面广量大,花色品种甚多,是一项浩繁而艰巨的工程,除了高职院校和出版社的继续努力外,还要靠国家教育部和省(市)教委加强领导,并设立高等职业教育教材基金,以资助教材编写工作,促进高职教育的发展和改革。高职教育以培养一线人才岗位与岗位群能力为中心,理论教学与实践训练并重,两者密切结合。我们在这方面的改革实践还不充分。在肯定现已编写的高职教材所取得的成绩的同时,有关学校和教师要结合各校的实际情况和实训计划,加以灵活运用,并随着教学改革的深入,进行必要的充实、修改,使之日臻完善。

阳春三月,莺歌燕舞,百花齐放,愿我国高等职业教育及其教材建设如春天里的花园,群芳争妍,为我国的经济建设和社会发展作出应有的贡献!

叶春生

2000年4月5日

前　　言

　　本书的编写是以高等职业教育的培养目标为依据,在前四版的基础上,根据《机械设计基础》课程教学的基本要求以及目前教学改革发展的需要编写。书中针对高职高专学生的现状与未来工作的职业需求,突出了"工学结合",以培养技能型、应用型技术人材为目标,注重教材的科学性、实用性和先进性,与企业工程技术人员合作,具有较强的针对性。

　　针对目前高职高专教育的迅速发展,以及本人多年的企业工作和学校教学的经历,本教材有机融合了机械原理和机械零件课程的内容,尽量满足同类高职院校的需求。在选材上,力争补充来自企业的新知识、新技术、新工艺、新成果,并采用最新国家标准。

　　本书主要作为高等职业院校机械类和近机械类各专业《机械设计基础》课程的教材,也可作为职工大学、成人高校等教学用书,还可供有关工程技术人员和学生参考。

　　参加本书编写的有:马贵飞(第1、2、3、4、5、6、10、13、14章)、王琦(第7、11章)、戴克良(第8、9、12、15章)、季益义(第16、17章)。

　　本书由镇江高专马贵飞副教授担任主编,戴克良高级工程师、王琦副教授和徐州天科机械制造有限公司季益义高级工程师担任副主编,镇江高等专科学校徐德爱副教授和于明副教授,以及上海工程技术大学高职学院陈丹晔、余启志老师参与了编写工作。全书由江苏华通动力重工有限公司总工程师肖翀宇(教授级高级工程师)担任主审。

　　由于编者水平有限,不妥之处在所难免,衷心希望广大读者批评指正。

编　者
2012 年 12 月

目　　录

第 1 章　绪论

教学要求

　　通过本章的教学,要求重点了解机器的组成与分类及机器和机构的特征,掌握构件、零件、部件、通用零件和专用零件的概念;重点了解机械设计的基本要求及一般程序;了解《机械设计基础》课程的内容、性质和任务,以便采取合适的学习方法学好本课程。

　　机械是人类进行生产以减少体力劳动和脑力劳动的主要工具,制造并使用机械进行生产的水平是衡量一个国家工业技术水平和现代化程度的重要标志。为了更好地设计、制造和运用机械,对于工程技术人员,学习和掌握一定的机械设计基础知识是非常必要的。

1.1　机械设计研究的对象

　　机械设计研究的对象是机械。人们在生产、生活中广泛使用着各类机器,如洗衣机、汽车、电动机和起重机等。尽管这些机器的结构、性能和用途各不相同,但它们具有一些共同的特征。

　　以单缸内燃机(见图 1-1)为例,它由气缸体 1、活塞 2、进气阀 3、排气阀 4、连杆 5、曲轴 6、凸轮 7、顶杆 8、齿轮 9 和齿轮 10 等组成。通过燃气在气缸内的进气—压缩—爆燃—排气过程,使其燃烧的热能转变为曲轴转动的机械能。

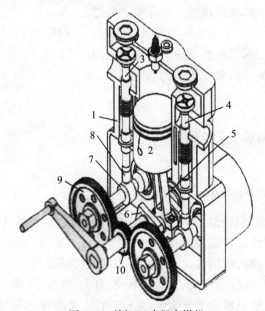

图 1-1　单缸四冲程内燃机

1—气缸体　2—活塞　3—进气阀　4—排气阀　5—连杆　6—曲轴　7—凸轮　8—顶杆　9—齿轮　10—齿轮

尽管机器的用途和性能千差万别,但它们的组成却有共同之处。总的来说机器有 3 个共同的特征:①都是一种人为的实物组合;②各部分形成运动单元,各运动单元之间具有确定的相对运动;③能实现能量转换或完成有用的机械功。同时具备这 3 个特征的称为机器,仅具备前两个特征的称为机构。若抛开其在做功和转换能量方面所起的作用,仅从结构和运动观点来看,两者并无差别。因此,工程上把机器和机构统称为"机械"。

单缸内燃机作为一台机器,是由连杆机构、凸轮机构和齿轮机构组成的。由气缸体、活塞、连杆、曲轴组成的连杆机构,把燃气推动的活塞往复运动,经连杆转变为曲轴的连续转动;气缸体、齿轮 9 和齿轮 10 组成的齿轮机构将曲轴的转动传递给凸轮轴;而由凸轮、顶杆、气缸体组成的凸轮机构又将凸轮轴的转动变换为顶杆的直线往复运动,进而保证进、排气阀有规律地启闭。可见,机器由机构组成,简单的机器也只有一个机构。

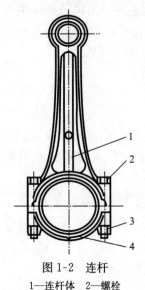

图 1-2　连杆
1—连杆体　2—螺栓
3—螺母　4—连杆头

随着科学技术的发展,机械的含义已突破了传统的概念,它不仅能传递运动和动力,而且能传递信息,不仅能代替人的体力劳动,还能代替人的脑力劳动,如记账机、电子计算机等。机构也不仅仅由刚体组成,气体或液体也可参与运动的传递或变化,如气动机构和液压传动机构等。

机械中不可拆卸的基本制造单元称为零件,如齿轮、轴、凸轮等,它是制造的单元体。机械中的独立的运动单元称为构件,它可以是一个零件,也可以由几个无相对运动的零件组成,如连杆由连杆头、连杆体、螺栓和螺母等组成,如图 1-2 所示。机械中由若干个零件装配而成能完成特定任务的一个独立组成部分叫部件,它可以是一个构件,如连杆,也可以是多个构件组成,如轴承、联轴器等。若干个部件根据功能又可组成机器的原动部分、传动部分、执行部分及控制部分,从而组成一台完整的机器。

机器的种类异常繁多,但组成机器的机构种类却是有限的。因此,以各种机械中的常用机构如连杆机构、齿轮机构、凸轮机构等,以及通用零部件如螺钉、齿轮、带、轴承等作为研究对象,建立分析及设计的一般方法,可为各类具体机器的研究打下基础。

1.2　机械设计的内容与步骤

1.2.1　设计机械应满足的基本要求

机械的种类很多,但设计机械应满足的基本要求大致相同,主要有以下几点:

(1) 功能性要求。要使机械能实现预期的功能,并在预定的工作期内有效可靠地运行。

(2) 经济性要求。要使机械的设计、制造、使用和维护的费用少并且效率高。

(3) 使用性能要求。要使设计的机械操作方便、省力、安全、可靠。

(4) 其他要求。设计的机械应便于安装、运输、拆卸,要考虑环境保护等。

1.2.2　机械设计的一般步骤

机械设计总体上分以下 4 个步骤：

（1）确定设计任务。根据市场用户的要求确定机械的功能和各项性能指标，研究实现的可能性，最后确定设计目标，编制设计任务书。

（2）方案设计。根据设计目标确定机械的工作原理、传动路线，拟定合理的运动方案，完成机械运动简图设计。

（3）结构设计。根据机械运动简图，通过分析、计算、确定机械的总体结构，并进一步设计相应的零部件，绘制零件工作图，编制必需的技术文件。

（4）改进设计。设计的结果能否达到预期的目标必须经过试制与鉴定，并进行必要的修改和完善以至使产品达到设计要求，提高它的生命力。

1.2.3　机械设计方法的新发展

随着科学技术迅猛发展，计算机技术渗透各个领域，机械设计方法也从传统设计方法向现代设计方法进展。传统设计方法是静态的、经验的、手工式的；而现代设计方法是动态的、科学的、计算机化的。现代设计方法是科学方法论在设计中的应用，它包含许多方面：如信息论方法，它是现代设计的依据；系统论方法，它是现代设计的前提；动态分析法，它是现代设计的深化；最优化，它是现代设计的目标；相似模拟法，它是现代设计的捷径；智能论方法，它是现代设计的核心；模糊论方法，它是现代设计的发展；创造性设计法，它是现代设计的基础，等等。在具体的设计阶段中，又采用了各种相应的现代设计技术，下面介绍几种近年来发展较快、应用较广的机械设计方法。

1. 优化设计

优化设计是使某项设计在规定的限制条件下，优选设计参数，使某项或某几项设计指标获得最优值。它的具体做法是将设计问题的物理模型转变成数学模型，将设计中要确定的参数选为设计变量，将设计中必须要满足的条件作为约束条件，将设计所要求的指标列为目标函数，写出目标函数、约束条件与设计变量之间的函数关系，然后选用适当的最优化方法，在计算机上求解数学模型。它可以在众多的设计方案中自动探优，从而获得理想的结果。

2. 有限单元法

有限单元法是假想把连续结构分割成有限个形状规则的在节点处连接的单元，结构原来承受的外载或约束也移置到节点，然后建立节点力与节点位移之间的关系，用计算机来求解该联立方程组。它也可以进一步求得应力、应变等物理参数。有限单元法已被公认为结构分析等数值计算的有效工具，目前国际上较大的结构分析有限元程序已有几百种，我国也正处在蓬勃发展的新时期。

3. 可靠性设计

可靠性设计是可靠性工程学的重要组成部分，它把随机方法应用于工程设计中，能有效提高产品的设计水平和质量，降低产品的成本。在可靠性设计中，将载荷、材料性能与强度、零部件的尺寸等都看成属于某种概率分布的统计量,应用概率统计理论及强度理论,求出在给定条件下零部件不产生破坏的概率公式,进而设计出满足可靠性指标的零部件的尺寸。

可靠性预测也是可靠性设计的重要内容之一。它在设计阶段即从所得的失效率数据预报零部件和系统实际可能达到的可靠度,预报这些零部件和系统在规定的条件下和规定的时间内完成规定功能的概率。

可靠性设计的另一重要内容是可靠性的分配。它将系统规定的容许失效概率合理地分配给该系统的零部件,以期获得合理的系统设计。

4. 计算机辅助设计

计算机辅助设计是利用计算机硬、软件系统辅助人们对产品或工程进行设计的一种方法和技术。它是一门多学科综合应用的新技术,包括图形处理技术、工程分析技术、数据管理与数据交换技术、图文档案处理技术、软件设计技术等。它可以有效地与产品开发的下游工作(CAM,CAPP,CAE,CAT 等)结合形成计算机集成制造系统。

上述几种设计方法均已进入成熟期,在工程设计中已产生了很大作用,并带来了巨大的经济效益和社会效益。

5. 并行设计

并行设计是并行工程的核心。并行工程是对产品设计及其相关过程(包括设计过程、制造过程和支持过程)进行并行、一体化设计的一种系统化的工作模式。这种工作模式力图使开发者一开始就考虑到产品全生命周期中的所有因素,包括质量、成本、进度与用户要求。并行设计的内容包括:

(1)过程重构。由传统的串行产品开发模式转变成集成的、并行的产品开发模式,使下游设计过程上的需求尽早地反馈给相应过程中。

(2)数字化产品定义。包括数字化产品的模型定义和管理、数字化过程定义和管理、数字化工具定义和信息集成。

(3)产品开发队伍重构。将传统的以功能部门为主线的产品设计,改变为以产品为主线,组织多功能集成产品开发团队,进行产品并行开发。

(4)协同工作环境。利用多媒体、网络等技术协调工作环境,支持并行设计。

6. 创新设计

在设计中是否注重创新性是区别现代设计与传统设计的重要标志。以科学原理为基础,在继承的基础上大胆创新,充分发挥设计人员的创新性思维,遵循从发散思维到收敛思维的过程,从而获得创造性的设计结果。

创新设计也有法可循,下面归纳一些人们常用的方法:

(1)智暴法。抓住瞬时灵感而得到的想法。

(2)集智法。集中多位专家,各抒己见,只提思路,不作评价,从而获得多种方案。

(3)提问法。对新产品从多方面提出新的设想。

(4)联想法。通过类比、联想提出新的设想。

(5)反向思索法。对现有的方法从反面加以考虑。

（6）组合创新法。把现有的技术或产品组合起来得到新的方案。

7. 智能设计

智能设计就是要研究如何提高人机系统中计算机的智能水平，从而使计算机更好地承担设计中的各种复杂任务，成为设计工程师得力的助手。

在智能设计的高级阶段，智能活动由人、机共同承担，表现形式是人机智能化设计系统。它是针对大规模复杂产品设计的软件系统。而面向集成的决策自动化是高级的设计自动化，它顺应了市场对制造业的柔性化、多样化、低成本、高质量及迅速响应能力的要求。它是新世纪设计技术的核心。

8. 绿色产品设计

绿色产品设计是以环境资源保护为核心概念的设计过程，它要求在产品的整个生命周期内把产品的基本属性与环境属性紧密结合，在进行设计决策时，除满足产品的物理目标外，还应满足环境目标以达到优化设计要求。包括材料的选择与管理、产品的可回收性、产品的可拆卸性、产品的可维护性、可重复利用性及人身健康与安全、绿色产品成本分析、绿色产品设计数据库等。

1.3 本课程的内容、性质和任务

机械在国民经济建设和发展中起着十分重要的作用。本课程研究的对象就是机械中的常用机构和通用零部件，研究它们的工作原理、结构特点、运动和动力性能、基本设计理论、计算方法以及一些零部件的选用和维护。它是一门技术基础课，它综合运用高等数学、工程力学、工程材料、机械制图、机械基础等基础知识，解决常用机构和通用零部件的分析和设计问题。通过本课程的学习，要求学生掌握机构的结构分析、运动特性，具有设计常用机构的能力；掌握通用零件的设计方法，初步具备设计简单机械传动装置的能力；具有查阅及运用资料手册的能力，并获得实验技能的初步训练。总之，本课程是一门理论性和实践性都很强的机械类及近机械类专业的主干课之一，具有承上启下的作用，是机械工程师和机械管理工程师的必修课程。

1.4 本课程的学习方法特点

本课程是从理论性、系统性很强的基础课和专业基础课向实践性较强的专业课过渡的一个重要转折点。

（1）学会综合运用知识。本课程是一门综合性课程，综合运用其他先修课程和本课程所学知识解决机械设计问题是本课程的教学目标，也是设计能力的重要标志。

（2）学会知识技能的实际应用。本课程又是一门能够应用于工程实际的设计性课程，除完成教学大纲安排的实验、实训、设计训练外，还应注意设计公式的应用条件、公式中系数的选择范围、设计结果的处理，因为计算步骤和计算结果不像基础课那样具有唯一性。计算对解决设计问题虽然重要，但并不是唯一所要求的能力，学生必须逐步培养自己把理论计算与结构设计、工艺性等结合起来解决设计问题的能力。

（3）学会总结归纳。本课程的研究对象多，内容繁杂，学生一接触本课程就会产生"没有系统性"、"逻辑性差"等错觉，这是由于学生习惯于基础课的系统性和逻辑性所造成的。本课程的各部分内容都是按照工作原理、结构设计、强度设计和使用维护的顺序介绍的，有其自身的系统性，学习时应注意这一特点，并注意提高自己的形象思维能力，以替代习惯了的逻辑思维。必须对每一个研究对象的基本知识、基本原理、基本设计思路方法进行归纳总结，并与其他研究对象进行比较，掌握其共性与个性，只有这样才能有效提高分析和解决设计问题的能力。

（4）学会创新。学习机械设计不仅在于继承，更重要的是应用创新，机械科学产生与发展的历程，就是不断创新的历程。只有学会创新，才能把所学的知识变成分析问题与解决问题的能力。

本章小结

机器主要由动力部分、传动部分、执行部分和控制部分所组成。机构是用来传递运动和动力的构件系统。机构和机器统称为机械。机械按照用途可分为动力机械、加工机械、运输机械和信息机械等。零件是机械制造的单元，构件是机械运动的单元。

机械设计的步骤一般有：确定设计任务、方案设计、结构设计和改进设计。

思考题与习题

1-1　机器与机构的区别是什么？试举例说明。

1-2　什么是构件？什么是零件？试各举3个实例。

1-3　机械设计的基本要求是什么？

第 2 章　平面机构及自由度计算

教学要求

　　通过本章的教学,要求了解平面机构的特点和组成原理,理解运动副概念、运动副的分类、特点及其表示方法;孰识平面机构运动副及构件的一般表达方法,能熟练看懂并绘制教材中常用的平面机构运动简图;熟练掌握平面机构的自由度计算方法,并能正确处理复合铰链、局部自由度、虚约束等 3 个特殊问题,能判断机构是否具有确定的相对运动,了解计算平面机构自由度的实用意义。

　　在各种机械中,主动件输出的运动一般以匀速旋转和往复直线运动为主,而在实际生产中,机械的各种执行部件要求的运动形式却是千变万化的。因此,人们在生产劳动的实践中创造了多种机构,以实现生产实际中所需的各种运动的传递和变化。其中,所有构件均在同一平面或相互平行的平面内运动的机构称为平面机构。工程实际中常用的机构大多数都是平面机构。如内燃机中的齿轮机构、凸轮机构和曲柄滑块机构,颚式破碎机中的曲柄摇杆机构等都属于平面机构。本章主要介绍平面机构的组成及自由度计算。

2.1　平面机构的组成

2.1.1　运动副

　　因为机构是由若干个具有确定相对运动的构件组成,所以在机构中,每个构件都需以一定的方式与其他构件相互联接,且这种联接能使两构件间产生一定的相对运动。通常把使两构件直接接触而又能产生一定相对运动的联接称为运动副。如图 2-1 所示轴颈和轴承之间的联接[见图 2-1(a)]、滑块和导槽之间的联接[见图 2-1(b)]以及齿轮和齿轮的联接[见图 2-1(c)]都构成运动副。

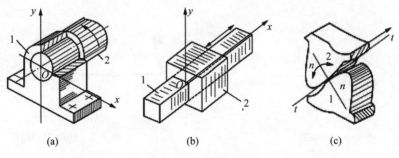

图 2-1　平面运动副

　　组成运动副的两构件在相对运动中可能参加接触的点、线、面称为运动副元素。按运动副元素不同可以把运动副分为低副和高副两类。凡以面接触形成的运动副称为低副,如图 2-1

(a)、(b)所示；以点或线接触形成的运动副称为高副，如图 2-1(c)所示。按形成运动副的两构件之间产生的相对运动是平面运动还是空间运动，可以把运动副分为平面运动副和空间运动副两大类。图 2-1 所示为平面运动副，图 2-2 所示为空间运动副。本章主要讨论平面运动副。

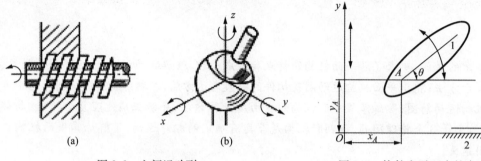

图 2-2　空间运动副　　　　　　　图 2-3　构件在平面中的自由度

2.1.2　平面构件的自由度和运动副的约束

由理论力学可知，作平面运动的自由刚体具有 3 个独立运动参数，即沿 x 方向的移动、沿 y 方向的移动和绕垂直于 xOy 平面的轴的转动，如图 2-3 所示。构件所具有的独立运动参数的数目称为构件的自由度。因此，一个作平面运动的构件具有 3 个自由度。一个构件与另一个构件通过运动副联接以后，每个构件的运动便受到限制。运动副对构件运动的这种限制作用称为约束。运动副的约束使机构中每个构件的自由度相应地减少，减少的数目就等于运动副引入的约束数目。不同的运动副产生的约束数目也不尽相同。

2.1.3　常见的平面运动副

常见的平面运动副有以下几种。

1. 转动副

图 2-4 所示的运动副，是由轴颈 2 与轴承 1 的两个圆柱面接触而成的，它限制了轴颈 2 沿 x 轴和 y 轴的两个相对移动，故约束数为 2。它允许轴颈绕垂直于 xOy 平面的 O 轴作相对转动。这种允许构件做相对转动的运动副称为转动副，也称回转副或铰链。

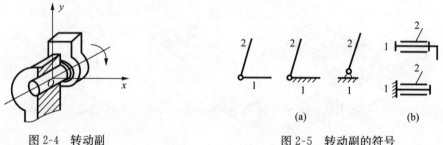

图 2-4　转动副　　　　　　　图 2-5　转动副的符号

转动副可用图 2-5 所示符号表示。其中图 2-5(a)所示符号为转动轴线垂直于纸面，轴线位于小圆圈的中心。图 2-5(b)表示轴线位于纸平面内，图中有剖面线的构件表示固定构件，也即机架。

2. 移动副

图 2-6 所示的运动副,是由滑块 2 与导轨 1 的两个平面接触而形成的。导轨 1 限制了滑块 2 沿 y 轴的移动和绕垂直于 xOy 平面的轴线的转动,故约束数为 2。允许滑块 2 沿 x 轴作相对移动。这种允许构件做相对移动的运动副,称为移动副。移动副可用图 2-7 所示的符号表示,图中有剖面线的构件表示固定构件。

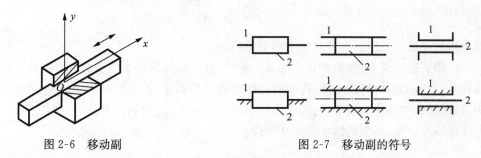

图 2-6　移动副　　　　　　　　　　　　图 2-7　移动副的符号

转动副和移动副都是低副,它们引入两个约束,仅保留一个自由度。

3. 高副

图 2-8(a)所示为凸轮机构的一部分,凸轮 1 和从动件 2 在 A 点接触,形成凸轮副。它只限制了从动件 2 沿接触点的公法线 nn 方向的相对移动,允许构件 2 沿公切线 tt 做相对移动和绕 A 点做相对转动,故约束数为 1。

图 2-8(b)所示为齿轮机构的一部分,轮齿 1 与轮齿 2 在 A 点接触,形成齿轮副。它也只限制了轮齿 2 沿接触点处公法线 nn 方向的相对移动,故约束数为 1。凸轮副和齿轮副都是高副,它们引入一个约束,保留两个自由度。

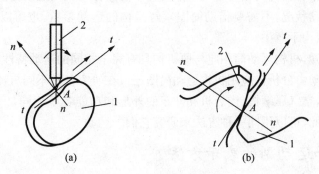

(a)　　　　　　　　　　　　(b)

图 2-8　凸轮副和齿轮副

2.1.4　运动链和机构的组成

两个以上的构件通过运动副联接所构成的系统称为运动链,如图 2-9 所示。

如果运动链的各构件构成首末封闭的系统,如图 2-9(a)所示,则称此运动链为闭式运动链,简称闭链。从图中可以看出,闭链中每个构件都通过两个运动副和其他构件相联接。如果运动链的各构件未构成首末封闭的系统,如图 2-9(b)所示,则称此运动链为开式运动链,简称开链。从图 2-9(b)中可以看出,开链中至少有一个构件仅有一个运动副和其他构件相联接。

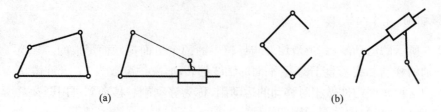

图 2-9 运动链
(a) 闭式链 (b) 开式链

各种机械手就是开链。一般机械中都采用闭链。

在闭式运动链中,如果将其中的某一构件加以固定,另一个或少数几个构件按给定的运动规律相对于固定构件运动时,其余的构件也随之作确定的运动,这种运动链便成为机构。其中,被固定的构件称为机架,机构中作用有驱动力或力矩的构件,或运动规律已知的构件称为主动件或原动件,其余的构件称为从动件。

2.2 平面机构运动简图

2.2.1 平面机构运动简图

组成机构的基本元素是构件和运动副。机构各部分的运动是由其原动件的运动规律,该机构中各运动副的类型和确定各运动副相对位置的尺寸来决定的,而与构件的真实形状和运动副的具体构造无关。因此,在研究机构运动时,为了使问题简化,可以不考虑那些与运动无关的因素,仅用简单的线条和符号来代表构件和运动副,并按一定比例表示各运动副的相对位置。这种表明机构中各构件间相对运动关系的简单图形称为机构运动简图。有时只是为了定性地表明机构的运动状况,不需要借助简图求解机构的运动参数,也可以不严格按比例来绘制,这种简图称为机构示意图。

由以上分析可知,机构运动简图应与原机构具有完全相同的运动特性,因而可以根据该图对机构进行运动及动力分析。应用机构运动简图还可在研究各种不同机械的运动时收到举一反三的效果。例如,空气压缩机、内燃机和冲床的外形和功能各不相同,但其主要传动机构的运动简图相同。因此,可以用同一种方法来研究它们的运动。

2.2.2 构件和运动副的表示方法

为了准确地画出机构运动简图,首先必须掌握组成机构的基本元素(构件和运动副)的基本符号和画法。在 2.1.3 节中已介绍了常用平面运动副的表示符号。为了准确反映构件间的相对运动,表示转动副的小圆圈的圆心必须与相对回转的轴线相重合;表示移动副的滑块、导杆或导槽,其导路必须与相对移动的方向一致;高副的曲线及曲率中心的位置必须与构件的实际轮廓相符合,习惯上凸轮和滚子画出它的全部轮廓,齿轮用节圆表示。具有两个运动副元素的构件,可用一连接两个运动副元素的直线段表示,如图 2-10 所示。具有 3 个运动副元素的构件可用 3 条直线段连接 3 个运动副元素所组成的三角形表示,如图 2-11 所示。为了说明 3 个运动副元素在同一构件上,可将两直线相交的部位涂上焊缝记号如图 2-11(a)所示,或在三角形中间画上剖面线如图 2-11(b)所示；当 3 个转动副的中心在一条直线上时，如图 2-11(c)所示。

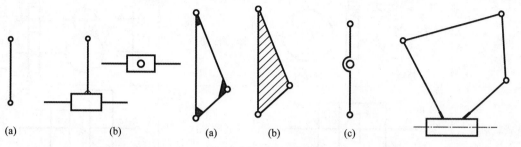

图 2-10　一杆两低副表示法　　图 2-11　一杆三低副表示法　　图 2-12　一杆四低副表示法

　　具有 4 个或 4 个以上运动副元素的构件可用连接运动副的四边形或 n 边形表示，如图 2-12 所示。

　　国家标准还规定了某些构件所组成的机构在机构运动简图中的表示方法，如表 2-1 所示。

表 2-1　常用机构运动简图符号(摘自 GB4460—84)

机构类型	简图符号	机构类型	简图符号
在支架上的电动机		带传动	
链传动		外啮合圆柱齿轮传动	
内啮合圆柱齿轮传动		齿轮齿条传动	
圆锥齿轮传动		圆柱蜗杆传动	
凸轮传动		槽轮机构	外啮合　　内啮合

机构类型	简图符号	机构类型	简图符号
棘轮机构	外啮合　　　内啮合	摩擦传动	
可移式联轴器		单向摩擦离合器	

2.2.3　平面机构运动简图的绘制

以下通过实例来说明绘制平面机构运动简图的步骤和方法。

例 2-1　绘出如图 2-13(a)所示压力机的机构运动简图。

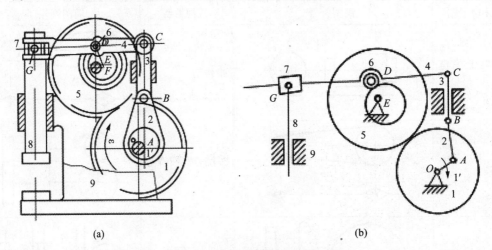

(a)　　　　　　　　　　　　　　　　　(b)

图 2-13　压力机及其机构运动简图

解　(1)分析机构的运动,找出机构的机架、原动件和从动件。从原动件开始,依照传动顺序分析各从动件,搞清运动传递的路线及各构件相对运动的性质,从而确定该机构的构件数目和运动副的类型及数目。

本例中,机构主要由机座 9、齿轮(偏心轴)1、齿轮(凸轮)5、连杆 2、滑杆 3、摆杆 4、滚子 6、滑块 7、冲头 8 等组成。在齿轮 1 带动下齿轮 5 绕 E 点转动,连杆 2 驱动滑杆 3 上下移动,摆杆 4 在滑杆 3 及偏置凸轮(与齿轮 5 固联)带动下摆动,从而拨动滑块 7 并带动冲头 8 上下移动冲压零件。

机构中各构件之间的联接关系如下:构件 8 与构件 9、构件 7 与构件 4、构件 4 与构件 9 之间为相对移动,组成移动副;构件 1 与构件 9、构件 5 与构件 9、构件 2 与构件 1′、构件 3 与构件 2、构件 3 与构件 4、构件 4 与构件 6、构件 7 与构件 8 之间为相对转动,组成回转副;构件 1 与构件 5 之间组成高副,构件 5 的凸轮与构件 6 组成高副。

（2）选择视图和比例尺。在全面地分析了机构的运动以后，必须选择机构的某个瞬时运动位置作为绘制机构运动简图的原始依据，一般应选取能反映机构多数构件运动状况的平面作为投影面。必要时还要补充辅助视图，以便清楚地反映机构的运动特征。

根据图纸的大小和实际机构的大小，选择适当的长度比例尺。

μ_l＝实际尺寸/图上尺寸 mm

算出各运动副相对位置的尺寸（如转动副的中心距，移动副的导路方位及高副的接触点位置等）。

（3）在运动副的位置上画出规定的运动副符号，再用简单的线条连接起来，画出机构运动简图，并给构件编号，给运动副标注字母。

本例从机架 9 与主动件 1 联接的运动副 o 开始，按照运动与动力传递的路径及相对位置关系，依次画出各运动副和构件，即画出压力机的机构运动简图，如图 2-13（b）所示。

2.3　平面机构的自由度

机构是一个构件系统，为了传递运动和动力，机构中各构件之间应具有确定的相对运动。为此，构件应如何组合起来才能运动？在什么条件下才具有确定的相对运动？这对分析现有机构或创新机构是十分重要的。而若要判定几个构件通过运动副联接起来的构件系统，能否产生相对运动及是否有确定的相对运动，就必须要研究平面机构自由度的计算。

2.3.1　平面机构自由度的计算

机构具有确定运动时所给定的独立运动参数的数目称为机构的自由度。对一个已知的机构，其中构件的数目、运动副的类型及数目是确定的，这样，就可以根据组成机构的各构件的自由度和各运动副的约束数目确定该机构的自由度。

设某平面机构由 N 个构件、P_L 个低副和 P_H 个高副组成，则该机构的活动构件数

$$n = N - 1（取其中一个构件作为机架）\tag{2-1}$$

因为每个平面构件的自由度为 3，所以由活动构件带入的自由度应为 $3n$ 个。每个低副带入 2 个约束，每个高副带入 1 个约束，整个机构就有（$2P_L + P_H$）个约束。机构的自由度 F 应等于活动构件的自由度数减去运动副引入的约束数，即

$$F = 3n - (2P_L + P_H) = 3n - 2P_L - P_H\tag{2-2}$$

上式就是平面机构自由度的计算公式。

例 2-2　试计算图 2-14 所示四杆机构的自由度。

解　由图可知该机构共有 3 个活动构件，4 个低副，没有高副。即 $n=3，P_L=4，P_H=0$。由式（2-2）可得

$$F = 3n - 2P_L - P_H$$
$$= 3 \times 3 - 2 \times 4 - 0 = 1$$

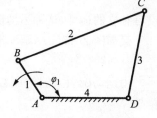

图 2-14　四杆机构

例 2-3　试计算图 2-15 所示凸轮机构的自由度。

解　由图可知该机构有 2 个活动构件，2 个低副 A 和 C，1 个高副 B。即 $n=2，P_L=2，P_H=1$。由式（2-2）可得

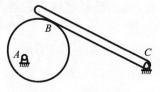

图 2-15　凸轮机构

$$F = 3n - 2P_{\mathrm{L}} - P_{\mathrm{H}} = 3 \times 2 - 2 \times 2 - 1 = 1$$

2.3.2　机构具有确定相对运动的条件

机构的自由度为机构所具有的独立运动的数目,也是该机构可能接受外部输入的独立运动的数目。在机构中原动件按给定的运动规律作独立的运动,一般一个原动件只能给定一个独立的运动参数。因此,机构的自由度也就是机构应当具有的原动件数目。

如图 2-14 所示的四杆机构,已算得机构的自由度 $F=1$,应当有一个原动件。设构件 1 为原动件,参数 φ_1 为构件 1 的转角,则由图可见,对应于每一个 φ_1 的数值,从动件 2 和 3 便有一个确定的对应位置。即在 $F=1$ 的机构中,具有一个原动件时便可获得确定的运动。如果给这个机构两个原动件,如构件 1 和构件 3,则当构件 1 处于 φ_1 位置时,构件 3 一方面必须处于由构件 1 所确定的位置,另一方面又要独立转动,结果使从动件 2 被破坏。所以机构的原动件数不能大于机构的自由度。

如图 2-16 所示的铰链五杆机构,因 $n=4,P_{\mathrm{L}}=5,P_{\mathrm{H}}=0$,由式(2-2)可得
$$F = 3n - 2P_{\mathrm{L}} - P_{\mathrm{H}} = 3 \times 4 - 2 \times 5 - 0 = 2$$

应当有两个原动件。若取构件 1 和构件 4 为原动件,参数 φ_1 和 φ_4 分别表示构件 1 和构件 4 的独立转动的转角。由图可知,对应于每一组给定的 φ_1 和 φ_4 的值,从动件 2 和 3 都有确定的相应位置,即对 $F=2$ 的机构在具有两个原动件时可以获得确定的运动。如果只给定一个原动件,如构件 1,则当 φ_1 给定时,构件 2 和构件 3 的位置并不确定,所以该运动链不能成为机构。

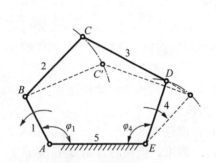

图 2-16　铰链五杆机构

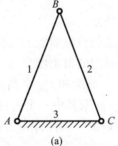

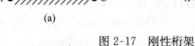

图 2-17　刚性桁架

如图 2-17(a)所示的运动链,因 $n=2,P_{\mathrm{L}}=3,P_{\mathrm{H}}=0$,由式(2-2)可得
$$F = 3n - 2P_{\mathrm{L}} - P_{\mathrm{H}} = 3 \times 2 - 2 \times 3 - 0 = 0$$

没有独立的运动,这种运动链实际上是刚性桁架。

又如图 2-17(b)所示,$n=3,P_{\mathrm{L}}=5,P_{\mathrm{H}}=0$,由式(2-2)可得
$$F = 3n - 2P_{\mathrm{L}} - P_{\mathrm{H}} = 3 \times 3 - 2 \times 5 - 0 = -1$$

由运动副引入的约束数超过活动构件在自由状态下的自由度,此运动链已成为超静定桁架。

综上所述,可以得出结论:机构具有确定相对运动的条件是机构的自由度≥1,并且原动件的数目应等于机构的自由度数。

2.3.3 计算自由度时应注意的问题

对于大多数机构,可以依据机构运动简图直接运用式(2-2)进行自由度计算。但有些机构,为了改善其使用性能,在机构中采用了一些特殊结构。对于这些机构,在计算自由度时应考虑以下几方面的问题,并进行适当的处理,否则将会造成计算所得自由度与实际自由度不相符合的情况。

1. 复合铰链

两个以上的构件同在一处以铰链相联接,这种铰链称为复合铰链。图 2-18(a)所示为 3 个构件在一起以转动副相联接而成的复合铰链。从图 2-18(b)可以看出,这 3 个构件共构成了 2 个转动副。同理,若有 m 个构件在同一处形成复合铰链,应该构成 $(m-1)$ 个转动副。使用复合铰链,可以使结构紧凑。

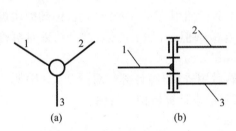

图 2-18 复合铰链

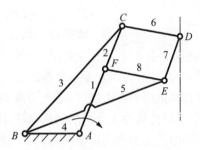

图 2-19 铰链八杆机构

例 2-4 计算图 2-19 所示铰链八杆机构的自由度。

解 由图 2-19 可知,机架和构件 3、4 在 B 点铰接,构件 2、3、6 在 C 点铰接,构件 5、7、8 在 E 点铰接,构件 1、2、5 在 F 点铰接,所以 B、C、E、F 均为含两个转动副的复合铰链,另外,A 点和 D 点各有一个转动副。故该机构 $n=7$,$P_L=10$,$P_H=0$,由式(2-2)

$$F = 3n - 2P_L - P_H = 3 \times 7 - 2 \times 10 - 0 = 1$$

2. 局部自由度

如图 2-20(a)所示的凸轮机构,为了减小接触面间的摩擦和磨损,在从动件端部安装了圆柱形滚子。可以看出,滚子绕其自身轴线的转动不影响其他构件的运动,这种运动称为局部运动,与局部运动所对应的自由度称局部自由度。

对图 2-20(a)所示机构如果直接用式(2-2)计算自由度,因 $n=3$,$P_L=3$,$P_H=1$,故

$$F = 3n - 2P_L - P_H = 3 \times 3 - 2 \times 3 - 1 = 2$$

但机构的实际自由度为1,计算结果中包含了一个滚子的局部自由度。为了使计算结果和实际相

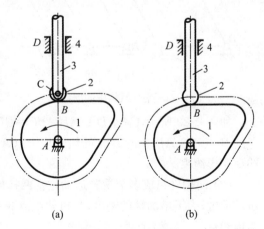

图 2-20 局部自由度

符,应将局部自由度除去。通常采用图 2-20(b)所示的办法,先将滚子和从动件看作焊在一起的整体,然后进行计算。这时,$n=2$,$P_L=2$,$P_H=1$,可求得 $F=1$,与机构的实际自由度相等。

3. 虚约束

在实际机械中,为了改善构件的受力情况,增加机构的刚度,或为了保证机械运动的顺利进行,有时需要增加一些构件或增加一些运动副,但加入的这些构件和运动副产生的约束对机构的实际运动并没有产生任何影响。通常将这类对机构运动实际上不起独立限制作用的约束称为虚约束。

例如,在如图 2-21(a)所示的平行四边形机构中,连杆 3 作平移运动,其上各点的轨迹,均为圆心在 AD 线上而半径等于 AB 的圆周。该机构的自由度为

$$F = 3n - 2P_L - P_H = 3 \times 3 - 2 \times 4 = 1$$

现在为了增加连杆的刚度,在该机构中再加上一个构件 5,杆 5 的一端在 BC 的中点 E 与连杆铰接,另一端在 AD 的中点与机架铰接,使 $EF // = AB$,如图 2-21(b)所示。显然杆 5 对该机构的运动并不产生任何影响,但由于增加了一个构件和两个低副,用式(2-2)计算的自由度为

$$F = 3n - 2P_L - P_H = 3 \times 4 - 2 \times 6 = 0$$

显然与实际自由度不符。这是由于增加了一个构件 5,虽然引入了 3 个自由度,但却因增加了 2 个转动副而引入了 4 个约束,即净增一个约束的缘故。但是,如上所述,这个约束对机构的运动并不起作用,因而它是一个虚约束。

在计算机构的自由度时,应先将虚约束除去,然后用式(2-2)计算。对图 2-21(b)所示的机构,应先除去构件 5 及两端的转动副,即用图 2-21(a)来计算机构的自由度。

机构中常见的虚约束情况有以下几种:

(1) 轨迹重合。在机构中,若将两构件在联接点处拆开,两构件上联接点处的运动轨迹重合,则该联接带入虚约束。如图 2-21(b)所示机构中,若将杆 3 和杆 5 在 E 点拆开,则杆 3 上 E 点的轨迹和杆 5 上 E 点的轨迹重合,故杆 5 对杆 3 的约束为虚约束。

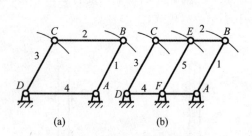

图 2-21　平行机构中的虚约束

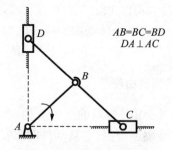

图 2-22　轨迹重合的虚约束

如图 2-22 所示,$CA \perp DA$,$AB = BC = BD$,若将杆 AB 和杆 CBD 在 B 处拆开,则杆 CBD 上的 B 点和杆 AB 上的 B 点的轨迹均为以 A 为圆心,AB 为半径的圆,所以杆 AB 对杆 BC 的约束为虚约束。

(2) 两构件组成多个重复运动副。两构件构成多个转动副,其轴线互相重合。如图 2-23 所示的轴,为了增加轴的刚度,与机架组成 3 个转动副,这时只有一个转动副起作用,其余的均为虚约束。

两构件组成多个移动副,且其导路互相平行。如图 2-24 所示的液压缸,活塞与缸体形成两个移动副,这时只有一个起作用,另一个为虚约束。

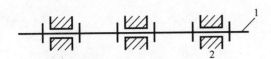

图 2-23 两构件组成多个转动副

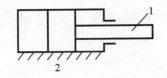

图 2-24 两构件组成多个移动副

两构件组成多个高副且过接触点的公法线重合。如图 2-25 所示的等宽凸轮,凸轮和从动件形成两个高副,其中一个是虚约束。

图 2-25 等宽凸轮

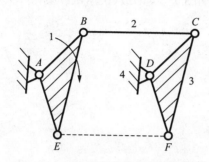

图 2-26 两点距离始终不变的虚约束

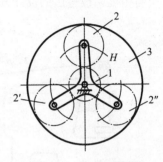

图 2-27 行星轮机构

(3) 在机构运动过程中,如果两构件上的某两点之间的距离始终保持不变,将此两点间用一个构件和两个转动副相连,由此而形成的约束也是虚约束,如图 2-26 所示的虚线部分。

(4) 在机构中对传递运动不起独立作用的对称部分。如图 2-27 所示的行星轮系中,行星轮 2 与轮 1 和轮 3 接触形成两个高副,另两个行星轮与轮 1 和轮 3 接触形成的高副就是虚约束,计算机构的自由度时,只能考虑一个行星轮。

综上所述,虚约束都是在特定几何条件下出现的,一旦该几何条件不成立,虚约束就转化为实际有效的约束了。

例 2-5 试计算如图 2-28 所示振动筛机构的自由度,并判断其运动是否确定。

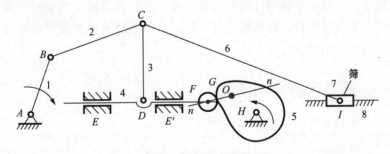

图 2-28 振动筛机构

解 首先分析机构的结构,可知振动筛为一平面八杆机构,且 C 处为复合铰链,F 处为局部自由度,E 或 E' 处为虚约束,将滚子与构件 4 视为一体,再除去 E 处的虚约束,这时 $n=7$,$P_L=9$,$P_H=1$,由式(2-2)可得机构的自由度为

$$F = 3n - 2P_L - P_H = 3 \times 7 - 2 \times 9 - 1 = 2$$

该机构有两个自由度,需要有两个原动件运动才能确定,机构中已给出了两个原动件,故该机构有确定的运动。

2.3.4 计算机构自由度的意义

1. 检验机构设计方案是否合理

机构要求能够运动,即 $F>0$,通过对机构自由度的计算,检验设计方案的可行性;若要求机构自由度 $F=1$,而设计方案的 $F=0$,如图 2-29 所示。为使设计方案合理,必须修改原设计方案,可采用增加一个可动构件带入 3 个自由度,增加一个低副引入 2 个约束,结果,系统净增加一个自由度。改进后的设计方案如图 2-30(a)或(b)所示。

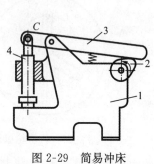

图 2-29 简易冲床

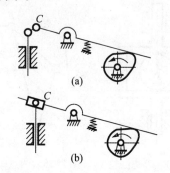

图 2-30 简易冲床改进设计方案

2. 检验机构运动简图是否正确

机构要有确定的相对运动,通过计算机构自由度,验算所配备的原动件数量是否合理。

本章小结

本章介绍了平面机构运动副(平面低副和平面高副)的构造、分类及其表达方法,平面机构运动简图简明地表达了机构中各构件间的运动关系。机构具有确定的相对运动的条件是:原动件数目等于机构自由度数目。计算机构自由度时必须注意正确处理复合铰链、局部自由度和虚约束等 3 个方面的问题。

实训一 平面机构运动简图测绘

1. 实训目的

(1) 掌握根据各种机械实物或模型测绘机构运动简图的方法。
(2) 运用并熟悉一些常用的构件及运动副的运动简图符号。
(3) 掌握平面机构自由度的计算和机构运动确定性的判别方法。

2. 实训内容

(1) 选择一两种机械或模型进行分析,绘制机构示意图。
(2) 另选一两种机械或模型进行分析,测量各运动副间的相对位置,绘制机构运动简图。

3. 实验设备及工具

(1) 若干机械实物或机构模型。
(2) 游标卡尺、钢直尺。
(3) 卡钳。
(4) 直尺、草稿纸、铅笔和橡皮(自备)。

4. 实训原理

机构运动简图表示机构中各构件间的相对运动关系。机构的运动由机构中联接各构件的运动副类型、各运动副的相对位置尺寸和原动件的相对运动规律决定,与构件的外形、截面尺寸及运动副的具体结构和形状无关。在绘制机构运动简图时,为了使问题简化以便于分析研究,不必考虑构件和运动副的具体形状和结构。首先分析构件之间的相对运动性质,确定各运动副的类型,用运动副的符号构件的简单线条绘制机构示意图,再测量出各运动副间的相对位置尺寸,然后选取合适的比例尺,按比例绘制表达机构中各构件相对运动关系的机构运动简图。

5. 实训步骤

(1) 了解测绘机械实物或机构模型的名称、用途和结构,找出机架、原动件和活动构件数目。
(2) 使被测的机械或机构模型缓慢运动,仔细观察该机构的运动特点,从原动件开始,沿着运动的传递路线仔细观察分析各个运动构件,确定组成机构的构件数目。
(3) 根据各相互连接的两构件间的接触情况(点、线或面接触),以及相对运动的性质,确定各个运动副的种类。
(4) 选取适当的绘图平面(一般为运动平面或相垂直平面),并选定机构运动的合适位置。
(5) 在草稿纸上按规定符号和构件连接的次序徒手机构运动示意图。从原动件开始,用数字 1,2,3,…分别标注各构件,用英文字母 A,B,C,…分别标注各运动副。
(6) 根据以下条件判断该运动示意图的正确性:
① 机构运动示意图的构件数必须对应于原机构的构件数。
② 机构运动示意图的各构件间的运动副必须对应于实际构件间联接的运动副。
(7) 细心测量机构的运动学尺寸(如转动副间的中心距,移动副导路间的夹角等),选择合适的比例尺,按比例将草图绘制成标准的机构运动简图,其比例尺 μ 为

$$\mu = 实际尺寸(mm)/图示尺寸(mm)$$

(8) 计算机构的自由度,判定机构运动是否确定。

6. 思考题

(1) 机构运动简图有何用途? 一个正确的机构运动简图能说明哪些问题?
(2) 绘制机构运动简图时,如选择机构不同的瞬时位置,是否会影响机构运动简图的正确性? 为什么?
(3) 如何判断机构运动简图绘制得是否正确?

思考题与习题

2-1 平面高副与平面低副有何区别？在机构中为何广泛用到的是低副？

2-2 何谓运动副？其作用是什么？常见的平面运动副有哪些？其约束数各为多少？

2-3 何为运动链？它与机构的关系如何？

2-4 试判别下述结论是否正确，并说明理由：

(1) 机构中每个可动构件都应该至少有一个自由度。

(2) 只要机构的自由度＞1，机构的每一个构件就都有确定的运动。

(3) 两个构件间不论有多少个转动副，都只有一个转动副对运动起约束作用，其余的都是虚约束。

2-5 何谓机构的自由度？计算平面机构自由度有何实用意义？

2-6 试绘出下列机构的运动简图，并计算其自由度。

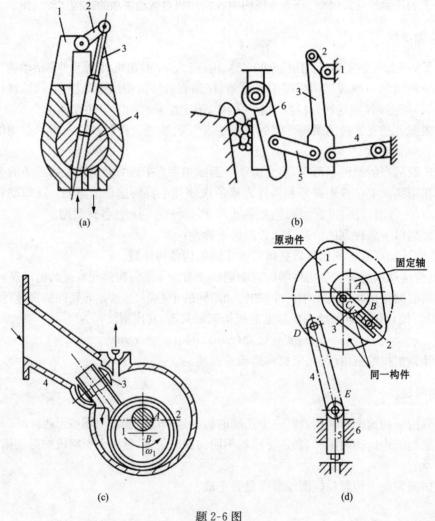

题 2-6 图

2-7 计算如题 2-7 图所示机构的自由度(若含有复合铰链、局部自由度或虚约束,应明确指出),并说明原动件数应为多少合适。

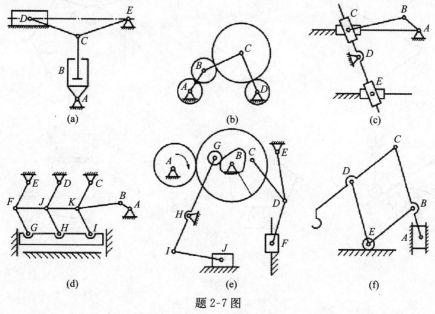

题 2-7 图

2-8 初拟机构运动方案如题 2-8 图所示。欲将构件 1 的连续转动转变为构件 4 的往复移动,试:

(1) 计算其自由度,分析该设计方案是否合理。

(2) 如不合理,如何改进? 提出修改措施并用简图表示。

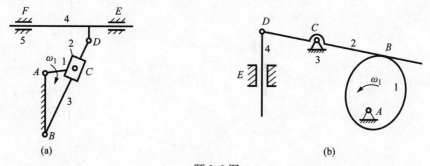

题 2-8 图

2-9 试计算下列各图示机构的自由度,并指出机构中存在的复合铰链、局部自由度或虚约束。

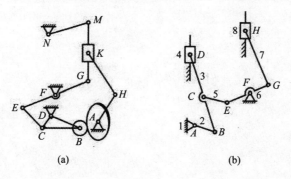

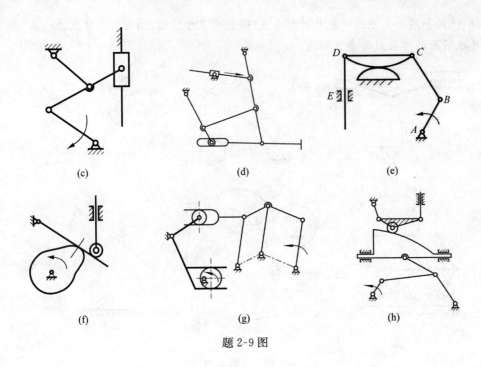

(c)　　　　　　　　　　(d)　　　　　　　　　　(e)

(f)　　　　　　　　　　(g)　　　　　　　　　　(h)

题 2-9 图

第3章 平面连杆机构

教学要求

通过本章的教学,要求了解平面连杆机构的特点和应用;熟识铰链四杆机构的基本类型、特性和应用,了解铰链四杆机构的各种演化形式及其演化途径,掌握曲柄滑块机构和导杆机构这两种常用演化机构的构成条件、运动形式、特性和应用;理解并掌握铰链四杆机构的曲柄存在条件、压力角(传动角)、死点位置、从动件急回特性等基本特性的概念及其应用;重点掌握根据行程速度变化系数用图解法设计平面四杆机构,一般了解平面四杆机构设计的实验法。

3.1 概述

平面连杆机构是由若干个构件用低副连接而成的机构,又称平面低副机构,它广泛应用于各种机械和仪表中。本章后面提到的许多例子均为平面连杆机构的应用实例。

平面连杆机构的主要优点有:

(1) 平面连杆机构中的运动副都是低副,运动副两构件为面接触,承受的压强小,且便于润滑,因此构件磨损较轻,可以承受较大载荷。

(2) 构件形状简单,加工方便,它是靠本身的几何约束来保持接触,所以工作可靠。

(3) 在原动件等速连续运动条件下,当各构件的相对长度不同时,可使从动件实现多种运动形式,满足多种运动规律的要求。

(4) 利用平面连杆机构中的连杆可实现多种轨迹要求。

主要缺点有:

(1) 根据从动件所需要的运动规律或轨迹来设计连杆机构比较繁难,而且由于运动链长,累积误差大,因而精度不高。

(2) 连杆机构运动时产生的惯性力难以平衡,所以不适合用于高速场合。

3.2 平面四杆机构的基本形式及其演化

平面四杆机构是由四个杆件组成的,它包括铰链四杆机构和滑块四杆机构。铰链四杆机构是最基本的平面四杆机构,其他形式的四杆机构可以看作是在它的基础上演化而成的。它不仅应用广泛,而且是组成多杆机构的基础。

3.2.1 铰链四杆机构的基本形式

由 4 个构件通过转动副联结而成的四杆机构称为铰链四杆机构,如图 3-1 所示。其中 AD 杆是机

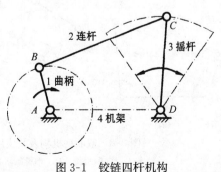

图 3-1 铰链四杆机构

架,与机架相对的 BC 杆称为连杆,与机架相连的 AB 杆和 CD 杆称为连架杆。凡能作整周回转的连架杆称为曲柄,只能在小于 360° 范围内摆动的连架杆称为摇杆。

通常按两连架杆的运动形式将铰链四杆机构分成 3 类:

1. 曲柄摇杆机构

两连架杆中,一个为曲柄、一个为摇杆的四杆机构,称为曲柄摇杆机构。如图 3-2(a)所示的卫星天线、如图 3-2(b)所示的缝纫机脚踏机构及如图 3-2(c)所示的搅拌机均属于曲柄摇杆机构。

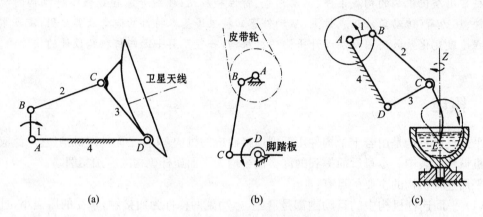

图 3-2　曲柄摇杆机构的应用
(a)卫星天线　(b)缝纫机脚踏机构　(c)搅拌机

2. 双曲柄机构

两连架杆均为曲柄的四杆机构称为双曲柄机构,如图 3-3(a)所示。如图 3-3(b)所示的惯性筛机构及如图 3-4 所示的机车车辆机构均为双曲柄机构。在惯性筛机构中,主动曲柄 AB 等速回转一周时,曲柄 CD 变速回转一周,使筛子 EF 获得加速度,从而将被筛选的材料分离。机车车辆机构是平行四边形机构,它使各车轮与主动轮具有相同的速度,其中含有一个虚约束以防止在曲柄与机架共线时运动不确定,如图 3-5 所示。

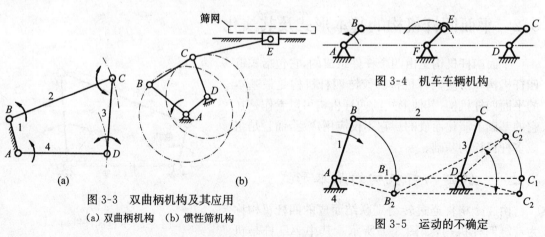

图 3-3　双曲柄机构及其应用
(a)双曲柄机构　(b)惯性筛机构

图 3-4　机车车辆机构

图 3-5　运动的不确定

在双曲柄机构中,若其对边长度相等但不平行时,如图 3-6(a)所示,则称为逆平行(反平行)四边形机构。这种机构运动中,机构运动时主、从动曲柄转向相反,连杆作平动。图 3-6(b)所示的汽车车门开闭机构就是它的应用实例,主曲柄 AB 转动时,通过连杆使从动曲柄 CD 做反向转动,从而保证两扇车门同时打开或关闭,并分别位于预定的两个工作位置上。

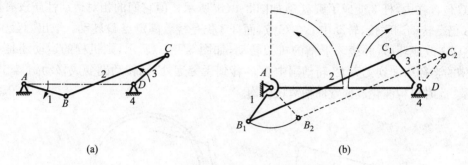

图 3-6　逆平行四边形机构及应用

3. 双摇杆机构

当两连架杆均为摇杆时的四杆机构称为双摇杆机构,如图 3-7 所示的起重机及图 3-8 所示的汽车前轮转向机构是双摇杆机构。在起重机中,CD 杆摆动时,连杆 CB 上悬挂重物的点 M 在近似的水平线上移动。

在双摇杆机构中,如果两个摇杆的长度相等,则称为等腰梯形机构。

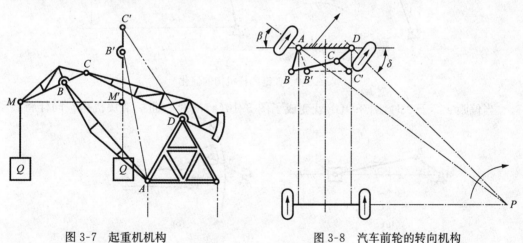

图 3-7　起重机机构　　　　　　图 3-8　汽车前轮的转向机构

如图 3-8 所示汽车前轮的转向机构就是等腰梯形机构的应用实例。在该机构中,与前轮轴固连的两个摇杆 AB 和 CD 在摆动时,其摆角 β 和 δ 的大小是不相等的。当汽车转弯时,汽车的两个前轮轴线相交,且其交点近似落在后轮轴线延长线上的某一点 P,P 点即为汽车转弯时的瞬时转动中心,它使得汽车的 4 个车轮都能在地面上近似于纯滚动,以保证汽车转弯平稳,减少轮胎因滑动造成的磨损。

3.2.2　平面四杆机构的演化

生产中广泛应用的各种四杆机构都可以看成是由铰链四杆机构通过演化得来的。下面通过实例介绍平面四杆机构的演化方法。

1. 扩大转动副,使转动副变成移动副

在如图 3-9(a)所示的曲柄摇杆机构中,将转动副 D 的半径扩大,使其超过杆 3 的长度,将转动副 C 包含在内,杆 3 变成了圆盘 3,如图 3-9(b)所示。但它们的相对运动性质没有变,杆 2 和杆 3 仍是转动副联接,转动中心在 C 点,而杆 3 仍是绕着固定点 D 转动。取出圆盘中的一部分,将杆 3 改成环形,并绕环形槽的机架转动,如图 3-9(c)所示,则机构的运动还是不变。将环形槽的半径增加到无穷大,转动副中心 D 移到无穷远处,则转动副变成移动副,如图 3-9(d)所示。此时机构演化成偏置曲柄滑块机构。

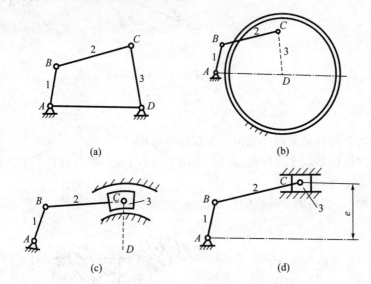

图 3-9　铰链四杆机构的演化

当偏距 e 等于 0 时,图 3-9(d)就变成了图 3-10(a)的对心曲柄滑块机构。同样将转动副

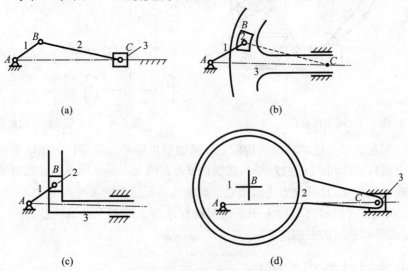

图 3-10　曲柄滑块机构的演化

C 的半径扩大,使其超过杆 2 的长度,杆 2 改成环块 2 在环形槽 3 内绕 C 点转动,如图 3-10(b)所示。此时,各构件的相对运动都没有发生变化。将转动副 C 的中心移到无穷远处,环槽变成直槽,得到了移动导杆机构,如图 3-10(c)所示。若将图 3-10(a)的对心曲柄滑块机构中的转动副 B 的半径扩大,使之超过杆 1 的长度,杆 1 变成了圆盘 1,其他不变,则对心曲柄滑块机构演化成偏心轮机构,如图 3-10(d)所示。

从上述的演化过程可知,这些机构虽然具有不同的外形和构造,但它们具有相同的运动特性或一定的内在联系。

2. 取不同的构件为机架

图 3-11 所示的 4 种机构,具有相同的构件数和运动副形式,若以杆 4 或杆 2 为机架,可得到曲柄摇杆机构,如图 3-11(a)、(c)所示;若以杆 1 为机架,可得到双曲柄机构,如图 3-11(b)所示;若以杆 3 为机架,可得到双摇杆机构,如图 3-11(d)所示。

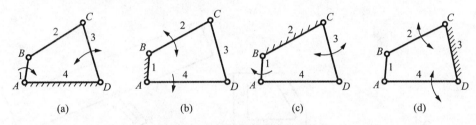

图 3-11 取不同构件为机架的演化

对于曲柄滑块机构,选取不同构件为机架,同样可以得到不同型式的机构。如图 3-12(b)所示的曲柄滑块机构广泛应用于各种机械中,如活塞式内燃机[如图 3-12(a)所示]、冲床等。当以构件 1 为机架时,可得到转动导杆机构,如图 3-13(a)所示。构件 2 和 4 均能做整周转动,图 3-13(b)所示的小型刨床是它的应用实例。当杆 2 的长度小于机架长度时,导杆 4 只能作来回摆动,又称摆动导杆机构[见图 3-13(c)]。如图 3-13(d)所示的牛头刨床中的主运动机构是它的应用实例。当以构件 2 为机架时,可演化成曲柄摇块机构,如图 3-14(a)所示。图 3-14(b)所示的插齿机中的驱动机构是它的应用实例。当以构件 3 为机架时,可演化成如图 3-15(a)所示的移动导杆机构,它常应用于如图 3-15(b)所示的手摇唧筒中。

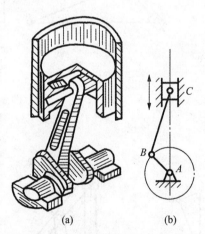

图 3-12 曲柄滑块机构及其应用
(a) 活塞式内燃机 (b) 曲柄滑块

如以两个移动副代替铰链四杆机构中的两个转动副,便可得到 3 种不同型式的四杆机构。如图 3-16(a)所示的曲柄移动导杆机构(正弦机构)、如图 3-17(a)所示的双转块机构和图 3-18(a)所示的双滑块机构。如图 3-16(b)所示的缝纫机刺布机构、图 3-17(b)所示的十字沟槽联轴节以及如图 3-18(b)所示的椭圆画器分别是它们的应用实例。

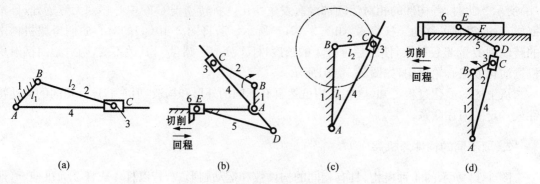

图 3-13　转动导杆机构及其应用

（a）转动导杆　（b）小型刨床　（c）摆动导杆　（d）牛头刨床

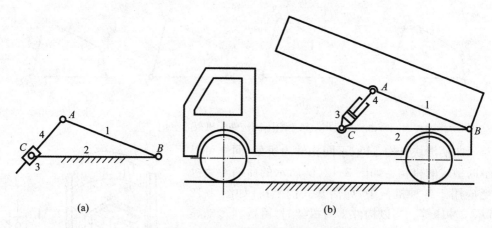

图 3-14　曲柄摇块机构及其应用

（a）曲柄摇块　（b）汽车自动卸料机构

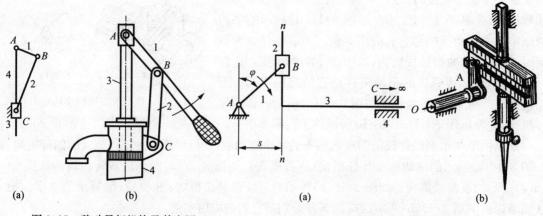

图 3-15　移动导杆机构及其应用

（a）移动导杆　（b）手摇唧筒

图 3-16　正弦机构及其应用

（a）正弦机构　（b）缝纫机刺布机构

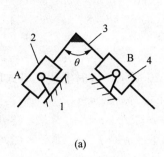

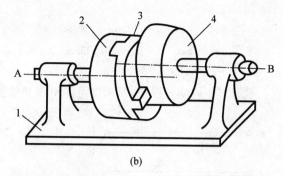

(a)   (b)

图 3-17　双转块机构及其应用

（a）双转块机构　（b）十字沟槽联轴节

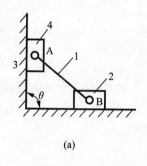

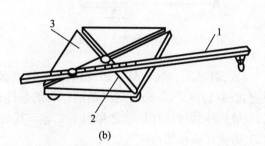

(a)   (b)

图 3-18　双滑块机构及其应用

（a）双滑块机构　（b）椭圆画器

　　综上所述,平面机构的型式虽然很多,但它们之间都有一定的内在联系,这为各种四杆机构的分析和设计提供了极大的方便。

3.3　平面四杆机构的基本特性

3.3.1　铰链四杆机构有曲柄的条件

　　铰链四杆机构 3 种基本型式的区别在于连架杆是否为曲柄,下面讨论连架杆为曲柄的条件。设由构件 1,2,3,4 组成的四杆机构 $ABCD$,其长度分别为 a,b,c,d 如图 3-19 所示。假设构件 1 是曲柄,可绕 A 点作整周回转,则在回转过程中,杆 1 和杆 4 一定可实现拉直共线和重叠共线的两个特殊位置,构成三角形 BCD 如图 3-19(b)、(c)所示。根据三角形的边长关系可

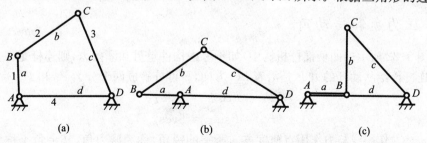

(a)   (b)   (c)

图 3-19　铰链四杆机构有曲柄的条件

以得到

在图 3-19(b) 中 $a+d<b+c$

在图 3-19(c) 中 $d-a+b>c$,即 $a+c<b+d$

$d-a+c>b$,即 $a+b<c+d$

考虑到在运动过程中,四构件可能出现共线的情况,如图 3-20 所示。这时上述不等式就变成了等式。即

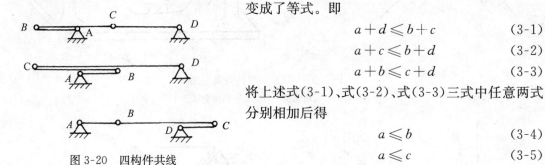

图 3-20　四构件共线

$$a+d\leqslant b+c \tag{3-1}$$

$$a+c\leqslant b+d \tag{3-2}$$

$$a+b\leqslant c+d \tag{3-3}$$

将上述式(3-1)、式(3-2)、式(3-3)三式中任意两式分别相加后得

$$a\leqslant b \tag{3-4}$$

$$a\leqslant c \tag{3-5}$$

$$a\leqslant d \tag{3-6}$$

从式(3-4)、式(3-5)、式(3-6)可知,曲柄 1 的长度必为最短,杆 2、杆 3、杆 4 中必有最长杆。因此,根据式(3-1)到式(3-6)可得到曲柄存在的条件是:

(1) 最长杆加最短杆长度之和小于或等于其余两杆长度之和。

(2) 最短杆或相邻杆应为机架。

根据曲柄存在条件可知:

(1) 当最长杆加最短杆长度之和大于其余两杆长度之和时,只能得到双摇杆机构。

(2) 当最长杆加最短杆长度之和小于或等于其余两杆长度之和时:

① 当最短杆为机架时,得到双曲柄机构;

② 当最短杆的相邻杆为机架时,得到曲柄摇杆机构;

③ 当最短杆的对面杆为机架时,得到双摇杆机构。

下面讨论曲柄滑块机构中曲柄存在的条件:

图 3-21 为一偏置曲柄滑块机构,设构件 1 为曲柄,在它转一周的过程中,必有与连杆共线的两个位置,可得到直角三角形 $AEC_1(C_2)$。因此,杆长必满足

$$b>a+e \tag{3-7}$$

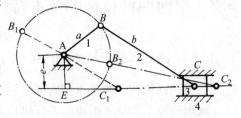

图 3-21　曲柄滑块机构有曲柄的条件

当 $e=0$ 时,$b>a$,这是对心曲柄滑块机构有曲柄的条件。

3.3.2　压力角和传动角

在如图 3-22 所示的曲柄摇杆机构中,如不考虑构件重量和摩擦力,则连杆是二力杆,主动曲柄通过连杆传给从动杆的力 F 是沿着 BC 方向,F 可分解成两个分力 F_t 和 F_n

$$F_t = F\cos\alpha = F\sin\gamma$$

$$F_n = F\sin\alpha = F\cos\gamma$$

其中 α 是力作用线与力作用点速度方向所夹的锐角,称为压力角,其余角 γ 称为传动角。显然,α 角越小,或者说 γ 角越大,使从动杆运动的有效分力 F_t 越大,对机构传动越有利。α 和

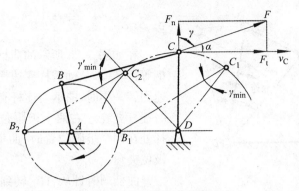

图 3-22 曲柄摇杆机构的压力角

γ 是反映机构传动性能的重要指标。由于 γ 角便于观察和测量,工程上常以 γ 角来衡量机构的传力性能。在机构运转时,其传动角是变化的,为了保证机构传动性能良好,设计时应使 $\gamma_{min} \geqslant 40°$;高速大功率机械应使 $\gamma_{min} \geqslant 50°$。为此须确定 γ_{min} 的位置,并检验 γ 值是否满足要求。

如图 3-22 所示,铰链四杆机构运转时,当连杆与从动杆的夹角 $\angle BCD$ 为锐角时,$\gamma = \angle BCD$;当连杆与从动杆的夹角 $\angle BCD$ 为钝角时,$\gamma = 180° - \angle BCD$。从图中可知,在三角形 BCD 中,BC、CD 为两杆长,是定值,$\angle BCD$ 随 BD 长度的变化而变化。当 BD 取到 $(BD)_{min}$ 时,$(BD)_{min} = AD - AB_1$,则 $\angle BCD$ 取到最小,即 $\gamma_{min} = \angle B_1C_1D$;当 BD 取到 $(BD)_{max}$ 时,$(BD)_{max} = AD + AB_2$,则 $\angle BCD$ 取到最大,此时 $\gamma'_{min} = 180° - \angle B_2C_2D$;也就是说,该机构当曲柄与机架共线的两个位置中,都有可能出现最小传动角,比较这两个位置的传动角 γ_{min} 和 γ'_{min},其中较小者就是该机构的最小传动角。

对于曲柄滑块机构,当原动件为曲柄时,最小传动角出现在曲柄与机架垂直的位置,如图 3-23 所示。对于导杆机构,由于在任何位置,主动曲柄通过连杆传给从动杆的力的方向与从动杆作用点的速度方向始终一致,所以,传动角始终等于 90°,如图 3-24 所示。

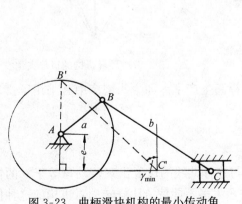

图 3-23 曲柄滑块机构的最小传动角

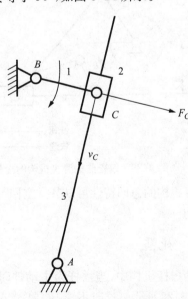

图 3-24 导杆机构的传动角

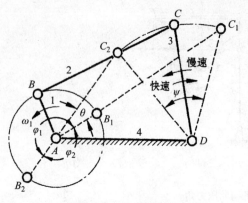

图 3-25　急回特性

3.3.3　急回特性

在如图 3-25 所示的曲柄摇杆机构中,主动曲柄等速转动,从动摇杆变速摆动。当曲柄以 ω_1 等速回转一周时,曲柄与连杆有两次共线的位置,此时摇杆处在左右两个极限位置 C_1D,C_2D。当摇杆处在两个极限位置时,曲柄所夹的锐角 θ 称为极位夹角。

曲柄顺时针从 AB_2 转到 AB_1,转过角度 $\varphi_1 = 180° + \theta$,摇杆从 C_2D 转到 C_1D,所需时间为 t_1,C 点平均速度为 v_1。曲柄继续顺时针从 AB_1 转到 AB_2,转过角度 $\varphi_2 = 180° - \theta$,摇杆从 C_1D 转到 C_2D,所需时间为 t_2,C 点平均速度为 v_2。由于 $\varphi_1 > \varphi_2$,所以 $t_1 > t_2,v_2 > v_1$,这说明,当曲柄等速转动时,摇杆来回摆动的速度不同,摇杆的这种特性称为急回特性。通常用行程速度变化系数 K 来表达这种特性。

K = 从动件回程平均速度 / 从动件工作平均速度

$$= C_1C_2/t_2 / C_2C_1/t_1 = t_1/t_2 = \varphi_1/\varphi_2$$

$$= (180° + \theta)/(180° - \theta) > 1 \tag{3-8}$$

$$\theta = 180°(K-1)/(K+1) \tag{3-9}$$

对心曲柄滑块机构中 $\theta = 0$,所以 $K = 1$,无急回特性。而在如图 3-26 所示的偏置曲柄滑块机构中 $\theta \neq 0$,所以 $K > 1$,机构有急回特性。在如图 3-27 所示的导杆机构中,极位夹角等于导杆摆角,所以也有急回特性。

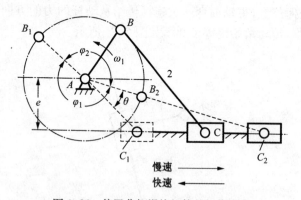

图 3-26　偏置曲柄滑块机构的极位夹角

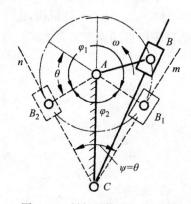

图 3-27　导杆机构的极位夹角

四杆机构的急回特性可以节省空回行程时间,提高生产率。如牛头刨床中就采用了摆动导杆机构。

3.3.4　死点

曲柄摇杆机构中,当摇杆为主动件时,在曲柄与连杆共线的位置出现传动角等于 0 的情况,如图 3-28 所示。这时不论 BC 杆给 AB 杆的力多大多不能使 AB 杆转动。机构的这种位置称为死点。四杆机构中是否存在死点,取决于从动件是否与连杆共线。对曲柄摇杆机构而言,当曲柄为主动件时,从动件摇杆与连杆无共线位置,所以无死点。而当以摇杆为主动件时,从动件曲柄与连杆有共线位置,出现死点。

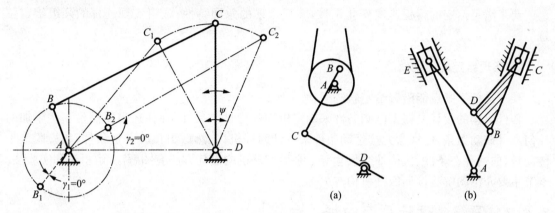

图 3-28　曲柄摇杆机构的死点位置

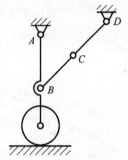

图 3-29　机构越过死点位置措施
(a) 缝纫机踏板机构　(b) V 形发动机

　　工程上常借用飞轮使机构渡过死点。如图 3-29(a)所示的缝纫机,曲柄与大皮带轮为同一构件,利用皮带轮的惯性使机构渡过死点。也可利用机构错位排列的方法,如图 3-29(b)所示的 V 形发动机,当一个机构处于死点时,可借助另一个机构来越过死点。

　　工程上也有利用死点来实现一定的工作要求的。如图 3-30 所示的飞机起落架,当机轮放下时,BC 杆与 CD 杆共线,机构处在死点位置,地面对机轮的力不会使 CD 杆转动,可使降落可靠。又如图 3-31 所示的夹具,工件夹紧后,BCD 成一条线,即使工件反力 F_N 很大,也不能使机构反转,因此夹紧牢固可靠。

图 3-30　飞机起落架

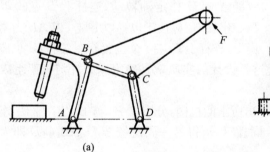
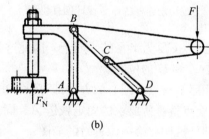

图 3-31　机床夹具

3.4　平面四杆机构的运动设计

3.4.1　设计的基本问题

　　四杆机构的设计,一般可归纳为两类基本问题。

1. 实行给定的运动规律

要求满足给定的行程速度变化系数,实现预期的急回特性;或者实现连杆的几组给定位置等。

2. 实现给定的运动轨迹

要求连杆上某点能沿着给定轨迹运动。

四杆机构的设计是根据已知条件来确定机构各构件的尺寸,往往还需要满足一些附加的几何条件或动力条件,通常先按运动条件来设计四杆机构,然后再检验其他条件,如检验最小传动角、曲柄存在条件、机构外壳尺寸等。平面四杆机构设计方法有图解法、解析法和实验法。本节主要介绍图解法设计四杆机构。

3.4.2 图解法设计平面四杆机构

主要通过几何作图来设计四杆机构,首先根据设计要求找出机构运动的几何尺寸之间关系,然后按比例作图并确定出机构的运动尺寸,这种方法比较直观,由于作图过程会有一定的误差,因此精度不高。

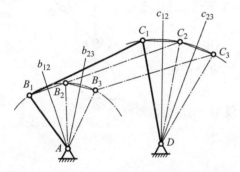

图 3-32 按给定连杆的位置设计四杆机构

1. 按给定连杆的位置设计四杆机构

在铰链四杆机构 $ABCD$ 中,连杆上的两个铰链分别是 B 和 C。机构的运动过程中,已知连杆 3 三个位置 B_1C_1、B_2C_2 和 B_3C_3,如图 3-32 所示,试设计该铰链四杆机构。

由于连架杆 AB 和连架杆 CD 分别绕两个固定铰链 A 和 D 作定轴转动,连杆上 B 点的 3 个位置 B_1、B_2 和 B_3 应位于以 A 为圆心、以 AB 为半径的圆周上,连杆上 C 点 3 个位置 C_1、C_2 和 C_3 也应位于以 D 为圆心、以 CD 为半径的圆周上。因此这类设计的实质就是确定连架杆与机架组成的固定铰链中心 A 和 D 的位置。

采用已知三点求圆心的方法即可设计出所求的机构,分别作 B_1 与 B_2、B_2 与 B_3 连线的中垂线,其交点就是所要求的固定铰链 A。同理,可求得另一固定铰链 D,AB_1C_1D 即为所设计的铰链四杆机构在第一位置时的简图。

由上述作图可知,给定连杆 BC 的 3 个位置时只有唯一解。如果只给定连杆的两个位置 B_1C_1、B_2C_2,则 A 点和 D 点可分别在 B_1B_2、C_1C_2 的中垂线上任选,故可有无穷多个解。在实际设计时,可以考虑某些其他附加条件得到唯一的、确定的解。

2. 按给定行程速度变化系数 K 设计四杆机构

(1) 曲柄摇杆机构

已知曲柄摇杆机构中摇杆 CD 的长度 l_3,摆角 ψ 和行程速度变化因数 K,试设计该曲柄摇杆机构。

此类问题设计的实质就是确定曲柄与机架组成的固定铰链中心 A 的位置。通常按照实际的工作需要，先确定行程速度变化因数 K 的数值，并计算出极位夹角 θ，然后利用机构在极限位置时的几何关系，再结合其他有关的附加条件进行设计，从而求出机构中各个构件的尺寸参数。其设计步骤如下：

① 按公式 $\theta = 180°(K-1)/(K+1)$ 算出极位夹角 θ。

② 任选固定铰链中心 D 的位置，选取适当的长度比尺 μ_l，按摇杆长度 l_3 和摆角 ψ，画出摇杆 CD 的两个极限位置 C_1D 和 C_2D，如图 3-33 所示。

③ 连接 C_1 点和 C_2 点，并过 C_1 点作直线 C_1M 垂直于 C_1C_2。作 $\angle C_1C_2N = 90° - \theta$，$C_2N$ 与 C_1M 相交于 P 点，得到一个直角三角形 $\triangle PC_1C_2$。由图可见，在 $\triangle PC_1C_2$ 中，$\angle C_1PC_2 = \theta$。

④ 以直角三角形 $\triangle PC_1C_2$ 的斜边为直径，斜边的中点 O 为圆心即可画出 $\triangle PC_1C_2$ 的外接圆。在该外接圆上（C_1PC_2 弧）任意选取一点作为曲柄的固定铰链中心 A。连接 AC_1 和 AC_2，因同一圆弧上对应的圆周角相等，故 $\angle C_1AC_2 = \angle C_1PC_2 = \theta$。

⑤ A 点确定后，由于在极限位置时，曲柄与连杆共线，所以 $AC_1 = l_2 - l_1$，$AC_2 = l_2 + l_1$。从而可得到曲柄的长度 $l_1 = \mu_l(AC_2 - AC_1)/2$。

⑥ 以 A 为圆心和 l_1 为半径作圆，交 C_1A 的

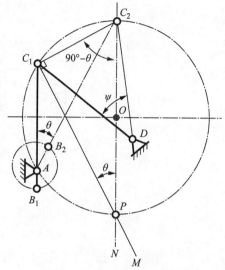

图 3-33　按给定行程速比化系数 K
设计四杆机构

延长线于 B_1，交 C_2A 的延长线于 B_2，即可得连杆的长度 $l_2 = B_1C_1 = B_2C_2$ 以及机架的长度 $l_4 = AD$。

从上面的作图过程中可以看出，由于 A 点是 $\triangle PC_1C_2$ 外接圆上（C_1PC_2 弧）任意选取的点，所以如果仅按行程速度变化因数 K 来设计，可得到无穷多的解。显然，A 点的位置不同，机构传动角的大小以及各个构件的长度也不同。为了使机构具有良好的传力性能，可按照最小传动角或其他附加条件来确定 A 点的位置。

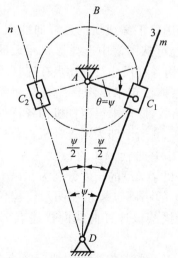

图 3-34　按行程速度比化
系数 K 设计导杆机构

（2）导杆机构

已知曲柄摆动导杆机构的机架长度 d 和行程速度变化系数 K，试设计该机构。取比例尺 μ_1，作 $AD = d/\mu_1$。由 K 算出 θ，由图 3-34 可见，极位夹角 θ 等于导杆的摆角 ψ，因此作 $\angle ADC_1 = \angle ADC_2 = \theta/2$，作 AB_1（或 AB_2）垂直 C_1D（或 C_2D），则 AC 就是曲柄，其长度为 $a = \mu_1(AC_1)$。

（3）偏置曲柄滑块机构

已知条件：行程速度变化系数 K、偏距 e 和滑块的行程 H。

设计分析：把偏置曲柄滑块机构的行程 H 视为曲柄

摇杆机构无限长时 C 点摆过的弦长,应用上述方法可求得满足要求的偏置曲柄滑块机构。

设计步骤:

① 按公式 $\theta=180°(K-1)/(K+1)$ 算出极位夹角 θ。

② 选取比例尺 μ_1,如图 3-35 所示,画线段 $C_1C_2=H/\mu_1$,过 C_1 点作直线 C_1M 垂直于 C_1C_2。

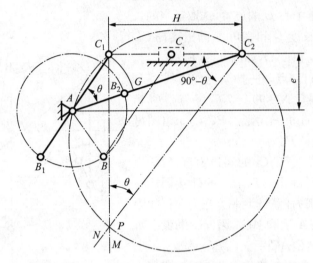

图 3-35 按照行程速度变化系数 K 设计曲柄滑块机构

③ 作 $\angle C_1C_2N=90°-\theta$,$C_2N$ 与 C_1M 交于 P 点,则 $\angle C_1PC_2=\theta$。

④ 作直角 $\triangle C_1C_2P$ 的外接圆。

⑤ 作 C_1C_2 的平行线,使之与 C_1C_2 之间的距离为 e/μ_1,此直线与 $\triangle C_1C_2P$ 的外接圆的交点即为曲柄固定铰链中心 A 的位置。

⑥ 按与曲柄摇杆机构相同的方法,确定曲柄和连杆的长度。

3.4.3 实验法设计四杆机构

为了方便设计出实现给定运动轨迹的四杆机构,常借用已汇编成册的连杆曲线图谱。图谱中注有机构中各杆件的相对长度关系。根据预定轨迹可从图谱中选择形状相近的曲线,同时查得机构各杆尺寸及描述点在连杆平面上的位置。再用缩放仪求出图谱曲线与所需轨迹曲线的缩放倍数,即可求得四杆机构各杆件的真实尺寸。图 3-36 所示即为四连杆机构分析图谱中的一张。其中曲柄 AB 的长度为 a,连杆 BC、摇杆 CD 及机架 AD 的长度分别为 b、c、d,每一条连杆曲线上的小圆点表示在图示机构位置时,连杆平面上描绘该连杆曲线的描述点 K 的位置。

$a=1 \quad b=4 \quad c=3 \quad d=5$

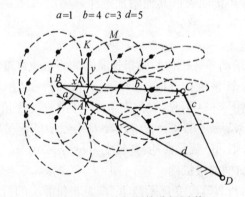

图 3-36 四连杆机构分析图谱

如欲设计一输出杆具有近似停歇功能的连杆机构,在曲线图谱中查找具有近似圆弧段的连杆曲线。如图 3-37 所示曲线 m 与图 3-36 图谱中曲线 M 相似,其中 $\overparen{K_1K_2K_3}$ 为近似圆弧段,圆心在 E 点,半径为 K_1E。用构件 5 在点 K_1 与点 E 处分别与连杆 2 和输出杆 6 铰接。显然,当连杆上的 K 点经过 $\overparen{K_1K_2K_3}$ 圆弧段时,构件 5 将绕 E 点转动,此时输出杆 6 处于停歇位置。量得图谱中的各构件的尺寸 l,即可按比例尺 μ 计算出各构件的实际尺寸 $L=\mu_1$。

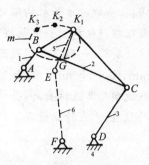

图 3-37　带停歇的连杆机构

本章小结

本章介绍了铰链四杆机构的 3 种基本类型(曲柄摇杆机构、双曲柄机构及双摇杆机构)结构特点及其应用,介绍了铰链四杆机构通过将转动副转化为移动副和取不同构件作机架演化为其他型式机构的演化途径。重点讨论了四杆机构的基本特性:有曲柄的条件,即杆长和条件和最短杆条件,并依此条件判定四杆机构的基本类型的方法;压力角和传动角的概念及其与机构传力性能之间的关系,机构最大压力角或最小传动角的要求;死点位置的概念、运动机构越过死点位置的措施及利用机构死点位置获得可靠的工作状态;机构的急回特性的概念和意义,行程速度变化系数 K 和极位夹角 θ 的概念及其计算。具体介绍了用图解法设计几种不同要求的四杆机构的作图方法,简要介绍了用实验法设计四杆机构的基本方法。

思考题与习题

3-1　铰链四杆机构中曲柄存在的条件是什么? 它是否一定是最短杆?

3-2　什么是压力角和传动角? 为什么要检验最小传动角? 其大小对四杆机构的工作有何影响?

3-3　连杆机构中的急回特性是什么含义? 在什么条件下,机构才具有急回特性?

3-4　何谓连杆机构的死点? 举出避免死点和利用死点的例子。

3-5　机构在死点位置时,推动力任意增大也不能使机构产生运动,这与机构的自锁现象有何不同?

3-6　根据题 3-6 图所示中的尺寸(mm),判断下列各机构分别属于铰链四杆机构的哪种基本类型。

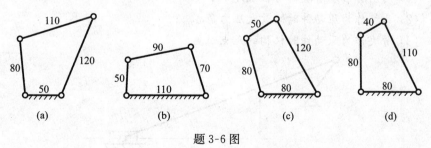

题 3-6 图

3-7　已知四杆机构各构件的长度为:$a=240\,\text{mm}$,$b=600\,\text{mm}$,$c=400\,\text{mm}$,$d=500\,\text{mm}$,试

问：①当以杆4为机构架时,有无曲柄存在? ②能否以选不同构件为机架的方法,获得双曲柄与双摇杆机构? 如何获得?

3-8 如题3-8图所示铰链四杆机构中,已知各杆长度 $l_{AB}=20$ mm, $l_{BC}=60$ mm, $l_{CD}=85$ mm, $l_{AD}=50$ mm。要求:①试确定该机构是否有曲柄;②判断此机构是否存在急回运动,若存在试确定其极位夹角,并计算行程速比系数;③若以构件 AB 为原动件,画出机构最小传动角的位置;④在什么情况下,机构有死点位置?

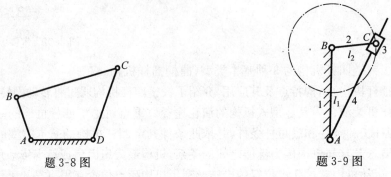

题3-8图   题3-9图

3-9 如题3-9图所示导杆机构中,已知 $l_2=40$ mm。问:①若机构成为摆动导杆机构时 l_1 的最小值为多少? ②若 $l_1=50$ mm 且此机构成为转动导杆机构时 l_2 的最小值为多少?

3-10 如题3-10图所示各四杆机构中,标箭头的构件为主动件,试标出各机构在图示位置时的压力角和传动角,并判定有无死点位置。

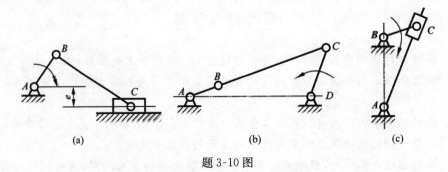

(a)   (b)   (c)

题3-10图

3-11 已知一偏置曲柄滑块机构,其中偏心距 $e=10$ mm,曲柄长度 $l_{AB}=20$ mm,连杆长度 $l_{BC}=70$ mm。

(1) 用图解法求滑块的行程长度 H;

(2) 曲柄作为原动件时的最大压力角 α_{max};

(3) 滑块作为原动件时机构的死点位置。

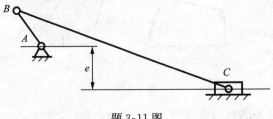

题3-11图

3-12 设计一个曲柄滑块机构,已知连杆 l_{BC} 比曲柄 l_{AB} 长 24 mm,偏心距 $e=20$ mm,滑块的行程速比系数 $k=1.4$,求曲柄及连杆的杆长和滑块的行程 h。

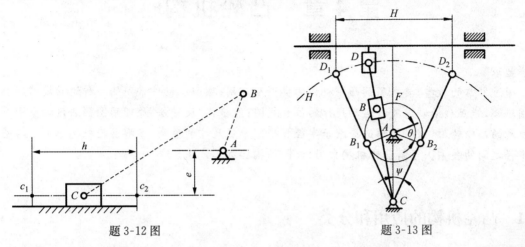

题 3-12 图   题 3-13 图

3-13 在题 3-13 图所示牛头刨床的主运动机构中,已知中心距 $l_{AC}=300$ mm,刨头的冲程 $H=450$ mm,行程速度变化系数 $K=2$,试求曲柄 AB 和导杆 CD 的长度。(取 $\mu=10$ mm/mm)

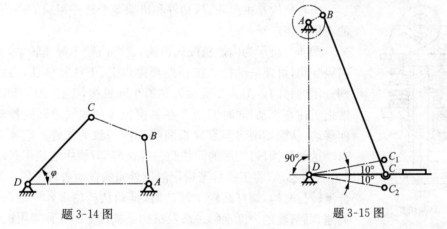

题 3-14 图   题 3-15 图

3-14 设计如题 3-14 图所示铰链四杆机构,已知其摇杆 CD 的长度 $l_{CD}=75$ mm,行程速度变化系数 $k=1.5$,机架 AD 的长度 $l_{AD}=100$ mm,摇杆的一个极限位置以及机架的夹角 $\varphi=45°$,求曲柄的长度 l_{AB} 和连杆的长度 l_{BC}。(提示:连接 AC,以 A 为顶点作极位夹角;过 D 作 $r=C_1D$ 的圆弧,考察与极位夹角边的交点并分析。)

3-15 试设计一脚踏轧棉机的曲柄摇杆机构;如图所示,机架 $l_{AD}=1\,000$ mm,摇杆 $l_{CD}=500$ mm,要求摇杆(踏板)能在水平位置上下各摆 $10°$,试求曲柄长 l_{AB} 和连杆长 l_{BC} 并标出机构死点位置。

3-16 试设计一曲柄摇杆机构。已知行程速度变化系数 $k=1.2$,摇杆的长度 $l_{CD}=100$ mm,摆角 $\psi=45°$,要求固定铰链中心 A 和 D 在同一水平线上。

第4章 凸轮机构

教学要求

通过本章的教学,要求了解凸轮机构的类型及应用;理解从动件常用的 4 种运动规律及其应用场合,能正确绘制这 4 种运动规律的位移线图;能根据"反转法"原理用图解法设计盘形凸轮机构的凸轮轮廓曲线;了解选择滚子半径和确定平底尺寸的原则,了解凸轮机构压力角与基圆半径之间的关系。了解凸轮机构常用材料、结构和加工方法。

4.1 凸轮机构的应用和分类

4.1.1 凸轮机构的应用

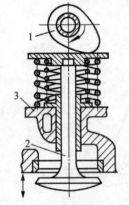

图 4-1 内燃机配气机构

凸轮机构是由凸轮、从动件和机架 3 个构件组成的高副机构,它的应用相当广泛。

图 4-1 所示为内燃机配气机构,盘形凸轮 1 等速转动,由于它的向径变化,可使从动杆 2 按预期规律作上、下往复移动,达到控制气阀开闭的目的。图 4-2 所示为靠模车削机构,工件 1 回转时,刀架 2 随拖板往左移动,同时刀架 2 在靠模板 3 的曲线轮廓的推动下作横向移动,从而切削出与靠模板曲线形状一致的工件。图 4-3 所示为自动送料机构,带凹槽的圆柱凸轮等速转动,槽中的滚子带动从动件 2 作往复移动,将工件推至指定的位置完成自动送料任务。图 4-4 是分度转位机构,蜗杆凸轮 1 转动时,推动从动轮 2 作间歇转动,完成高速、高精度的分度动作。凸轮机构是机械中的一种常用机构,其最

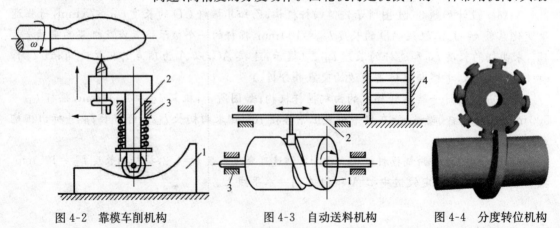

图 4-2 靠模车削机构　　　　图 4-3 自动送料机构　　　　图 4-4 分度转位机构

显著的优点是只要恰当地设计出凸轮轮廓曲线就可使从动件实现任意预定的运动规律。此外,凸轮机构结构简单、紧凑,因而被广泛应用于各种机械的操纵控制装置中。但由于凸轮与从动件之间是高副接触,易于磨损,所以凸轮机构多用于传动力不大的场合;又由于受凸轮尺寸限制,也不适用于要求从动件行程较大的装置中。

4.1.2　凸轮机构的分类

凸轮机构类型繁多,常按下述方法分类。

1. 按凸轮的形状分类

(1)盘形凸轮。如图4-1所示,这种凸轮是绕固定轴转动并且具有变化向径的盘形构件,它是凸轮的基本形式。

(2)移动凸轮。这种凸轮外形通常呈平板状,如图4-2所示的凸轮,可视作回转中心位于无穷远时的盘形凸轮。它相对于机架作直线移动。

(3)圆柱凸轮。如图4-3所示,凸轮是一个具有曲线凹槽的圆柱形构件。它可以看成是将移动凸轮卷成圆柱演化而成的。

(4)曲面凸轮。如图4-4所示,凸轮具有螺旋曲面。

盘形凸轮和移动凸轮与其从动件之间的相对运动是平面运动,所以它们属于平面凸轮机构;圆柱凸轮及曲面凸轮与从动件的相对运动为空间运动,故它们属于空间凸轮机构。

2. 按从动件的结构形式分类

从动件仅指与凸轮相接触的从动的构件,图4-5所示为常用的几种形式。滚子从动件的优点要比滑动接触的摩擦系数小,但造价要高些。对同样的凸轮设计,采用平底从动件其凸轮的外廓尺寸要比采用滚子从动件小,故在汽车发动机的凸轮轴上通常都采用这种形式。在生产机械上更多的是采用滚子从动件,因为它既易于更换,又具有可从轴承制造商中购买大量备件的优点。沟槽凸轮要求用滚子从动件。滚子从动件基本上都采用特制结构的球轴承或滚子轴承。球面底从动件的端部具有凸出的球形表面,可避免因安装位置偏斜或不对中而造成的

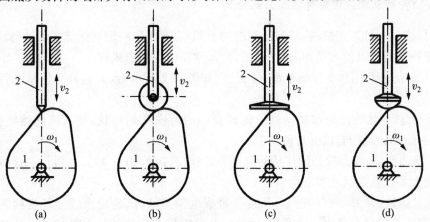

图 4-5　凸轮从动件常用形式

(a)尖顶移动从动件　(b)滚子从动件　(c)平底从动件　(d)球面底从动件

表面应力和磨损都增大的缺点,并具有尖顶与平底从动件的优点,因此这种结构形式的从动件在生产中应用也较多。

3. 按从动件运动形式分类

包括移动从动件和摆动从动件,如表 4-1 所示。

表 4-1 移动从动件的基本类型及特点

工作端接触形式 / 运动形式	尖 底	滚 子	平 底	曲 面
移动	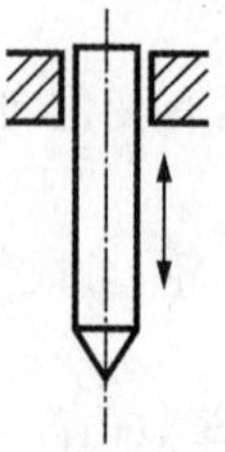	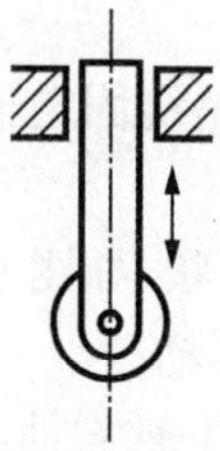	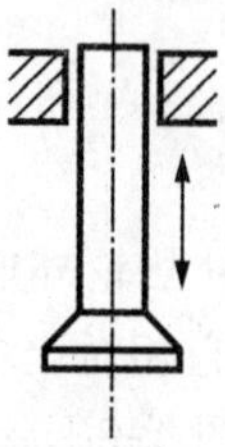	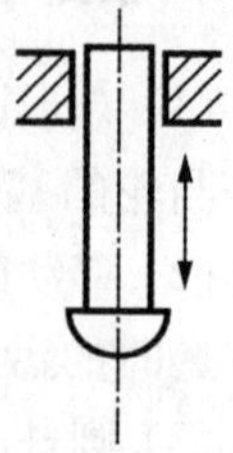
摆动	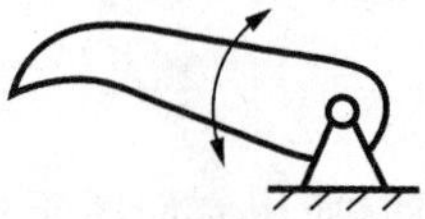	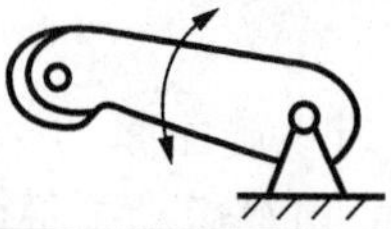	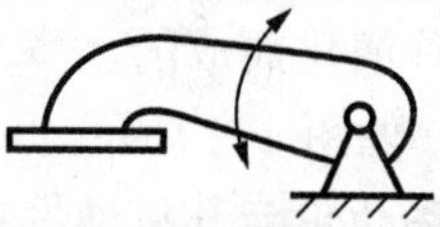	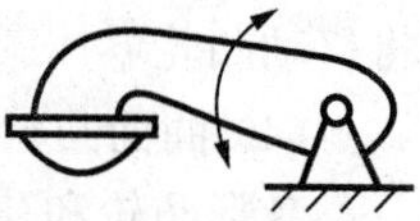
主要特点	简单、结构要素紧凑,可实现任意的运动规律;但易磨损,主要用于轻载、低速机械中	磨损较小,承载力较高,应用较广泛;可实现的运动规律有局限性,因结构尺寸和重量较大,且滚子销轴处有配合间隙,虽可用于高速运动,但对高速运动也有不利影响	简单、结构紧凑,润滑性能好,磨损小,传动效率高;但凸轮廓线不能呈凹形,因此可实现的运动规律有限;适用于高速运动	介于滚子与平底两者之间

此外,移动从动件按其导路方向是否经过凸轮转动轴心,分为对称移动从动件和偏置移动从动件。

4. 按凸轮与从动件保持接触的方式分类

凸轮机构是一种高副机构,它与低副机构不同,需要采取一定的措施来保持凸轮与从动件的接触,这种保持接触的方式称为封闭(锁合)。常见的封闭方式有:

(1) 力封闭。利用从动件的重量、弹簧力(如图 4-2 所示)或其他外力使从动件与凸轮保持接触。

(2) 形封闭。依靠凸轮和从动件所构成高副的特殊几何形状,使其彼此始终保持接触。常用的形封闭凸轮机构有以下几种:

① 凹槽凸轮:依靠凸轮凹槽使从动件与凸轮保持接触,如图 4-6(a)所示。这种封闭方式简单,但增大了凸轮的尺寸和重量。

② 等宽凸轮:如图 4-6(b)所示,从动件做成框架形状,凸轮轮廓线上任意两条平行切线间的距离等于从动件框架内边的宽度,因此使凸轮轮廓与平底始终保持接触。这种凸轮只能在转角 180° 内根据给定运动规律按平底从动件来设计轮廓线,其余 180° 必须按照等宽原则确定轮廓线,因此从动件运动规律的选择受到一定限制。

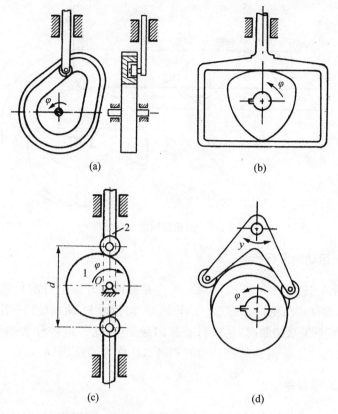

图 4-6　凸轮机构的封闭方式

(a) 凹槽凸轮　(b) 等宽凸轮　(c) 等径凸轮　(d) 主回凸轮

③ 等径凸轮：如图 4-6(c)所示，从动件上装有两个滚子，其中心线通过凸轮轴心，凸轮与这两个滚子同时保持接触。这种凸轮理论轮廓线上两异向半径之和恒等于两滚子的中心距离，因此等径凸轮只能在 180°范围内设计轮廓线，其余部分的凸轮廓线需要按等径原则确定。

④ 主回凸轮：如图 4-6(d)所示，用两个固结在一起的盘形凸轮分别与同一个从动件上的两个滚子接触，形成结构封闭。其中一个凸轮（主凸轮）驱使从动件向某一方向运动，而另一个凸轮（回凸轮）驱使从动件反向运动。主凸轮廓线可在 360°范围内按给定运动规律设计，而回凸轮廓线必须根据主凸轮廓线和从动件的位置确定。主回凸轮可用于高精度传动。

4.2　从动件常用运动规律

4.2.1　平面凸轮机构的运动过程及基本名词术语

图 4-7 为一个尖端对心直动从动件盘形凸轮机构。

1. 基圆

以凸轮轮廓的最小向径 r_0 为半径，以凸轮轴心为圆心所作的圆称为基圆，凸轮以等角速度 ω 顺时针转动。

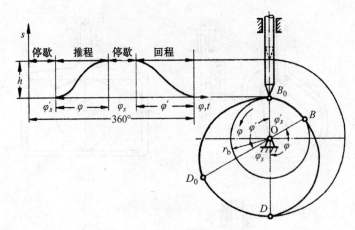

图 4-7　凸轮机构的运动过程

2. 推程、推程运动角及行程

在图 4-7 所示位置,尖端与 A 点接触。A 点是基圆与开始上升的轮廓曲线的交点,即初始位置点,这时从动件离凸轮轴心最近。凸轮转动,向径增大,从动件按一定规律被推向远方,到向径最大的 B 点与尖端接触时,从动件被推向最远处,这一过程称为推程。所对应的转角($\angle BOB'$)称为推程运动角 φ,从动件移动的距离 AB' 称为行程,用 h 表示。

3. 远停程及远停程角

然后圆弧 $\overset{\frown}{BC}$ 与尖端接触,从动件在最远处停止不动,即远停程,对应的转角称为远停程角 φ_s。

4. 回程及回程运动角

凸轮继续转动,尖端与向径逐渐变小的 CD 段接触,从动件返回,这一过程称为回程,对应的转角称为回程运动角 φ'。

5. 近停程及近停程角

当圆弧 $\overset{\frown}{DA}$ 与尖端接触时,从动件在最近处停止不动,对应的转角称为近停程角 φ'_s。当凸轮继续回转时,从动件重复上述的升—停—降—停的运动循环。

在一个运动循环中,从动件的位移 s 与时间 t 之间的关系,可以用从动件的位移线图来表示,如图 4-7 所示。由于大多数凸轮以等速转动,转角与时间成正比,横坐标通常用凸轮转角代表。

由上可知,从动件的运动规律取决于凸轮轮廓形状,因此在设计凸轮轮廓曲线时必须先确定从动件的运动规律。

4.2.2　从动件常用运动规律

从动件运动规律,就是从动件位移(或角位移)与凸轮转角间的关系,可以用线图表示,也可以用运用方程表示,还可以用表格形式表示。

从动件常用运动规律有等速运动规律、等加速等减速运动规律、余弦加速度运动规律（又称简谐运动规律）和正弦加速度运动规律（又称摆线运动规律），其运动线图见图 4-8～图 4-11（均为推程段运动线图）。

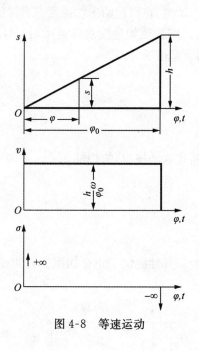

图 4-8　等速运动

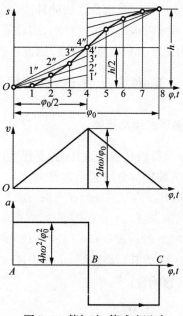

图 4-9　等加速、等减速运动

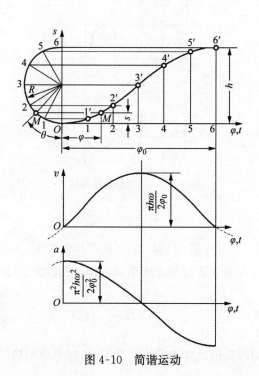

图 4-10　简谐运动

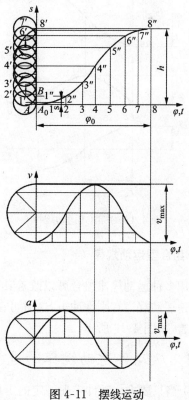

图 4-11　摆线运动

从运动线图中可以看出从动件作等速运动时,在行程始末加速度有突变,理论上可以达到无穷大,产生极大的惯性力,导致机构产生强烈的刚性冲击,因此只能用于低速轻载场合。作等加速、等减速运动时,在 A,B,C 三点加速度有突变,但为有限值,将导致机构产生柔性冲击,可用于中速轻载场合。从动件按余弦加速度规律运动时,在行程始末加速度有有限值的突变,也将导致机构产生柔性冲击,因此适用于中速场合。按正弦加速度规律运动时,从动件在全行程中无速度和加速度突变,因此不产生冲击,适用于高速场合。

4.2.3 其他从动件运动规律简介

1. 多项式运动规律

为了获得较优的高速性能,工程上还广泛应用多项式运动规律,常用的 3—4—5 多项式运动规律,其推程部分的运动方程为:

$$s=h(10\varphi^3/\varphi^3-15\varphi^4/\varphi^4+6\varphi^5/\varphi^5)$$
$$v=h\omega(30\varphi^2/\varphi^3-60\varphi^3/\varphi^4+30\varphi^4/\varphi^5)$$
$$a=h\omega2(60\varphi/\varphi^3-180\varphi^2/\varphi^4+120\varphi^3/\varphi^5)$$

图 4-12 为其运动线图,全程中速度、加速度无突变。其性能优于正弦加速度运动规律,故适用于高速场合。

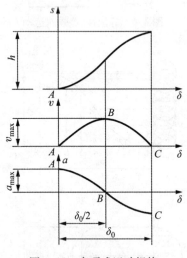

图 4-12 多项式运动规律

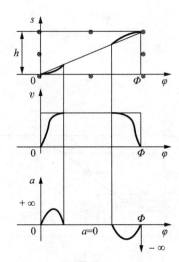

图 4-13 组合型运动规律

2. 组合型运动规律

采用多种运动规律组合可以改善其运动特性。如在工作过程中要求从动件作等速运动,然而等速运动规律有刚性冲击,这时可在行程始末端拼接正弦加速度运动规律,使其动力性能得到改善,如图 4-13 所示。

4.2.4 从动件运动规律的选择

(1)当只要求从动件实现一定的工作行程,而对其运动规律无特殊要求时,应考虑所选的运动规律使凸轮机构具有较好的动力特性和是否便于加工。对于低速轻载的凸轮机构,可主要从凸轮廓线便于加工考虑来选择运动规律,因为这时其动力特性不是主要的;而对于高速轻载的凸轮机构,则应首先从使凸轮机构具有良好的动力特性考虑来选择运动规律,以避免产生过大的冲击。例如,抛物线运动规律同摆线运动规律相比,前者所对应的凸轮廓线的加工并不比后者更容易,而其动力特性却比后者差,所以在高速场合一般选用摆线运动规律。

(2) 对从动件的运动规律有特殊要求,而凸轮转速又不高时,应首先从满足工作需要出发来选择从动件的运动规律,其次考虑其动力特性和是否便于加工。例如,对于自动机床上控制刀架进给的凸轮机构,为了使被加工的零件具有较好的表面质量,同时使机床载荷稳定,一般要求刀具进刀时作等速运动。在设计这一凸轮机构时,对应于进刀过程的从动件的运动规律应选取等速运动规律。但考虑到全推程等速运动规律在运动起始和终止位置时有刚性冲击,动力学特性较差,可在这两处作适当改进,以保证在满足刀具等速进刀的前提下,又具有较好的动力学特性。

(3) 当机器的工作过程对从动件的运动规律有特殊要求,而凸轮的运转速度又较高时,应兼顾两者来选择从动件的运动规律。一般可考虑将不同形式的常用运动规律恰当地组合起来,形成从动件完整的运动线图。

(4) 在选择从动件运动规律时,除了考虑刚性冲击与柔性冲击外,还应考虑各种运动规律的最大速度 v_{max} 和最大加速度 a_{max} 对机构动力性能的影响。通常,对质量较大的从动件系统,为了减少积蓄的动能(工作台停下来时必须将动能消耗掉)应选择 v_{max} 较小的运动规律。对高速凸轮,为减少从动件系统的惯性力(ma_{max}),应选择 a_{max} 较小的运动规律,因为它直接影响到从动件系统的受力、振动和工作平稳性。

4.3 凸轮轮廓曲线的设计

4.3.1 反转法原理

当从动件的运动规律确定以后就可以设计凸轮轮廓了。凸轮机构工作时,凸轮是转动的,而绘制凸轮轮廓却需要凸轮相对于纸面静止。为此,在设计中采用"反转法",如图 4-14 所示。

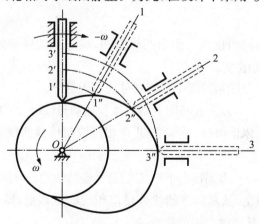

图 4-14　反转法原理

根据相对运动原理,若给整个机构加上一个绕凸轮轴心 O 的公共角速度 $(-\omega_1)$,机构各构件间的相对运动不变,凸轮视为静止,从动件随同导路以角速度 $(-\omega_1)$ 绕 O 点转动,同时,又沿导路按预定的运动规律作往复移动。由于从动件的尖端始终与凸轮轮廓保持接触,故反转后尖端的轨迹即为凸轮轮廓。这种把凸轮看成固定不动,而把固定的导路看成反转的方法,称为"反转法"。它是图解法设计凸轮轮廓的基本方法。

假若从动件是滚子,则滚子中心可看作从动件尖端,其运动轨迹就是凸轮理论轮廓曲线。凸轮实际轮廓曲线是与理论轮廓曲线相距滚子半径的一条等距曲线。

4.3.2 图解法设计凸轮轮廓曲线

1. 尖端对心直动从动件盘形凸轮轮廓设计

已知凸轮的基圆半径 r_0,凸轮以 ω 角速度顺时针转动,从动件位移线图如图 4-15(a)所示,设计该凸轮轮廓曲线。

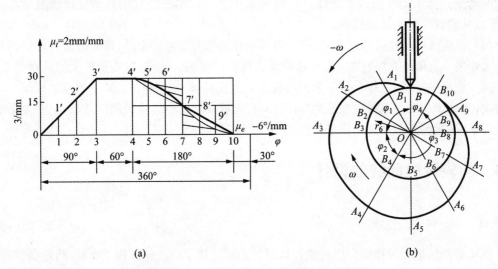

(a)   (b)

图 4-15 尖端对心直动从动件盘形凸轮

设计步骤为:

(1)以与位移曲线相同的比例尺作出凸轮基圆,确定从动件导路位置,基圆与导路交点 B_0 即为从动件尖端的起始位置。

(2)将位移曲线的推程段和回程段分别划分成若干等分。

(3)从 OB_0 开始按 $(-\omega)$ 方向在基圆上划出推程运动角 $(\varphi_1=90°)$、远休止角 $(\varphi_2=60°)$、回程运动角 $(\varphi_3=180°)$ 和近休止角 $(\varphi_4=30°)$,并在相应段与位移曲线对应划分出若干等分,得分点 $B_1,B_2,\cdots,B_{10}$。

(4)过各分点 $B_1,B_2,\cdots,B_{10}$ 作径向线,它们是反转后从动件导路线的各个位置。

(5)在以上的导路线上,从基圆开始往外量取相应的位移量,即 $B_1A_1=11'$,$B_2A_2=22'$,$B_3A_3=33'$,$\cdots$,得反转后从动件尖端的位置 $A_1,A_2,A_3,\cdots$

(6)将 $A_1,A_2,A_3\cdots$ 连成光滑曲线,即为所要求的凸轮轮廓曲线,如图 4-15(b)所示。

2. 滚子直动从动件盘形凸轮轮廓设计

将滚子中心看作从动件的尖端,按上述方法作出轮廓曲线 β_0,称为凸轮的理论轮廓曲线。然后以理论轮廓曲线上各点为圆心、以滚子半径 r_T 为半径作一系列圆,最后作这些圆的包络曲线 β,就是滚子从动件盘形凸轮轮廓的实际轮廓曲线(见图4-16)。

应当指出,滚子从动件盘形凸轮的基圆指的是理论轮廓的基圆。凸轮的实际轮廓与理论轮廓曲线间的法向距离始终等于滚子半径,它们互为等距曲线。

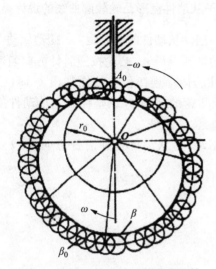

图4-16 滚子直动从动件盘形凸轮

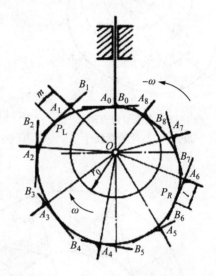

图4-17 平底直动从动件盘形凸轮

3. 平底直动从动件盘形凸轮轮廓设计

把平底与导路的交点作为尖端,按尖端从动件盘形凸轮轮廓设计方法得出从动件反转后尖端的一系列位置 $A_1,A_2,A_3,\cdots$,过这些点作一系列代表从动件平底位置的直线,然后作这些直线的包络曲线就是凸轮轮廓曲线,如图4-17所示。平底的长度等于平底左右两侧离导路最远的两个切点与导路之间的距离之和 $(1+m)$ 再加上 5～7 mm。由作图可知,从动件平底要与凸轮轮廓相切,凸轮轮廓必须全部外凸,当不能满足该要求时,应加大基圆半径重新设计。

4. 尖端偏置直动从动件盘形凸轮轮廓设计

如图4-18所示,尖端偏置直动从动件盘形凸轮轮廓曲线的绘制方法也与前述相似。但由于从动件导路的轴线不通过凸轮的转动轴心 O,其偏距为 e,所以从动件在反转过程中,其导路轴线始终与偏距 e 为半径所作的偏距圆相切。因此,从动件的位移应沿这些切线量取。

设计步骤为:

(1) 根据已知从动件的运动规律,按适当比例作出位移曲线,并将横坐标分段等分。

(2) 取相同比例尺,并以 O 为圆心,作偏距圆和基圆。

(3) 在基圆上,任取一点 A_0 作为从动件升程的起始点,并过 A_0 作偏距圆的切线,该切线即是从动件导路线的起始位置。

(4) 由 A_0 点开始,沿 ω_1 相反方向将基圆分成与位移线图相同的等份,得各等分点 A'_1,

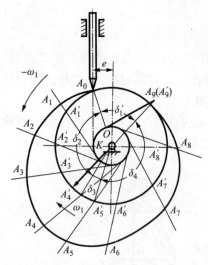

图 4-18 尖端偏置直动从
动件盘形凸轮轮廓设计

$A_2', A_3', \cdots$。过 $A_1', A_2', A_3', \cdots$ 各点作偏距圆的切线并且延长,则这些切线即为从动件在反转过程依次占据的位置。

(5) 在各条切线上自 $A_1', A_2', A_3', \cdots$ 截取 $A_1'A_1 = 11', A_2'A_2 = 22', A_3'A_3 = 33', \cdots$ 得 $A_1, A_2, A_3, \cdots$ 各点。将 $A_0, A_1, A_2, \cdots$ 各点连成光滑曲线,即为所要求的凸轮轮廓曲线,如图 4-18 所示。

5. 摆动滚子从动件盘形凸轮轮廓曲线的设计

已知凸轮与摆动从动件的中心距 l_{0A},摆动从动件的长度 l_{AB},凸轮的基圆半径 r_b,凸轮按逆时针方向匀速回转。摆动从动件的运动规律位移线图如图 4-19(b)所示,横坐标表示凸轮的转角 δ,纵坐标表示从动件的摆角 φ。

假设凸轮不动,让从动件按逆时针方向绕 O 点回

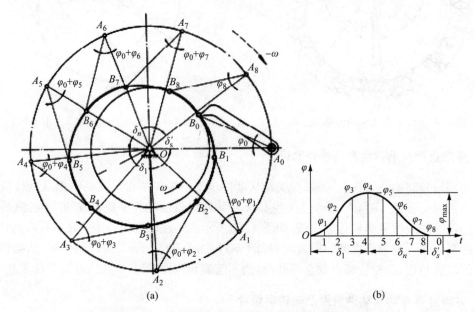

(a)

(b)

图 4-19 摆动滚子从动件盘形凸轮轮廓曲线设计

转,同时又按给定的从动件的运动规律(角位移曲线)绕 C 点摆动,则摆动从动件的滚子中心的连线,即所要绘制的凸轮理论轮廓曲线。再以滚子半径为间距,作理论轮廓曲线的等距曲线,即凸轮的实际轮廓曲线。

凸轮轮廓曲线的绘制步骤如下:

(1) 选取适当的比例尺,以 O 点为凸轮的回转圆心,以 r_b 为回转半径画出基圆,以凸轮与摆动从动件的中心距 l_{0A} 画出辅助圆。

(2) 在辅助圆上取点 A_0 为摆杆反向回转的起点,按 $-\omega$ 的方向将辅助圆圆周等分成与从动件角位移曲线横坐标对应的等分数,得到各等分点 $A_1, A_2, A_3, \cdots$,各等分点分别与角位移

曲线横坐标的各等分点 1,2,3,…相对应。

（3）量取位移曲线各等分点的纵坐标角位移 $\varphi_1,\varphi_2,\varphi_3,\cdots$。

（4）分别以从动件原位置为起点，使各从动件位置增加各对应点的角位移值 $\varphi_1,\varphi_2,\varphi_3,\cdots$，得到一系列摆杆摆动后的新位置线 $A_0B_0,A_1B_1,A_2B_2,\cdots$。

（5）以 $A_0,A_1,A_2,\cdots$ 为圆心，以从动件长度 l_{CB} 为半径画弧与增加角位移后的新位置线相交，得到一系列点 $B_0,B_1,B_2,\cdots$。

（6）以光滑曲线连接各点 $B_0,B_1,B_2,\cdots$，即得到摆杆滚子中心的轨迹曲线，即凸轮的理论轮廓曲线。

（7）以 $B_0,B_1,B_2,\cdots$ 为圆心，以滚子半径 r_T 为半径，作一系列滚子圆（滚子在各点位置的位置圆），再作系列滚子圆的内包络线，即凸轮的实际轮廓曲线。

4.3.3　解析法设计凸轮轮廓曲线

由于计算机的普及与数控机床的发展，解析法设计凸轮轮廓已日趋广泛。解析法设计凸轮轮廓实际上是建立凸轮理论轮廓线、实际轮廓线的方程，精确计算出廓线上各点的坐标。

1. 偏置直动滚子从动件盘形凸轮轮廓的设计

过凸轮转轴中心建立 xOy 坐标系如图 4-20 所示。B_0 点为从动件初始点，导路与转轴中心相距为 e（当凸轮逆时针转动，导路右偏时，e 为正，导路左偏时，e 为负；当凸轮顺时针转动时，则相反），凸轮基圆半径为 r_0。根据反转法原理，凸轮以 ω 转过 φ 角相当于从动件及导路顺 $(-\omega)$ 转过 φ 角，滚子中心到达 B 点，位移量为 s。从图中可知，B 点的坐标为

$$\left.\begin{aligned}x &= (s_0 + s)\sin\varphi + e\cos\varphi\\y &= (s_0 + s)\cos\varphi - e\sin\varphi\end{aligned}\right\} \tag{4-1}$$

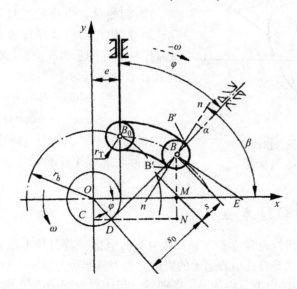

图 4-20　解析法设计偏置直动滚子从动件盘形凸轮轮廓

式中：$s_0 = \sqrt{r_0^2 - e^2}$，式 4-1 是凸轮理论廓线方程。

凸轮实际廓线与理论廓线在法线方向上相距滚子半径r_T，若已知理论廓线上任一点$B(x,y)$，在法线上与之相距r_T的点$B'(x',y')$就是实际轮廓上的点。由高等数学可知，B点的法线nn斜率与切线斜率互为负倒数。因此

$$k_n = \tan\theta = -\mathrm{d}x\mathrm{d}y = \mathrm{d}x/\mathrm{d}\varphi = -\mathrm{d}y/\mathrm{d}\varphi = \sin\theta\cos\theta$$

将$\cos\theta = \pm\sqrt{1-\sin^2\theta}$和$\sin\theta = \pm\sqrt{1-\cos^2\theta}$分别代入上式，得

$$\sin\theta = \frac{\mathrm{d}x/\mathrm{d}\varphi}{\sqrt{(\mathrm{d}x/\mathrm{d}y)^2 + (\mathrm{d}y/\mathrm{d}\varphi)}}$$

$$\cos\theta = \frac{-\mathrm{d}y/\mathrm{d}\varphi}{\sqrt{(\mathrm{d}x/\mathrm{d}\varphi)^2 + (\mathrm{d}y/\mathrm{d}\varphi)^2}}$$

再由式4-1可以求出

$$\left.\begin{array}{l} \mathrm{d}x/\mathrm{d}\varphi = (\mathrm{d}s/\mathrm{d}\varphi - e)\sin\varphi + (s_0 + s)\cos\varphi \\ \mathrm{d}y/\mathrm{d}\varphi = (\mathrm{d}s/\mathrm{d}\varphi - e)\cos\varphi - (s_0 + s)\sin\varphi \end{array}\right\} \tag{4-2}$$

由式4-2及图4-20可得到

$$\left.\begin{array}{l} x' = x \mp r_T\cos\theta \\ y' = y \mp r_T\sin\theta \end{array}\right\} \tag{4-3}$$

式4-3是实际轮廓曲线方程，（—）号为内等距曲线，（＋）号为外等距曲线。

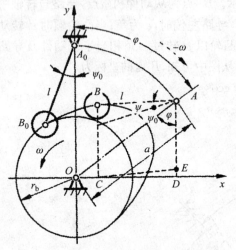

图4-21　解析法设计摆动滚子
从动件盘形凸轮轮廓线

2. 摆动滚子从动件盘形凸轮轮廓线的设计

如图4-21所示，取摆动件的轴心A_0与凸轮轴心O之连线为坐标系的y轴，摆杆轴心到凸轮轴中心的距离为a，摆杆长为l，凸轮基圆半径为r_0。A_0B_0是摆杆的初始位置，摆杆与两轴心连线的夹角ψ_0为初始角。当凸轮逆时针转过φ角时，根据反转原理，相当摆杆及摆杆轴心顺时针转过φ角，此时摆杆处在图示AB位置，其角位移为ψ，理论廓线上B点的坐标为

$$\left.\begin{array}{l} x = a\sin\varphi - l\sin(\varphi + \psi + \psi_0) \\ y = a\cos\varphi - l\cos(\varphi + \psi + \psi_0) \end{array}\right\} \tag{4-4}$$

式中：$\psi_0 = \arccos(l^2 + a^2 - r_0^2)/2la$

实际轮廓线上坐标的求法与直动滚子盘形凸轮相同。

4.3.4　刀具中心轨迹方程

在机床上加工凸轮时，通常需要确定刀具中心的坐标。若刀具半径r_c与滚子半径r_T相同，则凸轮理论轮廓线就是刀具中心运动的轨迹。当刀具半径与滚子半径不相等时，刀具中心轨迹是与理论轮廓线在法向上等距的另一条曲线。当用砂轮磨削凸轮时，刀具半径r_c大于滚子半径r_T，如图4-22(a)所示，刀具中心是与理论轮廓线相距r_c-r_T的外等距曲线；当用钼丝在线切割机床上加工凸轮时，刀具半径r_c小于滚子半径r_T，如图4-22(b)所示，刀具中心是与理论轮廓线相距r_T-r_c的内等距曲线。在图4-22中，η是凸轮理论轮廓线，η'是凸轮实际轮

廓线,η_c 是刀具中心轨迹。

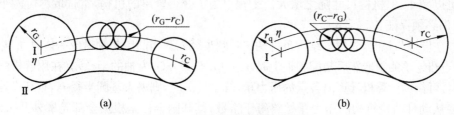

图 4-22　理论轮廓线与等距曲线

4.4　凸轮机构基本尺寸的确定

设计凸轮机构不仅要保证从动件实现预期的运动规律,还要求传力性能良好,结构紧凑,这些要求与凸轮机构的压力角、基圆半径、滚子半径有关。

4.4.1　凸轮机构的压力角

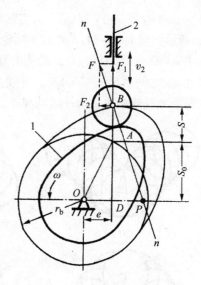

如图 4-23 所示为凸轮机构在推程中的一个位置,如不计凸轮与从动件之间的摩擦,凸轮作用到从动件上的力 F 沿着接触点的法线方向,将 F 分解成两个分力,则

$$F_1 = F\cos\alpha$$
$$F_2 = F\sin\alpha$$

式中:α 称为压力角,是从动件在接触点所受的力的方向与该点的速度方向所夹的锐角。显然 F_1 是推动从动件移动的有效分力,随着 α 的增大而减小,F_2 是引起导路中摩擦阻力的有害分力,随着 α 的增大而增大。当 α 增大到一定值时,由 F_2 引起的摩擦阻力将超过有效分力 F_1,此时凸轮无法推动从动件运动,机构发生自锁。因此从传力合理,提高传动效率看,压力角越小越好。设计时规定了最大压力角 α_{max} 要小于许用压力角 $[\alpha]$。

图 4-23　凸轮机构的压力角

一般情况下,推程时直动从动件凸轮机构的许用压力角为 $[\alpha] = 30° \sim 40°$,摆动从动件凸轮机构的许用压力角为 $[\alpha] = 40° \sim 50°$;回程时,$[\alpha]$ 可取大一些,一般为 $[\alpha] = 70° \sim 80°$。

4.4.2　基圆半径的确定

从传动效率来看,压力角越小越好,但压力角减小将导致凸轮尺寸增大。如图 4-23 所示,根据平面运动速度分析理论,导出凸轮机构的压力角计算公式为

$$\tan\alpha = \frac{|\,ds/d\varphi - e\,|}{s + \sqrt{r_b^2 - e^2}} \tag{4-5}$$

当凸轮逆时针转动,导路右偏时 e 为正,导路左偏时 e 为负;当凸轮顺时针转动时,符号与上相反。

由式(4-5)可知,当给定运动规律 $s-\varphi$ 时,适当安置偏距可减小压力角;基圆半径增大,压力角也可以减小,但机构尺寸随之增大。工程上为了获得紧凑的机构,常选取尽可能小的基圆半径,但仍必须保证 $\alpha_{max} \leqslant [\alpha]$。

通常在设计凸轮时,先根据结构条件初定基圆半径 r_0。当凸轮与轴做成一体时,r_0 略大于轴的半径;当凸轮单独制造然后装配到轴上时,$r_0=(1.6\sim2)r$(r 为轴的半径)。在用解析法设计凸轮廓线时,可借助计算机计算出各点的压力角,若 $\alpha>[\alpha]$ 时,则增大基圆半径 r_0,重新设计。

平底从动件凸轮机构的压力角始终等于常数,其基圆半径是根据全部轮廓外凸来确定的,若不满足时则放大基圆半径。

4.4.3 滚子半径的确定

从接触强度观点出发,滚子半径大一些为好,但有些情况下,滚子半径不能任意增大。设滚子半径为 r_T,凸轮理论轮廓线曲率半径为 ρ,实际轮廓线曲率半径为 ρ'。当理论轮廓线内凹时,$\rho'=\rho+r_T$,不管 r_T 取多大,都可以作出实际轮廓线如图 4-24(a)所示。当理论轮廓线外凸时,$\rho'=\rho-r_T$,当 $\rho=r_T$ 时,$\rho'=0$,实际轮廓线出现尖点,此时极易磨损,导致运动失真,如图 4-24(c)所示。当 $\rho<r_T$ 时,$\rho'<0$,实际轮廓线发生交叉,交点以外部分在加工时将被切去,运动产生失真(图 4-24(d))。为了避免失真,并减小磨损,要求滚子半径 r_T 与理论轮廓线最小曲率半径 ρ_{min} 之间满足 $r_T \leqslant 0.8\rho_{min}$,并使实际轮廓线 $\rho'_{min} \geqslant (3\sim5)$mm。若满足不了该要求时,可放大基圆半径或修改从动件运动规律。

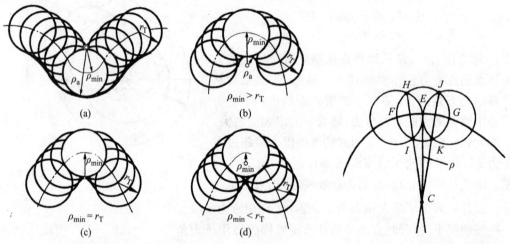

$$\rho_{min}>r_T$$
(a)   (b)

$$\rho_{min}=r_T$$ $$\rho_{min}<r_T$$
(c)   (d)

图 4-24 理论轮廓线与实际轮廓线的曲率半径

图 4-25 曲率半径的近似估算

凸轮轮廓线上的最小曲率半径可用作图法近似估算。如图 4-25 所示,在凸轮轮廓线上选择曲率最大的点 E,以 E 为圆心作任意半径的小圆,交凸轮轮廓线于点 F 和 G,再以此两交点为圆心,以相同的半径作 2 个小圆,3 个小圆相交于 H,I,J,K 4 点,连接 HI,JK,并延长得交点 C。点 C 和 CE 可分别近似地作为凸轮轮廓线在点 E 处的曲率中心和曲率半径。

4.5 凸轮机构常用材料、结构和加工

4.5.1 凸轮及滚子的常用材料

凸轮机构是一种高副机构,其主要失效形式是凸轮与从动件接触表面的疲劳点蚀和磨损,前者是由变化的接触应力引起的,后者是由摩擦引起的。因此,凸轮副材料应具有足够的接触疲劳强度和良好的耐磨性,其接触表面应具有较高的硬度,对于经常受到冲击载荷作用的凸轮机构还要求凸轮心部有较强的韧性。

一般低速($n \leqslant 100$ r/min)、轻载的场合,凸轮的材料常用 45 钢调质 230～260 HBS;中速(100 r/min$< n \leqslant 200$ r/min)、中载的场合,凸轮的材料常用 45 钢、40Cr 钢,经表面淬火,硬度为 40～50 HRC;也可用 20Cr、20CrMnTi,经表面渗碳淬火,表面硬度为 56～62 HRC;速度较高($n > 200$ r/min)、载荷较大的重要场合,凸轮的材料常用 38CrMoAlA、35CrAl 氮化>60 HRC。

滚子材料可采用 20Cr、18CrMnTi,经渗碳淬火表面硬度为 58～63 HRC,与钢制凸轮相配;T10、GCr15 钢,淬火 56～64 HRC 与铸铁或钢制凸轮相配;45、40Cr,表面淬火 45～55 HRC,与铸铁凸轮相配。也可用滚动轴承直接作为滚子。

4.5.2 凸轮机构的常用结构

1. 凸轮的结构

(1) 凸轮轴。当凸轮的基圆较小时,可将凸轮与轴制成一体,称为凸轮轴。

(2) 整体式凸轮。当凸轮尺寸较小、无特殊要求或不经常装拆时,一般采用整体式凸轮,如图 4-26 所示。整体式凸轮加工方便、精度高、刚性好。

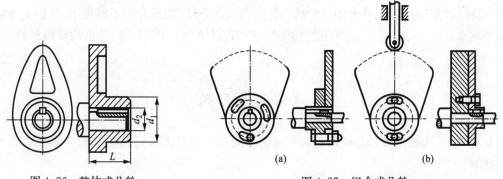

图 4-26 整体式凸轮　　　　　　图 4-27 组合式凸轮

(3) 组合式凸轮。对于大型低速凸轮机构的凸轮或经常调整轮廓形状的凸轮,常采用凸轮与轮毂分开的组合式结构,如图 4-27 所示。

2. 滚子结构

从动件滚子可以是专门制造的圆柱体,如图 4-28(a)、(b)所示,也可以采用滚动轴承,如图 4-28(c)所示。

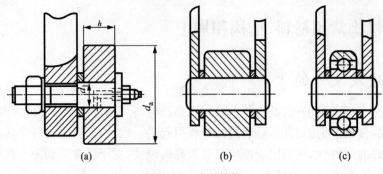

图 4-28　滚子结构

4.5.3　凸轮加工

（1）划线加工。适用于单件生产，精度要求不高的凸轮。

（2）靠模加工。铣刀旋转，进行铣削。被加工凸轮一方面绕自身中心旋转，一方面随靠模左右移动，铣成的包络线便是凸轮的工作轮廓。适用于批量生产。

（3）数控加工。将被加工凸轮的信息通过编程输入数控机床，由数控机床加工凸轮。适用于多规格中小批量生产。

本章小结

本章介绍了广泛应用在自动和半自动机械中起控制作用高副机构——凸轮机构的组成、特点、应用、类型、材料和结构原理；分析了凸轮机构的运动特性，介绍了凸轮机构从动件常用的 4 种运动规律：等速运动规律、等加速等减速运动规律、简谐（余弦加速度）运动规律和摆线（正弦加速度）运动规律，讨论了 4 种运动规律的特性、应用及选用方法；具体介绍了用图解法根据"反转法"原理设计几种常用凸轮机构轮廓曲线的方法，简要介绍了解析法，分析了凸轮机构几个基本尺寸 r_T、r_b、α 及 $[\alpha]$ 对其性能的影响和设计方法。介绍了凸轮机构常用材料、结构和加工方法。

思考题与习题

4-1　滚子从动件盘形凸轮的基圆半径如何度量？工程上设计凸轮机构的基圆半径一般如何选取？

4-2　平底垂直于导路的直动从动件盘形凸轮机构的压力角等于多大？设计凸轮机构时，对压力角有什么要求？

4-3　在凸轮机构常用的从动件 4 种运动规律中，哪个运动规律有刚性冲击？哪个运动规律有柔性冲击？哪个运动规律没有冲击？如何来选择从动件的运动规律？

4-4　一个滚子从动件盘形凸轮机构的滚子已磨损，能否改用另一个直径比它大或小的滚子来代替，为什么？

4-5　试以位移线图分析说明凸轮机构的哪种常用的运动规律在何种情况可避免冲击？

4-6　凸轮的基圆指的是哪个圆？滚子从动件盘形凸轮的基圆在何处度量？

4-7　设计一个对心直动滚子从动件盘形凸轮，凸轮逆时针等速转动，基圆半径 $r_0=40$ mm，滚子半径 $r_T=15$ mm，从动件运动规律为 $\varphi=180°$ 作简谐运动，$\varphi_s=30°$，$\varphi'=120°$ 作等加速等减速运动，$\varphi_s'=30°$，行程 $h=30$ mm，试作出从动件位移线图及凸轮轮廓曲线。

4-8　设计一个平底直动从动件盘形凸轮，凸轮顺时针等速转动，基圆半径 $r_0=40$ mm，从动件运动规律同题7，行程 $h=30$ mm，试作出凸轮轮廓曲线，并求出平底长度。

4-9　一个对心直动滚子从动件盘形凸轮机构，凸轮顺时针匀速转动，基圆半径 $r_0=40$ mm，行程 $h=20$ mm，滚子半径 $r_T=10$ mm，推程运动角 $\varphi=120°$，从动件按正弦加速度规律运动，试用解析法求凸轮转角 $\varphi=30°,60°,90°$ 时凸轮理论轮廓与实际轮廓上对应点的坐标。

4-10　用作图法求出下列各凸轮从题 4-10 图示位置转过 45° 后机构的压力角 α（在图上标出）。

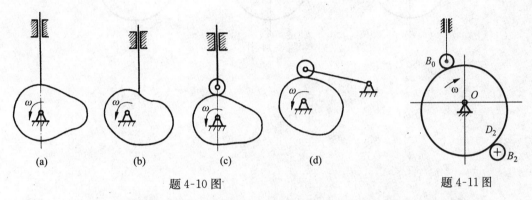

(a)　　　(b)　　　(c)　　　(d)

题 4-10 图　　　　　　　　题 4-11 图

4-11　已知一偏置移动滚子动件盘形凸轮机构的初始位置如题 4-11 图所示。

(1) 当凸轮从图示位置转过 150° 时，滚子与凸轮轮廓线的接触点 D_1 及从动件相应的位移 S_1。

(2) 当滚子中心位于 B_2 点时，凸轮机构的压力角 α_2。

4-12　已知题 4-12 图示偏心圆盘 $R=40$ mm，滚子半径 $r_T=10$ mm，$L_{OA}=90$ mm，$L_{AB}=70$ mm，转轴 O 到圆盘中心 C 的距离 $L_{OC}=20$ mm，圆盘逆时针转动。

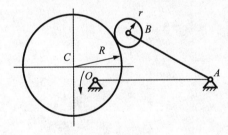

题 4-12 图

(1) 指出该凸轮机构在图示位置时的压力角 α，画出基圆，求基圆半径 r_0 值。

(2) 作出摆杆由初始位置摆动到图示位置时，摆杆摆过的角度 δ 及相应的凸轮转角 φ。

4-13　已知从动件的行程 $h=50$ mm，

(1) 推程运动角 $\varphi=120°$，试用图解法分别画出从动件在推程时，按正弦加速度和余弦加速度运动的位移曲线。

(2) 回程运动角 $\varphi'=120°$，试用图解法分别画出从动件在回程时，按等加速等减速和正弦加速度运动的位移曲线。

4-14　在题 4-14 图示凸轮机构中,已知 $R=40$ mm, $a=20$ mm,偏心距 $e=15$ mm, $R_r=20$ mm,试用反转法求从动件的位移曲线 $S-S(\varphi)$,并比较之(要求选用同一比例尺,画在同一坐标系中,均以从动件最低位置为起始点)。

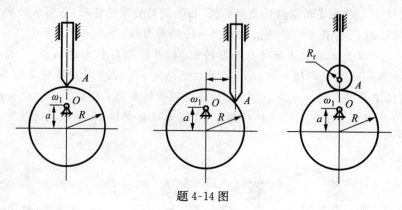

题 4-14 图

第 5 章　齿轮机构

教学要求

通过本章的教学,要求了解齿轮机构的类型,理解齿轮机构的基本要求;掌握齿廓啮合基本定律,弄清节点与节圆概念。理解渐开线形成原理及其特点,理解掌握渐开线齿廓啮合的特点;熟练掌握正常齿制渐开线标准直齿圆柱齿轮的基本参数和几何尺寸的计算。理解掌握渐开线齿轮分度圆、压力角和啮合角等概念;理解并掌握一对渐开线直齿圆柱齿轮正确啮合条件、连续传动条件及无侧隙啮合条件;了解仿形法加工齿轮的方法,掌握范成法加工齿轮的基本原理,了解根切现象,理解避免根切现象的条件,掌握标准齿轮不发生根切现象的最少齿数;了解斜齿圆柱齿轮齿廓曲面的形成及其啮合特点,了解斜齿轮当量齿轮的概念,掌握斜齿轮的基本参数、几何尺寸的计算及正确啮合条件;了解直齿圆锥齿轮机构的特点及其齿廓曲面的形成,掌握直齿圆锥齿轮机构的基本参数、正确啮合条件,了解直齿圆锥齿轮传动几何尺寸的计算。

5.1　概述

5.1.1　齿轮机构的特点

齿轮机构由主动齿轮、从动齿轮和机架组成。由于两个齿轮以高副相联,所以齿轮机构属于高副机构。齿轮机构的功能是将主动轴的运动和转矩传递给从动轴,使从动轴获得所要求的转速和转矩。齿轮机构是目前机械中应用最广的一种传动机构。主要优点是:能保证两齿轮间精确的瞬时传动比;传动效率高,一般可达 $0.95 \sim 0.98$;工作可靠,传动平稳,使用寿命长;适用的圆周速度和功率范围广,圆周速度可以从接近零一直到 $300\ \text{m/s}$,功率可以从很小到 10 万 kW。齿轮机构的主要缺点是:制造精度和安装精度要求较高,因而成本高;中心距有限制,不宜用于两轴间距离较大的传动。

5.1.2　齿轮机构的类型

如图 5-1 所示,齿轮机构类型繁多,通常根据两齿轮啮合传动时,它们的相对运动是平面运动还是空间运动,将其分为平面齿轮机构和空间齿轮机构;根据齿轮轴线的相对位置分为平行轴齿轮机构、相交轴齿轮机构、交错轴齿轮机构;还可根据啮合方式及齿形等进一步细分。现综合列表如下:

齿轮机构 {
　两轴平行的齿轮机构（平面齿轮机构） — 圆柱齿轮机构 {
　　直齿 {
　　　外啮合[见图 5-1(a)]
　　　内啮合[见图 5-1(b)]
　　　齿轮与齿条啮合[见图 5-1(c)]
　　}
　　斜齿 {
　　　外啮合[见图 5-1(d)]
　　　内啮合
　　　齿轮与齿条啮合
　　}
　　人字齿[见图 5-1(e)]
　}
　两轴不平行的齿轮机构（空间齿轮机构） {
　　两轴相交的齿轮机构（圆锥齿轮机构） {
　　　直齿[见图 5-1(f)]
　　　曲齿[见图 5-1(g)]
　　}
　　两轴交错的齿轮机构 {
　　　交错轴斜齿轮(旧称螺旋齿轮)[见图 5-1(h)]
　　　蜗杆蜗轮[见图 5-1(i)]
　　}
　}
}

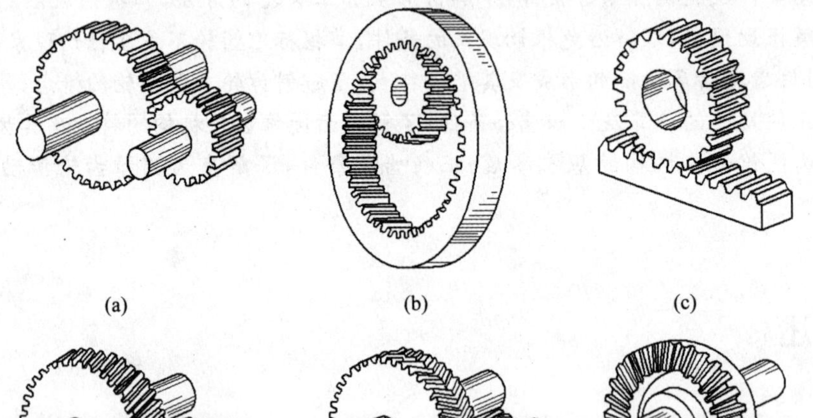

(a)　　　　　　　(b)　　　　　　　(c)

(d)　　　　　　　(e)　　　　　　　(f)

(g)　　　　　　　(h)　　　　　　　(i)

图 5-1　齿轮机构的类型

（a）外啮合直齿圆柱齿轮机构　（b）内啮合直齿圆柱齿轮机构　（c）齿轮与齿条啮合齿轮机构　（d）平行轴斜齿圆柱齿轮机构　（e）人字齿轮机构　（f）直齿圆锥齿轮机构　（g）曲齿圆锥齿轮机构　（h）交错轴斜齿轮机构　（i）蜗杆蜗轮机构

根据齿轮的齿廓曲线形状,齿轮有渐开线齿轮、摆线齿轮和圆弧齿轮等,其中以渐开线齿轮应用最广。本章主要讨论渐开线齿轮。

5.2 渐开线齿廓及其啮合特性

5.2.1 渐开线的形成及其特性

如图 5-2 所示,当一直线 NK 沿着一半径为 r_b 的圆周作纯滚动时,其上任一点 K 的轨迹曲线 AK 称为该圆的渐开线。这个圆称为渐开线的基圆,半径 r_b 称为基圆半径;该直线称为渐开线的发生线。从基圆圆心 O 到 K 点的射线长称为渐开线上 K 点的向径,用 r_k 表示,A 点为渐开线的起点,θ_k 称为 AK 段渐开线的展开角。

由渐开线的形成过程可知,渐开线具有如下特性:

(1) 发生线沿着基圆滚过的长度 NK 等于基圆上被滚过的圆弧长度 $\overarc{AN}$。

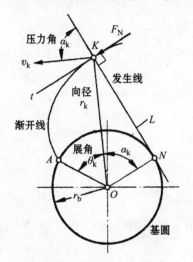

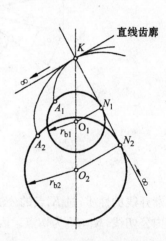

图 5-2 渐开线的形成   图 5-3 不同基圆的渐开线比较

(2) 因发生线沿基圆作纯滚动,所以切点 N 为其速度瞬心,线段 NK 就是渐开线上 K 点的曲率半径,N 点为曲率中心。由此可知,线段 NK 是渐开线在 K 点的法线。又因发生线始终与基圆相切,所以渐开线上任意点的法线必切于基圆。

(3) 渐开线齿廓上某点 K 的法线与该点的速度方向 v_k 所夹的锐角 α_k 称为该点的压力角。如图 5-2 所示,

$$\cos\alpha_k = r_b/r_k \tag{5-1}$$

(4) 渐开线的形状取决于基圆的大小。如图 5-3 所示,为半径不同的两基圆上展开的渐开线,当展开角 θ_k 相同时,基圆越大,渐开线在 K 点的曲率半径越大,即渐开线越趋平直。当基圆半径为无穷大时,其渐开线就成为垂直于发生线 NK 的一条直线,齿条的齿廓就是这样的直线。

(5) 基圆内无渐开线。

5.2.2 渐开线齿廓的啮合特性

1. 瞬时传动比为常数

在图 5-4 中,两齿轮渐开线齿廓在任意点 K 啮合,两齿轮的角速度分别为 ω_1 和 ω_2,其中轮 1 为主动齿廓。接触点 K 的两轮的速度分别为 v_{k1} 和 v_{k2},根据刚体传动规律,v_{k1} 和 v_{k2} 在公法线上的分速度必须相等。

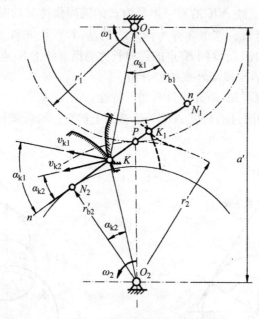

图 5-4　渐开线齿廓的啮合

根据渐开线的性质,过 K 点的公法线 nn 必同时切于两基圆 O_1,O_2,亦即 N_1N_2 应为两基圆的一条内公切线,N_1,N_2 为切点。因为

$$v_{k1} = O_1K \cdot \omega_1$$
$$v_{k2} = O_2K \cdot \omega_2$$

v_{k1},v_{k2} 与 N_1N_2 的夹角分别为 α_{k1}、α_{k2},其法向分速度即为在 N_1N_2 上的投影,所以

$$v_{k1} \cdot \cos\alpha_{k1} = v_{k2} \cdot \cos\alpha_{k2}$$

即 $O_1K \cdot \omega_1 \cdot \cos\alpha_{k1} = O_2K \cdot \omega_2 \cdot \cos\alpha_{k2}$

又因为

$$O_1K \cdot \cos\alpha_{k1} = O_1N_1 = r_{b1},$$
$$O_2K \cdot \cos\alpha_{k2} = O_2N_2 = r_{b2}$$

故 $\omega_1 r_{b1} = \omega_2 r_{b2}$

$$\omega_1/\omega_2 = r_{b2}/r_{b1}$$

两个齿轮的角速度之比称为传动比,用 i_{12} 表示,所以

$$i_{12} = \omega_1/\omega_2 = r_{b2}/r_{b1} \tag{5-2}$$

由于渐开线的基圆半径 r_{b1},r_{b2} 不变,且 K 点为任意点,所以渐开线在任意点啮合,两轮的瞬时传动比不变,且与基圆半径成反比。

公法线 N_1N_2 与连心线 O_1O_2 的交点 P 称为节点。以 O_1，O_2 为圆心，过节点 P 所作的圆称为节圆。节圆半径用 r'_1，r'_2 表示。因为 $\triangle O_1PN_1 \backsim \triangle O_2PN_2$，所以

$$O_2N_2/O_1N_1 = O_2P/O_1P,$$

即 $r_{b2}/r_{b1} = r'_2/r'_1$，将上式代入式(5-2)得

$$i_{12} = \omega_1/\omega_2 = r_{b2}/r_{b1} = r'_2/r'_1 \tag{5-3}$$

由式(5-3)可得 $\omega_1 r'_1 = \omega_2 r'_2 = v_{p1} = v_{p2}$，亦即一对节圆的圆周速度是相等的。由此可见，一对齿轮作定传动比传动时，它们的一对相切的节圆在作纯滚动。

两轮的切向分速度除在节点处外，都不相等，所以沿着两个齿廓的切向有滑动，且啮合点 K 离节点越远，滑动速度越大，齿面越容易磨损。

两轮中心 O_1，O_2 的距离，称为中心距，用 a' 表示，由图可知

$$a' = r'_1 + r'_2 \tag{5-4}$$

2. 渐开线齿轮中心距的可分性

由式(5-2)已知，渐开线齿轮的传动比与两个齿轮的基圆半径成反比。一对渐开线齿轮制成后，基圆半径就确定了，其传动比也随之确定了。如果齿轮的中心距 O_1O_2 由于制造或安装上的误差，使实际值略大于设计值，也不会影响传动比的大小。渐开线齿轮传动的这一特性称为中心距的可分性。这为齿轮的制造和安装带来了方便，是渐开线齿轮的一大优点。

中心距变化以后，两轮的节圆半径也随之变化，但它们的比值由式(5-3)可知，保持不变。

3. 齿廓啮合线、压力线方向不变

两轮齿廓啮合点的轨迹，称为啮合线。由渐开线性质即渐开线齿轮距的可分性可知，两齿廓在任意点 K 啮合时，过 K 点的公法线 nn（N_1 N_2），也是两轮基圆一侧的内公切线，它只有一条，且方向不变，故啮合线与公法线重合。

啮合线 N_1N_2 与过节点 P 所作的两节圆的公切线 tt 的夹角 α'，称为啮合角。啮合角的大小表示了啮合线的倾斜程度。由图 5-5 可知，啮合角等于渐开线在节圆上的压力角。

两齿廓啮合时，如不计摩擦，则压力沿法线方向传递，这时法线也就是压力线。由此可见，两渐开线齿廓啮合，其啮合线、压力线、法线和基圆的内公切线四线重合，它们的方向不变，啮合角也不变。

由于压力线方向不变，故当齿轮传递的转矩一定时，齿廓之间作用力的大小也不变，这对传动的平稳性很有利，是渐开线齿轮传动的又一大优点。

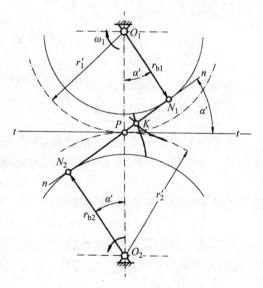

图 5-5 啮合线与啮合角

5.3 渐开线标准直齿圆柱齿轮的主要参数和几何尺寸

5.3.1 外齿轮各部分的名称和基本参数

1. 齿宽、齿厚、齿槽宽和齿距

图 5-6 所示为一渐开线标准直齿圆柱齿轮。齿轮的轴向长度称为齿宽,用 b 表示。在齿轮的任意圆周上,一个轮齿两侧齿廓间的弧长称为该圆上的齿厚,用 s_k 表示;一个齿槽两侧齿廓间的弧长称为该圆上的齿槽宽,用 e_k 表示。相邻两齿同侧齿廓间的弧长称为该圆上的齿距,用 p_k 表示。显然

$$p_k = s_k + e_k$$

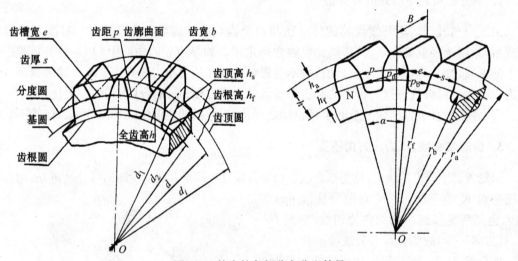

图 5-6 外齿轮各部分名称和符号

2. 分度圆、模数和压力角

为了便于齿轮各部分尺寸的计算,在齿轮上选择一个圆作为计算的基准,称该圆为齿轮的分度圆。分度圆的直径、半径、齿厚、齿槽宽和齿距分别用 d、r、s、e 和 p 表示,同样有

$$p = s + e$$

设齿轮的齿数用 z 表示,则在分度圆上

$$\pi \cdot d = z \cdot p, \text{ 即 } d = pz/\pi$$

由于式中包含无理数,这将给齿轮的设计、制造和检验等带来麻烦。所以工程上将比值 $p\pi$ 规定为简单的数列并使之标准化。这个比值称为模数,用 m 表示,即

$$m = p\pi \tag{5-5}$$

于是得分度圆的直径

$$d = mz \tag{5-6}$$

模数单位为 mm,是齿轮的一个重要参数,齿数相同的齿轮,模数大则齿轮的尺寸也大。标准模数见表 5-1。

表 5-1　标准模数系列（GB1357—87）　　　　　　　　　　　　　（mm）

第一系列	0.1,0.12,0.15,0.2,0.25,0.3,0.4,0.5,0.6,0.8,1,1.25,1.5,2,2.5,3,4,5,6,8,10, 12,16,20,25,32,40,50
第二系列	0.35,0.7,0.9,1.75,2.25,2.75,(3.25),3.5,(3.75),4.5,5.5,(6.5),7,9,(11),14,18, 22,28,(30),36,45

注：选用模数时，应优先采用第一系列，其次是第二系列，括号内的模数尽可能不用。

齿轮齿廓在不同圆周上的压力角不同，渐开线齿廓与分度圆交点处的压力角称为齿轮的压力角，用 α 表示。国家标准规定压力角 $\alpha=20°$。

因此，所谓分度圆，就是齿轮上具有标准模数和标准压力角的圆。

3. 齿顶圆、齿根圆、齿顶高、齿根高和顶隙、全齿高

过齿轮的齿顶所作的圆称为齿顶圆，其直径和半径分别用 d_a、r_a 表示；过齿轮的齿根所作的圆称为齿根圆，其直径和半径分别用 d_f、r_f 表示；齿轮的齿顶圆与分度圆之间的径向距离称为齿顶高，用 h_a 表示；齿轮的齿根圆与分度圆之间的径向距离称为齿根高，用 h_f 表示；齿顶圆与齿根圆之间的径向距离称为齿全高，用 h 表示。齿顶高、齿根高与模数有如下关系：

$$h_a = h_a^* m \tag{5-7}$$
$$h_f = (h_a^* + c^*)m \tag{5-8}$$

式中：h_a^* 称为齿顶高系数，c^* 为顶隙系数。国家标准规定 $h_a^*=1$，$c^*=0.25$。

具有标准模数、模准压力角、标准齿顶高系数和标准顶隙系数，且分度圆上齿厚等于齿槽宽的齿轮称为标准齿轮。

为了便于设计计算，现将标准直齿圆柱齿轮的几何尺寸计算公式列于表 5-2。其中 z、m、α、h_a^*、c^* 是 5 个基本参数。只要确定了这 5 个参数，渐开线标准直齿圆柱齿轮的全部几何尺寸及齿廓曲线形状也就完全确定了。

4. 基圆、基圆齿距和法向齿距、公法线长度

基圆是形成渐开线的圆，基圆直径和半径分别用 d_b 和 r_b 表示。基圆上相邻两齿同侧齿廓之间的弧长称为基圆齿距，用 p_b 表示。

$$p_b = \pi d_b/z = \pi m\cos\alpha \tag{5-9}$$

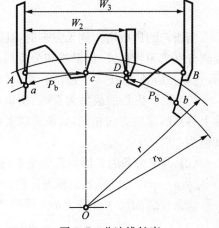

图 5-7　公法线长度

齿轮相邻两齿同侧齿廓间公法线方向所量得的距离称为齿轮的法向齿距。根据渐开线特性可知，法向齿距与基圆齿距相等，所以均用 p_b 表示。

在齿轮上跨过一定齿数 k 所量得的渐开线间的法向距离称为公法线长度 W_k。它是齿轮加工时常用的一个检验尺寸。由图 5-7 可知

$$W_k = AB = ab = (k-1)p_b + s_b$$

式中：p_b 为基圆齿距，s_b 为基圆齿厚。经过运算可得到

$$W_k = m\cos\alpha[(k-0.5)\pi + z \cdot \text{inv}\alpha]$$

当 $\alpha=20°$ 时，$W_k=m[2.952(k-0.5)+0.014z]$ 　　　　　　　　　　　　（5-10）

为了保证测量的准确性,要使卡尺的两卡脚在分度圆附近与齿廓相切,此时跨齿数 $k=z/9+0.5$,并四舍五入为整数。

5.3.2　内齿轮及齿条的特点

1. 内齿轮

如图 5-8 所示,内齿轮的轮齿分布于空心圆柱的内表面上,与外齿轮相比有下列不同点。

(1) 外齿轮的轮齿是外凸的,而内齿轮的轮齿是内凹的。所以内齿轮的齿厚相当于外齿轮的齿槽宽,内齿轮的齿槽宽相当于外齿轮的齿厚。

(2) 内齿轮的齿顶圆小于分度圆,齿根圆大于分度圆。

(3) 为了使齿顶部分的齿廓全部都为渐开线,内齿轮的齿顶圆必须大于基圆。

内齿轮的尺寸可按表 5-2 所列公式计算。

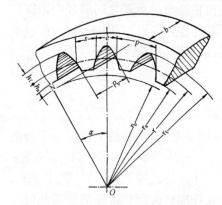

图 5-8　内齿轮各部分名称、符号

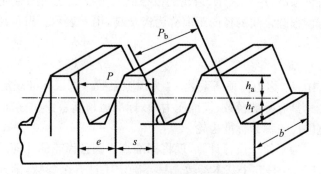

图 5-9　齿条各部分名称和符号

2. 齿条

当齿轮的齿数增大到无穷多时,其圆心将位于无穷远处,此时齿轮上的齿顶圆、齿根圆、分度圆分别成为齿顶线、齿根线和分度线,各齿同侧的渐开线齿廓变成了互相平行的斜直线齿廓,这就是齿条,如图 5-9 所示。齿条与齿轮相比,有以下特点:

(1) 由于齿条的齿廓为直线,所以齿廓上各点的法线是平行的,在传动时齿条作平动,齿廓上各点的速度方向相同,齿条齿廓上各点的压力角都相同,且等于齿廓的倾斜角,即齿形角,其值为 20°。

(2) 由于齿条的各同侧齿廓是平行的,所以在与分度线平行的任一直线上的齿距都相等,即 $p_k=p=\pi m$,所以模数也相等。但只有在分度线上齿厚和齿槽宽才相等。

齿条齿廓的尺寸可按表 5-2 所列公式计算。

表 5-2　渐开线标准直齿圆柱齿轮几何尺寸的计算公式

名　称	符号	计　算　公　式
分度圆直径	d	$d=mz$
基圆直径	d_b	$d_b=d\cos\alpha=mz\cos\alpha$

名　称	符号	计　算　公　式
齿顶圆直径	d_z	$d_z = d \pm 2h_z = m(z \pm 2h_z^*)$
齿根圆直径	d_f	$d_f = d \mp 2h_f = m(z \mp 2h_f^* \pm 2c^*)$
齿顶高	h_z	$h_z = h_z^* m = m$
齿根高	h_f	$h_f = (h_f^* + c^*)m = 1.25m$
齿全高	h	$h = h_z + h_f = (2h_z^* + c^*)m = 2.25m$
顶隙	c	$c = c^* m = 0.25m$
齿距	p	$p = \pi m$
齿厚	s	$s = \dfrac{p}{2} = \dfrac{\pi m}{2}$
齿槽宽	e	$e = \dfrac{p}{2} = \dfrac{\pi m}{2}$
标准中心距	a	$a = \dfrac{1}{2}(d_2 \pm d_1) = \dfrac{1}{2}m(z_2 \pm z_1)$

注：①上面符号用于外齿轮；下面符号用于内齿轮。

5.4　渐开线标准直齿圆柱齿轮的啮合传动

5.4.1　一对渐开线直齿圆柱齿轮的正确啮合条件

图 5-10 所示为一对渐开线齿轮的啮合情况。其中轮 1 为主动轮，轮 2 为从动轮，角速度分别为 ω_1 和 ω_2，两轮的转向如图所示。

一对轮齿啮合时，是从主动轮的齿根推动从动轮的齿顶开始的，同时啮合点又应在啮合线 $N_1 N_2$ 上，故一对轮齿的开始啮合点是从动轮的齿顶圆与啮合线的交点 K'。

随着齿轮的转动，啮合点将沿着线段 $N_1 N_2$ 向 N_2 方向移动。同时，在主动轮齿廓上啮合点将由齿根向齿顶移动，在从动轮齿廓上啮合点将由齿顶向齿根移动。当啮合进行到主动轮的齿顶圆和啮合线的交点 K 时，两轮齿即将脱离啮合，故将 K 点称为啮合终止点。

从一对齿轮的啮合过程来看，啮合点实际走过的轨迹只是啮合线 $N_1 N_2$ 上的一段 KK'，故称 KK' 为实际啮合线段。若将两齿轮的齿顶圆加大，则点 K'，K 将分别趋向于啮合线与两基圆的切点 N_1，N_2，因而实际啮合线段加长。但因基圆内无渐开线，所以两轮的齿顶圆与啮合线 $N_1 N_2$ 的交点不会超过 N_1 和 N_2 点。因此，啮合线 $N_1 N_2$ 是理论上可能的最长啮合线段，称为理论啮合线段，而点 N_1，N_2 则称为啮合极限点。

同时根据上述分析可知，在两轮轮齿的啮合过程中，轮齿的齿廓并非全部都能接触，而只限于从齿顶到齿根的一段齿廓接触。齿廓上实际参加啮合的一段齿廓称为齿廓的实际工作段。

尽管一对渐开线齿廓是能够保证定传动比传动的，但这并不意味着任意两个渐开线齿轮都能搭配起来正确地传动。因此，必须要研究一对渐开线齿轮正确啮合的条件。

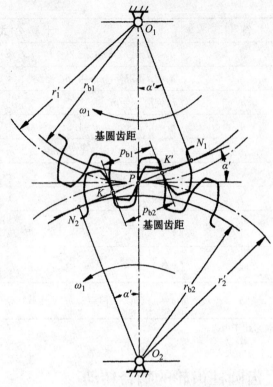

图 5-10　渐开线齿轮的啮合

图 5-10 所示，后一对轮齿在 K' 点啮合，前一对轮齿在 K 点啮合。显然，要使两齿轮能正确啮合，必须使两齿轮相邻两齿同侧齿廓间法线上的距离都等于 KK'。相邻两齿廓在法线上的距离称为法向齿距。根据渐开线的性质，法向齿距应等于基圆齿距。由此可以得出结论：要使两齿轮能正确啮合，它们的基圆齿距必须相等，即 $p_{b1} = p_{b2}$。因为

$$p_{b1} = p_1 \cdot \cos\alpha_1 = \pi m_1 \cos\alpha_1$$

$$p_{b2} = p_2 \cdot \cos\alpha_2 = \pi m_2 \cos\alpha_2$$

于是

$$\pi m_1 \cos\alpha_1 = \pi m_2 \cos\alpha_2$$

故

$$m_1 \cos\alpha_1 = m_2 \cos\alpha_2$$

从理论上讲，只要两齿轮的模数和压力角满足上式，就可以正确啮合。但是，由于模数和压力角都是标准值，所以实际上只能使

$$\left. \begin{array}{c} m_1 = m_2 = m \\ \alpha_1 = \alpha_2 = \alpha \end{array} \right\} \tag{5-11}$$

由此可知，一对渐开线直齿圆柱齿轮的正确啮合条件是：两齿轮的模数和压力角必须分别相等。

有了这一条件后，传动比公式(5-2)可进一步推导为

$$i_{12} = \omega_1/\omega_2 = r_2'/r_1' = r_{b2}'/r_{b1}'$$

$$= r_2\cos\alpha/r_1\cos\alpha = r_2/r_1 = mz_2/2/mz_1/2 = z_2/z_1 \tag{5-12}$$

5.4.2 齿轮传动的中心距和啮合角

1. 外啮合齿轮传动

因为标准齿轮在分度圆上的齿厚和齿槽宽相等,所以安装时可如图 5-11(a)所示,使两个齿轮的分度圆相切,亦即齿轮的分度圆和节圆重合。齿轮的这种安装,称为标准安装。标准安装时,有如下关系:

$$r_1' = r_1, r_2' = r_2, \alpha' = \alpha$$

标准安装时的中心距称为标准中心距,用 a 表示,显然

$$a = r_1' + r_2' = r_1 + r_2 = m(z_1 + z_2)/2 \tag{5-13}$$

一对齿轮啮合时,一齿轮的齿顶和另一齿轮的齿槽底之间,应留有一定的间隙,以便贮存润滑油。一轮的齿顶圆与另一轮的齿根圆之间的径向距离称为顶隙,用 c 表示,由图 5-11(a)可知

$$c = h_f - h_a = (h_a^* + c^*)m - h_a^* m = c^* m \tag{5-14}$$

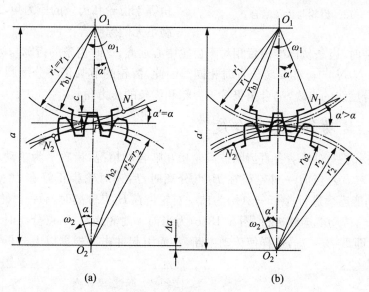

图 5-11　外啮合标准直齿轮的啮合传动

由于分度圆上的齿厚和齿槽宽相等,所以标准安装时,理论上两轮的轮齿间没有齿侧间隙(简称侧隙),但当一对齿轮啮合传动时,为了便于在相互啮合的齿廓间进行润滑,以及避免轮齿摩擦发热膨胀所引起的挤压现象,在两轮的齿侧间总要留有一定的间隙。这种间隙一般都很小,通常由齿厚的负偏差来保证,而在计算齿轮的公称尺寸时,都按侧隙为零来考虑,即所谓的无侧隙啮合条件。

如果安装时中心距有误差,实际中心距 a' 大于标准中心距 a,如图 5-11(b)所示,两轮的分度圆不再相切而是分离,节圆半径大于分度圆半径,啮合角大于压力角,顶隙也大于标准值 $c^* m$,一对齿轮的这种安装称为非标准安装。

非标准安装时,由图 5-11(b)可得

$$r_1' = r_{b1}\cos\alpha' = r_1\cos\alpha\cos\alpha',$$

$$r_2' = r_{b2}\cos\alpha' = r_2\cos\alpha\cos\alpha'$$

故中心距 a' 为

$$a' = r_1' + r_2' = (r_1 + r_2)\cos\alpha/\cos\alpha' = a \cdot \cos\alpha/\cos\alpha'$$

亦即：
$$a' \cdot \cos\alpha' = a \cdot \cos\alpha \qquad\qquad (5\text{-}15)$$

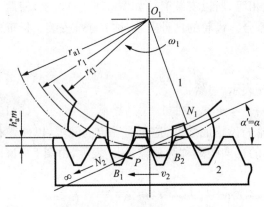

图 5-12　齿轮与齿条啮合

2. 齿轮与齿条啮合

图 5-12 所示为齿轮与齿条啮合的情况，啮合线 N_1N_2 与齿轮的基圆相切于 N_1 点，并垂直于齿条的直线齿廓。由于齿条的基圆为无穷大，故 N_2 点在无穷远处。过齿轮轴心且与齿条分度线垂直的直线与啮合线的交点 P 即为节点。

齿轮与齿条标准安装时，齿轮的节圆与分度圆重合，齿条的节线与分度线重合，啮合角等于齿轮和齿条的压力角，顶隙为标准值，满足无侧隙啮合条件。

非标准安装时，齿条从标准位置相对于齿轮中心远离，这时齿条的齿廓与标准安装位置时平行，故啮合线 N_1N_2 与标准安装位置时相同。因此，齿轮的节圆仍与分度圆重合，而齿条的节线是平行于分度线的直线，啮合角仍等于齿轮和齿条的压力角，顶隙变大。

5.4.3　连续传动条件及重合度

图 5-13 表示了一对外啮合直齿圆柱齿轮相互啮合的情况，齿轮 1 为主动轮，推动从动轮 2 转动。图 5-13(a) 为当前一对轮齿在 B_2 点分离时，后一对轮齿正好在 B_1 点进入啮合，即 $B_1B_2 = p_b$，传动能连续进行；图 5-13(b) 为前一对轮齿在 B_1 点分离时，后一对轮齿已在 K 点啮合，即 $B_1B_2 > p_b$，传动能连续进行，图 5-13(c) 为当前一对轮齿在 B_2 点分离时，后一对轮齿还没有进入啮合，即 $B_1B_2 < p_b$，这样使传动中断，从而引起冲击。根据以上分析可知，要使齿轮

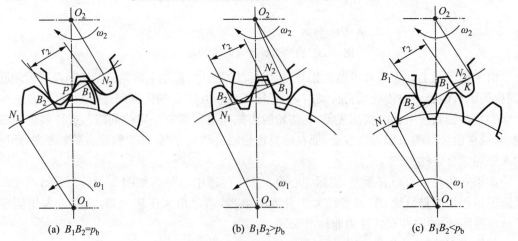

(a) $B_1B_2 = p_b$　　　　　(b) $B_1B_2 > p_b$　　　　　(c) $B_1B_2 < p_b$

图 5-13　渐开线直齿轮的连续传动

能连续传动,必须在前一对轮齿尚未脱开啮合时,后一对轮齿已经进入啮合,即必须使实际啮合线长度大于或等于法向齿距,也就是 $B_1B_2 \geqslant p_b$。

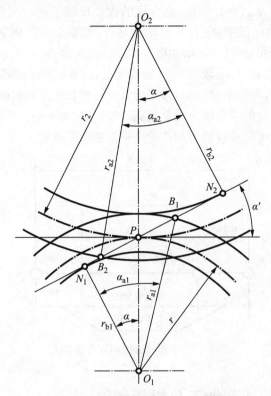

图 5-14 外啮合直齿轮传动重合度计算

实际啮合线长度与法向齿距之比称为重合度,用 ε_a 表示。于是齿轮的连续传动条件为

$$\varepsilon_a = B_1B_2/p_b \geqslant 1 \tag{5-16}$$

对于外啮合齿轮传动,如图 5-14 所示,$B_1B_2 = B_1P + PB_2$

而 $B_2P = B_2N_2 - PN_2 = r_{b1}(\tan\alpha_{a1} - \tan\alpha')$

$\qquad\quad = mz_{12} \cdot \cos\alpha(\tan\alpha_{a1} - \tan\alpha')$

同理 $PB_1 = mz_2/2 \cdot \cos\alpha(\tan\alpha_{a2} - \tan\alpha')$

所以

$$\varepsilon_a = B_1B_2/p_b = (B_1P + PB_2)/\pi m\cos\alpha$$
$$= 1/2\pi[z_1(\tan\alpha_{a1} - \tan\alpha') + z_2(\tan\alpha_{a2} - \tan\alpha')] \tag{5-17}$$

式中:α' 为啮合角;α_{a1},α_{a2} 为齿轮 1、2 的齿顶圆压力角。

$$\alpha_{a1} = \arccos r_{b1}/r_{a1};$$
$$\alpha_{a2} = \arccos r_{b2}/r_{a2}。$$

由式(5-17)可知,ε_a 与模数无关,而随着齿数的增大而增大,同时随着 α' 的增大而减小。因 $a'\cos\alpha' = a\cos\alpha$,亦即当中心距增大时,$\alpha'$ 增大,ε_a 减小,但 ε_a 的最小值应等于1,否则不能连续传动,故可分性有一定限制。

因 ε_a 随齿数的增大而增大,假想当两齿轮的齿数都增大到无穷多时,ε_a 将趋于最大值 $\varepsilon_{a\max}$,这时

$$B_1P = PB_2 = h_a^* m/\sin\alpha$$

故 $\varepsilon_{amax} = 4h_a^* / \pi \sin 2\alpha$

当 $\alpha = 20°$，$h_a^* = 1$ 时，$\varepsilon_{amax} = 1.982$。重合度的大小反映了同时啮合的轮齿的对数。如果 $\varepsilon_a = 1$，则表示齿轮在传动过程中，仅有一对轮齿啮合；如果 $\varepsilon_a = 2$，则表示始终有两对轮齿啮合。如果 ε_a 不是整数，例如 $\varepsilon_a = 1.35$，则如图 5-15 所示，在 B_2A_1 和 A_2B_1 两段各 $0.35P_b$ 的长度上，有两对齿同时啮合，而在 A_1A_2 段 $0.65p_b$ 的长度上，只有一对轮齿啮合。

显然，随着 ε_a 的增大，单齿啮合段变短，双齿啮合段变长。而同时啮合的轮齿对数越多，每对齿所受的载荷越小，齿轮的承载能力也就越高，传动也越加平稳。所以重合度不仅是齿轮连续传动的条件，也是衡量齿轮承载能力和传动平稳性的重要指标。

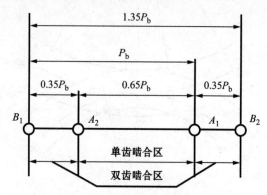

图 5-15　单齿啮合区和双齿啮合区

5.5　渐开线齿廓的切削加工及根切现象

5.5.1　渐开线齿廓的切削加工

齿轮的加工方法很多，有铸造法、热轧法、切削法等，但在一般机械中，目前最常用的还是切削加工法。切削加工方法根据原理不同，又分为仿形法和范成法两种。

1. 仿形法

仿形法是将切齿刀具的轴向剖面做成渐开线齿轮齿槽的形状，加工时先切出一个齿槽，然后用分度头将齿坯转过 $360°z$，再加工第 2 个齿槽，依次进行，直到加工完全部齿槽。常用的刀具有盘形铣刀、指形铣刀等。

图 5-16(a)所示为用盘形铣刀切制轮齿，常用于 $m < 10\,\text{mm}$ 的中小模数的齿轮加工。对于 $m \geqslant 10\,\text{mm}$ 的大模数齿轮，则用图如 5-16(b)所示的指形铣刀加工。

仿形法加工时，齿形由刀刃的形状来保证，分齿均匀靠分度头来保证。由于渐开线的形状取决于基圆半径 r_b 的大小。

$$r_b = d/2 \cdot \cos\alpha = mz/2 \cdot \cos\alpha$$

所以，对于 $\alpha = 20°$ 的标准齿轮，其齿廓形状不仅与模数有关，还与齿数有关。为了保证加工成的齿形准确，就必须对同一模数不同齿数的齿轮用不同的刀具，这样既不方便又不经济。

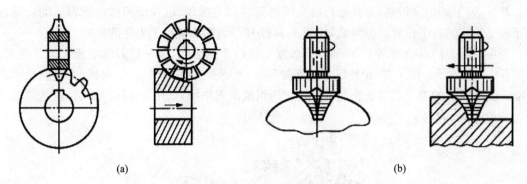

(a)　　　　　　　　　　　　　　　　　(b)

图 5-16　齿轮的仿形法加工

(a) 盘状铣刀切削加工　(b) 指状铣刀加工

为了减少刀具数量,齿数在一定范围内的齿轮,用同一把刀加工。常用的 8 把一套的铣刀加工齿数范围见表 5-3。

表 5-3　成型铣刀加工齿数的范围

刀号	1	2	3	4	5	6	7	8
加工齿数范围	12~13	14~16	17~20	21~25	26~34	35~54	55~134	≥135

仿形法加工不需要专用机床,设备简单,成本低,但加工精度不高,效率低,所以在修配或单件生产精度较低的齿轮时采用。

2. 范成法

范成法是利用一对齿轮(或齿轮与齿条),相互啮合传动时两轮齿廓互为包络线的原理来加工齿轮的。常见的范成法加工有插齿、滚齿、剃齿、磨齿等。

图 5-17(a)所示为用齿轮插刀加工齿轮的情况。齿轮插刀是一个齿廓为刀刃的外齿轮,但刀刃顶部比正常齿高出 $c^* m$,以便切出顶隙部分。当用一把齿数为 z_0 的齿轮插刀,去加工一个模数、压力角均与该插刀相同、而齿数为 z 的齿轮时,将插刀和轮坯装在专用的插齿机床上,通过机床的传动系统使插刀和轮坯按恒定的传动比 $i＝\omega_0/\omega＝z/z_0$ 回转,就像一对真正的齿轮互相啮合传动一样,这种运动称为范成运动。同时齿轮插刀沿齿坯的轴线方向作迅速的往复进刀和退刀运动,即切削运动。

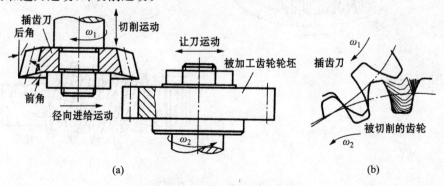

(a)　　　　　　　　　　　　(b)

图 5-17　齿轮插刀范成法加工

此外，为了切出全齿高，刀具还有沿轮坯径向的进刀运动，以及退刀时的让刀运动。插齿刀相对于轮坯的各个位置的包络线，如图 5-17(b)所示，即为被加工齿轮的齿廓。

当齿轮插刀的齿数增至无穷多时，其基圆半径趋于无穷大，齿轮插刀就变成了齿条插刀，如图 5-18(a)所示。加工时，轮坯以角速度 ω 转动，齿条插刀以速度 $v_0 = r\omega$ 移动，这就是范成运动。齿条插刀的刀刃相对于轮坯各个位置所组成的包络线，如图 5-18(b)所示，就是被加工齿轮的齿廓。

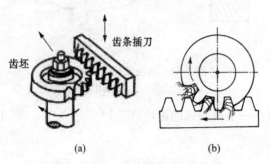

图 5-18　齿条插刀范成法加工

图 5-19 所示为滚刀和滚刀加工齿轮的情形，滚刀在轮坯回转面内的投影就是一把齿条插刀的齿形。滚刀通常是单线的，故当滚刀转一周时，其螺旋移动一个螺距，相当于齿条移动一个齿距。因此，滚刀连续转动就相当于一根无限长的齿条做连续移动，而转动的轮坯则成了与其啮合的齿轮。所以滚齿加工原理与插齿加工实际上是一样的，只是它将插齿的断续切削变为连续切削，提高了效率。范成法加工的主要优点是：加工同一模数不同齿数的齿轮时，只要用一把刀具，并且加工出来的齿轮精度较高，生产率较高。其缺点是必须在专用机床上加工，因而加工成本较高。范成法是目前广泛使用的切齿方法。

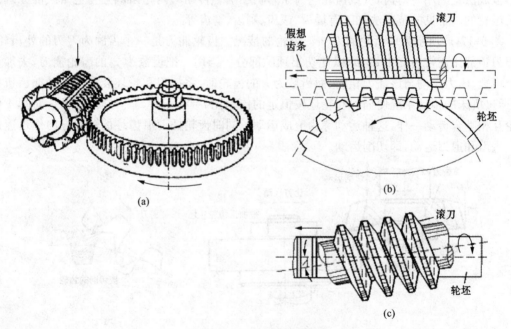

图 5-19　齿轮滚刀切削加工

5.5.2 根切现象和不产生根切的最少齿数

用范成法加工时,有时刀具的顶部会切入轮齿的根部,从而使齿根的渐开线齿廓被切掉一部分,如图 5-20 所示,这种现象称为轮齿的根切现象。

产生根切后,一方面削弱了轮齿的抗弯强度,另一方面由于齿廓渐开线的工作长度缩短,导致实际啮合线长度缩短,重合度下降,从而影响齿轮传动的平稳性。因此,应尽量避免根切现象。

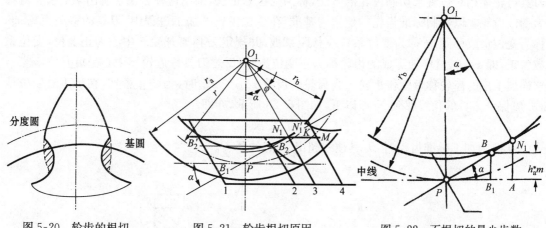

图 5-20 轮齿的根切　　　　图 5-21 轮齿根切原因　　　　图 5-22 不根切的最少齿数

经研究发现,当被加工标准齿轮的齿数少到一定程度时,齿条型刀具的齿顶线就会超出被加工齿轮的啮合线与基圆的切点,即极限啮合点 N,如图 5-21 所示,这时就会发生根切现象。

因此,若要求不产生根切,应使刀具的齿顶线低于 N 点,如图 5-22 所示,即

$$NA \geqslant h_a^* m$$

因为

$$NA = PN \cdot \sin\alpha = OP \cdot \sin 2\alpha = mz/2 \cdot \sin 2\alpha,$$

所以 $mz/2 \cdot \sin 2\alpha \geqslant h_a^* m$

$z \geqslant 2h_a^* / \sin 2\alpha$。

因此,用齿条型刀具加工标准直齿圆柱齿轮时,不产生根切的最少齿数为

$$z_{min} = 2h_a^* / \sin 2\alpha \tag{5-18}$$

对 $\alpha = 20°, h_a^* = 1$ 的齿轮 $z_{min} = 17$

5.6 变位齿轮和变位齿轮传动

5.6.1 变位齿轮

标准齿轮具有设计计算简单、互换性好等优点,但也有不少缺点,主要是:

(1)标准齿轮的齿数必须大于或等于最少齿数 z_{min},否则会产生根切。这使得要求结构紧凑、小齿轮齿数小于 z_{min} 的场合无法应用标准齿轮。

(2)标准齿轮不适用于实际中心距 a' 不等于标准中心距 a 的场合。当 $a' > a$ 时,会出现

过大的齿侧间隙,重合度也减小,严重时会无法连续传动。当 $a' < a$ 时,标准齿轮无法安装。

(3) 一对互相啮合的标准齿轮,小齿轮齿根厚度小于大齿轮的齿根厚度,因而小齿轮的抗弯强度小于大齿轮。

采用变位齿轮可以弥补上述标准齿轮的不足。

如图 5-23 所示,当刀具在虚线位置时,因刀具的齿顶线超过啮合线和基圆的切点 N,被加工成的齿轮必然产生根切。但若将刀具向远离轮坯中心的方向移动一段距离 xm,使刀具处于图中实线的位置。这时齿顶线不超过 N 点,这样加工出来的齿轮就不再根切。这种用改变刀具与轮坯相对位置来切制齿轮的方法,称为变位修正法,采用这种方法切制出来的齿轮就称为变位齿轮。以切制标准齿轮的位置为基准,在变位齿轮的加工过程中,刀具的移动距离 xm 称为变位量或移距,x 称为变位系数或移距系数,并规定刀具离开轮坯中心为正变位,变位系数为正,即 $x > 0$,这样加工成的齿轮称为正变位齿轮;反之刀具移近轮坯中心为负变位,$x < 0$,这样加工成的齿轮称负变位齿轮。当齿轮的齿数 z 小于 z_{min} 时,为防止根切,在加工时变位量 xm 应保证刀具的顶线移到 N 点以下,如图 5-23 所示,亦即

$$xm \geqslant BQ$$

式中:BQ 为加工标准齿轮时,刀具顶线超出 N 点的距离。

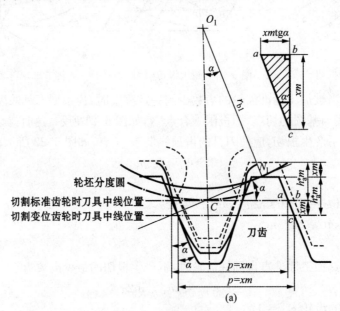

图 5-23 齿轮变位修正

由图 5-23 知

$$BQ = h_a^* m - NM = h_a^* m - PN \cdot \sin\alpha = h_a^* m - mz/2 \cdot \sin^2\alpha$$

式中:z 为被加工齿轮的齿数。

由此可得 $x \geqslant h_a^* - z/2\sin^2\alpha$

由式(5-18)可得 $\sin^2\alpha/2 = h_a^* / z_{min}$,代入上式得

$$x \geqslant h_a^* (z_{min} - z)/z_{min}$$

于是得最小变位系数为

$$x_{min} = h_a^* (z_{min} - z)/z_{min} \tag{5-19}$$

当 $\alpha = 20°, h_a^* = 1$ 时

$$x_{\min} = (17 - z)/17$$

由上式可知,当齿数 $z < z_{\min}$ 时,$x_{\min}$ 为正值,说明为了避免根切,该齿轮应采用正变位,其变位系数 $x \geqslant x_{\min}$。反之,当齿数 $z > z_{\min}$ 时,$x_{\min}$ 为负值,说明该齿轮在变位系数 $x \geqslant x_{\min}$ 的条件下,采用负变位也不会发生根切。

由图 5-23 还可以看出,用齿条形刀具加工变位齿轮时,齿轮分度圆不与刀具的分度线相切,而切于节线,分度圆与节线保持纯滚动。由于节线与分度线平行,刀具节线上的齿距、模数和压力角与分度线上相等。从而可知,被加工齿轮分度圆上的齿距、模数和压力角仍然等于刀具的齿距、模数和压力角。所以,刀具变位以后,齿轮的分度圆直径不变、基圆直径不变,从而变位前后齿廓的渐开线形状相同,但所采用的段落不同,如图 5-24 所示。在图 5-24 中可以看出,变位后,某些尺寸

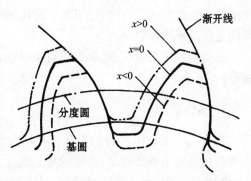

图 5-24 变位齿轮与标准齿轮的轮齿比较

与标准齿轮相比,发生了变化。正变位后,齿轮的齿顶高变大,齿根高变小,分度圆齿厚和齿根圆齿厚均增大,齿顶变尖。负变位后齿轮的齿顶高减小,齿根高增大,同时,分度圆齿厚和齿根圆齿厚都减小。

5.6.2 变位齿轮传动的类型

根据一对齿轮变位系数和 $x\Sigma = x_1 + x_2$ 的不同,齿轮传动可分为零传动($x\Sigma = 0$)、正传动($x\Sigma > 0$)和负传动($x\Sigma < 0$)3 种类型。

1. 零传动

零传动又可分为两种情况:

(1) 当 $x_1 + x_2 = 0$,且 $x_1 = x_2 = 0$ 时,为标准齿轮传动。

(2) 当 $x_1 + x_2 = 0$,且 $x_1 = -x_2 \neq 0$ 时,为等变位齿轮传动。显然,小齿轮应正变位,大齿轮应负变位,两轮都不应发生根切,所以应使

$$z_1 + z_2 \geqslant 2z_{\min} \tag{5-20}$$

上式表明,采用等变位齿轮传动,必须保证两轮的齿数和大于或等于最少齿数的 2 倍。

等变位齿轮传动的啮合特点为:$\alpha' = \alpha, a' = a$,即分度圆和节圆重合。因这种传动的齿顶高和齿根高都发生了变化,故又称为高度变位齿轮传动。

等变位齿轮传动的主要优点为:

第一,由于小齿轮采用正变位,其齿数 $z_1 < z_{\min}$ 而不发生根切,所以当传动比一定时,两轮的齿数和可以相应减少,从而使机构的尺寸和重量也减小。

第二,可以相对地提高齿轮的弯曲强度。由于小齿轮正变位后齿根变厚,大齿轮负变位后齿根变薄,所以,只要适当地选择变位系数,就能使大、小两齿轮的抗弯强度大致相等,相对地提高了齿轮的弯曲强度。

第三,因其中心距仍为标准中心距,从而可以成对地替换标准齿轮。

等变位齿轮传动的主要缺点是，必须成对地设计、制造和使用。

2. 正传动

因 $x_1+x_2>0$，两轮的齿数和可以小于 $2z_{min}$。正传动的啮合特点为：$a'>a,\alpha'>\alpha$。

正传动的主要优点是：可以使齿轮机构的体积和质量比等变位齿轮传动的更小，不仅可相对地提高齿轮的弯曲强度，还提高了齿轮的接触强度。在实际中心距大于标准中心距时，只有采用正传动来凑中心距。

正传动的主要缺点是：必须成对地设计、制造和使用，齿轮为正变位，齿顶易变尖，重合度减小。

3. 负传动

因为 $x_1+x_2<0$，两轮的齿数和必须大于 $2z_{min}$。负传动的啮合特点为：$a'<a,\alpha'<\alpha$。

负传动的主要特点是：齿轮的弯曲强度和接触强度都降低，可用于实际中心距小于标准中心距时凑中心距；也必须成对设计、制造和使用。负传动除了凑中心距外，一般很少采用。

正传动和负传动的啮合角都不等于压力角，即啮合角发生了变化，故称这两种传动为角度变位传动。

5.7　平行轴斜齿圆柱齿轮机构

5.7.1　斜齿圆柱齿轮齿廓曲面的形成及啮合特点

直齿圆柱齿轮的齿廓曲面在所有垂直于轴线的平面内的投影都是一样的，因此，只需在一个平面中研究。但实际上齿轮有一定宽度，因此直齿轮的齿廓曲面实际上是发生面在基圆柱上作纯滚动时，发生面上一条平行于齿轮轴线的直线 KK 形成的渐开线曲面，如图 5-25(a) 所示。当一对直齿圆柱齿轮啮合时，两个齿面的接触线是平行于齿轮轴线的直线，如图 5-25(b) 所示。齿轮啮合时，一对轮齿是沿整个齿宽同时开始啮合或脱离啮合，所以轮齿上所受的力也是突然产生或突然卸去的。这种接触方式容易引起冲击、振动和噪声，对传动质量是极为不利的。

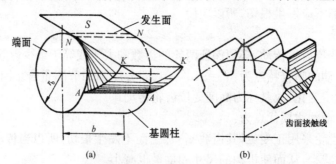

图 5-25　直齿圆柱齿轮齿廓曲面的形成和齿面接触线

斜齿圆柱齿轮的齿廓曲面的形成原理与直齿轮基本相同，只是发生面上的直线 KK 不再与基圆柱的轴线平行，而是与轴线成 β_b 角，亦即 KK 线与发生面和基圆柱的切线 NN 成 β_b 角，如图 5-26(a) 所示。这样，当发生面在基圆柱上作纯滚动时，直线 KK 就展成一个螺旋形的渐开面,称为渐开螺旋面,并在基圆柱上形成一条螺旋线 AA。斜齿圆柱齿轮的齿廓曲面就是由渐开螺旋面组成的。从斜齿圆柱齿轮齿廓曲面的形成可知,用垂直于齿轮轴线的平面去截齿廓曲面,截得的曲线应该是标准的渐开线。角度 β_b 称为基圆柱上的螺旋角,β_b 越大,轮齿偏斜越厉害,若 $\beta_b=0$,就成为直齿轮,亦即直齿轮可看作是斜齿轮的一个特例。

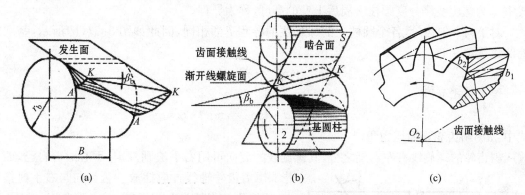

图 5-26   平行轴斜齿圆柱齿轮齿廓曲面的形成和齿面接触线

如图 5-26(b)所示,两斜齿圆柱齿轮传动时,其两啮合齿面上的接触线 KK 沿啮合平面移动,但与两轮轴线成 β_b 角。齿面上的接触线先由短变长,再由长变短,直到脱开啮合为止如图 5-26(c)所示。斜齿轮的这种啮合特性,使传力过程中,载荷不是突然加上和突然卸去,因而减少了传动时的冲击、振动和噪声,提高了传动的平稳性。

这种特性,使斜齿圆柱齿轮在高速大功率传动中,得到了广泛的应用。

5.7.2 斜齿轮的基本参数和几何尺寸

斜齿圆柱齿轮(以下简称斜齿轮)的轮齿呈螺旋形,所以它有两种基本齿形:一种是在垂直于齿轮轴线的平面,即端面内的齿形;一种是在垂直于齿面的平面,即法面内的齿形。因而它有端面参数和法面参数两种参数,分别用下标 t 和 n 来区别,下面讨论这两种参数间的关系。

1. 螺旋角

设想将斜齿轮沿分度圆柱面展开,得到如图 5-27(a)所示的矩形,矩形的高就是斜齿轮的

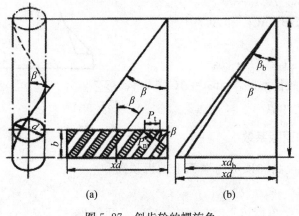

图 5-27   斜齿轮的螺旋角

齿宽 b，其长为分度圆周长 πd。这时分度圆上的轮齿的螺旋线便展开成一条斜线，其与轴线的夹角 β，称为斜齿轮分度圆上的螺旋角，简称斜齿轮的螺旋角。

由图 5-27(a) 可得

$$\tan\beta = \pi d/l$$

式中：l 为螺旋线绕分度圆柱一周后上升的高度，称为导程。

对于同一斜齿轮，各个圆柱上的螺旋线的导程 l 都相同，因此如图 5-27(b) 所示，基圆柱上的螺旋角 β_b 有

$$\tan\beta_b = \pi d_b/l$$

综上两式可得

$$\tan\beta_b = d_b/d \cdot \tan\beta = \tan\beta \cdot \cos\alpha_t \tag{5-21}$$

式中：α_t 为斜齿轮端面压力角。

斜齿轮的螺旋线有左右旋之分，其螺旋线的旋向可用右手法则判定：手心对着自己，四个指头顺着齿轮轴线方向摆放。若齿向与右手拇指指向一致，则该齿轮为右旋齿轮，反之为左旋。如图 5-28 所示。

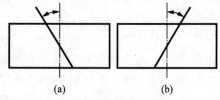

图 5-28　斜齿轮旋向确定
(a) 左旋　(b) 右旋

2. 齿距和模数

由图 5-27(a) 可得，法向齿距 p_n 和端面齿距 p_t 的关系为

$$p_n = p_t \cdot \cos\beta$$

因 $p_n = \pi m_n$，$p_t = \pi m_t$，故得

$$m_n = m_t \cdot \cos\beta \tag{5-22}$$

式中：m_n，m_t 分别为法向模数和端面模数。

3. 压力角

斜齿轮的法面压力角 α_n 和端面压力角 α_t 的关系，可用图 5-29 所示的斜齿条来分析。图中平面 ABB' 为端面，平面 ACC' 为法面，$\angle ACB = 90°$。

在直角三角形 ABB'，ACC' 和 ACB 中
$\tan\alpha_t = AB/BB'$，
$\tan\alpha_n = AC/CC'$，$AC = AB \cdot \cos\beta$
又因 $BB' = CC'$，故得 $\tan\alpha_n/\tan\alpha_t = AC/AB = \cos\beta$
即 $\tan\alpha_n = \tan\alpha_t \cdot \cos\beta \tag{5-23}$

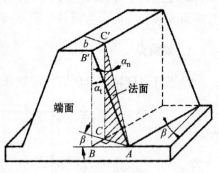

图 5-29　斜齿条

4. 齿顶高系数和顶隙系数

因为法面上的齿顶高和顶隙与端面上的齿顶高和顶隙是一样的，即

$$h_a = h_{an}^* \cdot m_n = h_{at}^* \cdot m_t, c = c_n^* m_n = c_t^* m_t \tag{5-24}$$

由式(5-24)，可得

$$h_{\mathrm{at}}^* = h_{\mathrm{an}}^* \cdot \cos\beta$$
$$c_{\mathrm{t}}^* = c_{\mathrm{n}}^* \cdot \cos\beta \tag{5-25}$$

式中：h_{an}^* 和 h_{at}^* 分别为法面和端面的齿顶高系数，c_{n}^* 和 c_{t}^* 分别为法面和端面的顶隙系数。

在斜齿轮的切齿加工中，刀具通常是沿着轮齿的螺旋齿槽方向运动的，齿轮的法向齿形等于刀具的齿形。因此，规定斜齿轮的法向基本参数为标准值，即 m_{n}，α_{n}，h_{an}^*、c_{n}^* 取标准值。斜齿轮的端面参数虽然不是标准值，但端面是圆形的，法面是椭圆形的，所以斜齿轮的几何尺寸还都要在端面中来计算。若在斜齿轮的端面上取无限薄的一片来看，则可以认为它是一个极薄的直齿轮。因而如果将直齿轮公式中的齿形参数（m，α，h_{a}^*，c^* 等）改为斜齿轮的端面参数（m_{t}，α_{t}，h_{at}^*，c_{t}^* 等）就可以直接应用直齿圆柱齿轮的公式计算斜齿圆柱齿轮端面各几何尺寸。例如

$$d = m_{\mathrm{t}} \cdot z = m_{\mathrm{n}}/\cos\beta \cdot z \tag{5-26}$$

齿顶高、齿根高、全齿高在法面上计算比较方便：

$$h_{\mathrm{a}} = h_{\mathrm{an}}^* m_{\mathrm{n}} \tag{5-27}$$
$$h_{\mathrm{f}} = (h_{\mathrm{an}}^* + c_{\mathrm{n}}^*) m_{\mathrm{n}} \tag{5-28}$$
$$h = h_{\mathrm{a}} + h_{\mathrm{f}} = (2h_{\mathrm{an}}^* + c_{\mathrm{n}}^*) m_{\mathrm{n}} \tag{5-29}$$

于是可得齿顶圆、齿根圆和中心距为

$$d_{\mathrm{a}} = d + 2h_{\mathrm{a}} = (z/\cos\beta + 2h_{\mathrm{an}}^*) m_{\mathrm{n}} \tag{5-30}$$
$$d_{\mathrm{f}} = d - 2h_{\mathrm{f}} = (z/\cos\beta - 2h_{\mathrm{an}}^* - 2c_{\mathrm{n}}^*) m_{\mathrm{n}} \tag{5-31}$$
$$a = 1/2(d_1 + d_2) = m_{\mathrm{n}}/2\cos\beta \cdot (z_1 + z_2) \tag{5-32}$$

式(5-32)表明，在设计平行轴斜齿圆柱齿轮传动时，可通过改变螺旋角 β 的方法来凑中心距。

5.7.3 平行轴斜齿轮传动的正确啮合条件和重合度

1. 正确啮合条件

平行轴斜齿轮在端面内的啮合相当于直齿轮的啮合，由直齿轮的正确啮合条件得

$$m_{\mathrm{t}1} = m_{\mathrm{t}2}, \alpha_{\mathrm{t}1} = \alpha_{\mathrm{t}2}$$

由图 5-26 可知，平行轴斜齿轮传动的两基圆柱螺旋角大小相等，外啮合时旋向相反，内啮合时则旋向相同。若用"+"号表示旋向相同，"−"号表示旋向相反，则得 $\beta_{\mathrm{b}1} = \pm\beta_{\mathrm{b}2}$。由式(5-21)可得 $\beta_1 = \pm\beta_2$。又由式(5-22)、式(5-23)可得平行轴斜齿轮传动的正确啮合条件为

$$\alpha_{\mathrm{n}1} = \alpha_{\mathrm{n}2} = \alpha_{\mathrm{n}}$$
$$m_{\mathrm{n}1} = m_{\mathrm{n}2} = m_{\mathrm{n}}$$
$$\beta_1 = \pm\beta_2 \text{ 或 } \alpha_{\mathrm{t}1} = \alpha_{\mathrm{t}2} = \alpha_{\mathrm{t}}$$
$$m_{\mathrm{t}1} = m_{\mathrm{t}2} = m_{\mathrm{t}}$$
$$\beta_1 = \pm\beta_2 \tag{5-33}$$

2. 重合度

为便于分析斜齿轮传动的重合度，现以端面尺寸和齿宽均相同的一对直齿轮传动与一对斜齿轮传动进行对比。

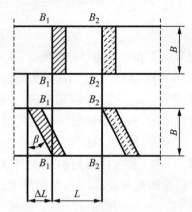

图 5-30 斜齿条传动的重合度

如图 5-30 所示，上图为直齿轮传动的啮合面，下图为斜齿轮传动的啮合面。直线 B_2B_2 表示在啮合平面内，一对轮齿进入啮合的位置，直线 B_1B_1 则表示一对轮齿脱离啮合的位置，B_2B_2 和 B_1B_1 之间的区域为轮齿的啮合区。

对于直齿轮传动来说，轮齿在 B_2B_2 进入啮合时，就沿整个齿宽接触，在 B_1B_1 处脱开啮合时，也是沿整个齿宽分开，故直齿轮的重合度 $\varepsilon_\alpha = L/p_{bt}$

对于斜齿轮传动来说，轮齿的前端点到达 B_2B_2 位置时，即开始啮合。这时只有一个点接触，随后开始线接触，逐渐整个轮齿进入啮合区。脱开啮合时，前端点首先脱开啮合，一直到后端点到达 B_1B_1 时，整个轮齿才脱开啮合。这样，斜齿轮的实际啮合区比直齿轮增大了 $\Delta L = B \cdot \tan\beta_b$。因此，平行轴斜齿轮传动的总重合度为

$$\varepsilon_r = (L + \Delta L)/p_{bt} = L_p/b_t + \Delta L/p_{bt} = \varepsilon_\alpha + \varepsilon_\beta \tag{5-34}$$

式中：p_{bt} 为端面基圆齿距。

式(5-34)表明平行轴斜齿轮传动的总重合度由两部分组成，其中 ε_α 为端面重合度，ε_β 为纵向重合度，也称轴面重合度。

ε_α 可用直齿轮传动的重合度公式求得，但应用端面参数代入，即

$$\varepsilon_\alpha = 1/2\pi[z_1(\tan\alpha_{at1} - \tan\alpha'_t) + z_2(\tan\alpha_{at2} - \tan\alpha'_t)]$$

标准安装时，$\alpha'_t = \alpha_t$，α_t 可由式(5-23)求得。端面齿顶圆压力角 α_{at1} 和 α_{at2} 为：

$$\cos\alpha_{at1} = z_1\cos\alpha_t/(z_1 + 2h^*_{at}) = z_1 \cdot \cos\alpha_t/(z_1 + 2h^*_{an} \cdot \cos\beta)$$

$$\cos\alpha_{at2} = z_2\cos\alpha_t/(z_2 + 2h^*_{at}) = z_2\cos\alpha_t/(z_2 + 2h^*_{an}\cos\beta)$$

纵向重合度为：

$$\varepsilon_\beta = b \cdot \tan\beta_b/p_{bt} = b \cdot \tan\beta \cdot \cos\alpha_t/p_t \cdot \cos\alpha_t = b \cdot \tan\beta/p_n/\cos\beta = b \cdot \sin\beta/\pi m_n \tag{5-35}$$

由此可知，平行轴斜齿轮传动的总重合度随 β 和齿宽 b 的增大而增大，其值可以很大，亦即可以有很多对轮齿同时啮合，因此，传动较平稳，承载能力较大。

5.7.4 斜齿圆柱齿轮的当量齿数

在用仿形法加工斜齿轮时，必须按照齿轮的法向齿数来选择铣刀。在进行斜齿轮的弯曲强度计算时，因为力是作用在法向平面内的，也必须知道它的法向齿形。这就要研究具有 z 个齿的斜齿轮，其法向的齿形应与多少个齿的直齿轮的齿形相同或最相接近。如图 5-31 所示，过斜齿轮分度圆柱上齿廓的任一点 C 作轮齿螺旋线的法平面 nn，该法平面与分度圆柱的交线为一椭圆，其长半轴为 $a = d/2\cos\beta$，短半轴为 $b = d/2$，椭圆上 C 点的曲率半径为

$$\rho = a^2/b = (d/2\cos\beta)^2/d/2 = d/2\cos^2\beta$$

由图 5-31 可见，在 C 点附近一段椭圆弧与以 ρ 为半径

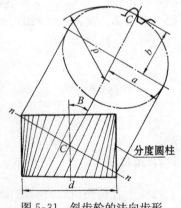

图 5-31 斜齿轮的法向齿形

过 C 点的一段圆弧非常接近。因此，以 ρ 为分度圆半径，以斜齿轮的法向模数 m_n 和法向压力角 α_n 作一虚拟的直齿圆柱齿轮，其齿形即可认为最接近于斜齿轮的法向齿形。该虚拟的直齿圆柱齿轮称为斜齿轮的当量齿轮，其齿数称为当量齿数，用 z_v 表示，故

$$z_v = 2\rho/m_n = d/m_n\cos^2\beta = m_t \cdot z/m_n \cdot \cos^2\beta = z/\cos^3\beta$$

即

$$z_v = z/\cos^3\beta \tag{5-36}$$

当量齿数 z_v 是虚拟的，一般不为整数。z_v 不仅在选择铣刀及计算轮齿弯曲强度时作为依据，而且在确定标准斜齿轮不产生根切的最少齿数时，也可以以此作为依据。设螺旋角为 β 的斜齿轮不产生根切的最少齿数为 z_{min}，当量齿轮用齿条形刀具范成时不产生根切的最少齿数为 z_{vmin}，在 $\alpha_n = 20°$，$h_{an}^* = 1$ 时 $z_{vmin} = 17$，故由式(5-36)得：

$$z_{min} = z_{vmin} \cdot \cos^3\beta = 17 \cdot \cos^3\beta \tag{5-37}$$

由上式可知，斜齿轮不产生根切的最少齿数 <17。

5.7.5 平行轴斜齿轮传动的主要优缺点

综上所述，与直齿圆柱齿轮相比，平行轴斜齿圆柱齿轮传动的主要优点为：

(1) 齿面接触情况良好。由于一对齿是逐渐进入啮合和逐渐脱离啮合的，所以运转平稳、噪声小，尤其适合高速传动。

(2) 重合度大，并随着齿宽和螺旋角的增大而增大，因此同时啮合的齿数多，承载能力强。

(3) 斜齿轮的最少齿数可小于 17，能使机构更紧凑。

(4) 制造成本与直齿圆柱齿轮相同。

斜齿轮的主要缺点是轮齿受法向力作用时会产生轴向分力，如图 5-32(a)所示，这对传动和支承都不利。因轴向分力随螺旋角 β 的增大而增大，所以为了限制轴向分力，设计时一般取 $\beta = 8° \sim 20°$。

为了抵消轴向力，也可以采用如图 5-32(b)所示的人字齿轮。人字齿轮是两个螺旋角大小相等、旋向相反的斜齿轮合并而成，因左右对称而使轴向分力抵消。采用人字齿轮时可取 $\beta = 27° \sim 45°$。

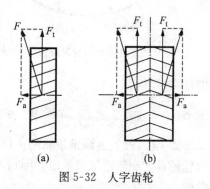

图 5-32 人字齿轮

5.8 直齿圆锥齿轮机构

5.8.1 圆锥齿轮机构的特点和类型

圆锥齿轮机构用来实现相交轴之间的传动，轴线间夹角即轴交角 Σ 可为任意值，但一般机械中大多 $\Sigma = 90°$。圆锥齿轮的齿排列在截圆锥体上，轮齿由齿轮的大端到小端逐渐收缩变小。与圆柱齿轮的各圆柱相对应，圆锥齿轮有分度圆锥、齿顶圆锥、齿根圆锥、基圆锥和节圆锥。

圆锥齿轮机构按两轮啮合形式不同，可分为外啮合、内啮合和平面啮合 3 种，分别如图 5-33(a)、(b)、(c)所示。

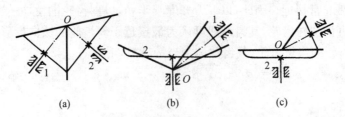

图 5-33 直齿圆锥齿轮机构

圆锥齿轮按其齿廓形状,可分为直齿、斜齿和曲齿 3 类。其中直齿圆锥齿轮机构的设计、制造和安装比较容易,而且是研究其他圆锥齿轮的基础,本节只讨论直齿圆锥齿轮机构。

5.8.2 直齿圆锥齿轮齿廓曲面的形成

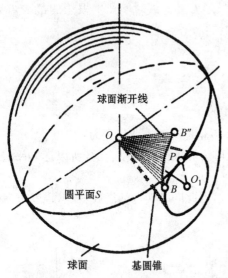

图 5-34 直齿圆锥齿轮齿廓曲面的形成

圆柱齿轮的齿廓曲面是发生面在基圆柱上作纯滚动而形成的,圆锥齿轮的齿廓曲面则是发生面在基圆锥上作纯滚动时形成的。如图 5-34 所示,圆平面 S 与一基圆锥切于 OP,且圆的半径 R' 等于基圆锥的锥距 R,同时圆心 O 与锥顶重合。当 S 面沿基圆锥表面作纯滚动时,其任一半径线 OB 在空间形成一曲面,该曲面即为直齿圆锥齿轮的齿廓曲面。因为在齿廓曲面的生成过程中 OB 线上任一点到点 O 的距离不变,故所生成的渐开线必在以 O 为球心的球面上,所以将 OB 线上任一点所生成的渐开线称为球面渐开线,而将 OB 线生成的曲面称为球面渐开线曲面。

5.8.3 直齿圆锥齿轮的背锥和当量齿数

如上所述,直齿圆锥齿轮的齿廓曲线是球面渐开线。由于球面无法展开成平面,这给圆锥齿轮的设计和制造带来了很大困难,所以工程上采用下述近似的方法来研究圆锥齿轮的齿廓曲线。

图 5-35(a)是一个圆锥齿轮的轴向半剖面图,三角形 OAB 代表分度圆锥,Ab 和 Aa 为齿轮大端球面上齿形的齿顶高和齿根高。过点 A 作 $AO_1 \perp AO$ 交圆锥齿轮的轴线于 O_1 点,再以 OO_1 为轴线,以 O_1A 为以 O 为投射中心将球面齿形向背锥投影,得齿顶高点 b' 和齿根高点 a'。在点 A 和 B 附近背锥面和球面非常接近,锥距 R 与大端模数的比值越大,两者越接近,即背锥齿形和大端球面上的齿形越接近,因此可用背锥上的齿形来近似地代替球面上的理论齿形。将背锥及其上的齿形展开成一扇形齿轮,并将此扇形齿轮的模数、压力角、齿顶高系数、顶隙系数取自圆锥齿轮的相应参数。将此扇形齿轮补足成圆柱齿轮,则此虚拟的圆柱齿轮称为该圆锥齿轮的当量齿轮。当量齿轮的齿数称为该圆锥齿轮的当量齿数,用 z_v 表示。

由图 5-35(b)可得,当量齿轮的分度圆半径 r_v 为

$$r_v = AB/2/\cos\delta = r/\cos\delta$$

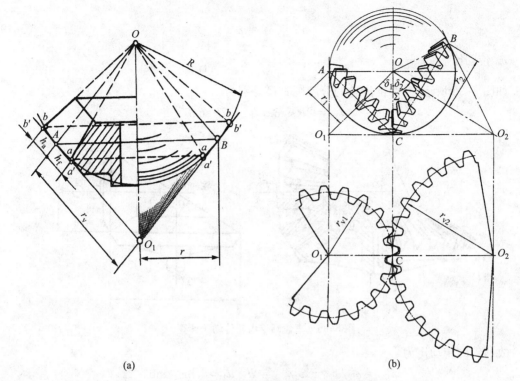

(a)

(b)

图 5-35 直齿圆锥齿轮的背锥和当量齿轮数

设圆锥齿轮的齿数为 z，模数为 m，则圆锥齿轮的分度圆半径 $r=mz/2$，又 $r_v=mz_v/2$，将此两式代入上式得 $mz_v/2=mz/2\cos\delta$

故

$$z_v = z/\cos\delta \tag{5-38}$$

式中：δ 为圆锥齿轮的分度圆锥角。由上式知，z_v 一般不是整数。

在研究圆锥齿轮的啮合传动和加工中，当量齿轮有极其重要的作用。如：

(1) 采用仿形法加工直齿圆锥齿轮时，需根据当量齿数来选择铣刀。

(2) 直齿圆锥齿轮传动的重合度，可按当量齿轮的重合度计算。

(3) 用范成法加工时，可根据当量齿数来计算直齿圆锥齿轮不发生根切的最少齿数 z_{min}，

$$z_{min}=z_{v_{min}} \cdot \cos\delta$$

当 $\alpha=20°$，$h_a^*=1$ 时，$z_{v_{min}}=17$，故 $z_{min}=17 \cdot \cos\delta$。

(4) 在直齿圆锥齿轮的强度计算中，也要用到当量齿数。

5.8.4 直齿圆锥齿轮的正确啮合条件和传动比

1. 正确啮合条件

一对直齿圆锥齿轮的啮合，相当于一对当量齿轮的啮合。因为当量齿轮的模数、压力角分别与圆锥齿轮大端的模数、压力角相等，故直齿圆锥齿轮的正确啮合条件为：两齿轮的模数、压力角分别相等，即

$$m_1 = m_2 = m$$
$$\alpha_1 = \alpha_2 = \alpha \tag{5-39}$$

2. 传动比

如图 5-36 所示,两圆锥齿轮的分度圆直径分别为

$$d_1 = 2R\sin\delta_1, d_2 = 2R\sin\delta_2$$

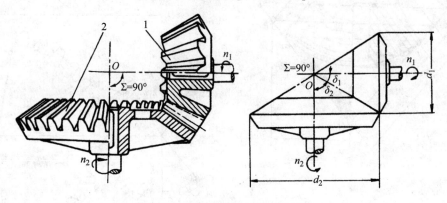

图 5-36 直齿圆锥齿轮传动比计算

故两轮的传动比为

$$i_{12} = \omega_1/\omega_2 = z_2/z_1 = d_2/d_1 = \sin\delta_2/\sin\delta_1$$

式中:δ_1,δ_2分别为两圆锥齿轮的分度圆锥角。

当轴交角 $\Sigma = \delta_1 + \delta_2 = 90°$ 时,上式可写成:

$$i_{12} = \omega_1/\omega_2 = \sin\delta_2/\sin\delta_1 = \sin(90° - \delta_1)/\sin\delta_1 = \cot\delta_1 = \tan\delta_2 \tag{5-40}$$

由上式可知,若已知 i_{12},即可求出两分度圆锥角。

5.8.5 直齿圆锥齿轮的基本参数和几何尺寸计算

图 5-37 所示为一对直齿圆锥齿轮,圆锥齿轮的基本参数以大端为准,因为大尺寸在测量时,相对误差小。锥齿轮的基本参数有:模数 m、齿数 z、压力角 α、分度圆锥角 δ、齿顶高系数

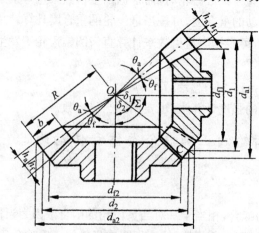

图 5-37 直齿圆锥齿轮传动的基本尺寸

h_a^*、顶隙系数 c^*。模数的标准值见表 5-4。压力角 $\alpha=20°$，齿顶高系数 $h_a^*=1$，顶隙系数 $c^*=0.2$。

表 5-4　锥齿轮的标准模数 m(GB12368—90)　　　　　　(mm)

1	1.125	1.25	1.375	1.5	1.75	2	2.25	2.5	2.75
3	3.25	3.5	3.75	4	4.5	5	5.5	6.0	6.5
7	8	9	10	12	14	16	18	20	

注：1>m>20 的值未列入表中。

通常直齿圆锥齿轮的齿高变化形式有两种，即不等顶隙收缩齿和等顶隙收缩齿。不等顶隙收缩齿也称正常收缩齿，其顶锥、根锥和分度圆锥的顶点相重合，齿轮副的顶隙由大端到小端逐渐减小，两齿轮的顶锥角分别为

$$\delta_{a1}=\delta_1+\theta_{a1}, \delta_{a2}=\delta_2+\theta_{a2}$$

等顶隙收缩齿，其根圆锥和分度圆锥的顶点不重合，为保证顶隙不变，其一轮的顶锥母线与另一轮的根锥母线平行，所以两轮的顶锥角分别为

$$\delta_{a1}=\delta_1+\theta_{f2}, \delta_{a2}=\delta_2+\theta_{f1}$$

相比较而言，在强度和润滑性能方面，等顶隙收缩齿优于不等顶隙收缩齿。

标准直齿圆锥齿轮的几何尺寸计算公式如表 5-5 所示。

表 5-5　标准直齿圆锥齿轮的几何尺寸计算公式($\Sigma=90°$)

序号	名　称	符号	计算公式和参数选择
1	模数	m	以大端模数为标准
2	传动比	i	$i_{12}=z_2/z_1=\cot\delta_1=\tan\delta_2$
3	分度圆锥角	δ_1, δ_2	$\delta_2=\arctan\dfrac{z_2}{z_1}, \delta_1=90°-\delta_2$
4	分度圆直径	d_1, d_2	$d=mz$
5	齿顶高	h_a	$h_a=m$
6	齿根高	h_f	$h_f=1.2m$
7	全齿高	h	$h=2.2m$
8	齿顶间隙	c	$c=0.2m$
9	齿顶圆直径	d_a	$d_{a1}=d_1+2m\cos\delta_1, d_{a2}=d_2+2m\cos\delta_2$
10	齿根圆直径	d_f	$d_{f1}=d_1-2.4m\cos\delta_1, d_{f2}=d_2-2.4m\cos\delta_2$
11	锥距	R	$R=\sqrt{r_1^2+r_2^2}=\dfrac{m}{2}\sqrt{z_1^2+z_2^2}=\dfrac{d_1}{2\sin\delta_1}=\dfrac{d_2}{2\sin\delta_2}$
12	齿宽	b	$b=(0.25\sim0.3)R$
13	齿顶角	θ_a	$\theta_a=\arctan\dfrac{h_a}{R}$
14	齿根角	θ_f	$\theta_f=\arctan\dfrac{h_f}{R}$
15	根锥角	δ_{f1}, δ_{f2}	$\delta_{f1}=\delta_1-\theta_f, \delta_{f2}=\delta_2-\theta_f$
16	顶锥角	δ_{a1}, δ_{a2}	$\delta_{a1}=\delta_1+\theta_a, \delta_{a2}=\delta_2+\theta_a$

本章小结

本章介绍的齿轮机构用于传递空间任意两轴间的运动和动力,具有传动效率高、传递的速度和功率范围广、传动比准确、使用寿命长、工作可靠、结构紧凑等优点。本章主要围绕平行轴外啮合直齿圆柱齿轮机构和斜齿圆柱齿轮机构进行讨论。主要内容有:渐开线的性质,渐开线齿轮机构具有瞬时传动比恒定性、中心距的可分性及啮合线和压力线的不变性;齿轮的主要参数(齿数 z、模数 m、压力角 α、齿顶高系数 h_a^*、顶隙系数 c^*)和几何尺寸计算,齿轮的正确啮合条件、连续传动条件和无侧隙啮合条件;齿轮的切削加工方法、根切现象和避免根切的条件,变位齿轮机构及其应用;斜齿轮机构的主要参数和几何尺寸计算、啮合特点、正确啮合条件、连续传动条件和无侧隙啮合条件、斜齿轮的当量齿数;直齿圆锥齿轮机构的当量齿数、主要参数和几何尺寸计算、正确啮合条件和传动比。

实训二　渐开线齿轮基本参数的测定

1. 实训目的

(1) 掌握用简单量具测量渐开线标准直齿圆柱齿轮基本参数的方法。
(2) 加深理解渐开线的性质,熟悉齿轮各部分几何尺寸与基本参数之间的相互关系。

2. 实训工具

(1) 待测齿轮两个:选用两个模数制正常齿制的渐开线标准直齿圆柱齿轮,其中一个齿轮的齿数为偶数,另一个齿轮的齿数为奇数。
(2) 量具:精度为 0.02 mm 的游标卡尺及公法线千分尺。
(3) 学生自备草稿纸、笔、计算器等文具。

3. 实验步骤

(1) 确定齿轮的齿数 z。
(2) 确定齿轮的齿顶圆直径 d_a 和齿根圆直径 d_f。
齿轮的齿顶圆直径 d_a 和齿根圆直径 d_f 可用游标卡尺测出。为了减少测量误差,同一测量值应在不同位置上测量 3 次,然后取其算术平均值。

当齿轮齿数为偶数时,齿顶圆直径 d_a 和齿根圆直径 d_f 可用游标卡尺在待测齿轮上直接测出。当待测齿轮齿数为奇数时,齿顶圆直径 d_a 和齿根圆直径 d_f 必须采用间接测量的方法,如图 5-38 所示。先测出齿轮轴孔直径 D,然后分别测量出孔壁到任一齿顶的距离 H_1 和孔壁到任一齿根的距离 H_2,由此可按下式计算 d_a 和 d_f

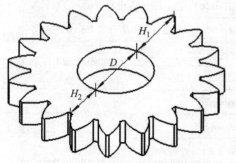

图 5-38　齿数为奇数齿轮参数测量

$$d_a = D + 2H_1$$
$$d_f = D + 2H_2$$

（3）计算全齿高 h。

偶数齿轮：$h = (d_a - d_f)/2$

奇数齿轮：$h = H_1 - H_2$

（4）计算齿轮模数 m。

由 $h = (2h_a^* + c^*)m$ 得

$$m = h/(2h_a^* + c^*)$$

（5）用测量公法线长度的确定齿轮的基本参数。

当被测齿轮齿顶圆的精度较低时，可采用测量公法线长度的办法确定齿轮的基本参数，如模数 m 及压力角 α 等，测量时，一般应先按齿轮的齿数确定跨测齿 k，$k = z/9 + 0.5$（四舍五入为整数）。

测出公法线长度 W_k 和 $W_k + 1$ 后，先求出基圆齿距 $p_b = W_k + 1 - W_k$，再根据 $p_b = \pi m \cos\alpha$ 确定该齿轮的模数 m 和压力角 α。

由于齿轮制造时有误差，加之量具及测量时均有误差，所以根据上述公式计算出来的模数，应将其与标准模数表对照，确定出齿轮的实际模数。

实训三　渐开线直齿圆柱齿轮范成法实训

1. 实训目的

（1）通过实训掌握用范成法切削加工渐开线齿轮齿廓的基本原理。

（2）了解渐开线齿轮产生根切现象的原因和避免根切的方法。

2. 实训内容

（1）模拟范成法切制一少齿数标准齿轮，观察分析根切现象及其产生的原因。

（2）模拟范成法变位切制上述齿轮而不发生根切现象。

（3）分析比较标准齿轮和变位齿轮的异同点。

3. 实训设备和工具

（1）渐开线齿轮范成仪。

（2）钢直尺、剪刀。

（3）圆规、绘图纸（A4）、三角尺及两支不同颜色的笔（自备）。

4. 实训原理

范成法是利用一对齿轮（或齿轮与齿条）互相啮合时，其共轭齿廓互为包络线的原理来加工齿轮的一种方法。加工时，其中一齿轮（或齿条）为刀具，另一轮为待加工轮坯，两者按范成原理对滚，同时刀具还沿轮坯的轴向作切削运动，刀具刀刃在每一次切削位置的包络线就是被加工齿轮的齿廓线，其过程好像一对齿轮（或齿条）作无侧隙啮合传动一样。为了看清楚渐开线齿廓的形成过程,实训时,用图纸代替被加工齿轮轮坯,在不考虑进刀和让刀运动的情况下(齿条刀具中线与图纸轮坯的分度圆相切,即标准安装),在图纸上画出每一次刀具切削的位置线,其包络线即是被加工齿轮的齿廓线。

图 5-39 所示为渐开线齿轮范成仪,半圆盘 2(图纸固定其上,相当于被加工齿轮轮坯)绕固定于机架 1 上的轴心 O 转动,在半圆盘 1 周缘有凹槽,槽内绕有钢丝 2,两根分别固定在半圆盘及纵拖板 3 上的 a、b 和 c 处。通过两根钢丝 2 带动装在拖板 3 上的齿条刀具 6 同步运动,即模拟齿轮切削加工时的范成运动。

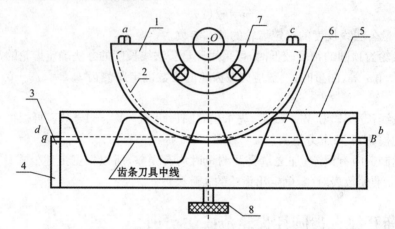

图 5-39　渐开线齿轮范成仪

1—半圆盘　2—钢丝　3—纵拖板　4—机架　5—横拖板　6—齿轮刀具　7—压板　8—螺杆

转动螺旋 8 可使拖板 3 上的小拖板 5 带动齿条刀具 6 相对于拖板 3 垂直移动,从而可调节齿条刀具中线至轮坯中心 O 的距离。

在齿轮范成仪中,已知齿条刀具的参数为:压力角、齿顶高系数、顶隙系数、模数及被加工齿轮的分度圆直径。

5. 实训步骤

(1) 根据已知的刀具参数和被加工齿轮分度圆直径,计算被加工齿轮的基圆、不发生根切的最小变位系数与最小变位量、被加工标准齿轮的齿顶圆直径与齿根圆直径、以及变位齿轮的齿顶圆直径与齿根圆直径。然后根据计算数据将上述 6 个圆画在图纸上(A4 纸画半圆),并沿最大圆的圆周将多余的边角剪掉,作为本实训用的被加工"轮坯"。

(2) 将剪好的被加工"轮坯"安装到齿轮范成仪的圆盘 1 上(注意"轮坯"圆心对准圆盘 1 的中心 O)。

(3) 转动螺旋 8,调节齿条刀具中线,使其与被加工"轮坯"分度圆相切,此时刀具处于切制标准齿轮时的安装位置上。

(4) 移动拖板 3,先将刀具移向一端,使刀具的齿廓退出"轮坯"中标准齿轮的齿顶圆;然后将刀具移向另一端,每移动 2～4 mm 距离时,用较浅颜色的笔沿齿条刀具刀刃描出刀刃在图纸轮坯上的位置线,并注意观察这些刀刃位置线的包络线即齿轮齿廓的形成过程。如图 5-40 所示。

(5) 观察根切现象(用标准渐开线齿廓检验所绘得的齿廓或观察刀具的齿顶线是否超过

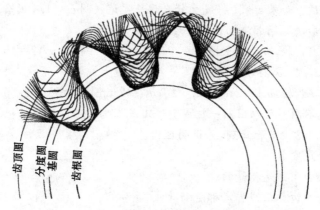

图 5-40　范成法绘制出的标准齿轮齿廓曲线

被加工齿轮的理论啮合极限点）。

（6）转动螺旋 7，重新调节齿条刀具中线，使其与被加工"轮坯"分度圆远离一个避免根切的最小变位量，换一支较深颜色的笔，重复步骤（4）再"切制"齿廓。即可得到部分正变位齿轮的齿廓曲线。如图 5-41 所示。

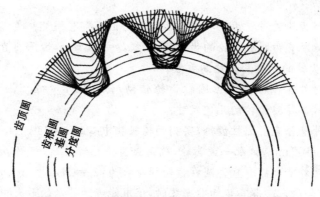

图 5-41　范成法绘制出的正变位齿轮齿廓曲线

（7）分析比较两次切得的标准齿轮的齿廓曲线和正变位齿轮的齿廓曲线。

6. 思考题

（1）通过实训，你所观察到的根切现象发生在基圆之内还是在基圆之外？是什么原因引起的？加工齿轮时如何避免根切？

（2）通过实训对范成齿廓和变位齿廓的创意有何体会？

思考题与习题

5-1　渐开线的性质有哪些？什么叫渐开线齿轮中心距可分性？

5-2　一对标准齿轮，安装时中心距比标准中心距稍大些，试定性说明齿侧间隙、顶隙、节圆直径、啮合角的变化。

5-3　分别说明直齿轮、斜齿轮、锥齿轮的正确啮合条件，为什么要满足这些条件？

5-4 何谓重合度？如果 $\varepsilon_a < 1$ 将发生什么现象？试说明 $\varepsilon_a = 1.4$ 的含义。

5-5 试说明仿形法和范成法切齿的原理和特点。

5-6 有两对标准齿轮，$mA = 5\,\text{mm}$，$\alpha = 20°$，$h_a^* = 1$，$zA1 = 24$，$zA2 = 45$ 和 $mB = 2\,\text{mm}$，$\alpha = 20°$，$h_a = 1$，$z_{B1} = 24$，$z_{B2} = 45$，标准安装时，哪一对重合度大？

5-7 有 3 个标准齿轮，$m1 = 2\,\text{mm}$，$z1 = 20$；$m2 = 2\,\text{mm}$，$z2 = 50$；$m3 = 5\,\text{mm}$，$z3 = 24$。问这 3 个齿轮的齿形有何不同？可以用同一把成形铣刀加工吗？可以用同一把滚刀加工吗？

5-8 试判断下列结论是否正确，并说明理由：

（1）节圆就是分度圆。

（2）压力角和啮合角总是相等的。

（3）渐开线齿轮的齿廓曲线肯定都是渐开线。

（4）不论用何种方法加工标准齿轮，当齿数小于 17 时，将发生根切现象。

5-9 什么是变位齿轮？有哪些变位方法？在哪些情况下需要采用变位齿轮？

5-10 斜齿圆柱齿轮和圆锥齿轮均有当量齿轮，当量齿轮与实际齿轮有哪些参数是相同的？研究当量齿轮有何意义？

5-11 平行轴斜齿圆柱齿轮机构的螺旋角对传动有什么影响？其常用取值范围是多少？为什么？

5-12 什么叫斜齿轮的当量齿轮和当量齿数？它们有哪些用处？

5-13 测得一标准直齿圆柱齿轮的齿顶圆直径 $d_a = 208\,\text{mm}$，齿根圆直径 $d_f = 172\,\text{mm}$，齿数 $z = 24$，试确定该齿轮的模数和齿顶高系数。

5-14 已知一对外啮合标准直齿圆柱齿轮传动，传动比 $i_{12} = 2.5$，$z_1 = 40$，$h_a^* = 1$，$m = 10\,\text{mm}$，$\alpha = 20°$。试计算这对齿轮的几何尺寸。

5-15 有一对外啮合直齿圆柱齿轮，实测两轮轴孔中心距 $a = 112.5\,\text{mm}$，小齿轮齿数 $z_1 = 38$，齿顶圆直径 $d_{a1} = 100\,\text{mm}$，试配一大齿轮，确定大齿轮的齿数 z_2，模数 m 及尺寸。

5-16 已知一对外啮合标准直齿圆柱齿轮的参数为：$z_1 = 24$，$z_2 = 58$，$m = 2\,\text{mm}$，当其标准安装时，试计算其重合度 ε_a。当其非标准安装时，试求能连续传动的最大中心距 a_{max}。

5-17 已知一对标准直齿圆柱齿轮传动，$m = 10\,\text{mm}$，$z_1 = 17$，$z_2 = 22$，中心距 $a = 200\,\text{mm}$，要求：①绘制两轮的齿顶圆、分度圆、节圆、齿根圆和基圆；②作出理论啮合线、实际啮合线和啮合角；③检查是否满足连续传动条件。

5-18 已知一对斜齿轮传动，$z_1 = 24$，$z_2 = 56$，$m_n = 3\,\text{mm}$，$\alpha_n = 20°$，$h_{an}^* = 1$，$c_n^* = 0.25$，$\beta = 18°$，试计算该对齿轮的主要尺寸和当量齿数。

5-19 已知一对斜齿轮传动，$z_1 = 30$，$z_2 = 100$，$m_n = 6\,\text{mm}$，试问其螺旋角为多少时才能满足标准中心距 $400\,\text{mm}$？

5-20 已知一对正常收缩齿直齿圆锥齿轮传动，$m = 5\,\text{mm}$，$\alpha = 20°$，$z_1 = 21$，$z_2 = 35$，$h_a^* = 1$，$c^* = 0.2$，两轴夹角 $\Sigma = 90°$，试求：①两轮的主要尺寸；②两轮的当量齿数。

5-21 在技术革新中，拟使用现有的两个标准直齿圆柱齿轮，已测得齿数 $Z_1 = 22$，$Z_2 = 98$，小齿轮齿顶圆直径 $d_{a1} = 240\,\text{mm}$，大齿轮的全齿高 $h = 22.5\,\text{mm}$，试判定这两个齿轮能否正确啮合传动？

5-22 已知一对正确安装的标准渐开线直齿圆柱齿轮传动，其中心距 $a = 175\,\text{mm}$，模数 $m = 5\,\text{mm}$，压力角 $\alpha = 20°$，传动比 $i_{12} = 2.5$。试求这对齿轮的齿数各是多少？并计算小齿轮的分度圆直径、齿顶圆直径、齿根圆直径和基圆直径。

5-23 已知一标准渐开线直齿圆柱齿轮,其顶圆直径 $d_{a1}=77.5$,齿数 $Z_1=29$,要求设计一个大齿轮与其相啮合,传动的安装中心距 $a=145\,mm$,试计算这对齿轮的主要参数及主要几何尺寸。

5-24 在现场测得直齿圆柱齿轮传动的安装中心距 $a=700\,mm$,齿顶圆直径 $d_{a1}=420$,$d_{a2}=1020$,齿根圆直径 $d_{f1}=375\,mm$,$d_{f2}=975\,mm$,齿数 $Z_1=40$,$Z_2=100$,试计算这对齿轮的模数 m,齿顶高系数 h^* 和顶隙系数 C^*。

5-25 设有一对齿轮的重合度 $\varepsilon=1.30$,试说明这对齿轮在啮合过程中一对轮齿和两对轮齿啮合的比例关系,并用图标出单齿及双齿啮合区。

5-26 一标准直齿圆柱齿轮,$h_a^*=1$,当齿根圆与基圆重合时,其齿数为多少?又当齿大于以上求出的数值时,其齿根圆与基圆哪个大?

5-27 已知一对标准直齿圆柱齿轮传动,小齿轮齿数 $Z_1=24$,两齿轮传动比 $i_{12}=2.5$,模数 $m=6\,mm$,试求:

(1) 标准安装时的中心距 a 和啮合角 α'

(2) 实际安装时中心距 a' 比标准安装时的中心距大 $2\,mm$ 时,其啮合角有何变化?

5-28 用范成法滚刀切制一斜齿轮,已知 $Z=16$,$\alpha_n=20°$,$h_{an}^*=1$,当其 $\beta=15°$ 时,是否会产生根切?仍用此滚刀切制 $Z=15$ 的斜齿轮螺旋角至少应为多少时才能避免根切?

5-29 有一齿条刀具,$m=2\,mm$,$\alpha=20°$,$h_n^*=1$,刀具在切制齿轮时的移动速度 $V_{刀}=1\,mm/s$,试求:

(1) 用这把刀具切制 $Z=14$ 的标准齿轮时,刀具中线离轮坯中心的距离 L 为多少?轮坯转动的角速度应为多少?

(2) 若用这把刀具切制 $Z=14$ 的变位齿轮,共变位系数 $x=0.5$,则刀具中线离轮坯中心的距离 L 应为多少?轮坯转动的角速度应为多少?

5-30 某牛头刨床中,有一对渐开线外啮合标准齿轮传动,已知 $Z_1=17$,$Z_2=118$,$m=5\,mm$,$h_a^*=1$,$a'=337.5\,mm$。检修时发现小齿轮严重磨损,必须报废,大齿轮磨损较轻,其分度圆齿厚共需磨去 $0.91\,mm$,可获得新的渐开线齿面,拟将大齿轮修理后使用,仍用原来的箱体,试设计这对齿轮。

第6章 齿轮传动

教学要求

通过本章的教学,要求掌握齿轮轮齿的主要失效形式及相应的预防措施,理解对齿轮材料的基本要求,了解齿轮的常用材料和热处理方法及其应用;了解齿轮传动的精度选择;掌握直齿轮传动的受力分析及强度设计计算准则,掌握直齿圆柱齿轮传动齿面接触强度和齿根弯曲强度计算公式的正确应用,熟练掌握影响齿轮传动强度的主要因素、各系数的意义和主要参数的选取,了解齿轮许用应力的计算与精度等级的选择,了解圆柱齿轮传动的设计方法和步骤,能熟练查阅有关图表;掌握斜齿轮传动的受力分析(各分力的方向的判定)及旋向的判定,了解斜齿轮传动强度计算及设计计算方法和步骤;掌握直齿圆锥齿轮传动的受力分析;了解齿轮常用的结构形式与齿轮传动的润滑方式。

齿轮传动用于传递任意位置两轴间的运动和动力。因此,齿轮传动除了需要运转平稳、传动准确外,还须具有足够的承载能力。本章将重点阐述齿轮传动的强度计算的有关知识。

按照工作条件,齿轮传动可分为闭式传动和开式传动两种。将齿轮封闭在刚性箱体内,并保证良好润滑的传动称为闭式齿轮传动。重要的齿轮传动都采用闭式传动。开式齿轮传动是敞开的,不能保证良好的润滑,外界的灰尘、杂质等极易落入啮合齿面间,从而引起齿面磨损,故只宜用于低速传动。

6.1 齿轮传动的失效形式和常用齿轮材料

6.1.1 齿轮传动的失效形式

机械零件由于强度、刚度、耐磨性和振动稳定性等因素不能正常工作时,称为失效。

齿轮传动的失效,主要是指轮齿的失效,轮齿失效使齿轮丧失了工作能力,故在使用期限内,防止轮齿失效是齿轮设计的依据。

齿轮轮齿的失效,随着工作条件、材料性能及热处理工艺不同而不同。在正常工作条件下,常见的轮齿失效形式有以下5种:

(1) 轮齿折断。轮齿的折断一般发生在齿根处,因为齿圈刚度相对较大,轮齿相当于悬臂梁,轮齿在啮合时,齿根部分产生的弯曲应力最大,而且是变化的。齿根处还会产生应力集中,轮齿多次重复受载后,当应力值超过齿轮材料的弯曲疲劳极限时,轮齿根部就会产生疲劳裂纹,并逐步扩展,最终引起轮齿折断,这种折断称为疲劳折断[见图6-1(a)]。

斜齿圆柱齿轮一般沿接触线发生局部折断[见图6-1(b)]。另外,齿轮工作时,若轮齿短时过载或受过大的冲击载荷,致使轮齿突然折断,称为过载折断。轮齿宽度较大的齿轮,由于制造、安装的误差,使其局部受载过大,也可能使轮齿产生局部过载折断。

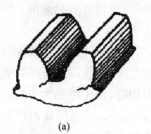

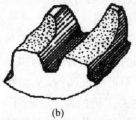

图 6-1　轮齿折断

(a) 疲劳折断　(b) 局部折断

图 6-2　齿面点蚀

为防止轮齿过早折断，可采取一些适当的工艺措施，适当增大齿根部分过渡圆角半径，提高齿面加工精度，降低齿面表面粗糙度值，以及采用齿面强化措施（如喷丸）等，以降低齿根处的应力集中，消除产生疲劳裂纹的因素，从而提高轮齿抗折断的能力。

（2）齿面点蚀。齿轮传动中，由于参加啮合的两轮齿齿面的弹性变形，形成微小的接触面，在其接触表层上产生很大的接触应力。轮齿齿面的接触应力是按脉动循环变化的，当齿面接触应力值超过齿轮材料的接触疲劳极限时，齿面表层将产生细微疲劳裂纹，而润滑油的渗入，使裂纹中产生很大的油压，从而加速了裂纹的扩展，导致齿面金属微粒剥落下来，形成麻点状凹坑，这种现象称为齿面点蚀，简称点蚀。点蚀的继续扩展，破坏了渐开线齿廓，严重影响传动的平稳性，并产生振动和噪声，以致齿轮不能正常工作。实践表明，点蚀常先发生在闭式齿轮传动中，靠近节线附近的齿根表面上（见图 6-2）。

在开式传动中，由于齿面磨损较快，点蚀还来不及出现或扩展，即被磨掉，所以一般看不到点蚀现象。

采用提高齿面硬度（齿面硬度越高，抗点蚀能力越强），降低表面粗糙度数值，增大润滑油黏度，采用正变位齿轮传动等措施，都能提高齿面抗点蚀能力。

（3）齿面胶合。在高速重载的齿轮传动中，常因啮合处的高压接触，使啮合区温度过高，破坏了齿面的润滑油膜而造成润滑失效，致使相啮合的两齿面金属直接接触，局部金属在高温下黏结在一起，随着啮合的继续进行，较硬金属齿面将较软金属表层沿滑动方向撕裂成沟槽，这种现象称为齿面胶合（见图 6-3）。对于低速重载传动，摩擦发热虽不大，但由于油膜不易形成，也可能因重载而出现冷胶合。

图 6-3　齿面胶合

提高齿面硬度，降低表面粗糙度值，采用抗胶合能力强的润滑油，选用抗胶合性能好的齿轮副材料，减小模数和齿高以降低相对滑动速度，材料相同时使大、小齿轮保持适当硬度差，采用合理的变位等，均能提高齿轮抗胶合能力。

图 6-4　齿面磨损

（4）齿面磨损。由于相对滑动，特别是当密封不良有外界的灰尘、金属屑等杂质落入啮合面上时，这些杂质便成为磨料，使齿面产生磨粒磨损，齿面将逐渐失去正确的齿形，造成齿侧间隙不断加大，从而导致传动失效（见图 6-4）。齿面磨损是开式齿轮传动的主要失效形式。

提高齿面硬度,减少齿面粗糙度数值,注意润滑油的清洁和更换,保持良好的润滑,采用闭式齿轮传动等,均可以减轻或防止齿面磨粒磨损。

(5)塑性变形齿面较软的轮齿在过载严重和启动频繁的传动中,齿面表层的材料在摩擦力作用下,就容易沿着滑动方向产生局部的齿面塑性变形,由于在主动轮齿面的节线两侧,齿顶和齿根的摩擦力方向相背,因此在节线附近形成凹沟;从动轮则相反,由于摩擦力方向相对,因此在节线附近形成凸脊,从而使轮齿失去正确的齿形[见图6-5(a)]。适当提高齿面硬度,采用黏度较大的润滑油,尽量避免频繁起动和超载,均可以减轻或防止齿面塑性变形。

由高塑性材料制成的齿轮承受载荷过大时,将会出现齿体弯曲塑性变形[见图6-5(b)]。

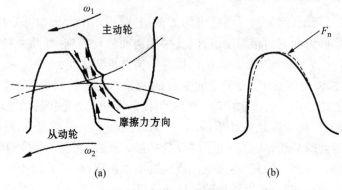

图 6-5　齿面塑性变形

6.1.2　齿轮传动的设计准则

齿轮传动的上述5种常见的失效形式是相互影响的。但是在一定条件下,可能有一两种失效形式是主要的。因此,设计齿轮传动时,应根据实际工作条件,分析其可能发生的主要失效形式,选择相应的齿轮强度设计准则,进行设计计算。

实践表明,在一般工作条件下的闭式齿轮传动中,主要失效形式是齿面点蚀和轮齿折断,故应进行相应的接触疲劳和弯曲疲劳强度计算。对于软齿面(≤350 HBS)齿轮,主要失效形式是点蚀,所以应按接触疲劳强度进行设计计算,再按弯曲疲劳强度校核;对于硬齿面(>350 HBS)齿轮抗点蚀能力较强,主要失效形式是轮齿折断,所以一般先按弯曲疲劳强度进行设计计算,再按接触疲劳强度校核。对于高速大功率的齿轮传动,还应进行抗胶合计算。

对于开式齿轮传动,主要失效形式是齿面磨损和弯曲疲劳折断,而磨损和塑性变形及其影响因素较复杂,目前在工程上尚未建立较完善的计算方法,故只能进行弯曲疲劳强度计算,而将算得的主要参数——模数 m 加大 10%~20%,以考虑磨损的影响。

6.1.3　齿轮常用材料及其热处理

1. 对齿轮材料的基本要求

根据轮齿的主要失效形式,设计齿轮传动时,应使齿面有较高的抗点蚀、抗胶合、抗磨损和抗齿面塑性变形的能力,齿根应有较高的抗冲击和抗疲劳折断的能力。因此,对齿轮材料性能的基本要求是:齿面要硬,齿芯要韧,并具有良好的切削加工性能和热处理性能,价格较低。

2. 齿轮常用材料

制造齿轮多采用优质碳素结构钢和合金结构钢。重要的齿轮通常采用锻造毛坯制造,因为钢材经锻造后内部形成了有利的纤维方向,从而改善了材料的力学性能。一般的齿轮可直接采用轧制原钢制造;对于直径较大(>400~600 mm)或形状复杂的齿轮,由于受设备的限制不便锻造时,可采用铸钢制造,常用铸钢材料有 ZG310~507、ZG340~640 等;含有少量稀土元素的球墨铸铁,具有成本低、切削性能好、耐磨性好、噪声低及可锻性等特点,可用来代替铸钢,常用球墨铸铁材料有 QT500-7、QT600-3 等;开式、低速齿轮传动等不重要的或大型的齿轮可用灰铸铁制造,常用灰铸铁材料有 HT150~HT350;粉末冶金齿轮仅用于传力较小的传动中;对于高速、轻载及精度要求不高的齿轮传动,为了降低噪声,常用工程塑料(如夹布胶木、尼龙等)制造,塑料齿轮的材质和力学性能正在开发研究之中。

3. 钢制齿轮常用热处理方法

钢制齿轮制造时必须进行热处理,以改善其机械性能。常用的热处理方法有以下几种:

(1) 表面淬火。一般用于中碳钢和中碳合金钢,例如 45 钢、40Cr 等。表面淬火后轮齿变形不大,对精度要求不很高的齿轮传动可不磨齿,齿面硬度可达 50~55 HRC。由于轮齿表面硬,芯部韧,故接触强度较高,耐磨性也较好,并能承受一定的冲击载荷。

(2) 渗碳淬火。渗碳钢为含碳量 0.15%~0.25% 的低碳钢和低碳合金钢,例如 20 钢、20Cr 等,经表面渗碳淬火后齿面硬度可达 56~62 HRC,齿面接触强度高,耐磨性好,而芯部仍保持较高的韧性,常用于受冲击载荷的重要齿轮传动。渗碳淬火后,变形较大,常需磨齿。

(3) 氮化渗氮。是一种化学处理方法,温度低,轮齿变形小,无须磨齿,齿面硬度可达 60~62 HRC,适用于难以磨齿的场合(如内齿轮)。但因渗氮层较薄,不宜用于受冲击载荷的场合。常用的渗氮钢为 38CrMoAlA。

(4) 碳氮共渗。将齿轮加热并渗入气态的碳与氮元素,齿面硬度可达 62~67 HRC,轮齿变形小,对中等精度要求的齿轮传动可不再磨齿。试验表明,其抗接触疲劳和抗胶合的性能较渗碳淬火的齿轮为好。碳氮共渗适宜处理各类中碳钢和中碳合金钢。

(5) 表面激光。硬化用激光束扫齿面,可使齿面组织细硬起来,硬度可达 HV=950 以上。其特点是处理后的轮齿变形极小,适宜处理各类中碳钢和中碳合金钢大尺寸齿轮。

(6) 调质。调质一般用于中碳钢和中碳合金钢,如 45,40Cr,35SiMn 等,调质后齿面硬度一般为 220~260 HBS,综合力学性能较好,热处理后可以精切齿形,且在使用中容易跑合,适用于中速、中等平稳载荷下工作的软齿面齿轮。

(7) 正火。正火能消除内应力,细化晶粒,改善力学性能和切削性能。机械强度要求不高的齿轮可用中碳钢正火处理,大直径的齿轮可用铸钢正火处理。

齿轮常用材料、热处理方法及其力学性能列于表 6-1。

配对齿轮中的小齿轮齿根较薄,弯曲强度较低,且受载次数较多,故在选择材料和热处理时,一般应使小齿轮材料比大齿轮好一些,硬度也应高一些。对进行调质和正火处理的软齿面齿轮,一般使小齿轮齿面硬度比大齿轮高 30~50 HBS,传动比越大,硬度差也应越大;对采用其他几种方法进行热处理得到的硬齿面齿轮,小齿轮的齿面硬度应略高,也可以和大齿轮相等。齿面硬度差也有利于提高齿轮抗胶合能力。

表 6-1　齿轮常用材料、热处理方法及其力学性能

材料牌号	热处理方法	机构性能			应用范围
		强度极限 σ_B(MPa)	屈服极限 σ_s(MPa)	硬度 HBS、HRC 或 HV	
45	正火	580	290	162～217HBS	低中速、中载的非重要齿轮
	调质	640	350	217～255HBS	低中速、中载的重要齿轮
	调质—表面淬火			40～50HRC(齿面)	高速、中载而冲击较小的齿轮
40Cr	调质	700	500	241～286HBS	低中速、中载的重要齿轮
	调质—表面淬火			48～55HRC(齿面)	高速、中载、无剧烈冲击的齿轮
38SiMnMo	调质	700	550	217～269HBS	低中速、中载的重要齿轮
	调质—表面淬火			45～55HRC(齿面)	高速、中载、无剧烈冲击的齿轮
20Cr	渗碳—淬火	650	400	56～62HRC(齿面)	高速、中载并承受冲击的重要齿轮
20CrMnTi	渗碳—淬火	1 100	850	54～62HRC(齿面)	
16MnCr5	渗碳—淬火	780～1 080	590	54～62HRC(齿面)	
17CrNiMo6	渗碳—淬火	1 080～1 320	785	54～621HRC(齿面)	
38CrMoAlA	调质—渗氮	1 000	850	＞850HV	耐磨性强、载荷平稳、润滑良好的传动
ZG310-70	正火	570	310	163～197HBS	低中速、中载的大直径齿轮
ZG340-40		640	340	179～207HBS	
HT250	人工时效	250		170～240HBS	低中速、轻载、冲击较小的齿轮
HT300		300		187～255HBS	
HT350		350		179～269HBS	
QT500-5	正火	500	350	170～230HBS	低中速、轻载、有冲击的齿轮
QT600-2		600	420	190～270HBS	
QT700-2		700	490	225～305HBS	
布基酚醛层压板		100		30～50HBS	高速、轻载、要求声响小的齿轮
MC 尼龙		90		21HBS	

6.1.4　极限应力和许用应力

齿轮的许用应力是以试验齿轮的疲劳极限应力为基础,并考虑其他影响因素而确定的,一般按下式计算:

许用接触应力 $\qquad [\sigma_H]=\sigma_{Hlim}Z_N/S_H \qquad$ MPa $\qquad$ (6-1)

许用弯曲应力 $\qquad [\sigma_F]=\sigma_{Flim}Y_N/S_F \qquad$ MPa $\qquad$ (6-2)

式中：S_H、S_F 为安全系数；S_H 为接触疲劳强度计算的安全系数，由于点蚀破坏不会立即中断工作，故对一般可靠性取 $S_H \geqslant 1\sim1.1$；S_F 为弯曲疲劳强度计算的安全系数，由于断齿会引起严重事故，故对一般可靠性取 $S_F \geqslant 1.25$；Z_N、Y_N 为寿命系数，是考虑当齿轮要求有限使用寿命时，齿轮许用应力可以提高的系数。其中，接触强度寿命系数 Z_N 查图 6-6，若 $Z_N \leqslant 1$，则取 $Z_N=1$；弯曲强度寿命系数 Y_N 查图 6-7，若 $Y_N \leqslant 1$，则取 $Y_N=1$。图中横坐标为应力循环次数 N。

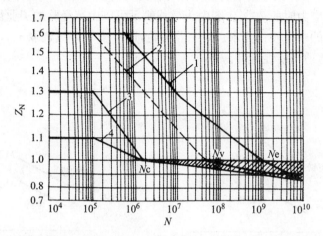

图 6-6　接触强度寿命系数 Z_N（摘自 GB/T 3480—1997）

1—允许一定点蚀时的结构钢，调质钢，球墨铸铁（珠光体、贝氏体），珠光体可锻铸铁，渗碳淬火钢的渗碳钢

2—材料同 1，不允许出现点蚀；火焰或感应淬火的钢　3—灰铸铁，球墨铸铁（铁素体），渗氮的渗氮钢、

调质钢、渗碳钢　4—碳氮共渗的调质钢、渗碳钢

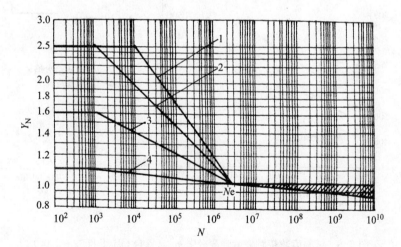

图 6-7　弯曲强度寿命系数 Y_N（摘自 GB/T 3480—1997）

1—调质钢，球墨铸铁（珠光体、贝氏体），珠光体可锻铸铁　2—渗碳淬火的渗碳钢，火焰或感应表面淬火的钢、球墨铸铁

3—渗氮的渗氮钢，球墨铸铁（铁素体），结构钢，灰铸铁　4—碳氮共渗的调质钢、渗碳钢

齿轮的工作应力循环次数 N_L 按下式计算：

$$N_L = 60njL_h \tag{6-3}$$

式中：n 为齿轮的转速，r/min；j 为齿轮每转动一周时，同一齿面参与啮合的次数；L_h 为齿轮的工作寿命，h。

σ_{Hlim}、σ_{Flim} 为齿轮的疲劳极限，N/mm²。齿面接触疲劳强度极限 σ_{Hlim} 是指某种材料的齿轮经长期持续的重复载荷作用后，齿面保持不破坏时的极限应力；齿根弯曲疲劳极限 σ_{Flim} 是指某种材料的齿轮经长期持续的重复载荷作用后，齿根保持不破坏时的极限应力。σ_{Hlim} 和 σ_{Flim} 可分别查图 6-8 和图 6-9。图中所示为脉动循环应力时的极限应力。对称循环应力时的极限应力值仅为脉动循环应力时的 70%。图中 MQ 线表示可以由有经验的工业齿轮制造者，以合理的生产成本来达到的中等质量要求。对工业齿轮，通常按 MQ 线选取 σ_{lim}，若硬度超出区域图范围时，可将图向右适当线性延伸。

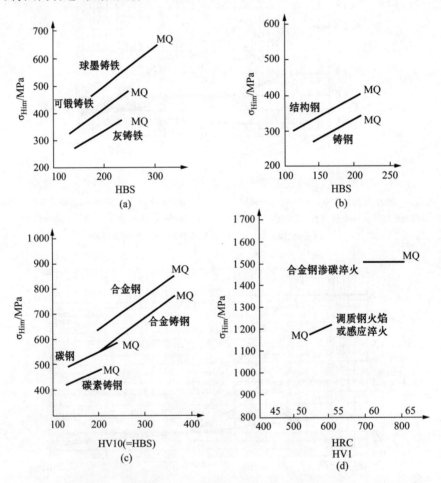

图 6-8 试验齿轮接触疲劳强度极限 σ_{Hlim}（摘自 GB/T 8539—2000）

（a）铸铁 （b）正火处理钢 （c）调质处理钢 （d）渗碳淬火钢和表面硬化钢

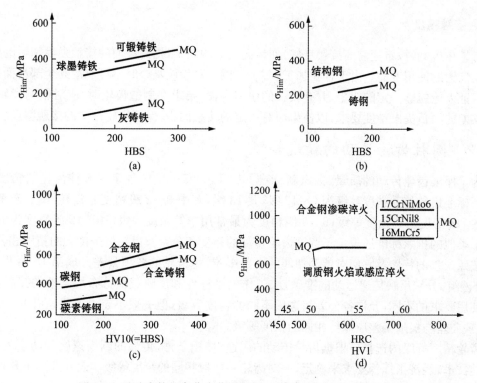

图 6-9 试验齿轮的弯曲疲劳极限 σ_{Flim}（摘自 GB/T 8539—2000）

（a）铸铁　（b）正火处理钢　（c）调质处理钢　（d）渗碳淬火钢和表面硬化钢

6.2 齿轮传动的精度

6.2.1 圆柱齿轮传动的精度要求

1. 传动的准确性

一对传动齿轮，当主动齿轮转过一个角度时，从动齿轮应按传动比关系，准确地传过相应角度。由于存在加工误差，所以齿轮不可避免地会出现转角误差，即实际转角与理论转角的差值。在不同的场合，对齿轮传动的转角误差有不同的限制要求，因而在制造齿轮时，对影响齿轮转角误差的项目应提出精度要求，以限制齿轮传动的转角误差，从而保证齿轮传动的准确性。

2. 工作的平稳性

由于齿轮不可避免地存在加工误差，因而一对齿轮啮合时的瞬时传动比经常变化，引起冲击、振动及噪声，特别是当齿轮在较高速度下运转时，这些现象会影响齿轮的寿命和机器精度及性能。这就使齿轮在每一转中的转角误差多次反复变化的数值要小，以限制齿轮传动的冲击、振动及噪声，从而使齿轮传动有较高的工作平稳性。

3. 接触精度

齿轮在传动时,希望齿面接触良好,使齿面受力均匀,以提高齿面的接触强度和耐磨性,从而延长齿轮的使用寿命。由于存在加工误差,所以一对齿轮啮合时不可能达到全部齿面接触。为了保证齿轮能够一定的扭矩,并有较长的使用寿命,要求在制造齿轮时,应对影响齿轮传动接触误差的项目提出精度要求,以使齿面有一定的接触面积,保证齿轮传动的接触精度。

6.2.2 圆柱齿轮传动的精度等级

为了保证齿轮传动的质量,国家新标准 GB/T10095—2008 规定了圆柱齿轮的精度和公差。新标准齿轮传动精度等级为 0~12 级,共 13 级,其中 0~2 级精度非常高,属于未来发展级;3~5 级精度为高精度等级;6~9 级精度为最常用中等精度等级;10~12 级精度为低精度等级。类似的国家标准还规定了圆锥齿轮传动的精度和公差及齿轮齿条传动的精度和公差。

按照误差的特性及它们对传动性能的主要影响,将齿轮的各项公差分成第Ⅰ、第Ⅱ、第Ⅲ 3 个公差组,分别反映传递运动的准确性、工作的平稳性和反映载荷分布均匀性的接触精度。根据使用要求的不同,允许各公差组选用不同的精度等级,但一般不超过 1 级;在同一公差组内,各项公差与极限偏差应保持相同的精度等级。

齿轮精度等级的选择应根据齿轮传动的用途、使用条件、传递的圆周速度和功率大小,以及其他技术、经济指标等要求来确定,一对齿轮一般取相同的精度等级。表 6-2 列出几种常用齿轮精度等级的应用范围。

表 6-2 常用精度等级的齿轮的加工方法及其应用

<table>
<tr><td colspan="3" rowspan="2"></td><td colspan="4">齿轮的精度等级</td></tr>
<tr><td>6 级(高精度)</td><td>7 级(较高精度)</td><td>8 级(普通)</td><td>9 级(低精度)</td></tr>
<tr><td colspan="3">加工方法</td><td>用展成法在精密机床上精磨或精剃</td><td>用展成法在精密机床上精插或精滚,对淬火齿轮需磨齿或研齿等</td><td>用展成法插齿或滚齿</td><td>用展成法或仿形法粗滚或铣削</td></tr>
<tr><td colspan="3">齿面粗糙度 Ra(μm)(≤)</td><td>0.80~1.60</td><td>1.60~3.2</td><td>3.2~6.3</td><td>6.3</td></tr>
<tr><td colspan="3">用途</td><td>用于分度机构或高速重载的齿轮,如机床、精密仪器、汽车、船舶、飞机中的重要齿轮</td><td>用于高、中速重载齿轮,如机床、汽车、内燃机中的较重要齿轮,标准系列减速器中的齿轮</td><td>一般机械中的齿轮,有属于分度系统的机床齿轮,飞机、拖拉机中不重要的齿轮,纺织机械、农业机械中的重要齿轮</td><td>轻载传动的不重要齿轮,低速传动、对精度要求低的齿轮</td></tr>
<tr><td rowspan="3">圆周速度 v(m/s)</td><td rowspan="2">圆柱齿轮</td><td>直齿</td><td>≤15</td><td>≤10</td><td>≤5</td><td>≤3</td></tr>
<tr><td>斜齿</td><td>≤25</td><td>≤17</td><td>≤10</td><td>≤3.5</td></tr>
<tr><td>圆锥齿轮</td><td>直齿</td><td>≤9</td><td>≤6</td><td>≤3</td><td>≤2.5</td></tr>
</table>

6.3 渐开线标准直齿圆柱齿轮传动的强度计算

6.3.1 轮齿的受力分析

在对轮齿进行强度计算时,以及设计轴和轴承等轴系零件时,都需对齿轮传动进行受力分析。图 6-10 所示为一对标准直齿圆柱齿轮传动,其齿廓在节点 P 接触,当主动轮 1 上作用转矩 T_1 时,若接触面的摩擦力忽略不计,则主动轮齿沿啮合线 N_1N_2 方向(法向)作用于从动轮齿有一法向力 F_{n2}(从动轮齿也以 F_{n1} 反作用于主动轮齿),可将 $F_{n1}(F_{n2})$ 沿圆周方向和半径方向分解为互相垂直的圆周力 $F_{t1}(F_{t2})$ 和径向力 $F_{r1}(F_{r2})$。

由力矩平衡条件得:

圆周力 $\qquad\qquad F_t = F_{t1} = F_{t2} = 2T_1/d_1 = 2T_2/d_2 \qquad N$ （6-4）

径向力 $\qquad\qquad F_r = F_{r1} = F_{r2} = F_t \tan\alpha \qquad N$ （6-5）

法向力 $\qquad\qquad F_n = F_{n1} = F_{n2} = F_t/\cos\alpha \qquad N$ （6-6）

式中:d_1,d_2 为两齿轮的分度圆直径,mm;α 为压力角,对标准齿轮 $\alpha = 20°$。

若 P 为传递的名义功率(kW),n_1 为小齿轮的传速(r/min),可得名义转矩

$$T_1 = 9.55 \times 10^6 P/n_1 \qquad N \cdot mm \qquad (6\text{-}7)$$

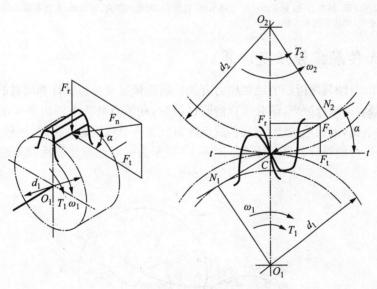

图 6-10 直齿圆柱齿轮传动的受力分析

根据作用力与反作用力的关系,作用在主动轮和从动轮上各对应力大小相等,方向相反。从动轮上的圆周力是驱动力,其方向与回转方向相同;主动轮上的圆周力是阻力,其方向与回转方向相反;径向力分别指向各轮轮心。

6.3.2 轮齿的计算载荷

上述受力分析中的法向力 F_n 为作用在轮齿上的理想状况下的名义载荷。理论上 F_n 应沿齿宽均匀分布,但由于轴和轴承的变形,传动装置的制造、安装误差等原因,载荷沿齿宽的分

布并不是均匀的,而出现载荷集中现象,轴和轴承的刚度越小,齿宽越宽,则载荷集中越严重。此外由于各种原动机和工作机的工作特性不同,齿轮制造误差以及轮齿变形等原因,会引起附加动载荷。精度越低,圆周速度越高,附加动载荷就越大,从而使实际载荷比名义载荷大。因此,计算齿轮强度时,需引用载荷系数来考虑上述各种因素影响,即以计算载荷 F_{nc} 代替名义载荷 F_n,使之尽可能符合作用在轮齿上的实际载荷。

$$F_{nc} = KF_n \qquad N \qquad (6-8)$$

式中:K 为载荷系数,在 GB/T19406—2003 中有详细的阐述和精确的计算方法。但是一般设计时,K 值可由表 6-3 直接选取。

表 6-3 载荷系数 K

工作机械	载荷特性	原动机		
		电动机	多缸内燃机	单缸内燃机
均匀加料的运输机和加料机、轻型卷扬机、发电机、机床辅助传动	均匀、轻微冲击	1~1.2	1.2~1.6	1.6~1.8
不均匀加料的运输机和加料机、重型卷扬机、球磨机、机床主传动	中等冲击	1.2~1.6	1.6~1.8	1.8~2.0
冲床、钻机、轧机、破碎机、挖掘机	大的冲击	1.6~1.8	1.9~2.1	2.2~2.4

注:(1) 当齿轮相对轴承为对称布置时,K 应取小值,而齿轮相对轴承为非对称布置或悬臂布置时,K 应取大值。
　　(2) 斜齿轮、圆周速度低、精度高、齿宽系数小时应取小值;直齿轮、圆周速度高、精度低、齿宽系数大时应取大值。
　　(3) 软齿面时取小值,硬齿面时取大值。

6.3.3 齿面接触疲劳强度计算

由前述可知,点蚀与两齿面的接触应力有关。齿面接触疲劳强度计算的目的,就是为防止齿面点蚀。根据齿轮啮合原理,渐开线直齿圆柱齿轮,在节点处为单对齿参于啮合,相对速度为零,润滑条件不良,因而承载能力最弱,故点蚀常发生在节线附近。因此,一般按节点处的计算接触应力 σ_H 进行接触疲劳强度计算。图 6-11 所示为一对标准齿轮标准安装时,两齿廓在

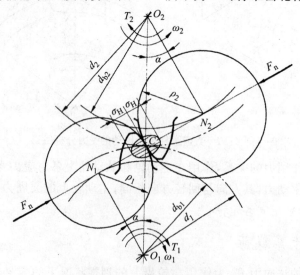

图 6-11 轮齿的接触应力

节点处的接触应力。故防止齿面点蚀的强度条件为 $\sigma_H \leqslant [\sigma_H]$。

一对轮齿的啮合过程，可以看成为两个曲率半径随时变化着的平行圆柱体的接触过程，故啮合面的接触应力一般以赫兹应力公式计算，即

$$\sigma_H = \sqrt{\dfrac{F_n\left(\dfrac{1}{\rho_1} \pm \dfrac{1}{\rho_2}\right)}{\pi b\left(\dfrac{1-\mu_1^2}{E_1} + \dfrac{1-\mu_2^2}{E_2}\right)}} \tag{6-9}$$

式中：F_n 为作用在轮齿上的法向力，N；b 为轮齿的宽度，mm；ρ_1，ρ_2 为两轮齿廓在节点处的曲率半径，mm，正号用于外啮合，负号用于内啮合；μ_1，μ_2 为两轮材料的泊松比；E_1，E_2 为两轮材料的弹性模量，N/mm²。

由图 6-11 可知
$$\rho_1 = PN_1 = d_1/2 \cdot \sin\alpha$$
$$\rho_2 = PN_2 = d_2/2 \cdot \sin\alpha$$

则综合曲率
$$1/\rho = 1/\rho_1 \pm 1/\rho_2 = 2(d_2 \pm d_1)/d_1 d_2 \sin\alpha = 2/d_1\sin\alpha \cdot (w \pm 1)/w$$

计入计算载荷后一起代入式(6-9)可得

校核公式
$$\sigma_H = Z_H Z_E \sqrt{\dfrac{2KT_1(u \pm 1)}{\psi_d d_1^3 u}} \leqslant [\sigma_H] \qquad \text{MPa} \tag{6-10}$$

设计公式
$$d_1 \geqslant \sqrt[3]{\dfrac{2KT_1}{\psi_d} \cdot \left(\dfrac{Z_H Z_E}{[\sigma_H]}\right)^2 \cdot \dfrac{(u \pm 1)}{u}} \qquad \text{mm} \tag{6-11}$$

式中：u 为大齿轮齿数 z_2 和小齿轮齿数 z_1 之比，即 $u = z_2/z_1$；Z_H 为节点区域系数，$Z_H = 4/\sin 2\alpha$，反映了节点处齿廓曲率半径对接触应力的影响，对标准直齿轮 $Z_H \approx 2.5$；Z_E 为配对齿轮材料的弹性系数，$Z_E = \sqrt{\dfrac{1}{\pi\left(\dfrac{1-u_1^2}{E_1} + \dfrac{1-u_2^2}{E_2}\right)}}$，它反映了一对齿轮材料的弹性模量 E 和泊松比 μ 对接触应力的影响，其值查表 6-4；ψ_d 为齿宽系数，$\psi_d = b/d_1$。

表 6-4　弹性系数 Z_E（$\sqrt{\text{MPa}}$）

小齿轮材料	大齿轮材料			
	钢	铸钢	球墨铸铁	铸铁
钢	—	188.9	181.4	162.0
铸钢	189.8	188.0	180.5	161.4
球墨铸铁			173.9	156.9
铸铁				143.7

注：计算 Z_E 值时，钢、铁材料的泊松比均取 $\mu = 0.3$。

应用上述公式计算时应注意以下两点：

(1) 两轮齿面接触应力 σ_{H1} 与 σ_{H2} 大小相同，而两轮的齿面许用接触应力 $[\sigma_H]_1$ 与 $[\sigma_H]_2$ 往往不相同，应将其中较小值代入公式进行计算。

(2) 当齿轮材料、传递转矩 T_1、齿宽 b 和齿数比 μ 确定后，两轮的接触应力 σ_H 随小齿轮分度圆直径 d_1（或中心距 a）而变化，即齿轮的齿面接触疲劳强度取决于小齿轮直径或中心距（齿数与模数的乘积）的大小，而与模数不直接相关。

6.3.4 齿根弯曲疲劳强度计算

齿根弯曲疲劳强度计算的目的,是为了防止齿轮根部的疲劳折断。当载荷 F_n 作用在齿顶时,此时弯曲力臂 h_F 最长,齿根部分所产生的弯曲应力最大,但其前对齿尚未脱离啮合(因重合度 $\varepsilon_a > 1$),载荷由两对齿来承受。考虑到加工和安装误差的影响,为了安全起见,对精度不很高的齿轮传动,进行强度计算时,仍假设载荷全部作用在单对齿上。

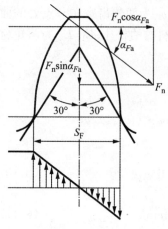

图 6-12 齿根弯曲应力

在计算单对齿的齿根弯曲应力时,如图 6-12 所示,将轮齿看作宽度为 b 的悬臂梁。根据光弹性应力实验分析,确定危险截面的简便方法为:作与轮齿对称中心线成 30°夹角并与齿根过渡曲线相切的两条斜线,此两切点的连线即为危险截面的位置。设齿根危险截面处齿厚为 s_F。当不计摩擦力时,将作用于齿顶的法向力 F_n 分解为两个互相垂直的分力,即径向力 $F_n \sin\alpha_{Fa}$ 和圆周力 $F_n \cos\alpha_{Fa}$,α_{Fa} 为法向力与圆周力之夹角。在齿根危险截面上,圆周力 $F_n \cos\alpha_{Fa}$ 将引起弯曲应力和剪切应力,径向力 $F_n \sin\alpha_{Fa}$ 将引起压应力,因为压应力和剪切应力相对于弯曲应力小得多,为简化计算可略去不计。因此,起主要作用的是弯曲应力,所以防止齿根弯曲疲劳折断的强度条件为:齿根危险截面处的最大计算弯曲应力应小于或等于轮齿材料的许用弯曲应力,即 $\sigma_F \leqslant [\sigma_F]$。齿根最大弯曲应力 σ_F,可由材料力学的弯曲应力公式得

$$\sigma_F = \frac{M}{W} = \frac{KF_n h_F \cos\alpha_{Fa}}{\dfrac{bs_F^2}{6}} = \frac{6KF_t h_F \cos\alpha_{Fa}}{bs_F^2 \cos\alpha} = \frac{KF_t}{bm} \cdot \frac{6\dfrac{h_F}{m}\cos\alpha_{Fa}}{\left(\dfrac{s_F}{m}\right)^2 \cos\alpha} = \frac{KF_t}{bm} \cdot Y_F \quad (6\text{-}12)$$

式中:M 为轮齿根部承受的弯距,N·mm;W 为齿根危险截面的抗弯剖面模量,mm³;Y_F 为载荷作用于齿顶时的齿形系数。

$$Y_F = \frac{6\dfrac{h_F}{m}\cos\alpha_{Fa}}{\left(\dfrac{s_F}{m}\right)^2 \cos\alpha}$$

由于 h_F,s_F 都与模数 m 成正比,故 Y_F 只与齿廓形状有关,而与模数大小无关。由渐开线特性可知,对标准齿轮而言,Y_F 仅与齿数 z 有关。齿数越少,Y_F 越大,若其他条件不变时,则齿根的弯曲应力也越大。Y_F 由表 6-5 查取。

表 6-5　标准外齿轮的齿形系数 Y_F 与应力修正系数 Y_s

$z(z_v)$	17	18	19	20	21	22	23	24	25
Y_F	2.97	2.91	2.85	2.80	2.76	2.72	2.69	2.65	2.62
Y_S	1.52	1.53	1.54	1.55	1.56	1.57	1.575	1.58	1.59

$z(z_v)$	26	27	28	29	30	30	40	45	50
Y_F	2.60	2.57	2.55	2.53	2.52	2.45	2.40	2.35	2.32
Y_S	1.595	1.60	1.61	1.62	1.625	1.65	1.67	1.68	1.70

$z(z_v)$	60	70	80	90	100	150	200	∞	
Y_F	2.28	2.24	2.22	2.20	2.18	2.14	2.12	2.06	
Y_S	1.73	1.75	1.77	1.78	1.79	1.83	1.865	1.97	

注：(1) 基准齿形的参数为 $\alpha=20°,h_a^*=1,c^*=0.25,\rho=0.38m$（$\rho$ 为齿根圆角曲率半径，m 为齿轮模数）。

(2) 内齿轮的齿形系数及应力修正系数可近似地取为 $z=\infty$ 时的齿形系数和应力修正系数。

考虑到由于齿根过渡曲线引起的应力集中，以及齿根危险截面上的压应力、剪切应力等的影响。引入应力修正系数 Y_S（Y_S 由表 6-5 查取），并计入载荷系数 K 得齿根弯曲疲劳强度的校核公式为

$$\sigma_F = \frac{2KT_1 Y_F Y_S}{bd_1 m} = \frac{2KT_1 Y_F Y_S}{bm^2 z_1} \leqslant [\sigma_F] \qquad \text{Mpa} \qquad (6\text{-}13)$$

应当注意，通常两轮的齿数不相同，故两轮的齿形系数 Y_F 和应力修正系数 Y_S 都不相等；两齿轮材料的许用弯曲应力 $[\sigma_F]_1$、$[\sigma_F]_2$ 也不一定相等。因此必须分别校核两齿轮的齿根弯曲强度。

引入齿宽系数 $\psi_d=b/d_1$，并代入式(6-13)，则可得齿根弯曲疲劳强度的设计公式为

$$m \geqslant \sqrt[3]{\frac{2KT_1 Y_F Y_S}{\psi_d z_1^2 [\sigma_F]}} \qquad \text{mm} \qquad (6\text{-}14)$$

计算时应将 $Y_{F1}Y_{S1}/[\sigma_F]_1$ 和 $Y_{F2}Y_{S2}/[\sigma_F]_2$ 两比值中的大值代入上式，并将计算得的模数按表 5-1 选取标准值。

6.3.5 齿轮主要参数的选择

1. 齿数和模数

对于软齿面闭式齿轮传动，其承载能力主要由齿面接触疲劳强度决定，而齿面接触应力 σ_H 的大小与齿轮分度圆直径 d 有关。当 d 的大小不变时，由于 $d=mz$，在满足齿根弯曲疲劳强度的条件下，宜采用较小的模数和较多的齿数，从而可使重合度增大，改善传动的平稳性和轮齿上的载荷分配。一般取小齿轮齿数 $z_1=20\sim40$；对高速齿轮传动，z_1 不宜小于 $25\sim27$。

对于硬齿面闭式齿轮传动和开式齿轮传动，其承载能力主要由齿根弯曲疲劳强度决定。齿轮模数越大，轮齿的弯曲疲劳强度也越高。因此，为了保证轮齿具有足够的弯曲疲劳强度和结构紧凑，宜采用较大的模数而齿数不宜过多，但要避免发生根切，一般可取小齿轮齿数 $z_1=17\sim20$。对于传递动力的齿轮传动，为防止轮齿过载折断，一般应使模数 $m \geqslant 1.5\sim2$ mm。

2. 齿数比 u

设计时，齿数比 u 不宜选取过大，为了使结构紧凑，通常应取 $u\leqslant7$。当 $u>7$ 时，一般采用

二级或多级传动。开式传动或手动传动时可取 $u=8\sim12$。注意：齿数比 $u=$ 大齿轮齿数/小齿轮齿数。因此，传动比 i 与齿数比 u 不一定相等。

3. 齿宽系数 ψ_d

齿宽系数 $\psi_d=b/d_1$。在其他条件相同时，增大 ψ_d，可以增大齿宽，减小齿轮直径和中心距，使齿轮传动结构紧凑。但齿宽越大，载荷沿齿宽分布越不均匀，故应考虑各方面的影响因素，参考表 6-6 选取。

表 6-6　齿宽系数 ψ_d

齿轮相对于轴承的位置	齿 面 硬 度	
	软齿面（HBS≤350）	硬齿面（HBS＞350）
对称布置	0.8～1.4	0.4～0.9
不对称布置	0.6～1.2	0.3～0.6
悬壁布置	0.3～0.4	0.2～0.25

注：(1) 对于直齿圆柱齿轮，取较小值；斜齿轮可取较大值；人字齿轮可取更大值。
（2) 载荷平稳、轴的刚性较大时，取值应大一些；变载荷、轴的刚性较小时，取值应小一些。

为了便于装配和调整，设计时通常使小齿轮的齿宽 b_1 比大齿轮的齿宽 b_2 大 5～10 mm，但设计计算时按大齿轮齿宽 b_2 代入公式计算。

设计标准圆柱齿轮减速器时，齿宽系数常取 $\psi_a=b/a$，$\psi_a=2\psi_d/(1+u)$。系数 ψ_a 标准值为：0.2,0.25,0.3,0.4,0.5,0.6,0.8,1.0,1.2 等。对于一般用途的减速器可取 $\psi_a=0.4$；对于中载、中速减速器可取 $\psi_a=0.4\sim0.6$；对于重型减速器可取 $\psi_a=0.8$；对于开式传动，由于精度低，齿宽系数可取小些，常取 $\psi_a=0.1\sim0.3$。

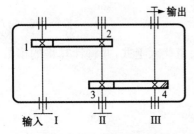
图 6-13　二级齿轮减速器

例 6-1　设计一带式输送机的二级直齿圆柱齿轮减速器的高速级齿轮传动（见图 6-13），已知输入功率 $P_1=10$ kW，$n_1=750$ r/min，传动比 $i=3.8$，输送机的原动机为电动机，工作平稳，单向运转，每天二班工作，每班 8 小时，每年工作 300 天。预期使用寿命为 10 年。

解　列表给出本题设计计算过程和结果。

设计项目	设计公式与说明	结　果
1. 选择齿轮材料、热处理方法及精度等级	(1) 减速器是闭式传动，无特殊要求，为制造方便，采用软齿面钢制齿轮。根据设计准则，应按齿面接触疲劳强度设计，确定齿轮传动的主要参数、尺寸，然后验算轮齿弯曲疲劳强度。查表 6-1，并考虑 $HBS_1=HBS_2+30\sim50HBS$ 的要求，小齿轮选用 45 钢，调质处理，齿面硬度 217～255HBS；大齿轮选用 45 钢，调质处理，齿面硬度 217～255HBS，计算时取 $HBS_1=250HBS$，$HBS_2=220HBS$ (2) 该减速器为一般传动装置，转速不高，根据表 6-2，初选 8 级精度	小齿轮：45 钢，调质，$HBS_1=250HBS$；大齿轮：45 钢，调质，$HBS_2=220HBS$；8 级精度

设计项目	设计公式与说明	结　果
2. 按齿面接触疲劳强度设计 （1）载荷系数 K （2）小齿轮传递的转矩 T_1 （3）齿数 z 和齿宽系数 Ψ_d （4）许用接触应力 σ_H	由于是闭式软齿面齿轮传动，齿轮承载能力应由齿面接触疲劳强度决定。 由式(6-11) $$d_1 \geqslant \sqrt[3]{\frac{2KT_1}{\psi_d} \cdot \left(\frac{Z_H Z_E}{[\sigma_H]}\right)^2 \cdot \frac{(u\pm1)}{u}}$$ 有关参数的选取与转矩的确定 由于工作平稳，精度不高，且齿轮为不对称布置，查表 6-3，取 $K=1.2$。 $$T_1 = 9.55 \times 10^6 \frac{P}{n_1} = 9.55 \times 10^6 \times \frac{10}{750} = 127\,333(\text{N} \cdot \text{mm})$$ 取小齿轮齿数 $z_1=27$，则大齿轮齿数 $z_2 = iz_1 = 3.8 \times 27 = 102.6$ 实际传动比 $i_{12} = \dfrac{z_2}{z_1} = \dfrac{103}{27} = 3.815$ 误差 $\Delta i = \dfrac{i_{12}-i}{i} = \dfrac{3.815-3.8}{3.8} = 0.4\% \leqslant 2.5\%$ 齿数比 $u = i_{12} = 3.815$ 查表 6-6，取 $\Psi_d = 0.9$ $$[\sigma_H] = \frac{\sigma_{Hlim} Z_{NT}}{S_H}$$ 由图 6-8(c)查得：$\sigma_{Hlim1} = 580\,\text{N/mm}^2$（框图线适当延伸） 由图 6-8(b)查得：$\sigma_{Hlim2} = 400\,\text{N/mm}^2$ 取 $S_H=1$，计算应力循环次数 $$N_1 = 60n_1 j L_h = 60 \times 750 \times 1 \times (2 \times 8 \times 300 \times 10) = 2.16 \times 10^9$$ $$N_2 = N_1/u = 5.66 \times 10^8$$ 由图 6-6 查得 $Z_{N1}=1$，$Z_{N2}=1.1$（允许齿面有一定量点蚀） $$[\sigma_H]_1 = \frac{\sigma_{Hlim1} Z_{N1}}{S_H} = \frac{580 \times 1}{1} = 580\,\text{N/mm}^2$$ $$[\sigma_H]_2 = \frac{\sigma_{Hlim2} Z_{N2}}{S_H} = \frac{400 \times 1.1}{1} = 440\,\text{N/mm}^2$$ 故取 $[\sigma_H] = 440\,\text{N/mm}^2$ 标准齿轮 $\alpha=20°$，则 $$Z_H = \sqrt{\frac{4}{\sin2\alpha}} = \sqrt{\frac{4}{\sin40°}} = 2.49$$	$K=1.2$ $T_1=127\,333\,\text{N} \cdot \text{mm}$ $z_1=27$ 取 $z_2=103$ 适合 $u=3.815$ $\Psi_d=0.9$ $[\sigma_H]=440\,\text{N/mm}$ $Z_H=2.49$ $Z_E=189.8\,\sqrt{\text{N/mm}^2}$
（5）节点区域系数 Z_H （6）弹性系数 Z_E	两轮材料均为钢，查表 6-5，$Z_E = 189.8\sqrt{\dfrac{\text{N}}{\text{mm}^2}}$ 将上述各参数代入公式得 $$d_1 \geqslant \sqrt[3]{\frac{2KT_1}{\psi_d} \cdot \left(\frac{Z_E Z_H}{[\sigma_H]}\right)^2 \cdot \frac{(u+1)}{u}}$$ $$= \sqrt[3]{\frac{2 \times 1.2 \times 127\,333}{0.9} \cdot \left(\frac{2.49 \times 189.8}{440}\right)^2 \cdot \frac{(3.815+1)}{3.815}} = 79.08\,\text{mm}$$ 模数 $m = \dfrac{d_1}{z_1} \geqslant \dfrac{79.08}{27} = 2.93\,\text{mm}$ 由表 5-1 取 $m=3\,\text{mm}$	$m=3\,\text{mm}$
3. 主要几何尺寸计算 （1）分度圆直径 d （2）齿宽 b （3）齿轮传动中心距	有关参数的选取和确定 $$d_1 = mz_1 = 3 \times 27 = 81\,\text{mm}$$ $$d_2 = mz_2 = 3 \times 103 = 309\,\text{mm}$$ $$b = \Psi_d d_1 = 0.9 \times 81 = 72.9\,\text{mm}$$ 取 $b_1 = 78\,\text{mm}$；$b_2 = 73\,\text{mm}$ $$a = \frac{1}{2}m(z_1+z_2) = \frac{1}{2} \times 3 \times (27+103) = 195\,\text{mm}$$	$d_1=81\,\text{mm}$ $d_2=309\,\text{mm}$ $b_1=78\,\text{mm}$ $b_2=73\,\text{mm}$ $a=195\,\text{mm}$

设计项目	设计公式与说明	结　果
4. 校核齿根弯曲疲劳强度 （1）齿形系数 Y_F 与齿根应力修正系数 Y_S	由式(6-13)　　　$\sigma_F=\dfrac{2KT_1}{bm^2z_1}Y_{Fa}Y_{Sa}\leqslant[\sigma_{FP}]$ 查表 6-5 得　$Y_{F1}=2.57;Y_{F2}=2.18$ 　　　　　　$Y_{S1}=1.6;Y_{S2}=1.79$ 　　　　　　$[\sigma_F]=\dfrac{\sigma_{Flim}Y_SY_N}{S_F}$ 查图 6-9(c)得　$\sigma_{Flim1}=440\,\text{N/mm}^2$; 　　　　　　$\sigma_{Flim2}=330\,\text{N/mm}^2$ 查图 6-7 得　$Y_{N1}=1;Y_{N2}=1$ 取 $S_F=1.4$	
（2）许用弯曲应力 $[\sigma_F]$	$[\sigma_F]_1=\dfrac{\sigma_{Flim1}Y_{N1}}{S_F}=\dfrac{440\times1}{1.4}=314.3\,\text{N/mm}^2$ $[\sigma_F]_2=\dfrac{\sigma_{Flim2}Y_{N2}}{S_F}=\dfrac{330\times1}{1.4}=235.7\,\text{N/mm}^2$ $\sigma_{F1}=\dfrac{2KT_1}{bm^2z_1}Y_{F1}Y_{S1}=\dfrac{2\times1.2\times127\,333}{73\times3^2\times27}\times2.57\times1.6$ 　　$=70.84(\text{MPa})\leqslant[\sigma_F]_1$ $\sigma_{F2}=\sigma_{F1}\dfrac{Y_{F2}Y_{S2}}{Y_{F1}Y_{S1}}=70.84\times\dfrac{2.18\times1.79}{2.57\times1.6}$ 　　$=67.23(\text{MPa})\leqslant[\sigma_F]_2$	$[\sigma_F]_1=314.3(\text{MPa})$ $[\sigma_F]_2=235.7(\text{MPa})$ 弯曲强度足够
5. 齿轮的圆周速度	$u=\dfrac{\pi d_1n_1}{60\times1\,000}=\dfrac{\pi\times81\times750}{60\times1\,000}=3.18\,\text{m/s}\leqslant5\,\text{m/s}$	取 8 级精度合适
6. 齿轮结构设计	齿轮的结构设计（略）	

6.4　平行轴标准斜齿圆柱齿轮传动的强度计算

6.4.1　斜齿圆柱齿轮传动的受力分析

图 6-14 所示为斜齿圆柱齿轮传动中的主动轮轮齿的受力情况。当轮齿上作用转矩 T_1 时，若接触面的摩擦力忽略不计，则在轮齿的法面内作用有法向力 F_n，将 F_n 分解为相互垂直的 3 个分力，即圆周力 F_t、径向力 F_r 和轴向力 F_a，由力矩平衡条件可得各分力的大小为：

圆周力　　　　　　　　　　$F_t=2T_1/d_1\quad N$　　　　　　　　　　　　　　　　(6-15)

径向力　　　　　　$F_r=F'\text{tg}\alpha_n=F_t\text{tg}\alpha_n/\cos\beta\quad N$　　　　　　　　　　(6-16)

轴向力　　　　　　　　　　$F_a=F_t\text{tg}\beta\quad N$　　　　　　　　　　　　　　　(6-17)

法向力　　　$F_n=\dfrac{F'}{\cos\alpha}=\dfrac{F_t}{\cos\alpha_n\cos\beta}=\dfrac{F_t}{\cos\alpha_t\cos\beta_b}\quad N$　　　　(6-18)

式中：β 为分度圆螺旋角；β_b 为基圆螺旋角；α_n 为法向压力角，对标准斜齿轮，$\alpha_n=20°$；α_t 为端面压力角。

圆周力和径向力方向的判断与直齿圆柱齿轮相同，轴向力的方向取决于齿轮回转方向和轮齿的螺旋线方向。轴向力方向的判断可以应用"主动轮左、右手定则"来判断，即当主动轮是右旋时用右手，当主动轮是左旋时用左手，握住主动轮轴线，握紧的四指表示主动轮转向，则大拇指的指向即为主动轮所受轴向力的方向,从动轮轴向力与其大小相等,方向相反。如图 6-14(b)所示。

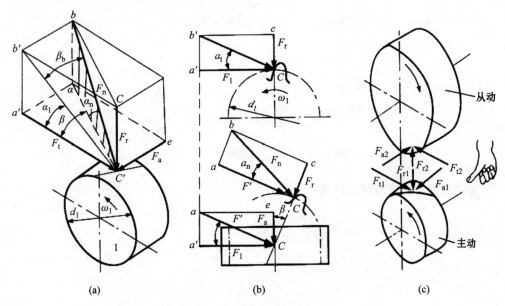

图 6-14 斜齿轮的轮齿受力分析

6.4.2 斜齿圆柱齿轮的强度计算

斜齿圆柱齿轮的失效形式、设计准则及强度计算与直齿圆柱齿轮相似。由于斜齿轮的受力情况是按轮齿法面进行分析的,从法面上看斜齿圆柱齿轮传动相当于一对当量直齿圆柱齿轮传动,考虑到斜齿轮传动轮齿啮合时,齿面上的接触线是倾斜的,且重合度相对较大,及载荷作用位置的变化等因素的影响,使接触应力和弯曲应力降低,承载能力相对较高。因此引入螺旋角系数和重合度系数加以修正,其强度计算公式可表示为:

1. 齿轮齿面接触疲劳强度计算

校核公式 $\qquad \sigma_H = Z_E Z_H Z_\beta Z_\varepsilon \sqrt{\dfrac{2KT_1}{bd_1^2} \cdot \dfrac{u \pm 1}{u}} \leqslant [\sigma_H]$ MPa $\qquad$ (6-19)

设计公式 $\qquad d_1 \geqslant \sqrt[3]{\dfrac{2KT_1}{\psi_d} \cdot \left(\dfrac{Z_E Z_H Z_\beta Z_\varepsilon}{[\sigma_H]}\right)^2 \cdot \dfrac{u \pm 1}{u}}$ mm $\qquad$ (6-20)

式中:Z_E 为弹性系数,查表 6-4;Z_H 为节点区域系数,查图 6-15;Z_β 为螺旋角系数,$Z_\beta = \sqrt{\cos\beta}$;$Z_\varepsilon$ 为重合度系数,$Z_\varepsilon = \sqrt{\dfrac{4-\varepsilon_\alpha}{3}(1-\varepsilon_\beta) + \dfrac{\varepsilon_\beta}{\varepsilon_\alpha}}$,其中,端面重合度 $\varepsilon_\alpha = \left[1.88 - 3.2 \times \left(\dfrac{1}{z_1} + \dfrac{1}{z_2}\right)\right]\cos\beta$,纵向重合度 $\varepsilon_\beta = \dfrac{b\sin\beta}{\pi m_n} = 0.318\psi_d z_1 \tan\beta$,当 $\varepsilon_\beta \geqslant 1$ 时,按 $\varepsilon_\beta = 1$ 代入计算。

斜齿轮接触疲劳许用应力 $[\sigma_H]_1$ 的确定与直齿轮相同,用式(6-20)设计计算时,应以 $[\sigma_H]_1$ 和 $[\sigma_H]_2$ 中较小者代入。

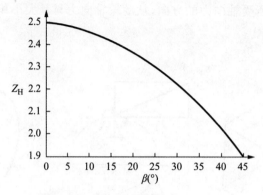

图 6-15　节点区域系数 $Z_H(\alpha = 20°)$

2. 齿轮齿根弯曲疲劳强度计算

校核公式
$$\sigma_F = \frac{2KT_1}{bd_1 m_n} Y_F Y_S Y_\beta Y_\epsilon \leqslant [\sigma_F] \quad \text{MPa} \tag{6-21}$$

以 $b = \psi_d d_1 = \psi_d \dfrac{m_n Z_1}{\cos\beta}$ 代入上式得设计公式

$$m_n \geqslant \sqrt[3]{\frac{2KT_1 \cos^2\beta}{\psi_d z_1^2 [\sigma_F]} Y_F Y_S Y_\beta Y_\epsilon} \quad \text{mm} \tag{6-22}$$

式中：Y_{Fa} 为齿形系数，按当量齿数 $z_v = z/\cos^3\beta$ 由表 6-5 查取；　Y_{Sa} 为应力修正系数，按当量齿数 z_v 由表 6-5 查取；Y_β 为螺旋角系数，$Y_\beta = 1 - \epsilon_\beta \cdot \dfrac{\beta}{120°}$，（当 $\epsilon_\beta \geqslant 1$ 时，按 $\epsilon_\beta = 1$ 代入计算；当 $\beta \geqslant 30°$ 时，按 $\beta = 30°$ 代入计算；当 $Y_\beta \leqslant 0.75$ 时，取 $Y_\beta = 0.75$）；Y_ϵ 为重合度系数，$Y_\epsilon = 0.25 + \dfrac{0.75}{\epsilon_{a_n}}$，当量齿轮的端面重合度 $\epsilon_{a_n} = \dfrac{\epsilon_a}{\cos^2\beta_b}$。

斜齿轮弯曲疲劳许用应力的计算与直齿圆柱齿轮相同，设计计算时应注意的事项，可参阅直齿圆柱齿轮设计计算时的有关阐述。

设计斜齿圆柱齿轮传动选择主要参数时，比直齿圆柱齿轮需多考虑一个螺旋角 β。增大螺旋角 β，可增大重合度，提高传动的平稳性和承载能力，但轴向力随之增大，影响轴承结构；螺旋角 β 过小，则不能显示出斜齿轮传动的优越性。因此，一般取 $\beta = 8° \sim 20°$，常用 $\beta = 8° \sim 15°$。近年来为增大重合度，增加传动的平稳性和降低噪声，在螺旋角参数选择上，有大螺旋角倾向。对于人字齿轮，因其轴向力可以内部抵消，常取 $\beta = 25° \sim 45°$，但其加工较困难，精度较低，一般只用于重型机械的齿轮传动中。

例 6-2　设计由电动机驱动的矿山用卷扬机的闭式标准斜齿圆柱齿轮传动。已知：传递功率 $P = 40 \text{kW}$、小齿轮转速 $n_1 = 970 \text{r/min}$，传动比 $i = 2.5$，使用寿命 $L_h = 2600 \text{h}$，载荷有中等冲击，单向运转，齿轮相对于轴承为对称布置。

解　列表给出本题设计计算过程和结果。

设计项目	设计公式与说明	结 果
1. 选择材料、热处理方法及精度等级	为了使传动结构紧凑,选用硬齿面的齿轮传动。小齿轮用 20CrMnTi 渗碳淬火,$HRC_1=58$(查表 6-1);大齿轮用 40Cr,表面淬火,$HRC_2=54$(查表 6-3)。由于是矿山卷扬机齿轮,由表 6-2 选 8 级精度。要求表面粗糙度 $Ra \leqslant 3.2 \sim 6.3\ \mu m$	小齿轮 20CrMnTi 渗碳淬火;大齿轮 40Cr 表面淬火;8 级精度
2. 齿根弯曲疲劳强度设计 (1) 齿数 z_1、螺旋角 β (2) 系数	由式(6-22) $$m_n \geqslant \sqrt[3]{\frac{2KT_1\cos^2\beta}{\psi_d z_1^2 [\sigma_F]} Y_F Y_S Y_\beta Y_\varepsilon}$$ 确定有关参数与系数如下: 取小齿轮齿数 $z_1=20$,则 $z_2=i\ z_1=2.5\times20=50$。初选螺旋角 $\beta=15°$。 当量齿数 $z_{v1}=z_1/\cos^3\beta=20/\cos^3 15°=22.19$ $z_{v2}=z_2/\cos^3\beta=50/\cos^3 15°=55.48$ 由表 6-6 选取 $\Psi_d=b/d_1=0.7$ $\varepsilon_\beta=0.318\psi_d z_1\tan\beta=0.318\times0.7\times20\tan15°=1.193>1$ 螺旋角系数 $Y_\beta=1-\varepsilon_\beta \cdot \frac{\beta}{120°}=1-\frac{15°}{120°}=0.875$ $\varepsilon_\alpha=\left[1.88-3.2\times\left(\frac{1}{z_1}+\frac{1}{z_2}\right)\right]\cos\beta$ $=\left[1.88-3.2\times\left(\frac{1}{20}+\frac{1}{50}\right)\right]\cos15°=1.60$ $\tan\alpha_n=\tan\alpha_t\cos\beta$ $\tan20°=\tan\alpha_t\cos15°$ $\alpha_t=20.65°$ $\tan\beta_b=\tan\beta\cos\alpha_t=\tan15°\cos20.65°$ $\beta_b=14.08°$ $\varepsilon_{\alpha_n}=\frac{\varepsilon_\alpha}{\cos^2\beta_b}=\frac{1.60}{\cos^2 14.08°}=1.70$ 重合度系数 $Y_\varepsilon=0.25+\frac{0.75}{\varepsilon_{\alpha_n}}=0.25+\frac{0.75}{1.70}=0.69$ 由表 6-5 查得:齿形系数 $Y_{Fa1}=2.8$;$Y_{Fa2}=2.32$ 应力修正系数 $Y_{Sa1}=1.55$;$Y_{Sa2}=1.70$	$z_1=20$ $z_2=50$ $\beta=15°$ $\Psi_d=0.7$ $Y_\beta=0.875$
(3) 转矩 (4) 载荷系数 K (5) 许用弯曲应力 $[\sigma_F]$	$T_1=9.55\times10^6\frac{P}{n_1}=9.55\times10^6\times\frac{40}{970}=3.94\times10^5(\text{N}\cdot\text{mm})$ 由表 6-3 取 $K=1.4$ 由式(6-2),$[\sigma_F]=\frac{\sigma_{Flim}Y_N}{S_F}$ MPa 由图 6-9(d),小齿轮(20CrMnTi)按渗碳淬火钢中硬度最小值线段查取;大齿轮(40Cr)按表面硬化钢查取。近似得 $\sigma_{Flim1}=880$ MPa,$\sigma_{Flim2}=740$ MPa。 应力循环次数 $N=60n_1 j L_h=60\times970\times1\times2\ 600=1.5\times10^8$ 由图 6-7 查得 $Y_{NT}=1$;$Y_{ST}=2$;取 $S_F=1.25$。所以 $[\sigma_F]_1=\frac{\sigma_{Flim1}Y_N}{S_F}=\frac{880\times1}{1.25}=704$ MPa $[\sigma_F]_2=\frac{\sigma_{Flim2}Y_N}{S_F}=\frac{740\times1}{1.25}=592(\text{N/mm}^2)$ $\frac{Y_{F1}Y_{S1}}{[\sigma_F]_1}=\frac{2.8\times1.55}{704}=0.006\ 2$ $\frac{Y_{F2}Y_{S2}}{[\sigma_F]_2}=\frac{2.32\times1.70}{592}=0.006\ 7$ 故 $m_n \geqslant \sqrt[3]{\frac{2KT_1\cos^2\beta}{\psi_d z_1^2 [\sigma_F]} Y_F Y_S Y_\beta Y_\varepsilon}$ $=\sqrt[3]{\frac{2\times1.4\times3.94\times10^5\cos^2 15°}{0.7\times20^2\times592}\times2.32\times1.70\times0.875\times0.69}=2.48(\text{mm})$ 由表 5-1 取标准值 $m_n=2.5$ mm。	$Y_\varepsilon=0.69$ $Y_{Fa1}=2.8$ $Y_{Fa2}=2.32$ $Y_{Sa1}=1.55$ $Y_{Sa2}=1.70$ $T_1=3.94\times10^5$ N·mm $K=1.4$ $[\sigma_F]_1=704$ MPa $[\sigma_F]_2=592$ MPa $m_n=2.5$ mm

设计项目	设计公式与说明	结　果
3. 主要几何尺寸计算 (1) 传动中心距 a (2) 确定螺旋角	$a=\dfrac{m_n(z_1+z_2)}{2\cos\beta}=\dfrac{2.5\times(20+50)}{2\cos15°}=90.59(\text{mm})$ 取 $a=91\,\text{mm}$ $\beta=\arccos\dfrac{m_n(z_1+z_2)}{2a}=\arccos\dfrac{2.5\times(20+50)}{2\times91}$ $=15.94°$	$a=91\,\text{mm}$ $\beta=15.94°$
(3) 分度圆直经 d 	$d_1=\dfrac{m_n z_1}{\cos\beta}=\dfrac{2.5\times20}{\cos15.94°}=52.0(\text{mm})$ $d_2=\dfrac{m_n z_2}{\cos\beta}=\dfrac{2.5\times50}{\cos15.94°}=130.0(\text{mm})$	$d_1=52.0\,\text{mm}$ $d_2=130.0\,\text{mm}$
(4) 齿宽 b (5) 齿数比 u	$b=\psi_d d_1=0.7\times52.0=36.4(\text{mm})$ 取 $b_1=40\,\text{mm}$　$b_2=36\,\text{mm}$ 对于减速传动 $u=i=2.5$	$b_1=40\,\text{mm}$ $b_2=36\,\text{mm}$ $u=2.5$
4. 校核齿面接触疲劳强度 (1) 系数 (2) 许用接触应力 $[\sigma_H]$	由式(6-19)　$\sigma_H=Z_E Z_H Z_\beta Z_\varepsilon\sqrt{\dfrac{2KT_1}{bd_1^2}\cdot\dfrac{\mu+1}{\mu}}\leqslant[\sigma_H]$ 由表6-4查得 $Z_E=189.8\sqrt{\text{MPa}}$ 由图6-15查得 $Z_H=2.42$ $Z_\beta=\sqrt{\cos\beta}=\sqrt{\cos15.94°}=0.98$ $\varepsilon_\alpha=\left[1.88-3.2\times\left(\dfrac{1}{z_1}+\dfrac{1}{z_2}\right)\right]\cos\beta$ $\quad=\left[1.88-3.2\times\left(\dfrac{1}{20}+\dfrac{1}{50}\right)\right]\cos15.94°=1.59$ $\varepsilon_\beta=0.318\psi_d z_1\tan\beta=0.318\times0.7\times20\tan15.94°=1.27>1$ 取 $\varepsilon_\beta=1$ $Z_\varepsilon=\sqrt{\dfrac{4-\varepsilon_\alpha}{3}(1-\varepsilon_\beta)+\dfrac{\varepsilon_\beta}{\varepsilon_\alpha}}=\sqrt{\dfrac{1}{\varepsilon_\alpha}}=\sqrt{\dfrac{1}{1.59}}=0.79$ 由式(6-1) $[\sigma_H]=\dfrac{\sigma_{Hlim}\cdot Z_N}{S_H}$　　　　　　MPa 由图6-8查得　$\sigma_{Hlim1}=1500$　MPa；$\sigma_{Hlim2}=1200$　MPa 计算应力循环次数 $N_1=1.5\times10^8$；$N_2=N/i=6\times10^7$ 再由图6-6查得寿命系数 $Z_{N1}=1.1$，$Z_{N2}=1.2$。取 $S_H=1.0$，所以 $[\sigma_H]_1=\dfrac{\sigma_{Hlim1}z_{N1}}{S_H}=\dfrac{1500\times1.1}{1}=1650$　　　(MPa) $[\sigma_H]_2=\dfrac{\sigma_{Hlim2}z_{N2}}{S_H}=\dfrac{1200\times1.2}{1}=1440$　　　(MPa) 故 $\sigma_H=189.8\times2.42\times0.98\times0.79\sqrt{\dfrac{2\times1.4\times3.94\times10^5\times(2.5+1)}{36\times52.0^2\times2.5}}$ $\quad=1416.45\,\text{MPa}\leqslant[\sigma_H]$	 $[\sigma_H]=1440\,\text{MPa}$ 接触强度足够
4. 齿轮的圆周速度 v	$v=\dfrac{\pi d_1 n_1}{60\times1000}=\dfrac{\pi\times52.0\times970}{60\times1000}=2.64(\text{m/s})$ 由表6-2,可知选用8级精度是合适的	8级精度合适
5. 几何尺寸计算及结构设计	几何尺寸计算及齿轮结构设计(略)	

6.5 标准直齿圆锥齿轮传动的强度计算

6.5.1 受力分析

由于直齿圆锥齿轮的齿形从大端至小端按正比函数缩小,各部分刚度不同,因此载荷沿齿宽分布是不均匀的。为了便于计算,略去齿面摩擦力,假想垂直于齿面的法向力 F_n 集中作用于分度圆锥上齿宽中点处的平面内,如图 6-16 所示。法向力 F_n 可分解为切于分度圆锥的圆周力 F_t 和垂直于分度圆锥母线的分力 F',再将 F' 分解为径向力 F_r 和轴向力 F_a,由力矩平衡条件可得各力大小分别为:

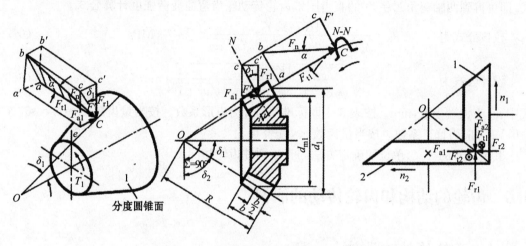

图 6-16　直齿圆锥齿轮的轮齿受力分析

圆周力
$$F_t = \frac{2T_1}{d_{m1}} \quad \text{N} \tag{6-23}$$

径向力
$$F_{r1} = F'\cos\delta = F_{t1}\tan\alpha\cos\delta_1 \quad \text{N} \tag{6-24}$$

轴向力
$$F_{a1} = F'\sin\delta_1 = F_{t1}\tan\alpha\sin\delta_1 \quad \text{N} \tag{6-25}$$

式中:d_{m1} 为小齿轮齿宽中点处分度圆直径,可根据分度圆直径 d_1、锥距 R 和齿宽 b 由下式来确定,即

$$d_{m1} = \frac{R - 0.5b}{R}d_1 = \left(1 - 0.5\frac{b}{R}\right)d_1 \quad \text{mm} \tag{6-26}$$

圆周力的方向在主动轮上对其轴之矩与转动方向相反,在从动轮上对其轴之矩与转向相同;径向力的方向分别指向各自的轮心;轴向力的方向分别沿各自的轴线指向轮齿大端,且两轮各分力间有下列关系:$F_{r1} = -F_{a2}$;$F_{a1} = -F_{r2}$;$F_{t1} = -F_{t2}$。

6.5.2 齿面接触疲劳强度计算

为简化计算,直齿圆锥齿轮传动的强度计算,可按齿宽中点处当量直齿圆柱齿轮传动进行。将当量直齿圆柱齿轮传动有关参数代入直齿圆柱齿轮传动齿面接触疲劳强度计算公式即可得两轴交角 $\Sigma = 90°$ 的直齿圆锥齿轮传动齿面接触疲劳强度计算公式。

校核公式为

$$\sigma_H = Z_E Z_H \sqrt[3]{\frac{4.7 K T_1}{\psi_R (1 - 0.5 \psi_R)^2 u d_1^3}} \leqslant [\sigma_H] \quad \text{MPa} \tag{6-27}$$

设计公式为

$$d_1 \geqslant \sqrt[3]{\frac{4 K T_1}{\psi_R (1 - 0.5 \psi_R)^2 u} \left(\frac{Z_E Z_H}{[\sigma_H]}\right)^2} \quad \text{mm} \tag{6-28}$$

式中：Z_H 为当量直齿轮的节点区域系数，对于标准直齿圆锥齿轮传动，$Z_H = 2.5$；Ψ_R 为齿宽系数，$\Psi_R = b/R$，一般取 $\Psi_R = 0.25 \sim 0.3$。

其余符号的含义、单位和确定方法与直齿圆柱齿轮相同。

6.5.3 齿根弯曲疲劳强度计算

将当量直齿圆柱齿轮传动的有关参数，代入直齿圆柱齿轮传动轮齿弯曲疲劳强度计算公式，即可得到两轴交角 $\Sigma = 90°$ 的直齿圆锥齿轮传动轮齿弯曲疲劳强度计算公式。

校核公式为

$$\sigma_F = \frac{4 K T_1 Y_F Y_S}{\psi_R (1 - 0.5 \psi_R)^2 z_1^2 m^3 \sqrt{u^2 + 1}} \leqslant [\sigma_F] \quad \text{MPa} \tag{6-29}$$

设计公式为

$$m \geqslant \sqrt[3]{\frac{4 K T_1 Y_F Y_S}{\psi_R (1 - 0.5 \psi_R)^2 z_1^2 [\sigma_F] \sqrt{u^2 + 1}}} \quad \text{mm} \tag{6-30}$$

式中：m 为大端模数，mm。按表 5-4 取标准值；Y_F 为齿形系数。按当量齿数 $z_v = z/\cos\delta$，查表 6-5；Y_S 为应力修正系数。按当量齿数 z_v，查表 6-5。

其余符号的含义、单位和确定方法与直齿圆柱齿轮相同。

6.6 齿轮的结构和齿轮传动的润滑

6.6.1 齿轮的结构设计

通过齿轮传动的强度计算和几何尺寸计算后，已确定了齿轮的主要参数和尺寸，齿轮的结构形式和齿轮的轮毂、轮辐、轮缘等部分的尺寸，则通常由齿轮的结构设计来确定。

齿轮的结构形式主要由齿轮的尺寸大小、毛坯材料、加工工艺、生产批量等因素确定。一般先按齿轮直径大小选定合适的结构形式，再由经验公式确定有关尺寸，绘制零件工作图。

齿轮常用的结构形式有以下几种：

1. 齿轮轴

对于直径较小的钢制圆柱齿轮，若齿根圆至键槽底部距离 $x \leqslant 2.5 m_t$ 或 $d_a < 2d$ 时，对于圆锥齿轮，若小端齿根圆至键槽底部距离 $x \leqslant 1.6 m$（m 为大端模数）时，皆应将齿轮与轴制成一体，称为齿轮轴。如图 6-17 所示，此种齿轮轴常用锻造毛坯。当 x 值超过上述尺寸时，为节约材料便于制造，应将齿轮与轴分开制造。

2. 实心式齿轮

当齿轮圆直径 $d_a \leqslant 200$ mm 时，可采用实心式结构；如图 6-18 所示，此种齿轮常用锻钢制造。

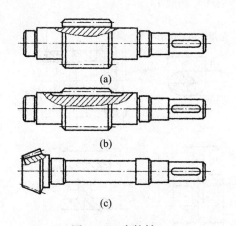

图 6-17 齿轮轴

(a) 圆柱齿轮轴(齿根圆直径大于轴径) (b) 圆柱齿轮轴
(齿根圆直径小于轴径) (c) 锥齿轮轴

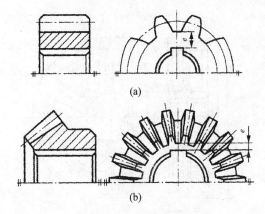

图 6-18 实心式齿轮

(a) 圆柱齿轮 $e \geqslant (2 \sim 2.5)m_n$

(b) 锥齿轮 $e \geqslant (1.6 \sim 2)m$

3. 辐板式齿轮

当 $200 < d_a \leqslant 500\,\text{mm}$ 时,为了减轻重量,节约材料常采用辐板式结构。通常用锻钢制造
(重要齿轮)或采用铸造毛坯。齿轮各部分尺寸由图中经验公式确定。如图 6-19 所示。

4. 轮辐式齿轮

当 $d_a > 500\,\text{mm}$ 时,可采用轮辐式结构,如图 6-20 所示。此种齿轮因受锻造设备能力限
制,常用铸钢或铸铁制造。轮辐剖面形状可采用椭圆形(轻载)、十字形(中载)、工字形(重载)
等。各部分尺寸由图中经验公式确定。

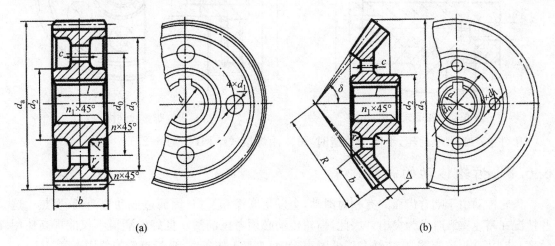

图 6-19 锻造辐板式齿轮

(a) 锻造辐板式圆柱齿轮 (b) 锻造辐板式圆锥齿轮

注:$d_2 \approx 1.6d$(钢材);$d_2 \approx 1.7d$(铸铁);n_1 根据轴的过渡圆角确定。圆柱齿轮:$d_0 \approx 0.5(d_2 + d_3)$;$d_1 \approx 0.25(d_3 - d_2) \geqslant$
$10\,\text{mm}$;$d_3 \approx d_a - (10 \sim 14)m_n$;$c \approx (0.2 \sim 0.3)b$;$n \approx 0.5m_n$;$r \approx 5\,\text{mm}$;$l \approx (1.2 \sim 1.5)d \geqslant b$;圆锥齿轮:$\approx (3 \sim 4)m \geqslant$
$10\,\text{mm}$;$l \approx (1 \sim 1.2)d$;$c \approx (0.1 \sim 0.7)R \geqslant 10\,\text{mm}$;$d_0$、$d_1$、$r$ 由结构定。

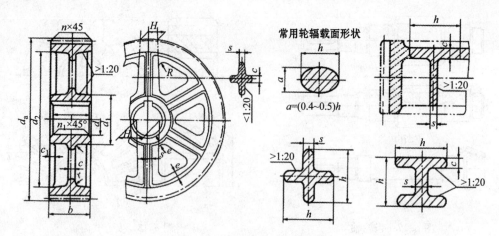

图 6-20 铸造轮辐式圆柱齿轮

注:$C \approx 0.2H$;$H \approx 0.8d$;$s \approx H/6 \geqslant 10$ mm;$e \approx 0.2d$;$H_1 \approx 0.8H$;$d_1 \approx (1.6 \sim 1.8)d$;$l \approx (1.2 \sim 1.5)d \geqslant b$;$R \approx 0.5H$;$r \approx$ 5 mm;$C_1 \approx 0.8C$;$n \approx 0.5m_n$;n_1 根据轴的过渡圆角确定。

为了节约优质钢材,大型齿轮可采用镶套式结构。如用优质锻钢做轮缘,用铸钢或铸铁做轮芯,两者用过盈联接,再在配合接缝上用 4~8 个紧定螺钉联接起来(见图 6-21)。

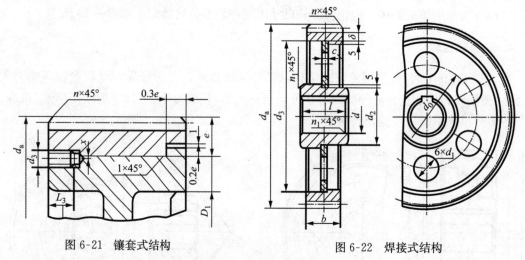

图 6-21 镶套式结构   图 6-22 焊接式结构

单件生产的大型齿轮,不便于铸造时,可采用焊接式结构(见图 6-22)。

6.6.2 齿轮传动的润滑

齿轮传动由于啮合齿面间有相对滑动,会发生摩擦和磨损,因而造成动力消耗、发热。这些情况在高速重载时尤为突出。因此,齿轮传动必须考虑润滑。良好的润滑不仅能提高使用效率、减少磨损,还能散热、防锈和降低噪声,从而改善工作条件,延长齿轮的使用寿命。

1. 润滑方式

对于闭式齿轮传动的润滑方式,一般根据齿轮的圆周速度确定。当齿轮的圆周速度 $v <$ 12(m/s)时,常采用浸油(又称油浴或油池)润滑,即将大齿轮浸入油池(见图 6-23(a)),转动时

就把润滑油带到啮合区。浸油深度约为一个齿高,但不小于 10 mm,浸入过深则增大了齿轮的运动阻力,并使油温升高。在多级齿轮传动中,可采用带油轮将油带到未浸入油池内的轮齿齿面上(见图 6-23(b)),同时可将油甩到齿轮箱壁上散热,以降低油温。

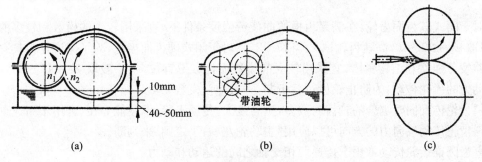

(a)　　　　　　　　　　　(b)　　　　　　　　　　　(c)

图 6-23　齿轮传动的润滑方式

当 $v>12$(m/s)时,由于圆周速度大,齿轮搅油剧烈,增加损耗;搅起箱底沉淀的杂质,加速磨损;还会因离心力较大,使沾附在齿面上的润滑油被甩掉。故不宜采用浸油润滑,而应采用喷油润滑,即用油泵将具有一定压力的润滑油,经油嘴喷到啮合齿面上。如图 6-23(c)所示。

对于开式齿轮传动,由于速度较低,通常采用人工定期加油或润滑脂润滑。

2. 润滑剂的选择

齿轮传动润滑剂多采用润滑油。润滑油的黏度通常根据齿轮材料和圆周速度选取,并由选定的黏度再确定润滑油的牌号。润滑油的黏度可参考表 6-7 选用。

表 6-7　齿轮传动润滑油黏度荐用值

齿轮材料	强度极限 σ_b (N/mm²)	圆周速度 v(m/s)						
		<0.5	0.5~1	1~2.5	2.5~5	5~12.5	12.5~25	>25
		运动黏度 $v_{40℃}$ (mm²/s)						
塑料、青铜、铸铁	—	320	220	150	100	68	46	—
钢	450~1 000	460	320	220	150	100	68	46
	1 000~1 250	460	460	320	220	150	100	68
渗碳或表面淬火钢	1 250~1 580	1 000	460	460	320	220	150	100

本章小结

齿轮传动的失效形式主要有轮齿疲劳折断、齿面点蚀、齿面磨损、齿面胶合及轮齿塑性变形等。在一般工作条件下的闭式齿轮传动中,对于软齿面(≤HBS350)齿轮传动,其主要失效形式是齿面点蚀,应按接触疲劳强度条件进行设计计算,再按弯曲疲劳强度条件进行校核;对于硬齿面(>HBS350)齿轮传动,其主要失效形式是轮齿疲劳折断,应按弯曲疲劳强度条件进行设计计算,再按接触疲劳强度条件进行校核;对于高速大功率的齿轮传动,还应进行抗胶合能力计算。

对齿轮材料性能的基本要求是:齿面要硬,齿芯要韧,并具有良好的切削加工工艺性能和热处理工艺性能,价格要低。制造齿轮多采用优质碳素钢和合金钢。重要的齿轮通常采用锻造毛坯,一般的齿轮可直接选用轧制原钢制造,对于直径较大或形状复杂的齿轮可采用铸造毛坯。

对于闭式软齿面齿轮,在满足齿根弯曲疲劳强度条件下,宜采用较小的模数和较多的齿数(一般取 $Z_1=20\sim40$,高速齿轮取 $Z_1>25\sim27$);对于闭式硬齿面齿轮,为了保证轮齿具有足够的弯曲疲劳强度和结构紧凑,宜采用较大的模数而齿数不宜过多(一般取 $Z_1=17\sim20$);对于传递动力的齿轮传动,为防止轮齿过载折断,一般应使模数 $m\geqslant1.5\sim2\,\mathrm{mm}$。

斜齿轮传动同时啮合的轮齿对数多,重合度大,传动平稳,承载能力在,常用于高速重载传动。斜齿轮传动轴向力的方向可以应用"主动轮左、右手定则"来判断。

直齿圆锥齿轮传动常用于传递两相交轴之间的运动和动力。

齿轮的结构形式一般按其直径大小选定,再由经验公式计算确定齿轮的轮毂、轮辐和轮缘等部分的尺寸,绘制零件的工作图。

思考题与习题

6-1 分析说明一般使用的闭式软齿面、闭式硬齿面和开式齿轮传动的主要失效形式和相应的设计计算准则,齿轮齿数 z 和模数的选择原则。

6-2 作为齿轮的材料应具有哪些特性?如何选择齿轮的材料和热处理方法?

6-3 齿形系数 Y_F 和哪些因素有关?齿数相同的直齿圆柱齿轮、斜齿圆柱齿轮和直齿圆锥齿轮的齿形系数 Y_F 是否相同,为什么?

6-4 一对圆柱齿轮啮合时,大、小齿轮在啮合处的接触应力是否相等?若两轮的材料和热处理方法都相同,其接触疲劳许用应力是否相等?若其接触疲劳许用应力相等,大、小齿轮的接触疲劳强度是否相等?

6-5 一对圆柱齿轮啮合时,大、小齿轮齿根处的弯曲应力是否相等?若两轮的材料和热处理方法都相同,其弯曲疲劳许用应力是否相等?若其弯曲疲劳许用应力相等,大、小齿轮的弯曲疲劳强度是否相等?

6-6 采取什么措施可以提高齿轮传动的齿面接触疲劳强度和齿根弯曲疲劳强度?

6-7 在两级圆柱齿轮传动中,如其中有一级为斜齿圆柱齿轮传动,它一般是安排在高速级还是低速级?为什么?在布置锥齿轮—圆柱齿轮减速器的方案时,锥齿轮传动是布置在高速级还是低速级?为什么?

6-8 某专用铣床的主传动是直齿圆柱齿轮传动,已知 $P=7.5\,\mathrm{kW}$,$n_1=1\,440\,\mathrm{r/min}$,$z_1=26$,$z_2=54$,要求使用寿命 $12\,000\,\mathrm{h}$,齿轮相对轴承为不对称布置,试设计该齿轮传动。

6-9 一单级直齿圆柱齿轮减速器,由电动机驱动。已知中心距 $a=250\,\mathrm{mm}$,传动比 $i=3$,小齿轮齿数 $z_1=25$,转速 $n_1=1\,440\,\mathrm{r/min}$,齿轮宽度 $b_1=100\,\mathrm{mm}$,$b_2=94\,\mathrm{mm}$,小齿轮材料 45 钢,调质;大齿轮材料 45 钢,正火。载荷有中等冲击,单向运转,二班制工作,使用寿命为 5 年。试计算这对齿轮所能传递的最大功率。

6-10 如题 6-10 图所示斜齿圆柱齿轮减速器。

(1)已知:主动轮 1 的转向及螺旋角旋向。为了使轮 2 和轮 3 所在中间轴的轴向力最小,试确定轮2、轮3和轮4的螺旋角旋向和各轮产生的轴向力方向。

(2) 已知 $m_{n2}=3$ mm，$z_2=57$，$\beta_2=18°$，$m_{n3}=4$ mm，$z_3=20$，试求 β_3 为多少时，才能使中间轴上两齿轮产生的轴向力相互抵消？

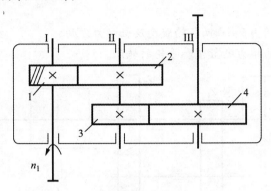

题 6-10 图

6-11 设计由电动机驱动的闭式斜齿圆柱齿轮传动。已知：传递功率 $P=22$ kW，小齿轮转速 $n_1=960$ r/min，传动比 $i=3$。单向运转，载荷有中等冲击。齿轮相对于轴承对称布置，使用寿命为 20 000 h。

6-12 一单级斜齿圆柱齿轮减速器。其参数为：$b=40$ mm，$\beta=13°49'11''$，$z_1=22$，$z_2=101$，$m_n=3$ mm。小齿轮材料为 40Cr，调质，硬度 270HBS；大齿轮为 45 钢，调质，硬度为 220HBS。电机驱动，小齿轮转速 $n_1=1470$ r/min，精度为 8 级，载荷平稳，单向运转，每天两班制，使用寿命为 10 年。试求该对齿轮所能传递的功率。

6-13 已知一对正常标准直齿圆锥齿轮传动，$\Sigma=90°$，齿数 $z_1=25$，传动比 $i=2$，模数 $m=5$ mm，齿宽 $b=50$ mm，传递功率 $P_1=3.2$ kW，转速 $n_1=400$ r/min，试计算两齿轮上所受的各力大小，并绘出受力简图。

6-14 已知闭式直齿圆锥齿轮传动的 $\Sigma=90°$，$i=2.7$，$z_1=16$，$P_1=7.5$ kW，$n_1=840$ r/min，用电机驱动，载荷有中等冲击。要求结构紧凑，故大小齿轮的材料均选为 40Cr，表面淬火，试计算此传动。

6-15 如题 6-15 图所示圆锥—斜齿轮传动，已知 $Z_1=20$，$Z_2=50$，$M_{12}=5$ mm，齿宽 $b_{12}=40$ mm，$Z_3=23$，$Z_4=92$，$M_{n34}=6$ mm，试求：

(1) 要使 Ⅱ 轴上轴向力为零时，斜齿轮螺旋角 β 的数值。

(2) 标出斜齿轮转向及旋向。

(3) 标出各轮所受各分力的方向。

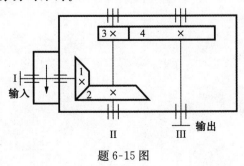

题 6-15 图

6-16　题6-16图示手动提升装置，由两对开式斜齿圆柱齿轮传动组成，已知 $Z_1 = Z_3 = 30$，$Z_2 = Z_4 = 60$，模数 $M_n = 5\,\text{mm}$，螺旋角 $\beta = 10°$，Z_4 齿轮为右旋，卷筒直径 $D = 360\,\text{mm}$，提升重量 $F = 300\,\text{N}$，手柄长度 $L = 250\,\text{mm}$，齿轮效率 $\eta_1 = 0.96$，滚动轴承效率 $\eta_2 = 0.99$，在提升重物时，试求：

（1）当中间轴上轴间力最小时，各轮旋向及轴向力方向。

（2）提升重物所需的推力的数值和手轮的转向。

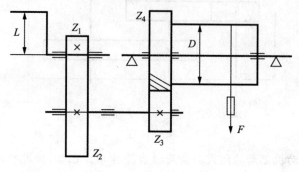

题 6-16 图

第 7 章　蜗杆传动

教学要求

通过本章的教学，了解蜗杆传动特点、类型；掌握蜗杆传动的主要参数及几何尺寸计算；熟悉普通圆柱蜗杆传动的正确啮合条件、强度计算及热平衡计算；了解蜗杆传动的精度等选择及安装维护。

7.1　蜗杆传动的特点和类型

7.1.1　蜗杆传动的特点

蜗杆传动由蜗杆 1 和蜗轮 2 组成（见图 7-1）。用来传递两空间交错轴之间的运动和动力，通常两轴交错角 $\Sigma = 90°$。蜗杆传动一般用作减速传动，蜗杆为主动件而蜗轮为从动件。

与齿轮机构相比较，蜗杆蜗轮机构主要有以下特点：

优点：

（1）传动比大、机构紧凑；用于动力传动时传动比可达 8~80，一般传动比 10~40，若只传递运动（如分度运动），其传动比可达 1000。

（2）传动平稳、无噪声、振动较小。

（3）反向行程时可自锁，安全保护。

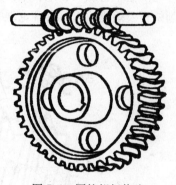

图 7-1　圆柱蜗杆传动

缺点：

（1）齿面相对滑动速度大，易磨损，当蜗杆为主动件时，效率一般为 0.7~0.8，当传动设计成具有自锁性能时，效率小于 0.5；

（2）为了散热和减少磨损，蜗轮要采用价格较贵的有色金属制造，如青铜等。

由于蜗杆传动的以上特点，蜗杆传动被广泛应用于机床、冶金与矿山机械、起重机械、船舶和仪器设备中。

7.1.2　蜗杆传动的分类

根据蜗杆的形状不同，蜗杆传动可分为圆柱蜗杆传动[见图 7-2(a)]、环面蜗杆传动[见图 7-2(b)]和锥蜗杆传动[见图 7-2(c)]。其中应用最多的是圆柱蜗杆传动。

圆柱蜗杆传动最为常用的是普通圆柱蜗杆传动，这主要因为制造简便。普通圆柱蜗杆多用直母线刀刃加工，由于切制蜗杆时刀具安装位置的不同，可获得不同形状的螺旋齿面，有阿基米德蜗杆（ZA 型）、渐开线蜗杆（ZI 型）、法向直廓蜗杆（ZN 型）等多种。其中应用最多的是阿基米德蜗杆。

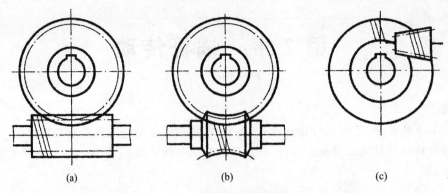

(a)　　　　　　　　　(b)　　　　　　　　　(c)

图 7-2　蜗杆传动的种类

如图 7-3 所示,阿基米德蜗杆一般是在车床上用成型车刀切制的。车阿基米德蜗杆与车梯形螺纹相似,用梯形车刀在车床上加工。两刀刃的夹角 $2\alpha=40°$,加工时将车刀的刀刃放于水平位置,并与蜗杆轴线在同一水平面内。这样加工出来的蜗杆其齿面为阿基米德螺旋面,在轴剖面 I—I 内的齿形为直线;在法向剖面 N—N 内的齿形为曲线;在垂直轴线的端面上,其齿形为阿基米德螺线。这种蜗杆加工工艺性好,应用最广泛。但导程角 γ 过大时加工困难。磨削蜗杆及蜗轮滚刀时有理论误差,难以用砂轮磨削出精确齿形,故传动精度和传动效率较低。

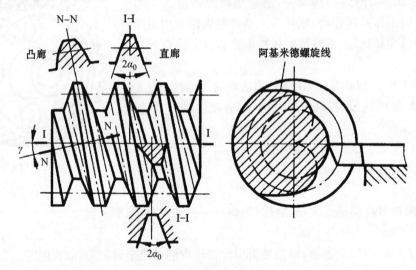

图 7-3　阿基米德蜗杆

蜗轮是用与蜗杆相似的蜗轮滚刀按范成原理切制而成。

7.2　蜗杆传动的主要参数和几何尺寸

7.2.1　蜗杆传动及其正确啮合条件

1. 蜗杆传动的形成

常用的阿基米德蜗杆同普通螺旋相似,有左、右旋之分,且通常以右旋为多。蜗杆的螺旋线有单头和多头之分，实际上螺旋线的头数相当于齿数 z_1。蜗轮就像一个螺旋角为 β_2 的斜齿轮(见图 7-4)，但为改善与蜗杆的啮合而沿齿宽方向做成圆弧形。

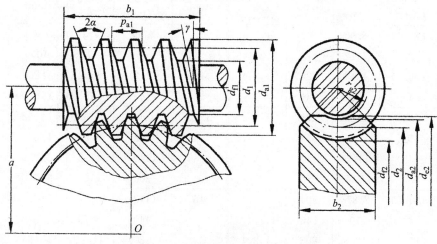

图 7-4　圆柱蜗杆与蜗轮的啮合传动

2. 蜗杆传动正确啮合的条件

如图 7-4 所示，过蜗杆轴线并垂直于蜗轮轴线作一截面，该平面称为中间平面。在中间平面内蜗杆与蜗轮的啮合相当于齿条与齿轮的啮合。故蜗杆与蜗轮正确啮合的条件为：在中间平面内，蜗轮的端面模数 m_t 应等于蜗杆的轴面模数 m_x，且为标准值；蜗轮的端面压力角 α_t 应等于蜗杆的轴面压力角 α_x，且为标准值。即：

$$\left.\begin{array}{l} m_t = m_x = m; \\ \alpha_t = \alpha_x = \alpha \\ \Sigma = \beta_1 + \beta_2 = 90° \end{array}\right\} \tag{7-1}$$

(或蜗杆的导程角 γ 等于蜗轮的螺旋角 β_2，且旋向相同)。

7.2.2　圆柱蜗杆传动的主要参数及几何尺寸计算

1. 模数 m 和压力角 α

与齿轮传动相同，蜗杆传动的几何尺寸也以模数为主要计算参数。表 7-1 为动力圆柱蜗杆传动的模数系列，压力角 α 为标准值(20°)。

表 7-1　动力蜗杆传动蜗杆基本参数(两轴交错角 90°)(摘自 GB 10085—1988)

模数 M (mm)	分度圆直径 d_1(mm)	直径系数 q	$m^2 d_1$ (mm)	蜗杆头数 z_1	模数 M (mm)	分度圆直径 d_1(mm)	直径系数 q	$m^2 d_1$ (mm)	蜗杆头数 z_1
2	(18)	9	72	1,2,4	8	(63)	7.875	4 032	1,2,4
	22.4	11.2	90	1,2,4,6		80	10	5 376	1,2,4,6
	(28)	14	112	1,2,4		(100)	12.5	6 400	1,2,4
	35.5	17.75	142	1		140	17.5	8 960	1

模数 M (mm)	分度圆直径 d_1 (mm)	直径系数 q	$m^2 d_1$ (mm)	蜗杆头数 z_1	模数 M (mm)	分度圆直径 d_1 (mm)	直径系数 q	$m^2 d_1$ (mm)	蜗杆头数 z_1
2.5	(22.4)	8.96	140	1,2,4	10	(71)	7.1	7 100	1,2,4
	28	11.2	175	1,2,4,6		90	9	9 000	1,2,4,6
	(35.5)	14.2	222	1,2,4		(112)	11.2	11 200	1,2,4
	45	18	281	1		160	16	16 000	1
3.15	(28)	8.89	278	1,2,4	12.5	(90)	7.2	14 062	1,2,4
	35.5	11.27	353	1,2,4,6		112	8.96	17 500	1,2,4,6
	(45)	14.29	447	1,2,4		(140)	11.2	21 875	1,2,4
	56	17.778	556	1		200	16	31 250	1
4	(31.5)	7.875	504	1,2,4	16	(112)	7	28 672	1,2,4
	40	10	640	1,2,4,6		140	8.75	35 840	1,2,4,6
	(50)	12.5	800	1,2,4		(180)	11.25	46 080	1,2,4
	71	17.75	1 136	1		250	15.625	64 000	1
5	(40)	8	1 000	1,2,4	20	(140)	7	56 000	1,2,4
	50	10	1 250	1,2,4,6		160	8	64 000	1,2,4,6
	(63)	12.6	1 575	1,2,4		(224)	11.2	89 000	1,2,4
	90	18	2 250	1		315	15.75	126 000	1
6.3	(50)	7.936	1 984	1,2,4	25	(180)	7.2	112 500	1,2,4
	63	10	2 500	1,2,4,6		200	8	125 000	1,2,4,6
	(80)	12.698	3 175	1,2,4		(280)	11.2	175 000	1,2,4
	112	17.778	4 445	1		400	16	250 000	1

注：表中括号内数值为第二系列，尽可能不用。

2. 蜗杆蜗轮的齿数 z_1，z_2 和传动比 i

蜗杆的齿数 $z_2 = 32 \sim 80$。z_1，z_2 值的选取可参见表 7-2。

表 7-2 蜗杆头数 z_1 与蜗轮齿数 z_2 的推荐值

传动比	5～6	7～8	9～13	14～24	25～27	28～40	＞40
蜗杆头数	6	4	3～4	2～3	2～3	1～2	1
蜗轮齿数	29～36	28～32	27～52	28～72	50～81	28～80	＞40

当蜗杆转过一周时，蜗轮将转过 z_1 个齿，故传动比为

$$i_{12} = n_1/n_2 = z_2/z_1 \tag{7-2}$$

式中：n_1，n_2 分别为蜗杆与蜗轮的转速，单位是 r/min。

3. 蜗杆的直径 d_1 和直径系数 q

由于蜗轮是用相当于蜗杆尺寸的滚刀来切制的，为了限制滚刀数量，使滚刀规格标准化，

对每一种模数的蜗杆,将其分度圆直径 d_1 规定为标准值(见表 7-1)。也即规定了相应的比值:$q=d_1/m$。比值 q 称为蜗杆的直径系数,它为导出值,不一定是整数,对于动力蜗杆传动,q 值为 7~18。对于分度蜗杆传动,q 值为 16~30。

4. 蜗杆的导程角 γ

图 7-5 所示为蜗杆分度圆柱的展开图。当蜗杆的直径系数 q 和蜗杆的头数 z_1 确定后,蜗杆分度圆柱上的导程角 γ 也就确定了,由图可见:(图中 p_{a1} 为轴向齿距)

$$\tan\gamma = \frac{z_1 p_{a1}}{\pi d_1} = \frac{z_1 m}{d_1} = \frac{z_1}{q} \tag{7-3}$$

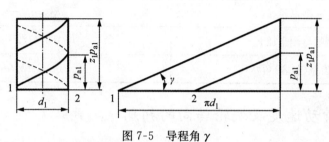

图 7-5 导程角 γ

导程角 γ 大,效率高。要求高效率的蜗杆传动,一般 $\gamma=15°\sim30°$,过大的导程角将使蜗杆齿变尖和出现根切。

5. 标准中心距 a

由图 7-4 可知,蜗杆蜗轮传动的标准中心距为

$$a = (d_1+d_2)/2 = m/2 \cdot (q+z_2) \tag{7-4}$$

阿基米德蜗杆传动的几何尺寸计算公式见图 7-4 及表 7-3 中的各计算式。

表 7-3 阿基米德蜗杆传动的主要几何尺寸计算公式

名称与代号	计算公式
中心距 a	$a=m/2 \cdot (q+z_2)$
蜗杆螺旋线导程 p_z	$p_z=\pi m z_1$
蜗杆直径系数 q	$q=d_1/m$
蜗杆轴向齿距 p_{a1}	$p_{a1}=\pi m$
蜗杆分度圆直径 d_1	$d_1=mq$
齿顶高系数 h_a^*	一般取 $h_a^*=1$
蜗杆齿顶圆直径 d_{a1}	$d_{a1}=d_1+2h_a^* m$
顶隙系数 c^*	一般 $c^*=0.2$
顶隙 c	$c=0.2 m$
蜗杆齿根圆直径 d_{f1}	$d_{f1}=d_1-2h_a^* m-2c$
蜗杆导程角 γ	$\tan\gamma=z_1/q$

名称与代号	计算公式
蜗杆齿宽 b_1	$b_1 \approx 2.5m\sqrt{z_2+1}$
蜗轮齿宽 b_2	$b_2 \approx 2m(0.5+\sqrt{q+1})$
蜗轮分度圆直径 d_2	$d_2 = z_2 m$
蜗轮齿顶圆(喉圆)直径 d_{a2}	$d_{a2} = (z_2+2h_a^*)m$
蜗轮齿根圆直径 d_{f2}	$d_{f2} = d_2 - 2m(h_a^* + c^*)$
蜗轮外圆直径 d_{e2}	$d_{e2} \approx d_{a2} + m$
蜗轮咽喉母圆半径 r_{g2}	$r_{g2} = a - 1/2 \cdot d_{a2}$
蜗轮齿宽(包容)角 θ	$\sin\theta/2 = b_2/d_1$

7.2.3 齿面滑动速度及蜗轮转向的判别

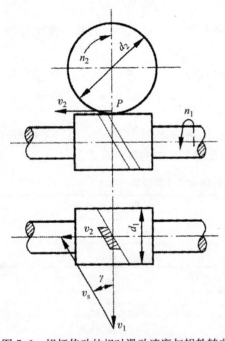

图 7-6 蜗杆传动的相对滑动速度与蜗轮转向

方向的反向是蜗轮上啮合点的线速度方向(图中 v_2 的方向),从而确定蜗轮的转向。

1. 相对滑动速度

蜗杆和蜗轮啮合时,齿面间有较大的相对滑动,由图 7-6 可知,相对滑动速度 v_s 的大小和方向取决于蜗杆和蜗轮的圆周速度 v_1 和 v_2。

$$v_s = \frac{v_1}{\cos\gamma} = \frac{\pi d_1 n_1}{60 \times 1000\cos\gamma} \qquad (7\text{-}5)$$

相对滑动速度的大小直接影响着蜗杆传动的效率、齿面的润滑状况及齿面的失效。

2. 蜗轮转向的判别

蜗轮的转动方向,不仅与蜗杆的转动方向有关,还与蜗杆的螺旋线方向有关。

图 7-6 中蜗轮的转动方向可以用左、右手法则来确定。当蜗杆为右旋时,用右手来判定,反之,用左手判定。使四指方向与蜗杆转向一致,拇指所指

7.3 蜗杆传动的失效形式和常用材料

7.3.1 失效形式和计算准则

由于蜗杆传动齿面间的相对滑动速度大,磨损和功率损耗大,所以发热量大。蜗杆螺旋部

分的强度又比蜗轮轮齿的强度高,故蜗杆传动的失效形式主要是蜗轮齿面的磨损、胶合和点蚀。

在目前尚无适宜的齿面胶合强度和磨损强度的计算方法,因而通常采用齿面接触疲劳强度计算代替齿面胶合强度计算,有时要通过热平衡计算来间接控制胶合的产生;用齿根弯曲疲劳强度计算代替齿面磨损强度计算。但在许用应力的选取时考虑胶合和磨损的影响。实践证明这种条件性的计算是符合工程要求的。

接触和弯曲强度计算都是针对蜗轮的,蜗杆轴的刚度不足也会引起蜗杆传动的失效,此外,传动因磨损功耗发热,还需进行热平衡计算。

蜗杆传动的设计计算准则是:对闭式蜗杆传动按齿面接触疲劳强度计算,按齿根弯曲疲劳强度校核,再作热平衡核算;对开式蜗杆传动只按齿根弯曲疲劳强度设计。在蜗杆直径较小而跨距较大时,还应作蜗杆轴的刚度验算。

7.3.2　材料的选择

由于蜗杆传动有较大的相对滑动速度,选用的材料除要有足够的强度外,更重要的是要求有良好的减磨性、耐磨性和抗胶合性能。为了有好的减磨性,蜗杆、蜗轮配对材料应该一硬、一软。比较好的是淬硬后磨削的钢制蜗杆与离心铸造青铜 ZCuSn10P1 蜗轮配对。蜗杆蜗轮常用材料可以参见表 7-5,大致选用原则如下。

1. 蜗杆材料

一般用优质碳素钢或合金钢制造,并进行热处理。对于低速、轻载的传动,可采用 45 钢,经调质处理,硬度为 250～350 HBS;对于中速、中载传动,可采用 45 钢、35SiMn、40Cr 和 40CrNi 钢等,并对齿面进行淬火,硬度为 45～50 HRC;对于高速、重载的传动,可采用 15Cr、20、20Cr 钢等,经表面渗碳和淬火,硬度为 56～62 HRC。

2. 蜗轮材料

通常是指蜗轮齿冠部分的材料。主要有以下几种:

(1) 铸锡青铜:适用于 $V_s \geqslant 12～26$ m/s 和持续运转的工况,离心铸造可得到致密的细晶粒组织,可取大值,砂型铸造的取小值。

(2) 铸铝青铜:适用于 $V_s \leqslant 10$ m/s 的工况,抗胶合能力差,与其配合的蜗杆硬度应不低于 45 HRC。

(3) 铸铝黄铜:抗点蚀强度高,但耐磨性差,宜用于低滑动速度场合。

(4) 灰铸铁和球墨铸铁:适用于 $V_s \leqslant 2$ m/s 的工况,前者表面经硫化处理有利于减轻磨损,后者若与淬火蜗杆配对能用于重载场合。直径较大的蜗轮常用铸铁。

7.4　蜗杆传动的承载能力计算

7.4.1　受力分析

与斜齿圆柱齿轮传动的受力分析相似,蜗杆传动的受力分析也以一对齿轮啮合时节点受力分析为承载能力计算的依据。同样不考虑齿面间摩擦力的影响。蜗杆传动受力如图 7-7 所示，主动件蜗杆所受转矩为 T_1。作用于节点处的法向力 F_n，可分解为 3 个相互垂直的分力。圆周力 F_t，径向力 F_r 和轴向力 F_a。其中蜗杆上的圆周力与转向相反，蜗轮上的圆周力与转向相同；径向力指向各自的轮心；蜗杆的轴向力可用左、右手法则判定：右旋用右手，左旋用左手，即四指握着蜗杆转向，大拇指指向就是蜗杆的轴向力方向。由于蜗杆与蜗轮轴线垂直交错，蜗杆圆周力 F_{t1} 与蜗轮的轴向力 F_{a2}，蜗杆径向力 F_{r1} 和蜗轮的径向力 F_{r2}，蜗杆轴向力 F_{a1} 与蜗轮的圆周力 F_{t2} 都是大小相等而方向相反的，这 6 个力的关系可用式(7-6)表示：

$$\left.\begin{array}{l} F_{t1} = F_{a2} = 2T_1/d_1 \\ F_{a1} = F_{t2} = 2T_2/d_2 \\ F_{r1} = F_{r2} = F_{t2}\tan\alpha \end{array}\right\} \tag{7-6}$$

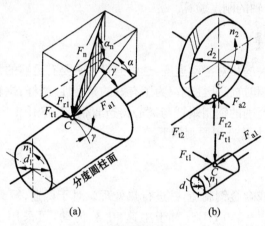

图 7-7　蜗杆传动受力分析

7.4.2　承载能力计算

由于蜗轮轮齿的形状复杂，本书仅按斜齿圆柱齿轮传动作近似计算，并直接给出推导结果。

1. 齿面接触强度计算

基于赫兹公式，钢制蜗杆与青铜蜗轮或铸铁蜗轮啮合时，蜗杆传动的齿面接触强度校核式(7-7)与设计式(7-8)如下：

$$\sigma_H = 480\sqrt{\frac{KT_2}{d_1 d_2^2}} = 480\sqrt{\frac{KT_2}{m^2 d_1 z_2^2}} \leqslant [\sigma_H] \tag{7-7}$$

$$m^2 d_1 \geqslant KT_2\left(\frac{480}{z_2[\sigma_H]}\right)^2 \tag{7-8}$$

式中：T_2 为蜗轮轴传递的扭矩，$N \cdot mm$（$T_2 = T_1 \cdot i \cdot \eta_1$，$\eta_1$ 为啮合效率）；K 为载荷系数，与传动的工况、速度的大小、载荷的分布等有关，一般取 $K = 1 \sim 1.25$，载荷变化大时 $K = 1.2 \sim 1.4$；$[\sigma_H]$ 为蜗轮材料的许用接触应力，MPa。

当蜗轮材料为铸铁或用锡青铜时，其主要的失效形式为胶合，所进行的接触强度计算是条件性计算，许用应力应根据材料的滑动速度由表 7-4 确定；当蜗轮材料为锡青铜时，其主要失效形式为疲劳点蚀,许用接触应力值与循环次数有关,$[\sigma_H]=Z_N[\sigma_{OH}]$,其中,$[\sigma_{OH}]$为基本许用接触应力,见表 7-5,寿命系数 $Z_N=8\,107N$,应力循环次数 N 的计算方法与齿轮相同,当 $N>25\times10^7$ 时取 $N=25\times10^7$,当 $N<2.6\times10^5$ 时取 $N=2.6\times10^5$。

由设计式(7-8)计算出的 m^2d_1 值,直接查表 7-1 找到相适应的 m 和 d_1 值。

表 7-4　蜗轮材料的许用接触应力$[\sigma_H]$(MPa)

材料		滑动速度 v_s(m/s)				
蜗杆	蜗轮	0.25	0.5	1	2	3
钢经淬火	ZcuA19Fe3	—	250	230	210	180
	ZcuZn38Mn2Pb2	—	215	200	180	150
渗碳钢	HT150,HT200 (120~150HBS)	160	130	115	90	—
调质或淬火钢	HT150 (120~150HBS)	140	110	90	70	—

2. 轮齿弯曲强度计算

蜗轮齿根弯曲疲劳强度的计算一般按斜齿轮公式作近似计算。蜗轮轮齿弯曲强度校核式(7-9)与设计式(7-10)如下:

$$\sigma_F=\frac{1.53KT_2\cos\gamma}{d_1z_2m^2}Y_FY_\beta\leqslant[\sigma_F]\qquad(7-9)$$

$$m^2d_1\geqslant\frac{1.53KT_2\cos\gamma}{z_2[\sigma_F]}Y_FY_\beta\qquad(7-10)$$

式中:Y_F 为蜗轮齿形系数,可按当量齿数 $z_{v2}=z_2/\cos^3\gamma$ 由表 7-6 查得;Y_β 为螺旋角影响系数,$Y_\beta=1-(\gamma^\circ/120^\circ)$;$[\sigma_F]$ 为蜗轮的许用弯曲应力 $[\sigma_F]=Y_N[\sigma_{OF}]$;$Y_N$ 为寿命系数,$Y_N=\sqrt[9]{\dfrac{10^6}{N}}$,其中 N 的计算方法同前,当 $N>25\times10^7$ 时取 $N=25\times10^7$,当 $N<10^5$ 时取 $N=10^5$;$[\sigma_{OF}]$ 计入齿根应力校正系数后蜗轮的基本许用弯曲应力,由表 7-7 查取。

同理,由设计式(7-10)计算出的 m^2d_1 值后,查表 7-1 找到相适应的 m 和 d_1 值。

表 7-5　蜗轮材料的基本许用接触应力$[\sigma_{OH}]$(MPa)

蜗轮材料	铸造方法	蜗杆螺旋面硬度 ≤350 HBS	蜗杆螺旋面硬度 >45 HRC
铸锡磷青铜 ZCuSn10P1	砂模铸造	180	180
	金属模铸造	200	268
铸锡锌铅青铜 ZCuSn5Pb5Zn5	砂模铸造	110	135
	金属模铸造	135	140

注:蜗杆未经淬火时,表中$[\sigma_{OH}]$值应降低 20%。

表 7-6　蜗轮齿形系数 Y_F

z_{v2}	19	20	22	25	30	40	50	60	80	100	200
Y_{F2}	2.94	2.87	2.78	2.70	2.58	2.44	2.35	2.30	2.25	2.20	2.16

表 7-7　(计入齿根应力校正系数后)蜗轮材料的基本许用弯曲应力 $[\sigma_{OF}]$ (MPa)

蜗轮材料	铸造方法	蜗杆螺旋面硬度 $\leqslant$ 45 HRC	蜗杆螺旋面硬度 >45 HRC 且磨光
铸锡磷青铜 ZCuSn10P1	砂模铸造	46(32)	58(40)
	金属模铸造	58(42)	73(52)
铸锡锌铅青铜 ZCuSn5Pb5Zn5	砂模铸造	32(24)	40(30)
	金属模铸造	41(32)	51(40)

注:表中括号中的数值适用于双向传动的情况。

3. 蜗杆的刚度计算

当蜗杆轴在啮合部位受力后,将产生挠曲,挠度过大将影响正常的啮合与传动,由于蜗杆轴挠曲是由其圆周力 F_t 和径向力 F_r 引起,故刚度校核式为

$$y = \frac{\sqrt{F_{t1}^2 + F_{r2}^2}}{48EI}L^3 \leqslant [y]\,\mathrm{mm} \tag{7-11}$$

式中:E 为蜗杆材料的弹性模量,钢质蜗杆 $E=2.07\times10^5$ MPa;I 为蜗杆危险截面的惯性矩,$I=\pi d_{f1}^4/64$,mm^4,d_{f1} 为蜗杆齿根圆直径;L 为蜗杆两支承间距离,mm,初步计算时可取 $L=0.9d_2$,d_2 是蜗轮分度圆直径;$[y]$ 为许用最大挠度,$[y]=d_1/1\,000$,d_1 是蜗杆分度圆直径。

7.5　蜗杆传动的效率、润滑和热平衡计算

7.5.1　蜗杆传动的效率

蜗杆传动的效率较齿轮传动的效率要低。其功率损耗主要有啮合摩擦、轴承摩擦和搅油功率损耗。总效率为

$$\eta = \eta_1\eta_2\eta_3 \tag{7-12}$$

式中:η_1,η_2,η_3 分别为啮合效率、轴承效率、搅油损耗时的效率。其中主要取决于 η_1,一般取 $\eta_2\eta_3=0.95\sim0.96$,当蜗杆主动时,则有

$$\eta_1 = \tan\gamma/\tan(\gamma+\varphi_v) \tag{7-13}$$

式中:γ 为普通圆柱蜗杆分度圆上的导程角;φ_v 为当量摩擦角。对于青铜蜗轮与钢制普通圆柱蜗杆,查表 7-8。当蜗杆经过渗碳或抛光,蜗轮为锡磷青铜且润滑油中有减磨剂时,φ_v 可取小值,反之则取大些。在设计之初,由于诸多因素未定,可按以下估取:

蜗杆头数	z_1	1	2	3	4
总传动效率	η	0.7	0.8	0.9	0.95

表 7-8　蜗杆与蜗轮的当量摩擦角 φ_v 值

滑动速度	0.01 m/s	0.1 m/s	0.25 m/s	0.5 m/s	1.0 m/s	1.5 m/s
φ_v	$5°40'\sim6°50'$	$4°30'\sim5°10'$	$3°40'\sim4°20'$	$3°10'\sim3°40'$	$2°30'\sim3°10'$	$2°20'\sim2°50'$
滑动速度	2.0 m/s	2.5 m/s	3 m/s	4 m/s	7 m/s	10 m/s
φ_v	$2°00'\sim2°30'$	$1°40'\sim2°20'$	$1°30'\sim2°00'$	$1°20'\sim1°40'$	$1°00'\sim1°30'$	$0°55'\sim1°20'$

7.5.2　蜗杆传动的热平衡计算

蜗杆的效率较低,发热量较大。对闭式传动,如果散热不充分,温升过高,就会使润滑油黏度降低,减小润滑作用,导致齿面磨损加剧,甚至引起齿面胶合。所以,对于连续工作的闭式蜗杆传动,应进行热平衡计算。所谓热平衡计算就是由摩擦力产生的热量应小于或等于箱体表面散发的热量,以保证温升不超过许用值。

对于一个传递功率为 $P(\mathrm{kW})$、总效率为 η 的蜗杆传动,转化为热量的摩擦耗损功率为

$$P_\mathrm{s} = 1\,000P(1-\eta) \quad (\mathrm{W})$$

经箱体表面散发热量的相当功率为

$$P_\mathrm{c} = K_\mathrm{t}A(t_1-t_2) \quad (\mathrm{W})$$

达到热平衡时,$P_\mathrm{s}=P_\mathrm{c}$,则蜗杆传动的热平衡条件是

$$t_1 = t_0 + \frac{1\,000P(1-\eta)}{K_\mathrm{t}A}\,℃ \tag{7-14}$$

式中:A 为内表面能被润滑油飞溅到、而外表面又能被空气所冷却的箱体表面积;K_t 为散热系数,$K_\mathrm{t}=(9\sim17)\,\mathrm{W/m^2 \cdot ℃}$,通风良好时可取值大些;$t_1$ 为油的工作温度,通常限制在小于 $60℃\sim70℃$,最高不超过 $80℃$;t_0 为周围空气的温度,一般取 $20℃$。

如 $t_1>80℃$ 时,可采取以下方法提高散热能力:

(1) 在壳体外增加散热片,但散热片和凸缘的面积按其实际面积的 50% 计算。

(2) 在蜗杆轴上装风扇[见图 7-8(a)]。

(3) 在箱体内装蛇形冷却水管[见图 7-8(b)]。

(4) 采用压力喷油循环润滑[见图 7-8(c)]。

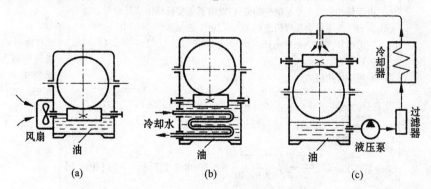

图 7-8　蜗杆传动的散热方式

(a) 风扇冷却　(b) 冷却水管冷却　(c)压力喷油润滑

7.5.3 蜗杆传动的布置与润滑方式

由于蜗杆传动的主要失效形式是胶合与磨损,因而良好的润滑就十分重要。润滑的方法及润滑油的黏度,主要取决于滑动速度的大小和载荷的类型。

在闭式蜗杆传动中,润滑方式可分为油池润滑和压力喷油润滑。采用油池润滑时,蜗杆最好布置在下方。蜗杆浸入油中的深度至少能浸入螺旋的牙高,且油面不应超过滚动轴承最低滚动体的中心。油池容量宜适当大些,以免蜗杆工作时泛起箱底沉淀物和油很快老化。只有在不得已的情况下(如受结构上的限制),蜗杆才布置在上方。这时,浸入油池的蜗轮深度允许达到蜗轮半径的 1/6～1/3。若速度高于 10 m/s,必须采用压力喷油润滑,由喷油嘴向传动的啮合区供油。为增强冷却效果,喷油嘴宜放在啮出侧,双向转动的应布置在外侧。具体选择可参见表 7-9。

表 7-9　蜗杆润滑方式的选择

滑动速度 v_s/(m/s)	<1	<2.5	<5	>5～10	>10～15	>15～25	>25
工作条件	重载	重载	中载				
黏度,v_{40} ℃/cSt	1 000	680	320		150	100	68
润滑方法	油浴			油浴或喷油	压力喷油润滑及其压力/N·mm²		
					0.07	0.2	0.3

例 7-1　设计一混料机用的闭式蜗杆传动所传递的功率 $P=8.5\,\text{kW}$,蜗杆的转速 $n_1=1\,460\,\text{r/min}$,传动比 $i=20$,载荷平稳,单向运转,每日工作 16 小时,设计寿命为 5 年。散热面积 $A=1.8\,\text{m}^2$。

解　列表给出本题设计计算过程和结果

设计项目	设计公式与说明	结　果
选择材料	(1) 蜗杆选用 45 钢,淬火,齿面硬度 >45 HRC; 　蜗轮选铸锡磷青铜 ZCuSn10P1,金属模铸造 　由于传动失效主要是蜗轮的失效,此时其主要破坏形式是疲劳点蚀 (2) 从表 7-5 可知金属模铸造的 ZCuSn10P1 的 $[\sigma_{OH}]=268$ MPa (3) 应力循环次数 $N=60n_2jL_h=60\times1\,460\div20\times1\times16\times360\times5=12.6\times10^7$ (4) 蜗轮的许用应力 由于 $Z_N=\sqrt[8]{\dfrac{10^7}{N}}$,则 $[\sigma_H]=Z_N[\sigma_{OH}]=\sqrt[8]{\dfrac{10^7}{N}}[\sigma_{OH}]=\sqrt[8]{\dfrac{10^7}{12.6\times10^7}}\times268$ 　$=195\text{(MPa)}$; 　$[\sigma_F]=Y_N[\sigma_{OF}]$, 寿命系数 $Y_N=\sqrt[9]{\dfrac{10^6}{N}}=\sqrt[9]{\dfrac{10^6}{12.6\times10^7}}=0.58$;由表 7-7 $[\sigma_{OF}]=73$ MPa。同理得 $[\sigma_F]=42.34$ MPa	蜗杆选用 45 钢,淬火,齿面硬度 >45 HRC;蜗轮选铸锡磷青铜 ZCuSn10P1 $[\sigma_H]=195$ MPa $[\sigma_F]=42.34$ MPa
确定 z_1,z_2 值	根据表 7-2 推荐,取 $z_1=2$,则 $z_2=i\ z_1=20\times2=40$	$z_1=2,z_2=40$

设计项目	设计公式与说明	结　果
确定 m^2d_1	闭式传动按接触疲劳强度设计即式(7-8)： $$m^2d_1 \geqslant \left(\frac{480}{z_2[\sigma_{OF}]}\right)^2 KT_2$$ (1) K 按推荐范围 $K=1\sim1.25$，取 $K=1.1$ (2) 当 $z_1=2$ 时，估算 $\eta=0.8$，则蜗轮传递功率 $$T_2' = T_1 \cdot i \cdot \eta = \frac{9550P}{n_1}i \cdot \eta = \frac{9550 \times 8.5 \times 20 \times 0.8}{1460} = 889.6(\text{N} \cdot \text{m})$$ $$m^2d_1 \geqslant \left(\frac{480}{z_2[\sigma_{OF}]}\right)^2 KT_2 = \left(\frac{480^2}{40 \times 195}\right)^2 \times 1.1 \times 889.6 \times 10^3 = 3706(\text{mm}^3)$$ 由表 7-1 查得 $m^2d_1=5376\,\text{mm}^3$ 符合要求，得： $d_1=80\,\text{mm}, m=8\,\text{mm}, q=10$	$K=1.1$ $T_2=889.6\,\text{N}\cdot\text{m}$ $d_1=80\,\text{mm}$ $m=8\,\text{mm}$ $q=10$
几何尺寸计算	参见表 7-3 中各式计算（从略）	
校核蜗轮轮齿的弯曲强度	根据校核公式(7-9) $$\sigma_F = \frac{1.53KT_2}{d_1d_2m\cos\gamma} Y_F Y_\beta \leqslant [\sigma_F]\,\text{MPa}$$ (1) 求蜗轮的当量齿数 由 $\tan\gamma=z_1/q$ 即 $\gamma=\beta=11°18'35''$ 得：$z_{v2}=z_2\cos^3\gamma=\dfrac{40}{\cos^3 11°18'35''}=42.42$ (2) 蜗轮的齿形系数 $Y_F=2.42$ (3) 校核 $$\sigma_F = \frac{1.53KT_2}{d_1d_2m\cos\gamma} Y_{Fa2}Y_\beta = \frac{1.53 \times 1.1 \times 889.6 \times 10^3}{80 \times 320 \times 8 \times \cos 11°18'35''}2.42 \times (1-$$ $$\cos 11°18'35''/120°)=16.34(\text{MPa}) \leqslant [\sigma_F]=42.34(\text{MPa})$$	弯曲强度满足
蜗杆轴刚度校核	根据刚度校核式(7-11)　　$y=\dfrac{\sqrt{F_{t1}^2+F_{r1}^2}}{48EI}L^3 \leqslant [y]$ (1) 根据推荐取 $[y]=d_1/1000=0.08$ (2) 根据式(7-6)可求得切向力 $F_{t1}=1390\,\text{N}$；径向力 $F_{r1}=2024\,\text{N}$ (3) $I=\pi d_{f1}^4/64$，d_{f1} 根据表 7-3 中公式计算为 $d_f=63.6\,\text{mm}$； $I=803153\,\text{mm}^4$ 根据推荐取 $L=0.9, d_2=0.9 \times 8 \times 40=288(\text{mm})$ (4) $y=\dfrac{\sqrt{F_{t1}^2+F_{r1}^2}}{48EI}L^3=\dfrac{\sqrt{1390^2+2024^2}}{48 \times 2.07 \times 10^5 \times 803153} \times 288^3$ $=7.35 \times 10^{-3}(\text{mm})$	刚度校核满足
热平衡计算	(1) 根据式(7-5)得： $$v_s=\frac{\pi d_1 n_1}{60 \times 1000\cos\gamma}=\frac{\pi \times 80 \times 1460}{60 \times 1000\cos 11°18'35''}=6.24(\text{m/s})$$ (2) 由表 7-8，若 φ_v 按最小值取定并经线性插值可得当相对滑动速度为 $6.24\,\text{m/s}$ 时，$\varphi_v=1°5'2''$，由式(7-12)、式(7-13)得 $$\eta=0.955 \times \frac{\tan\gamma}{\tan(\gamma+\varphi_v)}=0.955 \times \frac{\tan 11°18'35''}{\tan(11°18'35''+1°5'2'')}=0.868$$ (3) 根据推荐取散热系数 $K_t=15\,\text{W}/(\text{m}^2 \cdot ℃)$ (4) 根据式(7-14) $$t_1=t_0+\frac{1000P(1-\eta)}{K_tA}=20+\frac{1000 \times 8.5 \times (1-0.868)}{15 \times 1.8}$$ $$=61.5(℃)<70(℃)$$	热平衡计算合格

设计项目	设计公式与说明	结　果
蜗杆传动润滑 的选定	（略）	
蜗杆、蜗轮的 结构形式选择	（略）	

7.6　蜗杆和蜗轮的结构

7.6.1　蜗杆的结构形式

蜗杆的结构形式如图 7-9 所示，由于其螺旋部分直径不大，通常与轴做成一体。图 7-9(a)中蜗杆无退刀槽，其螺旋部分只能铣制；图 7-9(b)所示结构中螺旋部分设有退刀槽，可以车制、铣制；图 7-9(c)的结构，由于齿根圆直径小于相邻轴段直径，因此只能铣制。图 7-9(b)所示的结构，刚度较其他两种差。当蜗杆直径较大时，可将蜗杆做成套筒形式，然后套装在轴上。

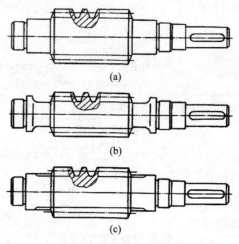

图 7-9　蜗杆的结构

7.6.2　蜗轮的结构形式

蜗轮常用的结构形式有以下几种：

（1）齿圈式齿圈与轮芯采用配合并辅以紧定螺钉[见图 7-10(a)]。此种结构应留有一些防热胀的余量，多用于结构尺寸不太大且温度变化也不大的情况；

（2）螺栓联结式。青铜齿圈与铸铁轮芯可采用过渡配合或间隙配合，如 H7/j6 或 H7/h6。用普通螺栓或铰制孔用螺栓联接[见图 7-10(b)所示]，蜗轮圆周力由螺栓传递。螺栓的尺寸和数目必须经过强度计算。铰制孔用螺栓与螺栓孔常用过盈配合 H7/r6。螺栓联接式蜗轮工作可靠，拆卸方便，多用于易磨损结构尺寸较大的蜗轮；

（3）整体浇铸式。此种结构采用同种材料，多用于铸铁蜗轮或小尺寸的青铜蜗轮[见图

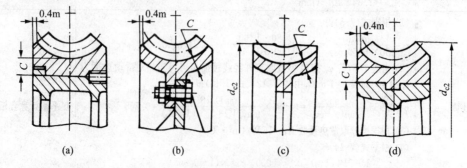

(a)　　　　　(b)　　　　　(c)　　　　　(d)

图 7-10　蜗轮的结构

(a) $C \approx 1.6\,\mathrm{m}+1.5\,\mathrm{mm}$　(b) $C \approx 1.5\,\mathrm{m}$　(c) $C \approx 1.5\,\mathrm{m}$　(d) $C \approx 1.6\,\mathrm{m}+1.5\,\mathrm{mm}$

7-10(c)];

(4) 拼铸式。即在铸铁轮芯上加铸青铜齿圈后切齿而成[见图 7-10(d)]。多用于批量生产的情况。

本章小结

蜗杆传动用于传递空间两交错轴之间的运动和动力。ZA(阿基米德)蜗杆最为基本,标准推荐采用 ZI(渐开线)蜗杆和 ZK(锥面包络)蜗杆。

蜗杆传动的传动比大,传动平稳,可以自锁,效率较低。

蜗杆传动的正确啮合条件是:$m_t = m_x = m$;$\alpha_t = \alpha_x = \alpha$;$\gamma = \beta_2$。

蜗杆传动的失效形式有轮齿折断、齿面点蚀及齿面磨损等。蜗杆的材料主要采用碳素钢或合金钢,并进行适当的热处理,蜗轮的材料主要采用青铜。由于蜗杆传动的效率低、发热量大,必须进行热平衡计算,并保证良好的润滑。

思考题与习题

7-1 蜗杆传动的主要特点和应用场合是什么?

7-2 蜗杆传动的主要参数有哪些?

7-3 蜗杆传动的主要破坏形式有哪些?

7-4 常用的蜗杆和蜗轮材料是什么?

7-5 为什么要对蜗杆传动进行热平衡计算?

7-6 标出题 7-6 图中未注明的蜗轮或蜗杆的螺旋方向或转动方向(均系蜗杆为主动件),并画出蜗轮和蜗杆的受力作用点和相应的各力方向。

7-7 设计一个带式输送机中的蜗杆传动。闭式蜗杆传动由电机直接驱动,不计联轴器损耗,载荷平稳,单向传动,每日单班工作,预期寿命为 10 年。若电机功率 $P = 5.5\,kW$,转速 $n_1 = 1\,450\,r/min$,要求蜗杆传动的输出转速 $n_2 = 50\,r/min$,散热面积为 $1.2\,m^2$。

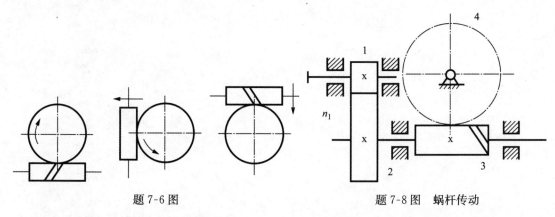

题 7-6 图　　　　　　　　　题 7-8 图　蜗杆传动

7-8 如题 7-8 图所示为斜齿圆柱齿轮传动和蜗杆传动组成的双级减速装置,已知输入轴上的主动齿轮 1 的转向为 n_1 方向,蜗杆的旋向为右旋。为了使中间轴上的轴向力为最小:

① 试确定斜齿轮 1 和 2 的旋向。

— 137 —

② 确定蜗轮的转向。

③ 画出各轮的轴向力的作用位置及方向。

7-9 如题 7-9 图所示为斜齿圆柱齿轮—蜗杆传动。已知：在斜齿圆柱齿轮传动中，齿数 $z_1=23$，$z_2=42$，模数 $m_n=3\,\text{mm}$；在蜗杆传动中，模数 $m=5\,\text{mm}$，蜗杆分度圆直径 $d_3=50\,\text{mm}$，蜗杆头数 $z_3=2$，右旋，蜗轮齿数 $z_4=30$，啮合效率 $\eta_1=0.8$；两级传动的中心距相等；输入功率 $P_1=3\,\text{kW}$，输入轴转速 $n_1=1430\,\text{r/min}$，转向如图所示。不计斜齿轮传动及轴承的功率损失，欲使 II 轴上 2 轮和 3 轮的轴向力互相抵消一部分，要求：

① 确定轮 1 和轮 2 的螺旋线方向及轮 4 的转动方向。

② 在图中画出轮 2 各分力的方向。

③ 求斜齿轮的螺旋角 β、蜗杆导程角 γ 及作用在蜗轮上的转矩 T_4。

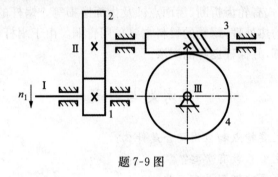

题 7-9 图

第 8 章 齿轮系

教学要求

通过本章的教学,要求了解轮系的分类、特点及其应用。掌握定轴轮系传动比的计算方法。掌握用"反转法"原理计算简单行星齿轮系传动比的方法——转化齿轮系法。了解组合行星齿轮系中划分各单级行星齿轮系的方法及其传动比的计算方法。了解齿轮系的功用。

8.1 齿轮系及其分类

由一系列齿轮组成的传动系统称为齿轮系。

根据齿轮系中齿轮的轴线是否互相平行,可将齿轮系分成平面齿轮系和空间齿轮系。根据齿轮系运转时齿轮几何轴线的位置是否固定,可将齿轮系分成定轴齿轮系和行星齿轮系两种基本类型。

8.1.1 定轴齿轮系

当齿轮系运转时,所有齿轮的几何轴线位置均固定不变,这种齿轮系统为定轴齿轮系。如图 8-1 所示。其中图 8-1(a)是平面定轴齿轮系,图 8-1(b)是空间定轴齿轮系。

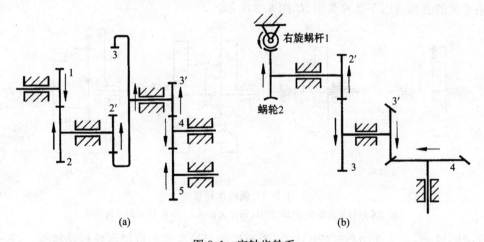

图 8-1 定轴齿轮系

8.1.2 周转齿轮系

1. 组成

齿轮系运转时,其齿轮中有一个或几个齿轮轴线的位置并不固定,而是绕着其他齿轮的固定轴旋转,则这种齿轮系称为周转齿轮系,如图8-2所示。1、3齿轮绕固定轴旋转,所以称为太阳轮(又称中心轮),齿轮2既作自转有又作公转,称为行星轮,H称为行星架(又称系杆、转臂)。

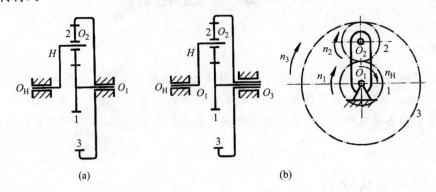

图 8-2 周转齿轮系

(a)简单行星齿轮系 (b)差动齿轮系

2. 周转齿轮系的分类

(1)按自由度分类。通常将具有一个自由度的周转齿轮系称为简单行星齿轮系[见图8-2(a)]。为了确定该齿轮系的运动,只需要给定齿轮系中1个基本构件以独立的运动规律即可。具有2个自由度的周转齿轮系称为差动齿轮系[见图8-2(b)],为了使其具有确定的运动,需要在基本构件中给定两个原动件。

(2)按中心齿轮个数分类。设中心轮用K表示、H表示行星架、V表示输出构件,则周转齿轮系常见的类型有以下3种类型,如图8-3所示:

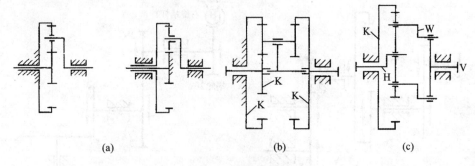

图 8-3 周转齿轮系

(a)2K-H行星齿轮系 (b)3K-H行星齿轮系 (c)K-H-V行星齿轮系

① 2K-H型:由2个中心轮(2K)和一个行星架(H)组成的行星齿轮传动机构。2K-H型传动方案很多。由于2K-H型具有构件数量少,传动功率和传动比变化范围大,设计较容易等优点,因此应用最广泛。

② 3K型:有3个中心轮(3K),其行星架不传递转矩,只起支承行星齿轮的作用。

③ K-H-V型:由一个中心轮(K)、一个行星架(H)和一个输出机构组成,输出轴用V表示。

(3)按结构复杂程度不同分类。根据结构复杂程度不同,行星齿轮系可分为以下3类:

① 单级行星齿轮系,它是由一级行星齿轮传动机构构成的轮系,称为单级行星齿轮系。即它是由一个行星架及其上的行星轮和与之相啮合的中心轮所构成的齿轮系,如图 8-2 所示。

② 多级行星齿轮系,它是由两级或两级以上同类型单级行星齿轮传动机构构成的齿轮系,如图 8-4(a)所示。

③ 组合行星齿轮系,它是由一级或多级行星齿轮系与定轴齿轮系所组成的齿轮系,如图 8-4(b)所示。

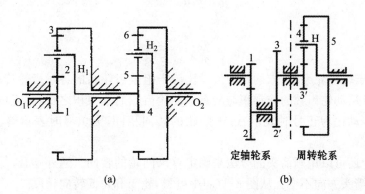

图 8-4　多级行星齿轮系和组合行星齿轮系

8.1.3　组合行星轮系

在工程实际中,除了采用单一的定轴轮系和单一的周转轮系外,还经常采用既包含定轴轮系又包含单级或多级行星轮系组成的复杂轮系,称为组合行星轮系。如图 8-4(b)所示。

8.2　定轴齿轮系传动比的计算

齿轮系传动比是指轮系中首、末两构件的角速度(或转速)之比。齿轮系传动比计算,一是要确定其传动比的大小,二是要确定首末两构件的转向关系。

若定轴齿轮系首轮为 1 轮,角速度为 ω_1(或转速为 n_1)、末轮为 K,轮角速度为 ω_K(或转速为 n_k),则

$$i_{1k} = \frac{\omega_1}{\omega_k} \left(或\ i_{1k} = \frac{n_1}{n_k} \right) \tag{8-1}$$

称为该齿轮系的传动比。

8.2.1　平面定轴齿轮系传动比的计算

如图 8-1(a)所示,设轮 1 为首轮,轮 5 为末轮,各轮齿数为 $z_1, z_2, z_{2'}, \cdots$,各轮的角速度为 $n_1, n_2, n_{2'}, \cdots$,求传动比 i_{15}。

一对齿轮的传动比大小等于齿数的反比,考虑到齿轮的转向关系,一对外啮合齿轮,两轮的转向相反取"一"号,一对内啮合齿轮,两轮的转向相同取"+"号,则各对齿轮的传动比为

$$i_{12} = \frac{n_1}{n_2} = -\frac{z_2}{z_1}$$

$$i_{2'3} = \frac{n_2}{n_3} = \frac{z_3}{z_{2'}}$$

$$i_{3'4} = \frac{n_3}{n_4} = -\frac{z_4}{z_{3'}}$$

$$i_{45} = \frac{n_4}{n_5} = -\frac{z_5}{z_4}$$

式中：$n_2 = n_{2'}$，$n_3 = n_{3'}$，将以上各式两边连乘，得

$$i_{12} i_{2'3} i_{3'4} i_{45} = \frac{n_1 n_2 n_3 n_4}{n_2 n_3 n_4 n_5} = (-1)^3 \frac{z_2 z_3 z_4 z_5}{z_1 z_{2'} z_{3'} z_4}$$

所以

$$i_{15} = \frac{n_1}{n_5} = -\frac{z_2 z_3 z_5}{z_1 z_{2'} z_{3'}}$$

由上可知，定轴齿轮系首、末两轮的传动比等于组成齿轮系的各对齿轮传动比的连乘积，其大小等于所有从动轮齿数的连乘积与所有主动轮齿数的连乘积之比，其正负号则取决于外啮合的次数。传动比为正号时表示首、末两轮的转向相同，为负号时表示首、末两轮的转向相反。

在齿轮系中还可以用画箭头的方法来确定首末两轮的转向。遇外啮合，从动轮的箭头反向，遇内啮合则箭头方向不变。从图 8-1(a)中可见，轮 1 和轮 5 转向相反。

在该齿轮系中，齿轮 4 既作为从动轮与齿轮 3′啮合，又作为主动轮与齿轮 5 啮合。因此齿轮 4 的齿数不影响该齿轮系传动比的大小，但改变了首末两轮的转向，这种齿轮称为惰轮。

假设定轴轮系首轮为 1 轮，转速分别为 n_1、末轮为 k 轮，转速为 n_K，则平面定轴齿轮系的传动比为

$$i_{1k} = \frac{n_1}{n_k} = (-1)^m \frac{\text{从 1 到 k 之间所有从动轮齿数连乘积}}{\text{从 1 到 k 之间所有主动轮齿数连乘积}} \tag{8-2}$$

用 $(-1)^m$ 来判别转向，m 为齿轮系中外啮合齿轮的对数。

8.2.2　空间定轴轮系传动比的计算

一对空间齿轮传动比的大小也等于两轮齿数的反比，仍可以用式(8-2)来计算。

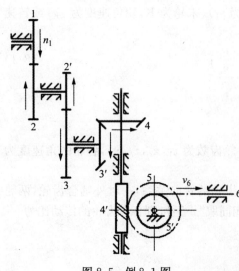

空间定轴齿轮系可能包含有圆锥齿轮或蜗杆传动，各齿轮的轴线并不都互相平行，只能用画箭头的方法在图上标出相对转向，不能用 $(-1)^m$ 来确定转向，如图 8-1(b)所示。

例 8-1　图 8-5 所示的轮系中，已知各齿轮的齿数 $z_1 = 15$，$z_2 = 25$，$z_{2'} = 15$，$z_3 = 30$，$z_{2'} = 15$，$z_4 = 30$，$z_{4'} = 2$(左旋)，$z_5 = 60$，$z_{5'} = 20$，模数 $m = 3$ mm。齿轮 1 为主动轮，转向如图所示，转速 $n_1 = 600$ r/min，试求齿条 6 的移动速度的大小和方向。

解　(1) 转向(齿条 6 的移动方向)。

此题为空间定轴齿轮系，只能用画箭头方法判断齿条 6 的移动方向向右，如图 8-5 所示。其中蜗轮的转向要用"蜗杆左、右手法则"判断。

(2) 计算传动比。

图 8-5　例 8-1 图

由公式 8-2 计算大小

$$i_{15} = \frac{n_1}{n_5} = \frac{z_2 z_3 z_4 z_5}{z_1 z_{2'} z_{3'} z_{4'}} = \frac{25 \times 30 \times 30 \times 60}{15 \times 15 \times 15 \times 2} = 200$$

故

$$n_5 = \frac{n_1}{i_{15}} = \frac{600}{200} = 3 (\text{r/min})$$

由于轮 5′和轮 5 同轴,所以 $n_{5'} = n_5 = 3(\text{r/min})$。

齿条 6 的移动速度为轮 5′的圆周速度。

$$v_6 = v_{5'} = \frac{\pi d n_{5'}}{60 \times 1\,000} = \frac{\pi m z_{5'} n_{5'}}{60 \times 1\,000} = \frac{3.14 \times 3 \times 20 \times 3}{60 \times 1\,000} = 9.42 (\text{mm/s})$$

故齿条 6 的移动速度为 9.42 mm/s,方向向右。

8.3 周转齿轮系传动比的计算

不能直接用定轴齿轮系传动比的公式计算周转齿轮系的传动比。可应用转化轮系法,即根据相对运动原理,假想对整个周转齿轮系加上一个与行星架转速 n_H 大小相等而方向相反的公共转速 $-n_H$,则行星架被固定,而原构件之间的相对运动关系保持不变。这样,原来的周转齿轮系就变成了假想的定轴齿轮系。这个经过一定条件转化得到的假想定轴齿轮系,称为原周转齿轮系的转化轮系,如图 8-6 所示。

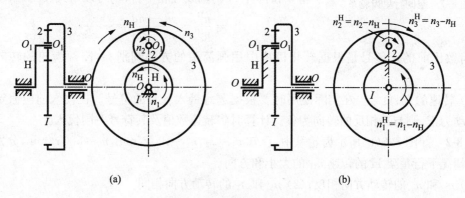

(a)　　　　　　　　　　　　(b)

图 8-6　行星齿轮系转化机构

(a) 原来机构　(b) 转化机构

各构件转化前后的转速列表如下:

构件	绝对转速	转化轮系中的转速
中心轮 1	n_1	$n_1^H = n_1 - n_H$
行星轮 2	n_2	$n_2^H = n_2 - n_H$
中心轮 3	n_3	$n_3^H = n_3 - n_H$
转臂 H	n_H	$n_H^H = n_H - n_H = 0$

转化机构是定轴齿轮系,其传动比可以用式(8-2)来计算。

转化机构中构件 1、构件 3 的传动比为

$$i_{13}^H = \frac{n_1^H}{n_3^H} = \frac{n_1 - n_H}{n_3 - n_H} = -\frac{z_3}{z_1}$$

"一"表示在转化轮系中齿轮 1、3 转向相反。齿轮 1、3 转向并非一定相反。

将上式推广到一般情况,设行星齿轮系中任意两齿轮 G,K 的角速度分别为 n_G, n_K,则两齿轮在转化机构中的传动比

$$i_{GK}^H = \frac{n_G^H}{n_K^H} = \frac{n_G - n_H}{n_K - n_H} = (-1)^m \frac{\text{从 G 到 K 所有从动轮齿数乘积}}{\text{从 G 至 K 所有主动轮齿数乘积}} \qquad (8-3)$$

式中:m 为齿轮 G 至 K 转之间外啮合的次数。

在应用上式解题时特别要注意以下几点:

(1) 区分 i_{GK} 和 i_{GK}^H。i_{GK} 是 G、K 两轮的实际传动比,而 i_{GK}^H 是转化机构中两轮的传动比。i_{GK}^H 的符号为正(或负),表示齿轮 G 和齿轮 K 在转化轮系中转向相同(或相反),n_G^H 与 n_K^H 的转向相同(或相反),并非指其绝对转速 $n_G、n_K$ 的转向相同(或相反)。

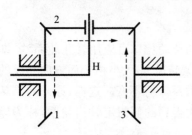

图 8-7 空间行星齿轮系

(2) 齿轮 G、齿轮 K 和构件 H 的轴线必须平行。

因为只有当 $n_G^H、n_K^H$ 和 n_H 为平行矢量时才能代数相加,所以式(8-3)只适用于齿轮 G、齿轮 K 和构件 H 的轴线互相平行的场合。图 8-7 所示的空间行星齿轮系中,齿轮 1、齿轮 3 和构件 H 的轴线互相平行,仍可以用式(8-3)来求解。

$$i_{13}^H = \frac{n_1^H}{n_3^H} = \frac{n_1 - n_H}{n_3 - n_H} = -\frac{z_2 z_3}{z_1 z_2} = -\frac{z_3}{z_1}$$

式中:齿数比前的正负号是根据转化机构中用画箭头的方法判别 G,K 两齿轮的转向后确定的。

(3) 转速的正、负号。在实际使用时要根据题意带入各自的符号。在代入前应假定某方向的转动为正,则与其相反的转向为负。计算时将转速数值及其符号一同代入。

例 8-2 如图 8-6(b)所示齿轮系中,已知 $z_1 = z_3$,$n_1 = 100\ \text{r/min}$,$n_3 = 500\ \text{r/min}$,分别求下列两种情况下行星架 H 的转速 n_H 的大小和方向。

(1) n_1 和 n_3 的转动方向相反;(2) n_1 和 n_3 的转动方向相同。

解 这是一个以 2 为行星轮,H 为行星架,1、3 为中心轮的差动齿轮系,其传动比为

$$i_{13}^H = \frac{n_1^H}{n_3^H} = \frac{n_1 - n_H}{n_3 - n_H} = -\frac{z_2 z_3}{z_1 z_2} = -\frac{z_3}{z_1}$$

(1) 当 n_1 和 n_3 的转动方向相反时,设 n_1 为正,则 $n_1 = 100\ \text{r/min}$,$n_3 = -500\ \text{r/min}$,代入数值,得

$$\frac{100 - n_H}{-500 - n_H} = -1, n_H = -200\ \text{r/min}$$

结果表明行星架 H 的转向与齿轮 1 的转向相反。

(2) 当 n_1 和 n_3 的转动方向相同时,设 n_1 为正,则 $n_1 = 100\ \text{r/min}$,$n_3 = 500\ \text{r/min}$,代入数值,得

$$\frac{100 - n_H}{500 - n_H} = -1, n_H = 300\ \text{r/min}$$

结果表明行星架 H 的转向与齿轮 1 的转向相同。

例 8-3 行星轮系如图 8-8 所示,已知 $z_1=32$,$z_2=24$,$z_3=64$,试计算

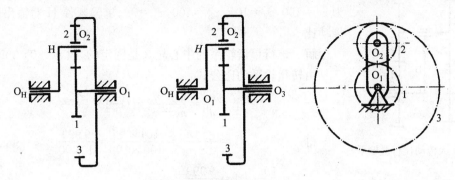

图 8-8 例 8-3 图

(1) 当齿轮 1 的转速 $n_1=300$ r/min(逆时针),齿轮 3 的转速 $n_3=300$ r/min(顺时针)时,求行星架的转速 n_H 的大小、方向和传动比 i_{1H};

(2) 当齿轮 1 的转速 $n_1=400$ r/min(顺时针),行星架的转速 $n_H=300$ r/min(逆时针)时,求齿轮 3 的转速 n_3 的大小、方向;

(3) 当齿轮 3 固定,行星架的转速 $n_H=300$ r/min(逆时针),求齿轮 1 的转速的大小和方向。

解 (1)设逆时针转向为正

则有 $n_1=300$ r/min $\quad n_3=-300$ r/min

由 $$i_{13}^H=\frac{n_1^H}{n_3^H}=\frac{n_1-n_H}{n_3-n_H}=-\frac{z_2 z_3}{z_1 z_2}=-\frac{z_3}{z_1}=-\frac{64}{32}=-2$$

得 $$\frac{300-n_H}{-300-n_H}=-2 \quad 即 \quad n_H=-100 \text{ r/min(顺时针转)}$$

从而 $$i_{1H}=\frac{n_1}{n_H}=-3$$

(2) 设逆时针转向为正

则有 $n_1=-400$ r/min $\quad n_H=300$ r/min

由 $$i_{13}^H=\frac{n_1^H}{n_3^H}=\frac{n_1-n_H}{n_3-n_H}=-2$$

得 $$\frac{-400-300}{n_3-300}=-2 \quad 即 \quad n_3=650 \text{ r/min(逆时针转)}$$

(3) 设逆时针转向为正

因齿轮 3 固定,所以有

$$n_3=0 \text{ r/min} \quad n_H=300 \text{ r/min}$$

由 $$i_{13}^H=\frac{n_1^H}{n_3^H}=\frac{n_1-n_H}{n_3-n_H}=-2$$

得 $$\frac{n_1-300}{0-300}=-2 \quad 即 \quad n_1=900 \text{ r/min(逆时针转)}$$

从本题中可以看出,在计算行星齿轮系的传动比时,必须注意两个符号:

(1) 齿数比前的符号,由转化机构中两齿轮的转向来确定。

(2) 转速的符号,由题目给定的转向来确定。

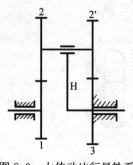

图 8-9 大传动比行星轮系

例 8-4 如图 8-9 所示大传动比减速器。已知其各轮的齿数为 $z_1=100$，$z_2=101$，$z_{2'}=100$，$z_3=99$，求输入件 H 对输出件 1 的传动比 i_{H1}。

解 该行星齿轮系的中心轮 3 是固定的，故 $n_3=0$ r/min 由转化轮系动比公式

$$i_{13}^H=\frac{n_1^H}{n_3^H}=\frac{n_1-n_H}{n_3-n_H}=(-1)^2\frac{z_2 z_3}{z_1 z_{2'}}$$

得

$$i_{13}^H=\frac{n_1-n_H}{0-n_H}=\frac{101\times 99}{100\times 100}=\frac{9\,999}{10\,000}$$

即

$$-\frac{n_1}{n_H}+1=\frac{9\,999}{10\,000}$$

所以

$$i_{1H}=\frac{n_1}{n_H}=1-\frac{9\,999}{10\,000}=\frac{1}{10\,000}$$

故

$$i_{H1}=10\,000$$

本例说明，行星齿轮系可以用少量齿轮得到很大的传动比，比定轴齿轮系紧凑、轻便得多。但传动比大时，它的效率很低，且反行程会发生自锁。在上述 $i_{H1}=10\,000$ 的行星轮系中，机械效率 $\eta_{H1}=0.25\%$。这种齿轮系常用在仪表中测量高速转动或作为精密微调机构，而不适合传递动力。

8.4 组合行星齿轮系传动比的计算

对于组合行星齿轮系，不能将其视为单一的定轴齿轮系来计算传动比，也不能视为单一的周转齿轮系来计算传动比。组合行星齿轮传动比计算具体步骤是：

（1）将整个组合轮系划分为各基本周转齿轮系与定轴齿轮系。方法是首先找行星齿轮，即找出几何轴线不固定的齿轮就是行星齿轮，支持着行星齿轮的构件就是行星架，再找到与行星齿轮啮合的中心轮。这些行星轮、行星架和中心轮就组成基本周转齿轮系。

（2）注意符号。即注意传动比计算公式中的两个符号（齿数比前的符号和转速符号），千万不能弄错或遗漏。

（3）联立求解。对每一个基本周转齿轮系以及定轴齿轮系分别列出传动比计算公式，然后联立求解。

例 8-5 图 8-10 双螺旋桨飞机减速器中，已知：$z_1=26$，$z_2=20$，$z_4=30$，$z_5=18$，试求 i_{1P} 和 i_{1Q}

解 （1）分清旋轮系。该齿轮系由两个基本周转轮系 1-2-3-P(H) 和 4-5-6-Q(H) 组成。

由齿轮 1 和齿轮 2 的中心距与齿轮 2 和齿轮 3 的中心距相等，可知

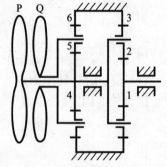

图 8-10 双螺旋桨飞机减速器

$$z_3=z_1+2z_2=66$$

同理

$$z_6=z_4+2z_5=66$$

（2）计算基本周转齿轮系传动比。周转齿轮系 1-2-3-P(H) 中

$$i_{13}^{P} = \frac{n_1 - n_p}{n_3 - n_p} = \frac{n_1 - n_P}{0 - n_P} = -i_{1P} + 1 = -\frac{z_3}{z_1} = -\frac{66}{26}$$

$$i_{1P} = \frac{46}{13}$$

周转齿轮系 4-5-6-Q(H)中

$$i_{46}^{Q} = \frac{n_4 - n_Q}{n_6 - n_Q} = \frac{n_4 - n_Q}{0 - n_Q} = -i_{4Q} + 1 = -\frac{z_6}{z_4} = -\frac{66}{30}$$

$$i_{4Q} = \frac{13}{5}$$

(3) 联立求解。因为 $n_P = n_4$

而

$$i_{1Q} = \frac{n_1}{n_Q} = \frac{n_1}{n_P} \cdot \frac{n_4}{n_Q} = i_{1P} \cdot i_{4Q} = \frac{46}{5} = 9.2$$

例 8-6 图 8-11 所示的电动卷扬机减速器中,齿轮 1 为主动轮,动力由卷筒 H 输出。各轮齿数为 $z_1 = 24$, $z_2 = 33$, $z_{2'} = 21$, $z_3 = 78$, $z_{3'} = 18$, $z_4 = 30$, $z_5 = 78$。求 i_{1H}。

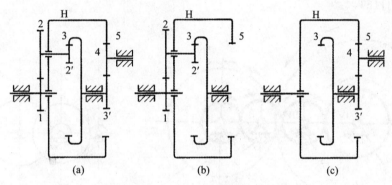

图 8-11 电动卷扬机减速器

解 (1) 分解齿轮系。在该齿轮系中,双联齿轮 2-2′ 的几何轴线是绕着齿轮 1 和齿轮 3 的轴线转动的,所以是行星齿轮;支持它运动的构件(卷筒 H)就是系杆;和行星轮相啮合且绕固定轴线转动的齿轮 1 和齿轮 3 是两个中心轮。这两个中心轮都能转动,所以齿轮 1、2-2′,齿轮 3 和系杆 H 组成一个 2K-H 型双排内外啮合的差动轮系。剩下的齿轮 3′,4,5 是一个定轴齿轮系。两者合在一起便构成一个混合齿轮系。

(2) 分析混合齿轮系的内部联系。定轴齿轮系中内齿轮 5 与差动齿轮系中系杆 H 是同一构件,因而 $n_5 = n_H$;定轴齿轮系中齿轮 3′ 与差动齿轮系中心轮 3 是同一构件,因而 $n_{3'} = n_3$。

(3) 求传动比。对定轴齿轮系,齿轮 4 是惰轮,根据式(8-1)得到

$$i_{3'5} = \frac{n_{3'}}{n_5} = -\frac{z_5}{z_{3'}} = -\frac{78}{18} = -\frac{13}{3} \tag{a}$$

对差动轮系的转化机构,根据式(8-3)得到

$$i_{13}^{H} = i_{13}^{5} = \frac{n_1 - n_H}{n_3 - n_H} = -\frac{z_2 z_3}{z_1 z_{2'}} = -\frac{33 \times 78}{24 \times 21} = -\frac{143}{28} \tag{b}$$

由式(a)得

$$n_{3'} = n_3 = -\frac{13}{3} n_5 = -\frac{13}{3} n_H$$

代入式(b)

$$\frac{n_1 - n_H}{-\frac{13}{3}n_H - n_H} = -\frac{143}{28}$$

得
$$i_{1H} = 28.24$$

8.5 齿轮系的应用

齿轮系在实际机械中应用广泛,其功用主要归纳如下:

1. 实现远距离的传动

当主动轴和从动轴相距较远而传动比不大时,如果只用一对齿轮传动,则两轮尺寸会很大,常用多个惰轮来进行两轴间的传动。如图 8-12 所示,用 1,2,3,4 四个齿轮联接轴 I 和轴 IV 比仅用一对齿轮 1′ 和 4′ 大大缩小了径向尺寸,使传动装置结构紧凑,从而达到节约材料、减轻机器重量的目的。

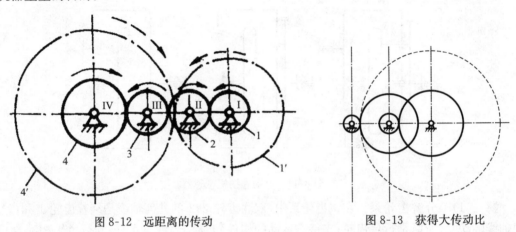

图 8-12 远距离的传动　　　　　图 8-13 获得大传动比

2. 获得大传动比

如果两轴间需要较大传动比时,如只用一对齿轮来传动必然使两轮尺寸相差很大,如图 8-13 中虚线所示。这不仅使传动机构尺寸庞大,而且小齿轮容易损坏。如改成实线所示的齿轮系来传动,就可以满足要求。特别是行星齿轮系更容易得到大传动比,如例 8-4 所示的齿轮系。

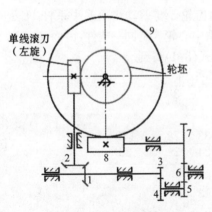

图 8-14 实现分路传动

3. 实现分路传动

利用齿轮系可以使一个主动轴带动若干个从动轴同时转动,从不同的传动路线传给执行构件以实现分路传动。图 8-14 所示为滚齿机范成运动的传动简图。主动轴 I 通过锥齿轮 1 经轮 2 将运动传给蜗轮滚刀;同时主动轴又通过直齿轮 3 经齿轮 4~5,6,7~9 传至蜗轮

9,带动待加工齿轮,以满足滚刀与齿坯的传动比要求。

4. 实现变向、变速传动

在主轴转向不变的条件下,利用齿轮系可以改变从动轴的转向。图8-15即为车床走刀丝杠的三星齿轮换向机构。

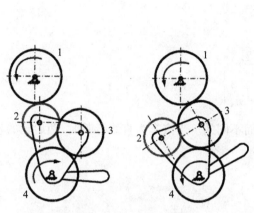

图8-15　实现变向传动

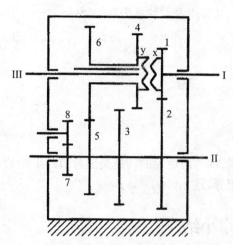

图8-16　实现变速传动

机器中主动轴的转速一般也不变,利用齿轮系可以实现变速传动,如图8-16所示的汽车变速箱的传动机构,利用双联齿轮4、齿轮6以及离合器x、y的不同组合可以得到四档输出转速。

5. 实现运动的合成或分解

(1) 合成。在图8-17所示的由圆锥齿轮组成的行星齿轮系中,中心轮1与3都可以转动,而且 $z_1 = z_3$。

$$i_{13}^H = \frac{n_1^H}{n_3^H} = \frac{n_1 - n_H}{n_3 - n_H} = -\frac{z_3}{z_1} = -1 \quad 即 \quad n_H = \frac{n_1 + n_3}{2}$$

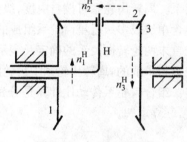

图8-17　加(减)法机构

上式说明,系杆的转速是中心轮1与3转速合成的一半,它可以用作加法机构。

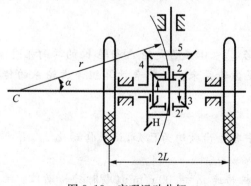

图8-18　实现运动分解

如果以系杆H和中心轮3(或1)作为主动件时,上式可以写成

$$n_1 = 2n_H - n_3$$

此式说明,中心轮1的转速是系杆转速的2倍与中心轮3转速的差,它可以用作减法机构。在机床和补偿装置中广泛应用齿轮系实现运动的合成和分解。

(2) 分解。差动轮系还可以将一个主动的基本构件的转动按所需的可变的比例分解为另两个从动基本构件的两个不同的转动。如图8-18所示

— 149 —

的汽车后桥上的差动器，即可以实现运动分解。当汽车沿直行时，要求 $n_1 = n_3$；当汽车转弯时，由于两轮走的路径不同，要求 $n_1 \neq n_3$。由于两个后轮的转速与弯道半径成正比

$$\frac{n_1}{n_2} = \frac{r-L}{r+L}$$

式中：r 为弯道平均半径；L 为后轮距之半。

又在该差动轮系中，$z_1 = z_3$，$n_H = n_4$，于是

$$\frac{n_1 - n_4}{n_3 - n_4} = -1$$

则有

$$\left.\begin{array}{l} n_1 = \dfrac{r-L}{r} n_4 \\[3mm] n_3 = \dfrac{r+L}{r} n_4 \end{array}\right\}$$

上式说明，两后轮的转速是随弯道的半径的不同而不同的。当汽车为直线行驶时，两后轮的转速相等，且 $n_1 = n_3 = n_4$。

本章小结

本章讲述了齿轮系的分类、齿轮系传动比的计算，行星齿轮系和复合齿轮系的传动比计算等。齿轮系可分为定轴齿轮系、周转齿轮系。定轴齿轮系分为平面定轴齿轮系和空间定轴齿轮系。周转齿轮系可按自由度、级数和中心轮分类。组合行星齿轮系是既包含定轴齿轮系又包含单级或多级行星齿轮系组成的复杂齿轮系。齿轮系传动比的计算包括传动比大小的计算及首末两轮转向关系的确定及表示。周转齿轮系传动比是利用它的转化齿轮系（定轴齿轮系）来进行求解的，周转齿轮系中齿轮的真实转向不能通过画箭步来确定，只能根据计算结果来确定。组合齿轮系传动比计算是分别列出定轴齿轮系传动比和单级行星齿轮系传动比的计算式，联立求解。

思考题与习题

8-1 定轴齿轮系与周转齿轮系有何区别？如何计算定轴齿轮系和单级行星齿轮系的传动比及确定它们转向？

8-2 何谓惰轮？惰轮在轮系中有何作用？

8-3 什么是转化轮系？i_{AK}^H 与 i_{AK} 是否相同？若 $i_{AK}^H < 0$，是否是轮 A 与轮 K 的转向相同？

8-4 如何从组合齿轮系中区分出各单级行星齿轮系来？如何来计算组合齿轮系的传动比？

8-5 齿轮系有哪些应用？

8-6 如题 8-6 图所示为一电动提升装置，其中各轮齿数均为已知，试求传动比 i_{15}，并画出当提升重物时电动机的转向。

8-7 如题 8-7 图所示的行星轮系中，已知电机转速 $n_1 = 300$ r/min（顺时针转动），$z_1 = 17$，$z_3 = 85$，求分别当 $n_3 = 0$ 和 $n_3 = 120$ r/min（逆时针转动）时的 n_H。

8-8 如题 8-8 图所示为驱动输送带的行星减速器,各齿轮均为标准齿轮,动力由电动机输给轮 1,由轮 4 输出。已知 $z_1=18$、$z_2=36$、$z_2'=33$、$z_4=87$,求传动比 i_{14}。

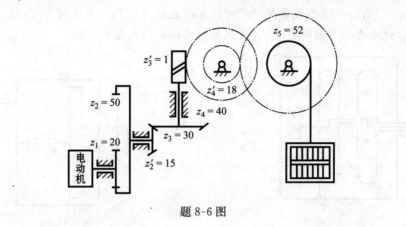

题 8-6 图

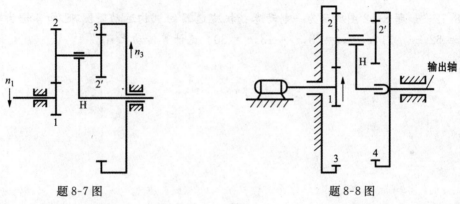

题 8-7 图   题 8-8 图

8-9 如题 8-9 图所示的齿轮系中,已知 $z_1=20,z_2=40,z_2'=20,z_3=30,z_4=80$,均为标准齿轮传动。试求 i_{1H}。

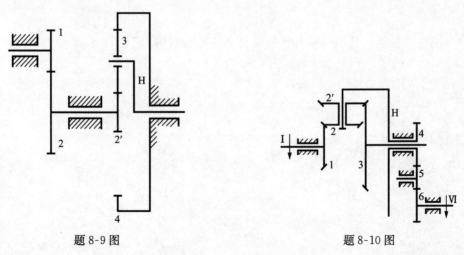

题 8-9 图   题 8-10 图

8-10 在题 8-10 图所示的齿轮系中,各齿轮齿数 $z_1=32,z_2=34,z_2'=36,z_3=64,z_4=32,z_5=17,z_6=24$,均为标准齿轮传动。轴 1 按图示方向以 1250 r/min 的转速回转,而轴 Ⅵ 按

图示方向以 600 r/min 的转速回转。求轮 3 的转速 n_3。

8-11 如题 8-11 图所示自行车里程表机构中，C 为车轮轴，已知各轮齿数：$z_2 = 17$，$z_3 = 23$，$z_4 = 19$，$z_{4'} = 15$，$z_5 = 24$ 假设车轮行驶时的有效直径为 0.7 m，当车行 1 km 时，表上指针刚好回转一周。试求齿轮 2 的齿数 z_2，并且说明该齿轮系的类型和功能。

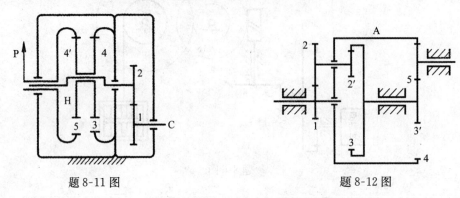

题 8-11 图　　　　　　　　题 8-12 图

8-12 如题 8-12 图所示为一电动卷扬机减速器的机构运动简图，已知各轮齿数为 $z_1 = 21$，$z_2 = 52$，$z_{2'} = 21$，$z_3 = z_4 = 78$，$z_{3'} = 18$，$z_5 = 30$。试计算传动比 i_{1A}

第 9 章　间歇运动机构

教学要求

通过本章的教学,要求了解棘轮机构的工作原理、特点和应用,了解棘轮转角的大小及调节方法;了解槽轮机构工作原理、特点和应用;了解不完全齿轮机构和凸轮式间隙机构的工作原理、特点和应用。

9.1　棘轮机构

9.1.1　棘轮机构的工作原理和类型

如图 9-1 所示,棘轮机构主要由棘轮、棘爪和机架所组成。棘轮与轴固联,其轮齿分布在轮的外缘(也可分布于内缘或端面),原动件(摇杆)空套在轴上。当原动件(摇杆)逆时针方向摆动时,与它相联的驱动棘爪便借助弹簧或自重的作用插入棘轮的齿槽内,使棘轮随之转过一定的角度。当原动件(摇杆)顺时针方向摆动时,驱动棘爪便在棘轮齿背上滑过。此时,弹簧片迫使制动棘爪插入棘轮的齿槽,阻止棘轮顺时针方向转动,棘轮静止不动。当原动件(摇杆)往复摆动时,棘轮作单向的间歇运动。

常用的棘轮机构按照结构特点,可分为轮齿式棘轮机构和摩擦式棘轮机构两大类。

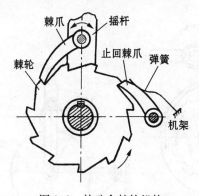

图 9-1　外啮合棘轮机构

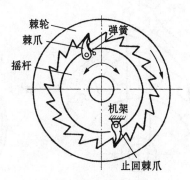

图 9-2　内啮合棘轮机构

1. 轮齿式棘轮机构

轮齿式棘轮机构可分为外啮合式(见图 9-1)和内啮合式(见图 9-2)两种型式。按其作间歇运动的方式不同,轮齿式棘轮机构有以下 3 种型式:单向式棘轮机构、双向式棘轮机构、可变向棘轮机构。

(1)单动式棘轮机构。如图 9-1 所示,当摇杆逆时针方向摆动时,单向单动式棘轮机构的棘轮沿逆时针转过某一角度,当摇杆顺时针方向摆动时,棘轮静止不动。

（2）双向式棘轮机构。如图 9-3 所示，可使棘轮在摇杆往复摆动时都能作同一方向转动。驱动棘爪可做成直头[图 9-3(a)]或钩头[图 9-3(b)]。

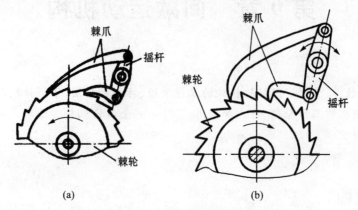

图 9-3　双动式棘轮机构

以上两种棘轮机构棘轮常用锯齿形齿。

（3）可变向棘轮机构。当棘轮轮齿制成方形时，成为可变向棘轮机构，如图 9-4(a)所示。当棘爪处于图 9-4(a)所示实线位置时，棘轮沿逆时针方向做间歇运动；当棘爪翻转到虚线位置时，棘轮沿顺时针方向作间歇运动。图 9-4(b)所示为另一种可变向棘轮机构。若将棘爪提起并绕本身轴线转 90°后放下，架在壳体顶部的平台上，使轮与爪脱开，则当棘爪往复摆动时，棘轮静止不动。当棘爪在图示位置时，棘轮沿逆时针方向做间歇运动。若将棘爪提起，绕其轴线转 180°后再插入棘轮齿中，可实现沿顺时针方向的间歇运动。这种棘轮机构常应用在牛头刨床工作台的进结装置中。

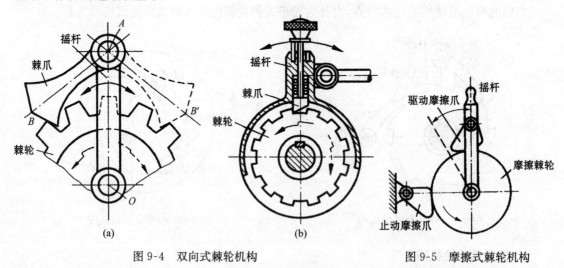

图 9-4　双向式棘轮机构　　　　　　　　　图 9-5　摩擦式棘轮机构

2. 摩擦式棘轮机构

齿式棘轮机构的棘轮转角都是相邻两齿所夹中心角的倍数，也就是说，棘轮的转角是有级性改变的。要实现无级性改变棘轮转角，可采用图 9-5 所示摩擦式棘轮机构。它由摇杆，驱动摩擦爪，摩擦棘轮，止动摩擦爪和机架组成。摩擦式棘轮机构是通过驱动摩擦爪与摩擦棘轮之间的摩擦力来传递运动的。此种机构在传动过程中很少会发生噪声，其接触表面容易产生滑动，可将摩擦轮轮缘表面作成槽形以增加摩擦力。

上述各种棘轮机构，在原动件摇杆摆角一定的条件下，棘轮每次的转角是不能改变的，若要调节棘轮的转角，可通过改变摇杆的摆角[见图 9-6(a)]或在棘轮外表罩一位置可调的遮板[图 9-6(b)]，来改变棘爪拨过棘轮齿数的多少，从而改变棘轮的转角。

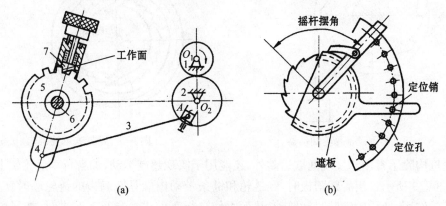

图 9-6　棘轮转角的调节

9.1.2　棘轮机构的特点和应用

1. 棘轮机构的特点

（1）齿式棘轮机构。齿式棘轮机构的主动件和从动件之间是刚性推动，因此转角比较准确，而且转角大小可以调整，棘轮和棘爪的主从动关系可以互换，但是刚性推动将产生较大的冲击力，而且棘轮是从静止状态突然增速到与主动摇杆同步，也将产生刚性冲击，因此齿式棘轮机构一般只宜用于低速轻载的场合，例如工件或刀具的转位，工作台的间歇送进等，棘爪在棘齿齿背上滑过时，在弹簧力作用下将一次次地打击棘齿根部，发出噪声。

（2）摩擦式棘轮机构。这种机构的结构十分简单，工作时没有噪声（因此有时也称为"无声棘轮"）；棘轮的转角可调，主动与从动的关系也可以互换。但是由于是利用摩擦力楔紧之后传动，因此从动件的转角准确程度较差，通常只适用于低速轻载场合。

2. 棘轮机构的应用

棘轮机构应用广泛，在图 9-7 所示的牛头刨床中，当主动曲柄转动时经连杆，使摇杆和棘爪做往复摆动，通过棘爪推动棘轮，使与其相固联的进给丝杆作间歇运动，从而使与螺母固联的工作台作横向间歇进给运动。

图 9-8 所示为使用棘轮机构防止机构反转的制动器，这种棘轮制动器广泛应用于卷扬机、提升机以及运输机等设备中。

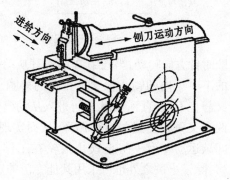

图 9-7　牛头刨床工作台进给机构

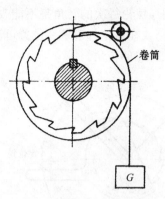

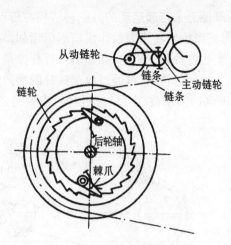

图 9-8 起重设备棘轮制动器　　　　　图 9-9 超越式棘轮机构

　　棘轮机构除了常用于实现间歇运动外,还能用于实现超越运动,如自行车后轮轴上的棘轮机构,如图 9-9 所示。当脚蹬踏板时,经链轮和链条带动内圈具有棘齿的链轮顺时针转动,再通过棘爪的作用,使后轮轴顺时针转动,从而驱使自行车前进。自行车前进时,如果令踏板不动,后轮轴便会超越链轮而转动,让棘爪在棘轮齿背上滑过,从而实现不蹬踏板的自由滑行。

9.2　槽轮机构

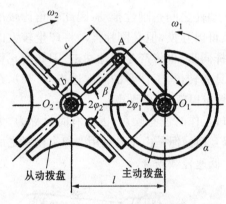

图 9-10　外啮合槽轮机构

1. 槽轮机构的工作原理和类型

　　槽轮机构又称马尔他机构,如图 9-10 所示。槽轮机构由槽轮、装有圆销的拨盘和机架组成。带圆销 A 的主动拨盘做匀速转动时,驱使从动槽轮作时转时停的单向间歇运动;拨盘上的圆销 A 未进入从动槽轮径向槽时,由于从动槽轮的内凹锁止弧 β 被拨盘的外凸锁止弧卡住,故从动槽轮静止不动,图示位置是圆销 A 刚开始进入从动槽轮径向槽时的情况。这时锁止弧刚被松开,因此从动槽轮受圆销 A 的驱动开始

顺时针方向转动;当圆销 A 刚离开从动槽轮径向槽时,槽轮的下一个内凹锁止弧又被拨盘的外圆卡住,致使从动槽轮又静止不动,直到圆销 A 再进入从动槽轮的另一径向槽时,两者又重复上述的运动循环,从而实现槽轮的时动时停的间歇运动。为了防止锁止槽轮在工作过程中位置发生偏移,除锁止弧之外也可采用其他专门的定位装置。

　　普通槽轮机构有两种基本型式。图 9-10 所示为外啮合槽轮机构,其从动槽轮与主动拨盘的转向相反;图 9-11

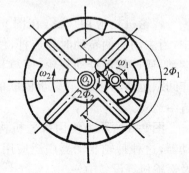

图 9-11　内啮合槽轮机构

所示为内啮合槽轮机构,其从动槽轮与主动拨盘的转向相同。此外,还有满足特殊工作要求的特殊形式的槽轮机构,如不等臂长的多销槽轮机构、球面槽轮机构等。

2. 槽轮机构的特点和应用

槽轮机构结构简单、机械效率高、工作可靠,在进入和脱离啮合时运动比较平稳。但在运动过程中的加速度变化较大,冲击较严重,因而不适用于高速。在每一个运动循环中,槽轮转角与其径向槽数和拨盘上的圆柱销数有关,每次转角大小固定而不能任意调节。所以,槽轮机构一般用于转速不很高、转角不需要调节的自动机械和仪器仪表中。如自动机械中工作台或刀架的转位机构、电影机械、包装机械等。

图 9-12 所示为六角车床刀架的转位槽轮机构。刀架上可装六把刀具并与具有相应的径向槽的槽轮固联,拨盘上装有一个圆销 A,拨盘每转 1 周,圆销 A 进入槽轮径向槽一次,驱使槽轮(即刀架)转过 60°,从而将下一道工序的刀具转换到工作位置上。

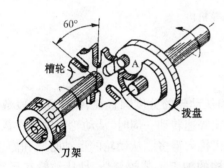
图 9-12 六角车床刀架的转位槽轮机构

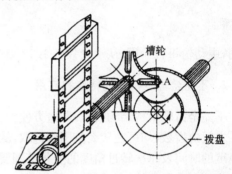
图 9-13 电影放映机卷片槽轮机构

图 9-13 所示为电影放映机中用于卷片的槽轮机构。槽轮上有 4 个径向槽,拨盘上装有一个圆销 A,拨盘转一周,圆销 A 拨动槽轮转过 1/4 周,胶片移动一个画格,并停留一定时间(即放影一个画格),拨盘继续转动,胶片将被间歇地投影到银幕上去。由于人眼的视觉暂留特性,当每秒钟放映 24 画面时,可以使人看到连续的画面。

9.3 不完全齿轮机构

1. 不完全齿轮机构的工作原理和类型

不完全齿轮机构是由普通齿轮机构演变而成的一种间歇运动机构,如图 9-14 所示的不完全齿轮机构中,主动轮的轮齿没有布满整个圆周,所以当主动轮作连续转动时,从动轮作间歇转动。当从动轮停歇时,靠主动轮的锁住弧(外凸圆弧 g)与从动轮的边锁住弧(内凹圆弧 f)相互配合,将从动轮锁住,使其停歇在预定的位置上,以保证主动轮的首齿 S 下次再与从动轮相应的轮齿啮合传动。

不完全齿轮机构分为外啮合[图 9-14(a)]和内啮合[图 9-14(b)]两种类型。图 9-14(a)所示的外啮合不完全齿轮机构的从动轮有四段锁止弧,两轮转向相反,主动轮每转一周,从动轮只转 1/4 周;图 9-14(b)所示的内啮合不完全齿轮机构的从动轮有 12 段锁正弧,两轮转向

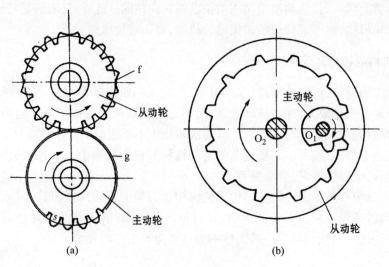

图 9-14　不完全齿轮机构

相同,主动轮每转一周,从动轮只转 1/12 周。

2. 不完全齿轮机构的特点和应用

不完全齿轮机构结构简单,制造方便。主动轮和从动轮的分度圆直径、锁住弧的段数,锁住弧之间的齿数,均可在较大范围内选取,故当主动轮等速转动一周时,从动轮停歇的次数、每次停歇的时间及每次转过角度的变化范围要比槽轮机构大得多。从动轮的运动时间和静止时间的比例不受机构结构的限制。但是不完全齿轮机构的加工工艺较复杂,且从动轮在运动开始和终止时有较大的冲击。不完全齿轮机构一般用于低速、轻载的场合,如在自动机床和半自动机床中用作工作台的间歇转位机构,以及间歇进给机构、计数机构等。如果用于高速场合,则可安装瞬心线附加杆来降低从动轮运动开始和终止时的角速度的变化,以减小冲击。

9.4　凸轮式间歇运动机构

凸轮式间歇运动机构由主动凸轮、从动转盘和机架组成,以主动凸轮带动从动转盘完成间歇运动。

常用的凸轮式间歇运动机构有两类:圆柱凸轮间歇运动机构和蜗杆凸轮间歇运动机构。凸轮式间歇运动机构是利用凸轮的轮廓曲线,推动转盘上的滚子,将凸轮的连续转动变换为从动转盘的间歇转动的一种间歇运动机构。它主要用于传递轴线互相垂直交错的两部件间的间歇转动。凸轮式间歇运动机构运转可靠、转位精确、无须专门的定位装置,但凸轮式间歇运动机构精度要求较高,加工比较复杂,安装调整比较困难。凸轮式间歇运动机构在轻工机械、冲压机械等高速机械中常用作高速、高精度的步进进给、分度转位等机构。

1. 圆柱凸轮间歇运动机构

在圆柱凸轮间歇运动机构中,主动凸轮的圆柱面上有一条两端开口、不闭合的曲线沟槽。当凸轮连续地转动时,通过圆柱销带动从动转盘实现间歇转动,如图 9-15 所示。

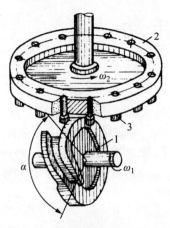

图 9-15 圆柱凸轮间歇运动机构

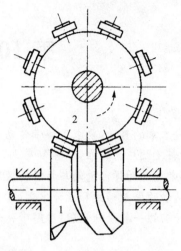

图 9-16 蜗杆凸轮间歇运动机构

2. 蜗杆凸轮间歇运动机构

在蜗杆凸轮间歇运动机构中主动凸轮上有一条突脊犹如蜗杆,从动转盘的圆柱面上均匀分布有圆柱销就像蜗轮的齿。当蜗杆凸轮转动时,将通过转盘上的圆柱销推动从动转盘作间歇运动,如图 9-16 所示。

本章小结

本章重点介绍了棘轮机构、槽轮机构、不完全齿轮机构和凸轮式间歇运动机构的工作原理、运动特点和适合场合,以便在机械系统方案设计时,能够根据工作要求正确地选择执行机构的形式。常用棘轮机构有齿式机构和摩擦式棘轮机构两大类。普通槽轮机构有两种基本型式:外啮合槽轮机构和内啮合槽轮机构。不完全齿轮机构一般用于低速、轻载的场合。常用的凸轮式间歇运动机构有两类:圆柱凸轮间歇运动机构和蜗杆凸轮间歇运动机构。

思考题与习题

9-1 什么是间歇运动？有哪些机构能实现间歇运动？

9-2 棘轮机构与槽轮机构都是间歇运动机构,它们各有什么特点？为了避免槽轮在开始和终止转动时产生刚性冲击,设计时应注意什么问题？

9-3 不完全齿轮机构各有何运动特点？

9-4 简述凸轮式间歇运动机构的特点及应用场合。

9-5 某牛头刨床工作台的横向进给螺杆的导程为 4 mm,与螺杆联动的棘轮齿数为 40,此牛头刨床工作台的最小横向进给量是多少？若要求此牛头刨床工作台的横向进给量为 0.5 mm,则棘轮每次转过的角度为多少？

第 10 章　带传动

教学要求

通过本章的教学,要求了解带传动的工作原理类型、特点及其应用;了解 V 带与 V 带轮的结构、材料及相应的标准,了解 V 带与 V 带轮的标记的含义;掌握带传动的受力分析及应力分析;理解带传动的弹性滑动与打滑的区别及滑动率的意义,掌握带传动的传动比的计算;理解掌握带传动的失效形式和设计准则,掌握单根 V 带传递功率的确定和主要参数的合理选择,了解带传动的一般设计步骤;了解带传动的张紧、安装与维护。

10.1　概述

带传动是机械传动系统中用以传递运动和动力的常用传动之一。带传动通常是由主动轮 1、从动轮 2 和张紧在两轮上的挠性传动带 3 所组成。如图 10-1 所示。

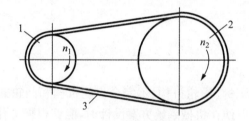

图 10-1　带传动的组成

10.1.1　带传动的类型与应用

根据工作原理的不同,带传动可分为摩擦带传动和啮合带传动两类。

摩擦带传动中,传动带呈环形,并以一定的张紧力 F_0 紧套在两轮上,从而使带与带轮接触面间产生一定的正压力 F_N。当主动轮 1 转动时,依靠带与带轮间的摩擦力 F_f,将主动轮 1 的运动和动力传递到从动轮 2 上。

按照带的截面形状,传动带可分为平带、V 带(俗称三角带)、多楔带与圆形带等,如图 10-2 所示。平带的横截面为扁平矩形,其工作面是与轮面接触的内表面(见图 10-2(a)),其传动结构最简单,多用于中心距较大的传动。近年来平带传动应用已大为减少,但在高速带传动中,多采用薄而轻的平带。V 带的横截面为等腰梯形。其两侧面为工作表面,即靠带的两侧面与轮槽两侧面相接触产生的摩擦力进行工作[见图 10-2(b)]。当张紧力相同时,由于 V 带传动利用楔形槽摩擦原理,V 带传动较平带传动能产生更大的摩擦力,如图 10-2(a)和图 10-2(b)所示。故其传动能力也较平带传动为大,在传递同样功率的情况下,V 带传动的结构更为紧凑。因此,在一般机械传动中,V 带传动应用较平带传动广泛。

多楔带是在其扁平胶带基体下有若干条等距纵向楔形凸起。带轮上有相应的环形轮槽,

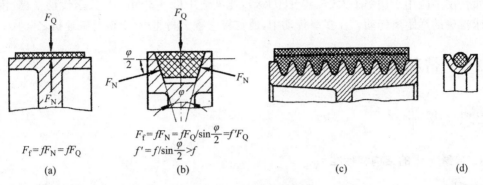

$$F_f = fF_N = fF_Q$$

(a)

$$F_f = fF_N = fF_Q/\sin\frac{\varphi}{2} = f'F_Q$$
$$f' = f/\sin\frac{\varphi}{2} > f$$

(b)

(c)

(d)

图 10-2 带传动的类型

靠楔面摩擦工作[图 10-2(c)],有平带和 V 带的优点,而弥补其不足。适用于要求结构紧凑,传递功率较大及速度较高的场合。特别适用于要求 V 带根数较多或轮轴垂直于地面的传动。

圆形带的横截面为圆形[图 10-2(d)],只用于小功率传动中,如缝纫机、真空泵和磁带盘等的机械传动和一些仪器中。

啮合带传动只有同步带一种,如图 10-3 所示。它是靠带的内表面上的凸齿与带轮外缘上的轮齿相啮合来传动的带和带轮面间无相对滑动,因而主、从动轮线速度相等,能保持准确的传动比,但价格较高,常用于要求传动比准确的中小功率传动。

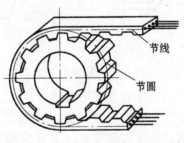

图 10-3 同步齿形带

10.1.2 带传动的特点

带传动与齿轮传动相比具有以下优点:

(1) 由于传动带有弹性,能缓冲吸振,故传动平稳,噪声小。

(2) 带与带轮间在过载时打滑,能防止其他零件的损坏。

(3) 结构简单,维护方便,易于制造、安装,故成本低。

(4) 能传递较远距离的运动,改变带长使之适应不同的中心距。

但同时带传动也有如下缺点:

(1) 外廓尺寸较大。

(2) 效率较低。

(3) 除同步带外,由于有弹性滑动,故不能保证准确的传动比。

(4) 由于带必须张紧在带轮上,故对轴的压力大。

(5) 带的寿命较短。

(6) 带与带轮间可能由于摩擦而产生静电放电,故不宜用于易燃易爆场合。

带传动多应用于功率不大（≤40～50 kw），速度适中（5～25 m/s），要求传动平稳，传动比不要求准确的远距离传动。在多级传动中，通常将它置于高速级（电机与减速机之间）。

10.2　V带和带轮

10.2.1　V带

1. 普通V带的结构和标准

普通V带的截面结构如图10-4所示，由包布、顶胶、抗拉体和底胶4部分构成，包布由胶帆布构成，形成V带保护外壳。顶胶和底胶主要由橡胶构成。抗拉体有帘布芯结构［图10-4(a)］和绳芯结构［图10-4(b)］两种。绳芯V带柔韧性好，抗弯强度高，适用于转速较高，载荷不大和带轮直径较小的场合。帘布芯V带抗拉强度较高，制造方便，型号齐全，应用较广。

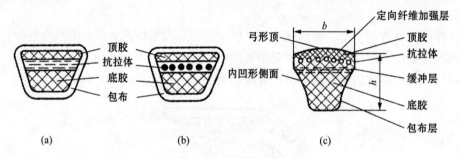

图10-4　V带的结构

普通V带制成无接头的环形，当垂直其底边弯曲时，在带中保持原长度不变的任一条周线称为节线；由全部节线构成的面称为节面（中性面），如图10-5所示。带中节面长度和宽度均不变，其宽度 b_p 称为节宽。截面高度 h 和节宽 b_p 的比值约为0.7，楔角 θ（带两侧面间的夹角）为40°的V带称为普通V带，已标准化。

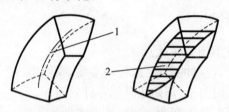

图10-5　V带的节线和节面

V带装在带轮上，和节宽相对应的带轮直径称为基准直径 d_d，V带在规定张紧力下，位于测量带轮基准直径上的周线长度称为带的基准长度 L_d，它用于带传动的几何计算。普通V带按截面尺寸分为Y、Z、A、B、C、D、E 7种型号。其基本尺寸列于表10-1。其中Y型尺寸最小，只用于不传递动力的仪器等机构中。目前国产绳芯V带仅有Z、A、B、C 4种型号。普通V带基准长度及配组公差见表10-2。表中配组公差范围内的多根同组V带称为配组带，采用配组带可使各带承载不均匀程度减小。普通V带的标记如下：

$$\boxed{\text{截型}} \quad \boxed{\text{基准长度}} \quad \boxed{\text{标准编号}}$$

标记示例：按 GB/T11544—97 制造的基准长度为 1600 mmB 型普通 V 带标记为：B 1600　GB/T11544—97。

表 10-1　普通 V 带的截型与截面基本尺寸(摘自 GB/T11544—1997)

V 带截型 (窄 V 带)	Y	Z (SPZ)	A (SPA)	B (SPB)	C (SPC)	D	E
节宽 b_p	5.3	8	11.0	14.0	19.0	27.0	32.0
顶宽 b	6.0	10.0	13.0	17.0	22.0	32.0	38.0
高度 h	4.0	6.0 (8)	8.0 (10)	11.0 (14)	14.0 (18)	19.0	23.0
楔角 θ				40°			
m(kg/m)	0.02	0.06 (0.07)	0.10 (0.12)	0.17 (0.20)	0.30 (0.37)	0.62	0.90

2. 窄 V 带

窄 V 带是一种新型 V 带，如图 10-4(c)所示。普通 V 带的相对高度(截面高 h 与节宽 b_p 之比)为 0.7，而窄 V 带为 0.9，其顶宽约为同高度的普通 V 带的 3/4。其顶面呈拱形，使受载后抗拉层仍处于同一面内，受力均匀。其抗拉层与节线位置较普通 V 带略有上移，而两侧面呈内凹，使其在带轮上弯曲变形后能与槽面贴接良好，增大摩擦力。窄 V 带能传递的功率较同级普通 V 带可提高 0.5～1.5 倍，可达 1200 kW，且适用于高速传动(20～25 m/s)，带速可达 40～50 m/s。其相对高度虽然增大，但由于包布层材料的改进，却具有更好的柔顺性，可适应较小的带轮和中心距，且由于带轮的槽宽与槽距小，故轮宽较窄，结构较紧凑。

公制 SP 系列的窄 V 带有 SPZ、SPA、SPB 和 SPC4 种截型，其截面基本尺寸及基准长度见表 10-1 和表 10-2，其带轮最小基准直径 $d_{d_{min}}$ 分别为 63、90、140 和 224，其余 d_d 值与相应截型的普通 V 带轮的 d_d 值相同。其他参数可查阅有关手册。

3. 其他 V 带

大楔角 V 带的楔角则为 60°。这种带材料的摩擦系数大($f=0.48$)，重量轻，故弯曲应力及离心应力均较小，工作时，其抗拉层受力均匀是这种带的特点。

将内周制成齿形的齿形 V 带能适应较小的带轮，与槽面贴接良好。

在有冲击载荷或振动很大的场合下，V 带可能由于抖动而从槽中脱出，甚至侧转。为避免这些现象发生，可在各单根 V 带的顶面加一帘布与橡胶的连接层，而构成联组 V 带。

在必须调节带长时，可采用活络 V 带或接头 V 带，但只适用于低速轻载场合。需要带两面工作的场合，可用双面 V 带。

本章着重介绍应用最广泛的普通 V 带传动的设计和计算。

mm

表10-2　V带的基准长度及配组公差（GB/T13575.1—92，参照 ISO11544—1997）

基准长度 L_d	200	224	250	280	315	355	400	450	500	560	630	710	800	900	1000	1120	1250
普通V带截型 Y	*	*	*	*	*	*	*	*	*								
普通V带截型 Z		*	*	*		*	*	*	*	*	*	*	*	*	*	*	*
普通V带截型 A											*	*	*	*	*	*	*
普通V带截型 B														*	*	*	*
普通V带截型 C																	
普通V带截型 D																	
普通V带截型 E																	
配组公差											2						
窄V带截型 Z											*	*	*	*	*	*	*
窄V带截型 A													*	*	*	*	*
窄V带截型 B																	*
配组公差											2						

基准长度 L_d	1400	1600	1800	2000	2240	2500	2800	3150	3550	4000	4500	5000	5600	6300	7100	8000	9000	10000
普通V带截型 Y																		
普通V带截型 Z	*	*	*	*														
普通V带截型 A	*	*	*	*	*	*	*	*	*	*	*							
普通V带截型 B	*	*	*	*	*	*	*	*	*	*	*	*	*	*				
普通V带截型 C					*	*	*	*	*	*	*	*	*	*	*	*	*	*
普通V带截型 D								*	*	*	*	*	*	*	*	*	*	*
普通V带截型 E											*	*	*	*	*	*	*	*
配组公差	4				8				12				20				32	
窄V带截型 Z	*	*	*	*	*	*	*	*	*									
窄V带截型 A	*	*	*	*	*	*	*	*	*	*	*							
窄V带截型 B					*	*	*	*	*	*	*	*	*	*	*	*		
窄V带截型 C							*	*	*	*	*	*	*	*	*	*	*	*
配组公差	4					6					10						16	

注：* 表示各截型V带的基准长度。

10.2.2 V带轮的材料和结构

V带轮常用材料为灰铸铁,当 $v<25\,\mathrm{m/s}$ 时用 HT150;$v=25\sim30\,\mathrm{m/s}$ 时,可用 HT200;高速带轮可用铸钢;小功率传动时可用铝合金和工程塑料。单件小批量生产时,可将钢板冲压成形后焊接。

带轮由轮缘、轮毂和轮辐 3 部分组成。轮缘是带轮外圈部分,其上制有与 V 带相应的轮槽。V 带轮槽形尺寸见表 10-3。表中带轮槽角 φ 规定为 32°、34°、36° 和 38°,而 V 带楔角 θ 为 40°。这是考虑到带在带轮上弯曲时,其截面形状的变化使楔角减小,从而使带和带轮槽面接触良好,轮毂是带轮的内圈与轴相联接的部分,连接轮缘和轮毂的中间部分为轮辐。带轮按轮辐结构不同,分为实心式、辐板式、孔板式和椭圆轮辐式。通常根据带轮基准直径 d_d 选用:当 $d_\mathrm{d}\leqslant(2.5\sim3)d(d$ 为带轮轴的直径,mm)时可采用实心式带轮;$d_\mathrm{d}\leqslant300\,\mathrm{mm}$ 时,可采用辐板式带轮;如果 $d_\mathrm{d}-d_1\geqslant100\,\mathrm{mm}$ 时,可采用孔板式带轮;当 $d_\mathrm{d}>300\,\mathrm{mm}$ 时,可采用椭圆轮辐式带轮,如图 10-6 所示。普通 V 带轮的基准直径系列,如表 10-4 所示。

表 10-3　普通 V 带轮轮槽尺寸(摘自 GB/T13575.1—92,等效 ISO4183—1989)　　　　(mm)

型号			Y	Z	A	B	C	D	E
b_p			5.3	8.5	11.0	14.0	19.0	27.0	32.0
h_a			1.6	2.0	2.75	3.5	4.8	8.1	9.6
h_{f_min}			6.3	9.5	12	15	20	28	33
e			8	12	15	19	25.5	37	44.5
f_min			6	7	9	11.5	16	23	28
δ_min			5	5.5	6	7.5	10	12	15
B			\multicolumn{7}{c}{$B=(z-1)l+2f(z$ 为轮槽数$)$}
φ	32°	d_d	≤60	—	—	—	—	—	—
	34°		—	≤80	≤118	≤190	≤315	—	—
	36°		>60	—	—	—	—	≤475	≤600
	38°		—	>80	>118	>190	>315	>475	>600

V带轮的结构设计主要是根据带轮的基准直径选择结构形式,再根据 V 带的型号按表 10-3确定轮槽尺寸,带轮的其他结构尺寸,可参照图 10-6 中的经验公式确定。

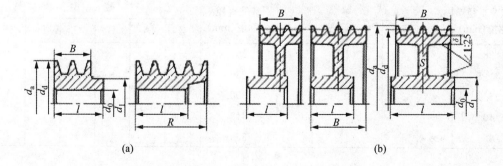

(a)　　　　　　　　　　(b)

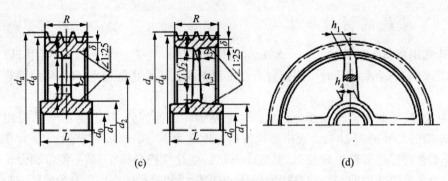

(c)   (d)

图 10-6 普通 V 带带轮结构
(a) S 型 (b) P 型 (c) H 型 (d) E 型

结构尺寸	计 算 公 式						
d_1	$d_1=(1.8\sim2)d_0$，d_0 为轴的直径						
d_2	$d_2=d_d-2(h_f+\delta)$						
d_k	$d_k=0.5(d_1+d_2)$						
d_0	$d_0=(0.2\sim0.3)(d_2-d_1)$						
L	$L=(1.5\sim2)d_0$，当 $B<1.5d_0$ 时，$L=B$						
S	型号	Y	Z	A	B	C	D	E
	S_{min}	6	8	10	14	18	22	28
h_1	$h_1=(F\cdot d_d/0.8z_0)^{1/3}$ f——有效拉力，N d_d——带轮基准直径，mm z_0——轮幅数						
h_2	$0.8h_1$						
a_1	$0.8h_1$						
a_2	$0.4h_1$						
f_1	$0.2h_1$						
f_2	$0.2h_2$						

表 10-4　普通 V 带轮的基准直径 d_d（摘自 GB/13575.1—92，等效 ISO4183—1989）

基准直径 公称值(mm)	截 型					基准直径 公称值(mm)	截 型					
	Y	Z	A	B	C		Z	A	B	C	D	E
28	*					265				+		
31.5	*					280	*	*	*	*		
35.5	*					300				*		
40	*					315	*	*	*	*		
45	*					335				+		

基准直径公称值(mm)	Y	Z	A	B	C	基准直径公称值(mm)	Z	A	B	C	D	E
50	*	*				355	*	*	*	*	*	
56	*	*				375					+	
63	*	*				400	*	*	*	*	*	
71	*					425					*	
75		*	*			450		*	*	*	*	
80	*	*	*			475					+	
85			+			500	*	*	*	*		*
90		*	*			530						*
95			+			560	*	*	*	*		*
100	*	*	*			600			+	*	+	*
106			+			630	*	*	*	*	*	*
112	*	*	*			670						*
118			+			710			*	*	*	*
125		*	*	*		750		*	+	*	*	*
132	*		+	+		800		*	*	*	*	*
140		*	*	*		900			+	*	*	*
150		*	*	*		1 000				*	*	*
160		*	*	*		1 060				*	*	*
170				+		1 120				*	*	*
180		*	*	*		1 250			*	*	*	*
200		*	*	*	*	1 400				*	*	*
212					*	1 500					*	*
224			*		*	1 600					*	*
236					*	1 800					*	*
250		*	*	*	*	2 000					*	*

注:(1) 标号 * 的带轮基准直径为推荐值,其对应的每种截型中的最小值为该截型带轮的最小基准直径 $d_{d\min}$;

(2) 标号＋的带轮基准直径尽量不选用;

(3) 无记号的带轮基准直径不推荐选用。

10.3　带传动的工作情况分析

10.3.1　带传动的受力分析

由摩擦传动原理可知:为保证带传动正常工作,传动带必须以一定张紧力张紧在两带轮上,即带工作前两边已承受了相等的拉力,如图 10-7(a)所示,称为初拉力 F_0。工作时,带与带轮之间产生摩擦力,主动带轮对带的摩擦力 F_f 与带的运动方向一致,从动带轮对带的摩擦力

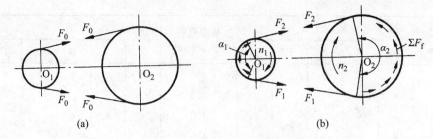

图 10-7　带传动的受力分析

F_f 与带的运动方向相反。于是带绕入主动轮的一边被拉紧,称为紧边,拉力由 F_0 增加到 F_1;带表绕入从动轮的一边被略微放松,称为松边,拉力由 F_0 减少到 F_2。如图 10-7(b)所示。由力矩平衡条件可得

$$\sum F_f = F_1 - F_2 \tag{10-1}$$

紧边拉力与松边拉力的差值($F_1 - F_2$),是带传动中起传递功率作用的拉力,称为带传动的有效拉力,以 F 表示。有效拉力不是作用在一固定点的集中力,它等于带和带轮整个接触面上各点摩擦力的总和 $\sum F_f$,即

$$F = \sum F_f = F_1 - F_2 \tag{10-2}$$

若带速为 v(m/s),则带所传递的功率为

$$P = \frac{Fv}{1\,000}\text{kW} \tag{10-3}$$

若忽略离心力的影响,紧边拉力 F_1 和松边拉力 F_2 之间的关系可用欧拉公式表示,即

$$\frac{F_1}{F_2} = e^{f_v \alpha} \tag{10-4}$$

式中:e 为自然对数的底,e=2.718…;f_v 为当量摩擦因数,$f_v = f/\sin\dfrac{\varphi}{2}$;$\alpha$ 为带轮包角(rad),即带与带轮接触弧所对应的中心角。

若近似认为带在静止和传动时总长不变,则带紧边拉力的增量等于松边的减小量,即 $F_1 - F_0 = F_0 - F_2$,则

$$F_1 + F_2 = 2F_0 \tag{10-5}$$

由式(10-2)、式(10-4)和式(10-5)可得

$$F = 2F_0 \frac{e^{f_v \alpha} - 1}{e^{f_v \alpha} + 1} \tag{10-6}$$

上式表明,带所能传递的有效拉力 F 与下列因素有关:

(1) 初拉力 F_0。由式(10-6)知,F 与 F_0 成正比。但带中初拉应力过大时,会使带的磨损加剧和带的拉应力增大,导致带的疲劳寿命降低,轴和轴承受力亦大;如果 F_0 过小,则带的传动能力得不到充分发挥,运转时容易发生跳动和打滑,因此张紧力 F_0 的大小要适当。

(2) 包角 α。通常大带轮包角 α_2 总是大于小带轮包角 α_1,故取 $\alpha = \alpha_1$。带的有效拉力 F 随 α_1 增大而增大,这是因为 α_1 越大,带与带轮接触弧长增加,接触面上所产生的总摩擦力就越大,传动能力就越高。因此带处于水平位置传动时,通常将松边置于上方以增加包角。

(3) 摩擦因数 f。f 越大,摩擦力亦大,传动能力也就越高。摩擦因数与带和带轮的材料、

表面状况及工作环境条件等有关。

将式(10-2)代入式(10-4)可得 F_1、F_2 与 F 之间的关系为

$$F = F_1\left(1 - \frac{1}{e^{f v \alpha_1}}\right) = F_2\left(e^{f v \alpha_1} - 1\right) \tag{10-7}$$

10.3.2　带传动的应力分析

传动带工作时,其横截面内将产生 3 种不同的应力。

1. 拉应力 σ

由紧边拉力 F_1 和松边拉力 F_2 产生的拉应力分别为

$$\left.\begin{array}{l} \sigma_1 = \dfrac{F_1}{A} \\[2mm] \sigma_2 = \dfrac{F_2}{A} \end{array}\right\} \quad N/mm^2 \tag{10-8}$$

式中:A 为带的横截面面积(mm^2)。由于 $F_1 > F_2$,故 $\sigma_1 > \sigma_2$。

2. 离心拉应力 σ_c

传动时,带随带轮作圆周运动,因本身质量而产生离心力,由此引起的拉力为 mv^2,作用于带全长,使带各横截面都产生相等的拉应力 σ_c,即

$$\sigma_c = \frac{mv^2}{A} \quad N/mm^2 \tag{10-9}$$

式中:m 为每米带长的质量(kg/m),查表 10-1;v 为带的圆周速度(m/s)。

3. 弯曲应力 σ_b

带绕过带轮时,将产生弯应力。若近似认为带材料符合虎克定律,由材料力学公式可得

$$\sigma_b = 2E\frac{y_0}{d_d} \quad N/mm^2 \tag{10-10}$$

式中:E 为带材料的弹性模量(N/mm^2);y_0 为带的节面至外表面间的距离(mm),对于 V 带 $y_0 \approx h_a$,h_a 由表 10-3 查得。

由上式可知,带轮直径 d_d 越小,带越厚,带弯曲应力越大,故 $\sigma_{b1} > \sigma_{b2}$。为了防止产生过大的弯曲应力,对各种型号的 V 带都规定了最小带轮直径 $d_{d_{min}}$。$d_{d_{min}}$ 值可由表 10-4 查取。

带工作时的应力分布如图 10-8 所示,各截面的应力大小由该处引出的带的法线长短表示,从图上可看出,最大应力发生在紧边绕上小带轮处,其值为

$$\sigma_{max} = \sigma_1 + \sigma_c + \sigma_{b1} \tag{10-11}$$

带运行时,作用在带上某点的应力是随它运行的位置变化而不断变化的,带在变应力状态下工作,容易产生疲劳破坏,影响带的使用寿命。

10.3.3　带传动的弹性滑动与打滑

带是弹性体,受到拉力作用后将产生弹性变形。由于带工作时,紧边拉力 F_1 和松边拉力 F_2 不同,因此,带中紧边和松边的弹性变形也不相同。如图 10-9 所示。带的紧边刚绕上轮 1

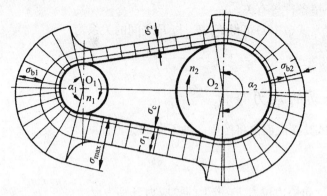

图 10-8　带传动的应力分析

时(A 点),带速与轮 1 的圆周速度 υ_1 相等,当带随着轮 1 由 A 点转至 B 点的过程中带所受的拉力由 F_1 逐渐降至 F_2,因此其弹性变形将随之逐渐减小,即出现带逐渐回缩现象,使带的速度逐渐落后于轮子的圆周速度。带在 B 点处的速度已降为 υ_2,$\upsilon_2 < \upsilon_1$;同样,带从松边 C 点转向紧边 D 点时,带的拉力由 F_2 逐渐增至 F_1 其弹性变形将随之逐渐增大。带在从动轮的表面将产生逐渐向前爬伸现象,带速则由 C 点的 υ_2 增至 D 点的 υ_1。这种由于带的拉力差和带的弹性变形而引起的带与带轮间的局部相对滑动称为带的弹性滑动。

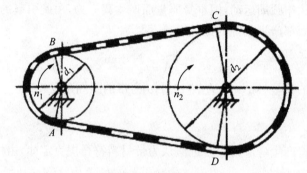

图 10-9　带的弹性滑动

当传递的工作载荷增大时,要求有效拉力 F 随之增大,在张紧力 F_0 一定的条件下,带与带轮接触面间的摩擦力总和 F_f 有一极限值。如果工作载荷所要求的有效拉力 F 超过这个极限摩擦力总和 F_f 时,带将沿整个接触弧全面滑动。这种现象称为打滑。带传动一旦出现打滑,从动轮转速急剧下降,带磨损加剧,即失去正常工作能力。

弹性滑动和打滑是两个截然不同的概念。弹性滑动是不可避免的,因为带传动工作时,要传递圆周力,带两边的拉力必然不等,产生的变形量也不同,所以必然会发生弹性滑动,而打滑是由于过载引起的,是可以且必须避免的。

带的弹性滑动导致从动轮圆周速度 υ_2 低于主动轮圆周速度 υ_1,产生了速度损失,其损失程度用相对滑动率 ε 表示。即

$$\varepsilon = \frac{\upsilon_1 - \upsilon_2}{\upsilon_1} = \frac{\pi d_{d1} n_1 - \pi d_{d2} n_2}{\pi d_{d1} n_1} = 1 - \frac{d_{d2} n_2}{d_{d1} n_1} \tag{10-12}$$

由此得带传动的传动比为

$$i = \frac{n_1}{n_2} = \frac{d_{d2}}{d_{d1}(1 - \varepsilon)} \tag{10-13}$$

滑动率 ε 的数值与弹性滑动的大小有关，亦即与带的材料和受力大小有关，不能得到准确的恒定值。因此，由式(10-12)可知，在摩擦带传动中，即使在正常使用条件下，也不能得到准确的传动比。但带传动的滑动率通常仅为 0.01～0.02，故在一般计算中可不予考虑。

10.4　普通 V 带传动的设计计算

10.4.1　带传动的失效形式和设计准则

由前述可知，摩擦带传动的主要失效形式是带在带轮上打滑和带的疲劳破坏(带在变应力作用下，局部出现脱层、撕裂或拉断)。因此，带传动的设计准则是：在保证带传动时不打滑的条件下，同时具有足够的疲劳强度和一定的使用寿命。

要保证在变应力作用下的传动带有一定的疲劳寿命，必须满足

$$\sigma_{\max} = \sigma_1 + \sigma_c + \sigma_{b1} \leqslant [\sigma] \tag{10-14}$$

式中：$[\sigma]$ 为根据疲劳寿命决定的带的许用应力，N/mm^2。

要保证带不打滑，由式(10-7)可得带的极限有效拉力 $F_{\max}$ 为

$$F_{\max} = F_1 \left(1 - \frac{1}{e^{f_v \alpha_1}}\right) \tag{10-15}$$

10.4.2　单根 V 带的额定功率

在传动装置正确安装和维护的条件下，按规定的几何尺寸和环境条件，在规定的寿命期限内，单根 V 带所能传递的功率，称为单根 V 带的额定功率(见表 10-5，表 10-6)。在满足设计准则的前提下，单根 V 带所能传递的额定功率 P，可由式(10-3)、式(10-8)、式(10-14)和式(10-15)导得

$$P = \frac{Fv}{1\,000} = \frac{F_1\left(1 - \frac{1}{e^{f_v \alpha_1}}\right)}{1\,000}v = \left([\sigma] - \sigma_{b1} - \sigma_c\right)\left(1 - \frac{1}{e^{f_v \alpha_1}}\right)\frac{Av}{1\,000} \quad \text{kW} \tag{10-16}$$

表 10-5　特定条件下单根 V 带的基本额定功率值 P_1(摘自 GB/T13575—1992)　　　　　(kW)

型号	小带轮基准直径 d_{d1} (mm)	小带轮转速 n_1(r·min)											
		200	400	730	800	980	1 200	1 460	1 600	1 800	2 000	2 400	2 800
Y	20				0.02	0.02	0.02	0.02	0.03	0.03	0.03	0.04	0.04
	25			0.03	0.03	0.03	0.04	0.05	0.05	0.05	0.06	0.07
	28			0.03	0.04	0.04	0.05	0.05	0.06	0.06	0.07	0.08
	31.5			0.03	0.04	0.04	0.05	0.06	0.06	0.07	0.07	0.09	0.10
	35.5			0.04	0.05	0.05	0.06	0.06	0.07	0.07	0.08	0.09	0.11
	40			0.04	0.05	0.06	0.07	0.08	0.09	0.10	0.11	0.12	0.14
	45		0.04	0.05	0.06	0.07	0.09	0.11	0.11	0.13	0.14	0.16
	50		0.05	0.06	0.07	0.08	0.09	0.11	0.12	0.13	0.14	0.16	0.18

型号	小带轮基准直径 d_{d1} (mm)	小带轮转速 n_1（r・min）											
		200	400	730	800	980	1 200	1 460	1 600	1 800	2 000	2 400	2 800
Z	50		0.06	0.09	0.10	0.12	0.14	0.16	0.17	0.18	0.20	0.22	0.26
	56		0.06	0.11	0.12	0.14	0.17	0.19	0.20	0.22	0.25	0.30	0.33
	63		0.08	0.13	0.15	0.18	0.22	0.25	0.27	0.30	0.32	0.37	0.41
	71		0.09	0.17	0.20	0.23	0.27	0.31	0.33	0.36	0.39	0.46	0.50
	80		0.14	0.20	0.22	0.26	0.30	0.36	0.39	0.41	0.44	0.50	0.56
	90		0.14	0.22	0.24	0.28	0.33	0.37	0.40	0.44	0.48	0.54	0.60
A	75	0.16	0.27	0.42	0.45	0.52	0.60	0.68	0.73	0.78	0.84	0.92	1.00
	80	0.18	0.31	0.49	0.52	0.61	0.71	0.81	0.87	0.94	1.01	1.12	1.22
	90	0.22	0.39	0.63	0.68	0.79	0.93	1.07	1.15	1.24	1.34	1.50	1.64
	100	0.26	0.47	0.77	0.83	0.97	1.14	1.32	1.42	1.54	1.66	1.87	2.05
	112	0.31	0.56	0.93	1.00	1.18	1.39	1.62	1.74	1.89	2.04	2.30	2.51
	125	0.37	0.67	1.11	1.19	1.40	1.66	1.93	2.07	2.25	2.44	2.74	2.98
	140	0.43	0.78	1.31	1.41	1.66	1.96	2.29	2.45	2.66	2.87	3.22	3.48
	160	0.51	0.94	1.56	1.69	2.00	2.36	2.74	2.94	3.17	3.42	3.80	4.06
B	125	0.48	0.84	1.34	1.44	1.67	1.93	2.20	2.33	2.50	2.64	2.85	2.96
	140	0.59	1.05	1.69	1.82	2.13	2.47	2.83	3.00	3.23	3.42	3.70	3.85
	160	0.74	1.32	2.16	2.32	2.72	3.17	3.64	3.86	4.15	4.40	4.75	4.89
	180	0.88	1.59	2.61	2.81	3.30	3.85	4.41	4.68	5.02	5.30	5.67	5.76
	200	1.02	1.85	3.06	3.30	3.86	4.50	5.15	5.46	5.83	6.13	6.47	6.43
	224	1.19	2.17	3.59	3.86	4.50	5.26	5.99	6.33	6.73	7.02	7.25	6.95
	250	1.37	2.50	4.14	4.46	5.22	6.04	6.85	7.20	7.63	7.87	7.89	7.14
	280	1.58	2.89	4.77	5.13	5.93	6.90	7.78	8.13	8.46	8.60	8.22	6.80
C	200	1.39	2.41	3.80	4.07	4.66	5.29	5.86	6.07	6.28	6.34	6.02	5.01
	224	1.70	2.99	4.78	5.12	5.89	6.71	7.47	7.75	8.00	8.06	7.57	6.08
	250	2.03	3.62	5.82	6.23	7.18	8.21	9.06	9.38	9.63	9.62	8.75	6.56
	280	2.42	4.32	6.99	7.52	8.65	9.81	10.47	11.06	11.22	11.04	9.50	6.13
	315	2.86	5.14	8.34	8.92	10.23	11.53	12.48	12.72	12.67	12.14	9.43	4.16
	355	3.36	6.05	9.79	10.46	11.92	13.31	14.12	14.19	13.73	12.59	7.98	—

表 10-6　考虑 $i \neq 1$ 时，单根普通 V 带的基本额定功率增量 ΔP_1（摘自 GB/T13575—1992）　（kW）

型号	传动比 i	小带轮转速 n_1（r · min）											
		200	400	730	800	980	1 200	1 460	1 600	1 800	2 000	2 400	2 800
Y	1.19～1.24	0.00	0.00	0.00	0.00	0.00	0.00	0.01	0.01	0.01	0.01	0.01	0.01
	1.25～1.34	0.00	0.00	0.00	0.00	0.01	0.01	0.01	0.01	0.01	0.01	0.01	0.01
	1.35～1.51	0.00	0.00	0.00	0.00	0.01	0.01	0.01	0.01	0.01	0.01	0.01	0.02
	1.52～1.99	0.00	0.00	0.00	0.00	0.01	0.01	0.01	0.01	0.01	0.01	0.02	0.02
	≥2	0.00	0.00	0.00	0.00	0.01	0.01	0.01	0.01	0.01	0.02	0.02	0.02
Z	1.19～1.24	0.00	0.00	0.00	0.01	0.01	0.01	0.02	0.02	0.02	0.02	0.03	0.03
	1.25～1.34	0.00	0.00	0.01	0.01	0.01	0.02	0.02	0.02	0.02	0.02	0.03	0.03
	1.35～1.51	0.00	0.00	0.01	0.01	0.02	0.02	0.02	0.02	0.03	0.03	0.03	0.04
	1.52～1.99	0.01	0.01	0.01	0.02	0.02	0.02	0.02	0.03	0.03	0.03	0.04	0.04
	≥2	0.01	0.01	0.02	0.02	0.02	0.03	0.03	0.03	0.04	0.04	0.04	0.04
A	1.19～1.24	0.01	0.03	0.05	0.05	0.06	0.08	0.09	0.11	0.12	0.13	0.16	0.19
	1.25～1.34	0.02	0.03	0.06	0.06	0.07	0.10	0.11	0.13	0.14	0.16	0.19	0.23
	1.35～1.51	0.02	0.04	0.07	0.08	0.08	0.11	0.13	0.15	0.17	0.19	0.23	0.26
	1.52～1.99	0.02	0.04	0.08	0.09	0.10	0.13	0.15	0.17	0.19	0.22	0.26	0.30
	≥2	0.03	0.05	0.09	0.10	0.11	0.15	0.17	0.19	0.21	0.24	0.29	0.34
B	1.19～1.24	0.04	0.07	0.12	0.14	0.17	0.21	0.25	0.28	0.32	0.35	0.42	0.49
	1.25～1.34	0.04	0.08	0.15	0.17	0.20	0.25	0.31	0.34	0.38	0.42	0.51	0.59
	1.35～1.51	0.05	0.10	0.17	0.20	0.23	0.30	0.36	0.39	0.44	0.49	0.59	0.69
	1.52～1.99	0.06	0.11	0.20	0.23	0.26	0.34	0.40	0.45	0.51	0.56	0.68	0.79
	≥2	0.06	0.13	0.22	0.25	0.30	0.38	0.46	0.51	0.57	0.63	0.76	0.89
C	1.19～1.24	0.10	0.20	0.34	0.39	0.47	0.59	0.71	0.78	0.88	0.98	1.18	1.37
	1.25～1.34	0.12	0.23	0.41	0.47	0.56	0.70	0.85	0.94	1.06	1.17	1.41	1.64
	1.35～1.51	0.14	0.27	0.48	0.55	0.65	0.82	0.99	1.10	1.23	1.37	1.65	1.92
	1.52～1.99	0.16	0.31	0.55	0.63	0.74	0.94	1.14	1.25	1.41	1.57	1.88	2.19
	≥2	0.18	0.35	0.62	0.71	0.83	1.06	1.27	1.41	1.59	1.76	2.12	2.47

为了设计方便，将包角 $\alpha_1 = \alpha_2 = 180°$，特定基准长度，载荷平稳时，单根普通 V 带所能传递的额定功率 P_1，称为单根 V 带的基本额定功率。由式(10-15)计算得的 P_1 值列于表 10-5。但是带传动的实际工作条件往往与上述特定条件不同，其所能传递的功率也就有所不同，应对由表 10-5 查得的 P_1 值加以修正。因此，实际工作条件下，单根 V 带的额定功率 P' 为

$$P' = (P_1 + \Delta P_1)K_\alpha K_L \quad \text{kW} \tag{10-17}$$

式中：ΔP_1 为额定功率增量，当 $i \neq 1$ 时，带在大带轮上的弯曲应力较小，在同样寿命下，带传动

传递的功率可以增大些,其值查表 10-6;K_a 为包角修正系数,考虑 $\alpha \neq 180°$时,对传动能力影响的修正系数,见表 10-7;K_L 为带长修正系数,考虑带的实际长度不为特定长度时,对传动能力影响的修正系数,见表 10-8。

表 10-7　包角修正系数 K_a(摘自 GB/T13575—1992)

小轮包角 α_1	180°	175°	170°	165°	160°	155°	150°	145°	140°	135°	130°	125°	120°
K_a	1	0.99	0.98	0.96	0.95	0.93	0.92	0.91	0.89	0.88	0.86	0.84	0.82

表 10-8　带长修正系数 K_L(摘自 GB/T13575—1992)

基准长度 L_d(mm)	带长系数 K_L					基准长度 L_d(mm)	带长系数 K_L				
	Y	Z	A	B	C		A	B	C	D	E
200	0.81					2 000	1.03	0.98	0.88		
224	0.82					2 240	1.06	1.00	0.91		
250	0.84					2 500	1.09	1.03	0.93		
280	0.87					2 800	1.11	1.05	0.95	0.83	
315	0.89					3 150	1.13	1.07	0.97	0.86	
355	0.92					3 550	1.17	1.09	0.99	0.89	
400	0.96	0.87				4 000	1.19	1.13	1.02	0.91	
450	1.00	0.89				4 500		1.15	1.04	0.93	0.90
500	1.02	0.91				5 000		1.18	1.07	0.96	0.92
560		0.94				5 600			1.09	0.98	0.95
630		0.96	0.81			6 300			1.12	1.00	0.97
710		0.99	0.83			7 100			1.15	1.03	1.00
800		1.00	0.85			8 000			1.18	1.06	1.02
900		1.03	0.87	0.82		9 000			1.21	1.08	1.05
1 000		1.06	0.89	0.84		10 000			1.23	1.11	1.07
1 120		1.08	0.91	0.86		11 200				1.14	1.10
1 250		1.11	0.92	0.88		12 500				1.17	1.12
1 400		1.14	0.96	0.90		14 000				1.20	1.15
1 600		1.16	0.99	0.92	0.83	16 000				1.22	1.18
1 800		1.18	1.01	0.95	0.86						

10.4.3　普通 V 带传动的设计步骤与主要参数的选择

设计普通 V 带传动时,已知条件为:传递的功率 P,主动轮转速 n_1,从动轮转速 n_2(或传动比 i),原动机种类,传动用途,工作情况和外廓尺寸的要求等。设计内容包括确定 V 带型号、根数 z 和长度 L_d;选定中心距 a;确定初拉力 F_0 及对轴的压力 F_Q;确定带轮的材料、结构形式和尺寸等。

下面介绍普通 V 带传动设计的一般步骤，并讨论传动参数的选择。

1. 确定设计功率 P_d

考虑载荷的性质、原动机和工作机的种类及每天工作的时间等因素，设计功率 P_d 应比要求传递的功率 P 略大，即

$$P_d = K_A P \quad \text{kW} \tag{10-18}$$

式中：K_A 为工况系数，查表 10-9。

表 10-9 工况系数 K_A（摘自 GB/T13575—1992）

载荷性质	工作机	原动机					
		空、轻载起动			重载起动		
		每天工作小时（h）					
		<10	10～16	>16	<10	10～16	>16
载荷变动微小	液体搅拌机、通风机和鼓风机（≤7.5 kW）、离心式水泵和压缩机、轻型输送机	1.0	1.1	1.2	1.1	1.2	1.3
载荷变动小	带式输送机（不均匀负荷）、通风机（>7.5 kW）、旋转式水泵和压缩机（非离心式）、发电机、金属切削机床、旋转筛、锯木机和木工机械	1.1	1.2	1.3	1.2	1.3	1.4
载荷变动较大	制砖机、斗式提升机、往复式水泵和压缩机、起重机、磨粉机、冲剪机床、橡胶机械、振动筛、纺织机械、重载输送机	1.2	1.3	1.4	1.4	1.5	1.6
载荷变化很大	破碎机（旋转式、颚式等）、磨碎机（球磨、棒磨、管磨）	1.3	1.4	1.5	1.5	1.6	1.8

注：（1）空、轻载启动——电动机（交流启动、三角启动、直流并励）、四缸以上的内燃机、装有离心式离合器、液力联轴器的动力机；

（2）重载启动——电动机（联机交流启动、直流复励或串联）、四缸以下的内燃机；

（3）反复启动、正反转频繁、工作条件恶劣等场合，K_A 应乘以 1.2。

2. 选择带的型号

根据设计功率 P_d 和小带轮转速 n_1，由图 10-10 选择带的型号。当坐标点位于图中型号分界线附近时，可初选两种相邻的型号，作为两个方案进行设计计算，最后比较两种方案的设计结果，择优选用。

3. 确定带轮的基准直径 d_d

带轮直径越小，结构越紧凑，但带的弯曲应力越大，使带的寿命降低；带轮直径选得大，则使带速增加，当带传递功率 P 一定时，有效拉力减小，所需带的根数减小，但传动的外廓尺寸增大，故应按实际情况综合考虑，通常应在满足 $d_{d1} \geqslant d_{d_{min}}$ 的前提下尽量取较小的 d_{d1} 值。$d_{d_{min}}$ 由表 10-4 查取。大带轮基准直径 $d_{d2} = i d_{d1}$。d_{d1} 和 d_{d2} 应尽量符合表 10-4 规定的标准值。

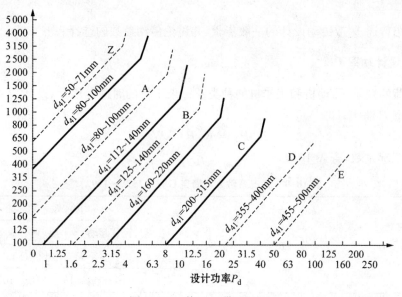

图 10-10　普通 V 带选型图

4. 验算带速 v

$$v = \frac{\pi d_{d1} n_1}{60 \times 1000} \, \text{m/s} \tag{10-19}$$

当传递功率一定时,带速越高,所需圆周力越小,可减少带的根数;但同时,单位时间

内绕过带轮的次数也就过多,这将降低带的使用寿命,且会因离心力过大,而降低带传动的工作能力;若带速过低,传递的圆周力增大,所需 V 带根数增多。因此设计时,带速应在 5～25 m/s 范围内,带速为 10～15 m/s 时效果最好。若带速超越上述许可范围,应重选小带轮直径 d_{d1}。

5. 确定中心距 a 和带的基准长度 L_d

传动中心距小,结构紧凑,但带短,单位时间内带绕转次数增多,将降低带的工作寿命,同时会使小带轮包角减小,从而导致传动能力降低;反之,中心距过大,则带较长,结构尺寸较大,当带速较高时,带会引起带的颤动。设计时应按具体情况参考下式初定中心距 a_0。

$$0.7(d_{d1} + d_{d2}) \leqslant a_0 \leqslant 2(d_{d1} + d_{d2}) \tag{10-20}$$

V 带的基准长度可通过带传动的几何关系(见图 10-1)求得。

$$L_{d0} \approx 2a_0 + \frac{\pi}{2}(d_{d1} + d_{d2}) + \frac{(d_{d2} - d_{d1})^2}{4a_0} \, \text{mm} \tag{10-21}$$

根据 L_{d0},按表 10-2 选取接近的标准基准长度 L_d。

带传动的中心距一般设计成可调的,故胶带长度确定后,实际中心距可按下式近似计算。

$$a \approx a_0 + \frac{L_d - L_{d0}}{2} \tag{10-22}$$

考虑到安装、调整和补偿张紧力的需要,中心距应有一定的调整范围。即

$$\left.\begin{array}{l} a_{\min} = a - 0.015 L_d \\ a_{\max} = a + 0.03 L_d \end{array}\right\} \tag{10-23}$$

6. 验算小带轮包角 α_1

小带轮的包角 α_1 不宜过小,以免影响传动能力。一般要求 $\alpha_1 \geqslant 120°$(至少$>90°$),开口传动中小带轮可按下式计算

$$\alpha_1 \approx 180° - \frac{d_{d2} - d_{d1}}{a} \times 57.3° \tag{10-24}$$

如果不满足要求,可加大中心距,减小传动比。

7. 确定 V 带根数 z

普通 V 带的根数可按下式计算

$$z \geqslant \frac{P_d}{P'} = \frac{P_d}{(P_1 + \Delta P_1)K_\alpha K_L} \tag{10-25}$$

为使每根带受力比较均匀,带的根数不宜过多,通常取 $z = 3 \sim 6$,$z_{max} < 10$。否则应改选 V 带型号或加大带轮直径后重新计算。

8. 确定带的初拉力 F_0

由前述可知,适当的初拉力是保证带传动正常工作的重要因素,单根 V 带合适的初拉力 F_0 可按下式计算。

$$F_0 = \frac{500P_d}{zv}\left(\frac{2.5}{K_\alpha} - 1\right) + mv^2 \mathrm{N} \tag{10-26}$$

合适的初拉力,通常由试验确定:即在带与两轮切点的跨度中点处,加一规定的垂直于带边的力 F_G(F_G 值可从有关设计手册中查取),使带沿跨距每 100 mm 处产生的绕度 $y = 1.6$ mm 时,带的初拉力即符合要求。

9. 计算带对轴的压力 F_Q

为了设计安装带轮的轴和轴承的需要,应计算带传动对轴的压力 F_Q。若不考虑带两边的拉力差,可近似按两边拉力均为初拉力 zF_0 计算。即

$$F_Q \approx 2zF_0 \sin\frac{\alpha_1}{2} \mathrm{N} \tag{10-27}$$

例 10-1 设计一带式输送机传动系统中的高速级普通 V 带传动。传动水平布置,驱动电机为 Y 系列三相异步电动机,额定功率 $P = 5.5$ kW,电动机转速 $n_1 = 1440$ r/min,从动带轮转速 $n_2 = 550$ r/min,每天工作 8 h。

解 列表给出本题设计计算过程和结果:

设计项目	计算与说明	结　果
1. 确定设计功率 P_d	(1) 由表 10-9 查得工作情况系数 $K_A = 1.1$ (2) 据式(10-17)$P_d = K_A P = 1.1 \times 5.5 = 6.05$ kW	$P_d = 6.05$ kW
2. 选择 V 带型号	查图 10-10,选 A 型 V 带	A 型

设计项目	计算与说明	结　果
3. 确定带轮直径 d_{d1}、d_{d2}	(1) 参考图 10-10 及表 10-4，选取小带轮直径 $d_{d1}=112$ mm (2) 验算带速　由式(10-19) $$v_1=\frac{\pi d_{d1}n_1}{60\times1\,000}=\frac{\pi\times112\times1\,440}{60\times1\,000}\approx8.44(\text{m/s})$$ (3) 从动带轮直径 $$d_{d2}=id_{d1}=\frac{n_1}{n_2}d_{d1}=\frac{1\,440}{550}\times112=293.24(\text{mm})$$ 查表 10-4，取 $d_{d2}=280$mm 传动比　　　　$i=\dfrac{d_{d2}}{d_{d1}}=\dfrac{280}{112}=2.5$ (5) 从动轮转速 n_2 $$n_2=\frac{n_1}{i}=\frac{1\,440}{2.5}\approx576(\text{r/min})$$ $$\frac{576-550}{550}\times100\%=4.7\%<5\%$$	$d_{d1}=112$ mm v_1 在 5～25 m/s 内，合适 $d_{d2}=280$ mm $i=2.5$ $n_2=576$ r/min 允许
4. 确定中心距 a 和带长 L_d	(1) 按式(10-20)初选中心距 a_0 $0.7(112+280)\leqslant a_0\leqslant2(112+280)$ $274.4\,\text{mm}\leqslant a_0\leqslant784\,\text{mm}$，取 $a_0=500$ mm (2) 按式(10-21)求带的计算基准长度 L_{d0} $$L_{d0}=2a_0+\frac{\pi}{2}(d_{d1}+d_{d2})+\frac{(d_{d2}-d_{d1})^2}{4a_0}$$ $$=2\times500+\frac{\pi}{2}(112+280)+\frac{(280-112)^2}{4\times500}\approx1\,630(\text{mm})$$ (3) 查表 10-2，取带的基准长度 $L_d=1\,600$ mm (4) 按式(10-22)计算实际中心距 $$a=a_0+\frac{L_d-L_0}{2}=500+\frac{1\,600-1\,630}{2}=485(\text{mm})$$ 按式(10-23)确定中心距调整范围 $a_{\max}=a+0.03L_d=485+0.03\times1\,600\approx533(\text{mm})$ $a_{\min}=a-0.015L_d=485-0.015\times1\,600\approx461(\text{mm})$	$L_{d0}=1\,600$ m $a=485$ mm $a_{\max}=533$ mm $a_{\min}=461$ mm
5. 验算小带轮包角 α_1	由式(10-24) $$\alpha_1\approx180°-\frac{d_{d2}-d_{d1}}{a}\times57.3°$$ $$=180°-\frac{280-112}{485}\times57.3°\approx159.94°>120°$$	$\alpha_1=159.94°>120°$，合适
6. 确定 V 带根数 z	(1) 由表 10-5 查 $d_{d1}=112$ mm，$n_1=1\,200$ r/min 及 $n_1=1\,450$ r/min 时单根 A 型 V 带的额定功率分别为 1.39 kW 和 1.61 kW，用线性插值法求 $n_1=1\,440$ r/min 时的额定功率值 $$P_1=1.39+\frac{1.61-1.39}{450-1\,200}\times(1\,440-1\,200)=1.601\,2\ \text{kW}$$ 由表 10-6 查得 $\Delta P_0=0.11$ kW (2) 由表 10-7 查得包角修正系数 $K_a=0.95$ (3) 由表 10-8 查得带长修正系数 $K_L=0.99$ (4) 计算 V 带根数 z　由式(10-25) $$z\geqslant\frac{P_d}{(P_1+\Delta P_1)K_aK_L}=\frac{6.05}{(1.601\,2+0.11)\times0.95\times0.99}\approx3.76$$ 取 $z=4$ 根	$z=4$ 根

设计项目	计算与说明	结 果
7.计算单根 V 带初拉力 F_0	由表 10-1 查得 $m=0.1\,\mathrm{kg/m}$ 由式(10-26) $F_0 = 500\dfrac{P_d}{v_z}\left(\dfrac{2.5}{K_a}-1\right)+mv^2 = 500\times\dfrac{6.05}{8.44\times4}\times\left(\dfrac{2.5}{0.95}-1\right)+0.1$ $\times8.44^2\approx153\,\mathrm{N}$	$F_0\approx153\,\mathrm{N}$
8.计算对轴的压力 F_Q	由式(10-27) $F_Q\approx2zF_0\sin\dfrac{a_1}{2}=2\times4\times153\times\sin\dfrac{159.94°}{2}\approx1\,204\,\mathrm{N}$	$F_Q\approx1\,204\,\mathrm{N}$
9.带轮的结构设计	小带轮基准直径 $d_{d1}=112\,\mathrm{mm}$,采用实心式结构。大带轮基准直径 $d_{d2}=280\,\mathrm{mm}$,采用孔板式结构。带轮的结构尺寸计算(略)	工作图绘制(略)

10.5 带传动的张紧与维护

由于 V 带不是完全的弹性体,工作一定时间后,就会因塑性变形而松弛,使初拉力 F_0 减小。为了保证带传动正常工作,应定期检查带的初拉力,当发现初拉力 F_0 小于允许范围时,必须重新张紧。常见张紧装置有 3 类:

1. 定期张紧装置

常见的有滑道式[见图 10-11(a)]和摆架式[图 10-11(b)]两种。均靠调节螺钉来调节传动中心距,以达到张紧的目的。

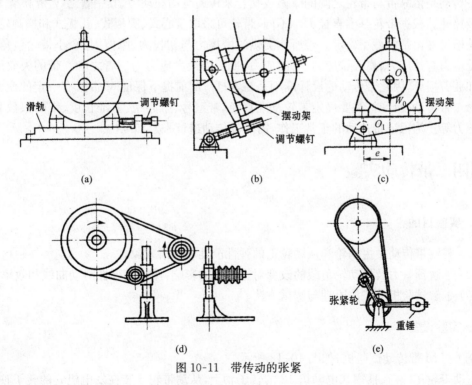

图 10-11 带传动的张紧

2. 自动张紧装置

利用电机自重(见图 10-11(c)),使带始终在一定张紧力下工作。

3. 张紧轮张紧装置

当中心距不可调节时,可采用张紧轮张紧[图 10-11(d)、(e)]。张紧轮应放在松边内侧,并尽量靠近大带轮处。张紧轮直径应小于小带轮直径。

V 带传动的安装和维护应注意以下几点。

(1) 安装时,两带轮的轴线应平行,两轮轮槽对称平面应重合,否则将加剧带侧面的磨损,甚至使带从带轮上脱落。

(2) 安装 V 带时,应检查 V 带的型号和长度是否正确,并按规定的初拉力张紧,也可凭经验张紧。

(3) 带传动装置应加防护罩,即可保证安全,又可防止油、酸、碱等腐蚀传动带。

(4) 定期检查 V 带,如发现有的 V 带出现过度松弛或疲劳破坏,应及时更换全部 V 带,如果旧 V 带仍可使用,应测量其长度,选长度相同的带组合使用。

(5) V 带工作温度不应超过 60°。

(6) 装拆时不能硬撬,应先缩小中心距,然后再装拆胶带。

本章小结

带传动是依靠带与带轮之间的摩擦或啮合来传递运动和动力,其中普通 V 带和窄 V 带的截型及尺寸。根据带轮基准直径大小不同,带轮可采取实心式、腹板式、孔板式和椭圆轮辐式,带轮轮槽尺寸由带的截型确定。带所能提供的摩擦力与初拉力、摩擦因数、小带轮包角有关,带所受应力有拉应力、离心拉应力、弯曲应力,带所受最大应力为三者之和。带的失效形式是打滑和疲劳损坏,因此带传动的设计准则是在不打滑的前提下保证 V 带具有一定的疲劳强度和寿命。带传动设计时,需要确定带轮基准直径、带型号、中心距、基准长度、带的根数和对轮轴的压力等。为保证带传动的正常工作,需对带传动进行张紧和维护。

实训四　带传动实验

1. 实验目的

(1) 观察带传动中主动轮和从动轮上的弹性滑动和打滑现象。

(2) 了解预紧力及从动轮负载的改变对带传动的影响,测绘出弹性滑动曲线和效率曲线。

(3) 了解试验机的工作原理与测试方法。

2. 实验设备

DJ — 2M 带传动试验机,如图 10-12 所示。

主动带轮 13 装在摇摆式电动机 12 的转子轴上,从动带轮 6 装在发电机 5 的转子轴上,实

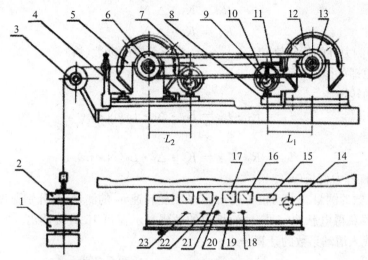

图 10-12　DJ — 2M 带传动试验机原理图

1—100 N 砝码　2—50 N 砝码　3—滑轮　4—发电机紧固螺栓　5—发电机　6—发电机带轮　7—试验带

8—测力环支座　9—百分表　10—测力环　11—杠杆　12—电动机　13—电支机带轮　14—加载旋钮

15—数码管　16—电压表　17—电流表　18—启动开关　19—给定旋钮

20—复零按钮　21—电源指示灯　22—数显开关　23—停止开关

验用的传动带(三角带或平型带)7 套装在主动带轮与从动带轮上。利用砝码 1 与 2 对带产生拉力,砝码的重力经过导向滑轮 3,拖动发电机支座沿滚动导轨水平移动,以实现传动带的张紧。

　　整流,启动、调速、加载以及控制系统等电气部分,都装在机身内,由试验机操纵面板上的相应旋钮进行操纵。

3. 带传动试验基本工作原理

　　(1) 无级调速与加载。无级调速与稳速是由可控硅半控桥式整流,触发电路及速度、电流两个调整环节组成。转动面板上的"给定"旋钮 19,即可实现无级调速,电动机的转速值大约是"给定"电压值的十倍,其数值由数码管显示。待转速稳定后,按一次复零按钮 20 数码管复零,然后按一次数显按钮,数码管就显示转速。在电动机轴的后端,装有检测元件与测速发电机,它不断检测转速,反馈到输入端,与给定值比较,并有自动调节,以保证恒转速。

　　加载与控制负载大小,是通过改变发电机激磁电压实现的。本试验机设有变阻器和调压器,用来调节发电机的激磁电压。电动机的主动轮,通过传动带使从动轮转动,接通发电机电枢电阻,旋转加载旋钮 14,就改变电阻器的电阻值,逐步加大发电机激磁电压,使电枢电流增大,随之电磁扭矩增大。由于电动机与发电机产生相反的电磁转矩,发电机的电磁转矩对电动机而言,即为负载转矩。所以改变发电机的激磁电压,也就实现了负载的改变。使用时,通过观察面板上的发电机电压表 16 与电流表 17 的读数,即知负载的大小。

　　(2) 转矩的测量。由于电动机转子与定子之间,发电机转子与定子之间都存在着磁场相互作用,固定于定子上的杠杆 11,受到转子力矩反作用,迫使杠杆压向测力环。测力环的支反力对定子的反力矩作用,使定子处于平衡状态。

　　测力环的支反力:

$$R_1 = K_1 \cdot \Delta_1 N$$
$$R_2 = K_2 \cdot \Delta_2 N$$

式中：K_1、K_2 为测力环的标定值（N/格）；$\Delta_1\Delta_2$ 为百分表的读数（格）。

根据力学原理可得：

主动轮上的转矩

$$T_1 = R_1 \cdot L_1 = K_1 \cdot \Delta_1 \cdot L_1 (\text{N} \cdot \text{m})$$

从动轮上的转矩

$$T_2 = R_2 \cdot L_2 = K_2 \cdot \Delta_2 \cdot L_2 (\text{N} \cdot \text{m})$$

式中：L_1、L_2 为杠杆力臂长（m）。

（3）滑动系数的测量。主动轮转速 n_1 和从动轮转速 n_2 的测量，是分别通过装在电机轴后端的光电传感器获得电脉冲信号，由面板上的数码显示窗口 15 直接读出。实验测出了转数 n_1 和 n_2 后，可代入滑动系数的计算公式。

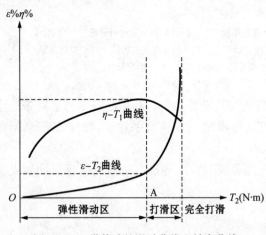

图 10-13　带传动的滑动曲线和效率曲线

滑动系数为：

$$\varepsilon = (n_1 - n_2)/n_1 \times 100\%$$

（4）绘制滑动曲线和效率曲线。根据测得的扭矩 T_2（或有效圆周力 $F_{t2} = 2T_2/D_2$）和滑动系数 ε，可绘出滑动曲线（见图 10-13）。再根据扭矩 T_2（或有效圆周力 F_{t2}）和带传动效率，可绘出效率曲线（见图 10-13）。

带传动效率：

$$\eta = P_2/P_1 \times 100\% = T_2 n_2/T_1 n_1 \times 100\%$$

式中：P_1 为电动机输出功率；P_2 为发电机输出功率。

通过试验结果从图 10-13 上可以看出，在临界点 A 以内，传递载荷越大，滑差（$n_1 - n_2$）越大，滑动系数 ε 越大，在弹性滑动区滑动曲线几乎是直线。带传动的效率 η 与负载的关系，如图 10-13 所示，在临界点 A 处，η 最高。

4. 实验内容及步骤

（1）观察弹性滑动和打滑现象。首先将试验机检查一下。开车后，调节给定电压，当转数达到某一值时，在空载下，由于有弹性滑动存在、主动轮转速 n_1 略大于 n_2，逐渐加载，可见滑差（$n_1 - n_2$）值越来越大，用闪光测速仪可明显的观察到弹性滑动现象的存在。当载荷加大到某一值后，可以听到带从轮上滑过的摩擦声，松边明显下垂，这就产生了打滑。打滑后，如果增加预紧力（加砝码重量）可以减轻和消除打滑。

（2）测量数值并绘制滑动曲线及效率曲线

① 做好试验准备：检查试验机，使其处于正常状态。根据预紧力的大小选挂砝码；将各种显示表对准零位；试验机应处于游动状态，如进行固定中心距试验时，应锁紧发电机支座。

② 按下"启动"按钮 18；顺时针缓慢旋动"给定"旋钮 19，将转速调到给定值；记下发电机与电动机转数 n_1 和 n_2，记下百分表的读数 Δ_1 和 Δ_2。

③ 逐级加载：每次加载，都要记下电机相应的转速和百分表相应的读数，直到做到带在轮上打滑为止。

④ 整理数据，绘制滑动曲线及效率曲线。

⑤ 实验条件：

各实验组可在不同的实验条件下进行实验，实验条件建议为：

a. 不同预紧力（加不同重量的砝码）$2F_0$ 为 200 N、250 N、300 N。

b. 不同的带速、即主动带轮转速 n_1 为 800 r/min、1 000 r/min。

c. 做游动中心距或固定中心距的实验。

各组的具体实验条件由指导教师给定。

思考题与习题

10-1 带传动的工作原理是什么？它有哪些特点？带速越大，带的离心力也越大，可是在多级传动中，却常将带传动置于高速级，这是为什么？

10-2 带传动为什么要张紧？初拉力过大或过小会引起什么后果？如何保证带传动必需的初拉力？

10-3 何谓有效工作拉力？带传动的最大有效工作拉力与哪些因素有关？其与带轮的工作表面粗糙度有何关系？

10-4 V 带传动在工作时，带中有哪些应力？影响这些应力大小的因素有哪些？作图说明其应力分布和最大应力点的位置。

10-5 带传动中的弹性滑动和打滑有什么区别？为什么说弹性滑动是不可避免的？

10-6 各截型 V 带的楔角均为 40°，但 V 带轮的槽角却有 32、34、36、38 等 4 种，而且 V 带轮的直径越小，规定使用的槽角也越小，这是为什么？

10-7 带传动的失效形式和设计准则是什么？

10-8 某 V 带传动，传递的功率 $P=10$ kW，带速 $v=12.5$ m/s，紧边拉力是松边拉力的 3 倍，求该带传动的有效拉力 F 及紧边拉力 F_1。

10-9 普通 V 带传动由电动机驱动，电机转速 $n_1=1$ 450 r/min，小带轮基准直径 $d_{d1}=100$ mm，大带轮基准直径 $d_{d2}=280$ mm，中心距 $a=350$ mm，传动用 2 根 A 型 V 带，两班制工作，载荷平稳。试求此传动所能传递的最大功率。

10-10 设计搅拌机的普通 V 带传动，已知电机额定功率为 3 kW，转速 $n_1=1$ 140 r/min，要求从动轮转速 $n_2=575$ r/min，工作情况系数 $K_A=1.1$。

10-11 设计轻型输送机的普通 V 带传动，电动机的额定功率为 3 kW，转速 $n_1=1$ 420 r/min，传动比 $i=2.5$，传动中心距 $a=400$ mm，两班制工作。

10-12 某机床上的 V 带传动，用三相交流异步电动机 Y160M-4 驱动，其额定功率为 11 kW，转速 $n_1=1$ 460 r/min，传动比 $i=2.5$，传动中心距 $a=1$ 000 mm，两班制工作，载荷平稳，从动带轮的孔径 $d_2=70$ mm，试设计此 V 带传动，并绘制从动带轮的工作图。

第 11 章　链传动

教学要求

　　通过本章的教学,要求了解链传动的类型、特点及其应用;掌握套筒滚子链的结构和规格及链轮的结构;掌握套筒滚子链传动的主要失效形式、设计计算方法及主要参数的合理选择;了解链传动的布置、张紧和润滑。

11.1　概述

11.1.1　链传动的类型、特点与应用

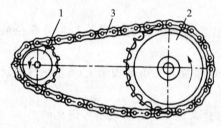

图 11-1　链传动

　　链传动是由主动链轮 1、从动链轮 2 和绕在两链轮上的链条 3 组成。如图 11-1 所示,链传动是靠链条链节与链齿的不断啮合来传递运动和动力。

　　链传动由刚性链节组成的链条绕在两链轮上,相当于两多边形轮子(多边形边长为链节距 p,边数为链轮齿数 z)间的带传动。

　　链的瞬时速度都是变化的。如图 11-2 所示,设链条的紧边在传动时始终处于水平位置,主动轮以角速度 ω_1 等速回转,其圆周速度 $\upsilon_1 = d_1\omega_1/2$,则其在链条前进方向的速度即为链速 υ,$\upsilon = \upsilon_1 \cdot$

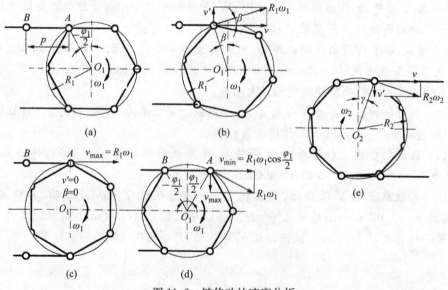

(a)　　　　　(b)

(c)　　　　　(d)

(e)

图 11-2　链传动的速度分析

$\cos\beta$，β 为 O_1A 与过 O_1 点垂线间的夹角，在某一链节啮合传动过程中，β 在 $\pm 180°/z$ 范围内变化，则链条瞬时速度 v 也是作周期性变化。这种由于多边形啮合传动而引起的传动速度不均匀性称为多边形效应。

1. 链传动的主要优点

（1）平均传动比准确，无相对滑动，工作可靠。
（2）传动效率较高。
（3）工作情况相同时结构更为紧凑。
（4）链轮轴上所受压力较小。
（5）能在高温、低速、多尘、油污及有腐蚀性介质等恶劣条件下工作。

2. 链传动的主要缺点

（1）由于多边形效应而导致瞬时传动比不恒定，传动平稳性差，工作时不可避免地产生振动、冲击和噪声。
（2）磨损后易发生跳齿和脱链现象，影响正常工作。
（3）不适合载荷变化大和急速反转的场合。通常链传动传递功率 $P \leqslant 100\,\text{kW}$，传动比 $i \leqslant 8$，链速 $v \leqslant 15\,\text{m/s}$，效率为 $0.95 \sim 0.98$。

按用途不同，链条可分为传动链、起重链和输送链。一般机械中常用传动链。传动链按其结构不同，有滚子链和齿形链（图 11-3）两种。齿形链又称无声链，由一组带有两个齿的链板左右交错并列铰接而成。每个齿的两个侧面为工作面，齿形为直线，工作时链齿外侧边与链轮轮齿相啮合来实现传动。工作平稳，噪声小，允许的链速高，可达 $40\,\text{m/s}$。承受冲击能力好，传动效率一般为 $0.95 \sim 0.98$，润滑良好的传动可达 $0.98 \sim 0.99$。但价格较高，重量较大，对安装、维护要求较高。本章主要介绍应用广泛的滚子链传动。

图 11-3 齿形链

11.1.2 滚子链与链轮

1. 滚子链结构和规格

滚子链由内链板 1、外链板 2、销轴 3、套筒 4 及滚子 5 组成，如图 11-4 所示。内链板与套筒，外链板与销轴均为过盈配合；套筒与销轴，滚子与套筒均为间隙配合，使链与链轮啮合时均为滚动摩擦。链板按等强度要求均制成 ∞ 形，链条各零件材料为碳素钢或合金钢，可经热处理提高其强度和耐磨性。链条相邻两销轴中心间的距离称为链节距，用 p 表示。

滚子链使用时为封闭环形，当链节数为偶数时，链条一端的外链板正好与另一端的内链板相联，接头处可用开口销 [见图 11-5(a)，用于大节距] 或弹簧卡片 [见图 11-5(b)，用于小节距]

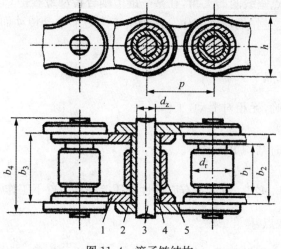

图 11-4　滚子链结构

来锁紧。当链节数为奇数时,需采用过渡链节[见图 11-5(c)]联接。由于传动时过渡链节的弯链板将承受附加的弯矩作用,所以应尽量避免采用奇数链节。滚子链有单排链和多排链(见图 11-6 所示双排链)。多排链用于传递较大功率,但排数过多时各排受载难以均匀,因此,一般不超过 4 排。

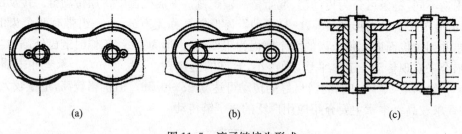

图 11-5　滚子链接头形式

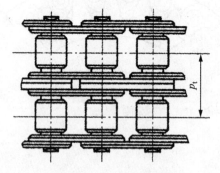

图 11-6　双排链

　　滚子链已标准化,分为 A,B 两个系列,A 系列用于重载、较高速度和重要的传动;B 系列用于一般传动。国标(GB12431—83)规定的 A 系列滚子链的主要参数和尺寸见表 11-1。表中链号数乘以 25.4/16 mm 即为节距值。滚子链的标记为"链号-排数-链节数-标准编号"。例如,标记 11A-1-86GB/T1243—1997 表示:A 系列,节距为 15.875 mm,单排,86 节滚子链。

表 11-1　A 系列滚子链的主要参数和尺寸(GB/T1243—1997)

链号	节距 P /mm	排距 Pt /mm	滚子外径 dr/mm	内链节内宽 b_1/mm	销轴直径 d_2/mm	内链板高度 h_2/mm	极限拉伸载荷(单排)Q/N	每米质量(单排)q/(kg/m)
08A	12.70	14.38	7.92	7.85	3.96	12.07	13 800	0.60
10A	15.875	18.11	10.16	9.40	5.08	15.09	21 800	1.00
12A	19.05	22.78	11.91	12.57	5.94	18.08	31 111	1.50
16A	25.40	29.29	15.88	15.75	7.92	24.13	55 600	2.60
20A	31.75	35.76	19.05	18.90	9.53	30.18	86 700	3.80
24A	38.11	45.44	22.23	25.22	11.11	36.20	124 600	5.60
28A	44.45	48.87	25.40	25.22	12.70	42.24	169 000	7.50
32A	50.80	58.55	28.58	31.55	14.27	48.26	222 400	11.11
40A	63.50	71.55	39.68	37.85	19.84	60.33	347 000	16.11
48A	76.20	87.83	47.63	47.35	23.80	72.39	500 400	22.60

注:(1) 多排链极限拉伸载荷按表列 Q 值乘以排数计算;

(2) 使用过渡链节时,其极限拉伸载荷按表列数值 80% 计算。

2. 链轮齿形、结构和材料

链轮的齿形应易于加工,不易脱链,链节进入和退出啮合顺利、平稳,冲击和磨损尽可能小,并使链条受力均匀。

链轮齿形已标准化,国家标准 GB1244—85 规定链轮端面齿廓可在最大和最小齿槽形状之间,图 11-7 所示即为规定的滚子链链轮端面齿形,由 aa、ab 和 cd 3 段圆弧和一段直线 bc 构成,简称"三圆弧—直线"齿形。这种齿形可用标准刀具以范成法加工,其断面齿形无须在工作图上画出,只需注明齿形按"3R GB1244—85 制造"即可。这种齿形具有接触应力小、磨损轻、冲击小、齿顶较高不易跳齿和脱链等特点。链轮的主要几何尺寸的计算可参阅有关资料。

图 11-8 所示为链轮的几种常用结构。小直径的链轮制成整体实心式[图 11-8(a)],中等直径的链轮可制成孔板式[见图 11-8(b)],大直径的链轮常用组合式,即齿圈与轮芯采用不同材料制成,用螺栓联接[见图 11-8(c)]或焊接[见图 11-8(d)]成一体。

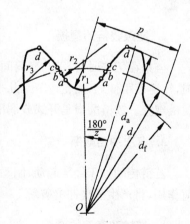

图 11-7　链轮齿形

链轮的材料应能保证轮齿具有足够的耐磨性和强度,常用材料有碳素钢(如 20,35,45,ZG311—570),灰铸铁(如 HT200),重要的场合采用合金钢(如 20Cr、40Cr、35SiMn)。齿面多经热处理,小链轮材料应优于大链轮。

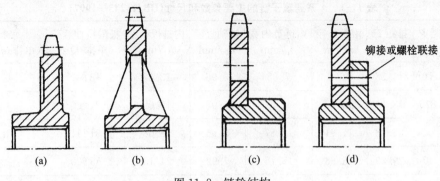

铆接或螺栓联接

(a)　　　　　(b)　　　　　(c)　　　　　(d)

图 11-8　链轮结构

11.2　链传动的失效形式及主要参数的选择

11.2.1　链传动的主要失效形式

1. 链的疲劳破坏

链在工作时,链轮两边的链条一边张紧、一边松弛。链条不断由松边到紧边周而复始地运动着,所以它的各个元件都在变应力作用下工作,经过一定循环次数后,链板将会出现疲劳断裂,或套筒、滚子表面会出现疲劳点蚀(多边形效应引起的冲击疲劳)。因此,在正常润滑条件下,链条的疲劳强度成为决定链传动承载能力的主要因素。试验表明:在润滑良好的中等速度下工作的链条,在链板上首先出现疲劳断裂。链条越短,速度越高,循环快时,疲劳损坏越严重。

2. 链条铰链的磨损

链条在工作时,铰链与套筒间承受较大的压力,传动时彼此又发生相对转动,导致铰链磨损,铰链节距伸长,而轮齿节距几乎不受磨损影响,结果将导致啮合点外移,严重时,产生跳链、脱链现象。铰链磨损是开式或润滑不良的链传动的主要失效形式。

3. 多次冲击破断

若链传动处于经常起动、制动、反转或受反复冲击载荷时,滚子、套筒和销轴经多次冲击载荷作用,将产生多次冲击破断。

4. 销轴和套筒的胶合

当链速过高或润滑不良时,会因工作温度过高,润滑油膜被破坏,使销轴和套筒的工作表面发生胶合破坏。胶合失效在一定程度上限制了链传动的极限转速。

5. 链条过载拉断

低速($v \leqslant 0.6\,\mathrm{m/s}$)、重载或严重过载时,链条因静强度不够而被拉断。

11.2.2 链传动承载能力计算

链传动设计计算的承载能力条件式为

$$P_\mathrm{d} = \frac{K_\mathrm{A} P}{K_\mathrm{Z} K_\mathrm{L} K_\mathrm{m}} \leqslant P_0 \tag{11-1}$$

式中：P_d 为计算功率，kW；P 为传递的功率，kW；K_A 为工作情况系数，见表 11-2；K_Z 为小链轮齿数修正系数，见表 11-3；K_L 为链长修正系数，见表 11-3；K_m 为多排链排数修正系数，见表 11-4；P_0 为单排链的额定功率，kW。

表 11-2　工作情况系数 K_A

工作机特性	原动机特性		
	内燃机—液力传动（≥6 缸）	电动机或汽轮机	内燃机—机械传动（<6 缸）
转动平稳	1.1	1.0	1.3
中等振动	1.5	1.4	1.7
严重振动	1.9	1.8	2.1

表 11-3　小链轮齿数修正系数 K_z 和链长修正系数 K_L

修正系数	链工作点在图 11-9 中的位置	
	位于曲线顶点左侧	位于曲线顶点右侧
K_z	$\left[\dfrac{Z_1}{19}\right]^{1.08}$	$\left[\dfrac{Z_1}{19}\right]^{1.5}$
K_L	$\left[\dfrac{L_\mathrm{P}}{100}\right]^{0.26}$	$\left[\dfrac{L_\mathrm{P}}{100}\right]^{0.5}$

表 11-4　多排链排数修正系数 K_m

排数 m	1	2	3	4
K_m	1.0	1.7	2.5	3.3

图 11-9 所示为国产 A 系列滚子链传动在特定的实验条件下，测得的链传动不失效所能传递的额定功率。

根据小链轮转速 n_1 和 $P_\mathrm{d} \leqslant P_0$ 条件，由图 11-9 查出相应的链号和链节距，链传动按图 11-10 推荐的润滑方式进行润滑。若不能采用推荐的润滑方式润滑，则应将图中查得的 P_0 值降低到下列数值：当 $v \leqslant 1.5\,\mathrm{m/s}$，润滑不良时，取图值的 30%～50%；当 $1.5\,\mathrm{m/s} < v \leqslant 7\,\mathrm{m/s}$，润滑不良时，取图值的 15%～30%；当 $v > 7\,\mathrm{m/s}$，润滑不良时，则传动不可靠，不宜采用链传动。

11.2.3 链传动主要参数的选择

1. 传动比 i

传动比过大，链条在小链轮上包角过小，啮合齿数过少，这将加速链轮轮齿的磨损。通常传动比 $i \leqslant 7$，推荐 $i = 2 \sim 3.5$（见表 11-5）。

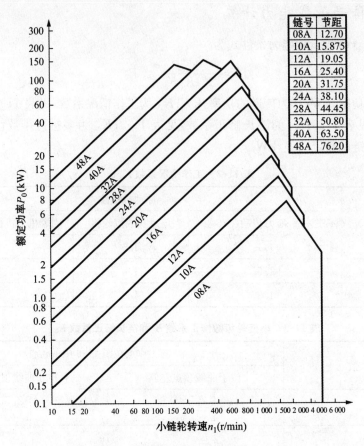

链号	节距
08A	12.70
10A	15.875
12A	19.05
16A	25.40
20A	31.75
24A	38.10
28A	44.45
32A	50.80
40A	63.50
48A	76.20

图 11-9　A 系列滚子链的额定功率曲线

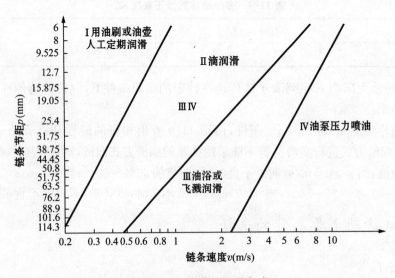

图 11-10　推荐的润滑方式

Ⅰ—人工定期润滑　Ⅱ—滴油润滑　Ⅲ—油浴或飞溅润滑　Ⅳ—压力喷油润滑

表 11-5　不同链速时的小链轮齿数 Z_{min}

链速 v(m/s)	0.6~3	3~8	>8
Z_{min}	17	21	25

2. 链轮齿数 z

小链轮齿数 z_1 过小,传动不平稳性及链条的磨损均加剧,故小链轮齿数 z_1 不宜过小。z_1 值可根据链速 v 参照表 11-5 选取,或根据传动比参照表 11-6 选取,对链速很低,且要求结构紧凑时,可取 $Z_{min}=9$。但是,当传动比一定时,若 z_1 过大,则 z_2 将更大,不仅增大了传动结构,而且铰链磨损后,更易发生跳齿和脱链现象。这是由于铰链磨损后,销轴、套筒、滚子均因磨损变薄而发生中心偏移,节距 p 将增大,啮合圆外移,如图 11-11 所示。链节距的增量 Δp 和啮合圆外移量 Δd 间的关系为 $\Delta d=\Delta p/\sin(180°/z)$。分析该式可知,当 Δp 一定时,则链轮齿数 z 越多,Δd 就越大,从而发生跳齿和脱链的可能性就越大。大链轮齿数 z_2 由 $z_2=iz_1$ 求得(取整数),一般应使 $z_2 \leqslant 120$。由于链节数常取为偶数,为了使链条及链轮轮齿磨损均匀,链轮齿数一般应取与链节数互为质数的奇数,并应优先选用以下数列:17,19,21,23,25,38,57,76,95,114。

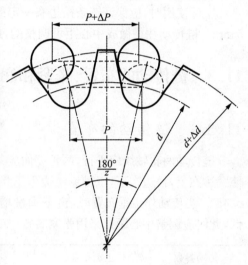

图 11-11　链节伸长后的啮合情况

表 11-6　小链轮齿数推荐值

传动比 i	1~2	2~3	3~4	4~5	5~6	6~7
z_1	31~37	25~27	23~25	21~22	17~21	15~17

3. 链节距和排数

链节距越大,承载能力越强,但传动中产生的冲击、振动、噪声越严重。因此,设计时,在满足传动功率的情况下,应优先选用较小的节距。高速、大功率、大传动比时,宜选用小节距多排链;低速、大中心距、小传动比时,可选用较大节距的单排链。

4. 链速 v

一般链速 $v \leqslant 12 \sim 15$ m/s,链速对小链轮的最少齿数有限制,可按表 11-5 进行核对,如果链速过高相应的小链轮齿数过少,均应重选 z_1 并重新进行设计。

5. 中心距 a 和链节数 L_p

中心距小,传动装置紧凑,但中心距过小,单位时间内每一链节参与啮合的次数过多,传动寿命降低;中心距过大,易因链条松边下垂量太大而产生抖动。一般初定中心距 $a_0=(30\sim$

$50)p$，最大中心距 $a_{max}=80p$。链的长度以链节数 L_p 表示，可由下式计算。

$$L_p = \frac{2a_0}{p} + \frac{z_1+z_2}{2} + \frac{p}{a_0}\left(\frac{z_2-z_1}{2\pi}\right)^2 \text{mm} \tag{11-2}$$

由上式算得的链节数 L_p 应圆整为整数，且最好取偶数。再由 L_p 按下式计算实际中心距 a。

$$a = \frac{p}{4}\left[\left(L_p - \frac{z_1+z_2}{2}\right) + \sqrt{\left(L_p - \frac{z_1+z_2}{2}\right)^2 - 8\left(\frac{z_2-z_1}{2\pi}\right)^2}\right] \text{mm} \tag{11-3}$$

实际使用时，应保证链条松边有一定的下垂度，故实际安装中心距应比计算中心距小 2～5 mm。链传动往往做成中心距可调整的，以便使链节磨损伸长后可定期调整其张紧程度。

11.3　链传动的布置、张紧和润滑

11.3.1　链传动的布置

链传动两轮轴线应平行，两轮端面应共面。两轮轴线连线为水平布置或倾斜布置时，均应使紧边在上，松边在下，以避免松边下垂量增大后，链条和链轮卡死。倾斜布置时应使倾角 φ <45°。当传动作铅垂布置时，链下垂量增大后，下链轮与链的啮合齿数减少，使传动能力降低，此时应调整中心距或采用张紧装置，如图 11-12 所示。

传动参数	正确布置	不正确布置	说　　明
$i<1.5$ $a>60p$	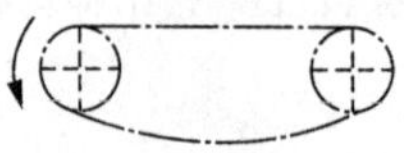	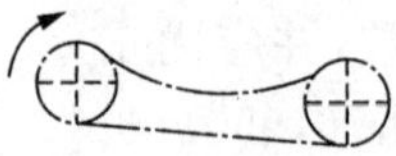	两轴在同一水平面，松边应在下面，否则下垂量增大后，松边会与紧边相磨，需经常调整中心距
i,a 为任意值	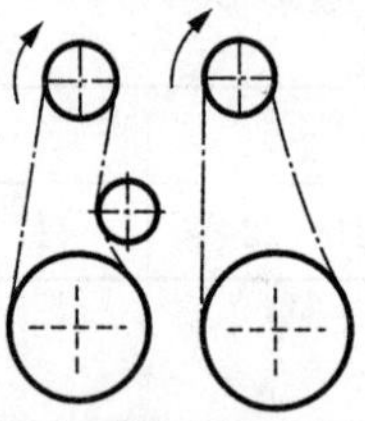	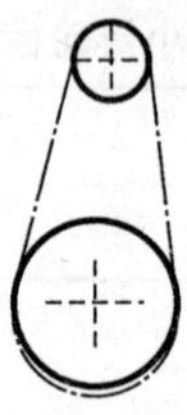	两轮轴线在同一铅垂面内，下垂量增大，会减少下链轮有效啮合齿数，降低传动能力，为此应采用：①中心距可调；②张紧装置；③上下两轮错开，使其不在同一铅垂面内
$i>2$ $a=(30\sim50)p$	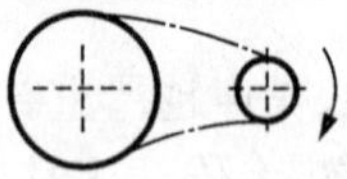		两轮轴线在同一水平面，紧边在上或下均不影响工作
$i>2$ $a<30p$	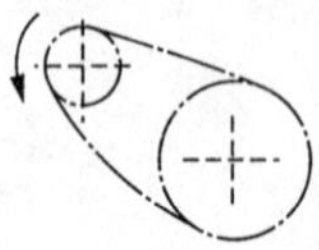	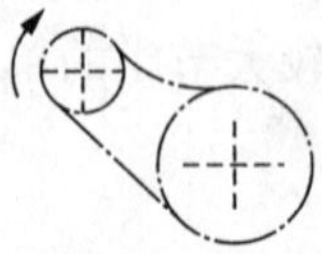	两轮轴线不在同一水平面，松边应在下面，否则松边下垂量增大后，链条易与链轮卡死

图 11-12　链传动的布置和张紧

11.3.2　链传动的张紧

链传动靠链条和链轮的啮合传递动力，不需要很大的张紧力。

张紧的目的：避免在链条的垂度过大时产生啮合不良和链条的振动现象；同时增加链条和

链轮的包角。当两轮中心连线倾斜角>60°时,通常设有张紧装置。

张紧的方法:链传动中心距可调时,可通过调节中心距以控制张紧程度;中心距不可调时,可设置张紧轮或在链条磨损变长后取掉1~2个链节,以恢复原来的长度。张紧轮一般设置在链条松边靠小链轮外侧,或设置在靠大链轮内侧。张紧轮可以是链轮,也可以是无齿的滚轮,其直径与小链轮的直径接近。张紧轮有自动张紧(用弹簧、吊重等自动张紧装置)及定期调整(用螺旋、偏心等调整装置)。另外还可用压板和托板张紧,如图11-13所示。

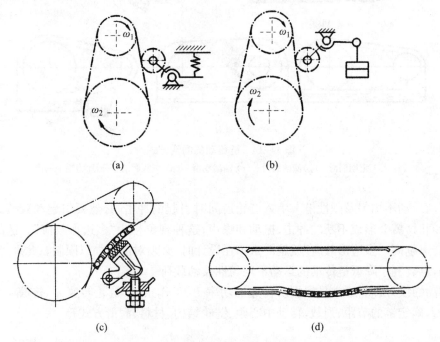

图 11-13 链传动的张紧

11.3.3 链传动的润滑

链传动的润滑十分重要,对高速、重载的链传动更为重要。良好的润滑可缓和冲击,减少链条铰链磨损,延长使用寿命。链传动的润滑方式有人工定期润滑、滴油润滑、油浴润滑、飞溅润滑和压力喷油润滑,如图11-14所示。闭式链传动的润滑方式由图11-10确定。

对于开式链传动和不易润滑的链传动可定期拆下用煤油清洗,干燥后将链浸入70~80℃的润滑油中,待铰链间隙充满油后使用。润滑油推荐采用32,46,68号机械油,温度低时取前者。对开式链传动及重载低速链传动,可在油中加入 MoS2、WS2 等固体润滑剂。为了安全与防尘,链传动应装防护罩。

对用润滑油不便的场合,允许涂抹润滑脂,但应定期清洗与涂抹。

本章小结

链传动属于啮合传动,能获得准确的平均传动比,又能实现较大中心距的传动。由于刚性链节在链较上呈多边形分布,引起瞬时传动比周期性变化和啮合时的冲击,因而其传动平稳

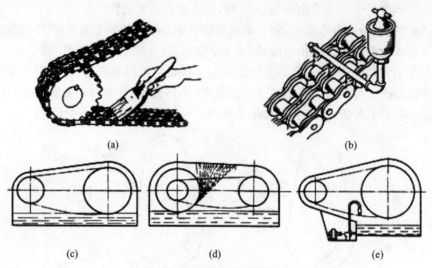

图 11-14 链传动的润滑方式

(a)人工定期润滑 (b)滴油润滑 (c)油浴润滑 (d)飞溅润滑 (e)压力喷油润滑

性差。

链传动运动不均匀及刚性链节啮入链轮齿间时引起的冲击，必然要引起动载荷。当链啮入链轮齿间时，就会形成不断的冲击、振动和噪声，这种现象称为"多边形效应"。链的节距越大，链轮转速越高，"多边形效应"就越严重。在设计时，必须对链速加以限制。此外，选取小节距的链条，也有利于降低链传动的运动不均匀性及动载荷。

链传动的设计计算通常是根据所传递的功率 P、工作条件、链轮转速 n_1、n_2 等，选定链轮齿数 z_1、z_2，确定链的节距、列数、传动中心距、链轮结构、材料、润滑方式等。

思考题与习题

11-1 与带传动相比，链传动有何特点？一般应用在何种场合？举例说明。

11-2 为什么链传动通常将紧边放在上面，而带传动的紧边则放在下面？为什么链节数一般取偶数，链轮齿数取奇数？

11-3 分析链传动的"运动不均匀性"和"动载荷"产生的原因；影响它们的主要参数有哪些？

11-4 链传动的主要失效形式有哪些？

11-5 已知链传动传递的功率 $P=1.2\,kW$，主动轮转速 $n_1=140\,r/min$，主动轮齿数 $z_1=19$，采用 08A 单排滚子链，工作情况系数 $K_A=1.3$，试验算此链传动。

11-6 有一滚子链传动，传动链标记为：11A1-144GB/T1243—1997。小链轮齿数 $z_1=24$，大链轮齿数 $z_2=85$，中心距 $a\approx693\,mm$。小链轮转速 $n_1=730\,r/min$。电动机驱动，载荷平稳，求该传动所能传递的最大功率。

11-7 设计一带式输送机用的滚子链传动。已知，传递的名义功率 $P=11\,kW$，主动链轮转速 $n_1=970\,r/min$，从动链轮转速 $n_2=320\,r/min$，电动机驱动，载荷平稳，链传动近于水平布置，中心距不小于 $550\,mm$。

第 12 章　螺纹联接和螺旋传动

教学要求

通过本章的教学,要求了解联接的概念,熟悉机械制造中常用螺纹的形成原理、特点和应用,掌握螺纹的主要参数及相互间的关系。理解螺旋副的自锁条件及螺旋副的效率计算。熟悉螺纹联接的基本类型、特点和应用,能熟练查阅有关国家标准和规范,理解螺纹联接预紧的目的,掌握防松的原理、措施及应用。掌握螺栓组联接的结构设计与受力分析。熟练掌握受横向载荷和轴向载荷的紧螺栓联接的强度计算。了解螺纹联接件常用材料。了解螺旋传动的类型、特点和应用。

机器由许多零、部件所组成,在零、部件间广泛采用各种联接。联接是构成机器的重要环节。根据拆开时是否需要把联接件破坏,联接可分为可拆联接和不可拆联接两类。不损坏联接中的任一零件就可将被联接件拆开的联接称为可拆联接,这类联接经多次装拆无损于使用性能,如螺纹联接、销联接、键联接和花键联接等。采用可拆联接通常是因为结构、维护、制造、装配、运输和安装等的需要。不可拆联接是指至少必须破坏联接中的某一部分才能拆开的联接,如铆接、焊接和胶接等。采用不可拆联接通常是因为工艺上的要求。

螺纹联接和螺旋传动都是利用具有螺纹的零件进行工作的。把需要相对固定在一起的零件用螺纹零件联接起来,作为紧固联接件用,这种联接称为螺纹联接;利用螺纹零件实现把回转运动变为直线运动的传动,称为螺旋传动,则作为传动件用。

本章主要讨论螺纹联接的结构、设计和计算,重点介绍螺栓联接的强度计算。

12.1　螺纹

12.1.1　螺纹的形成

平面图形(三角形、矩形、梯形等)绕一圆柱(圆锥)作螺旋运动,形成一圆柱(圆锥)螺旋体(见图 12-1)。常将平面图形在空间形成的螺旋体称为螺纹。

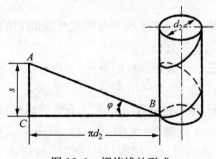

图 12-1　螺旋线的形成

在圆柱(或圆锥)外表面上所形成的螺纹称为外螺纹;在圆柱(或圆锥)内表面上所形成的螺纹称为内螺纹。

12.1.2 螺纹的类型、特点和应用

常用螺纹的类型主要有普通螺纹、管螺纹、矩形螺纹、梯形螺纹、锯齿形螺纹和圆弧螺纹。除矩形螺纹和圆弧螺纹外,其他螺纹都已标准化。我国除管螺纹为英制螺纹外,其他各类螺纹都为米制螺纹。普通螺纹、管螺纹和圆弧螺纹主要用作螺纹联接,其余3种螺纹主要用于螺旋传动(表12-1)。

表 12-1　常用螺纹的特点和应用

螺纹类型	牙形图	特点和应用
普通螺纹	60°	牙型角 $\alpha=60°$,当量摩擦系数大,自锁性能好。同一公称直径,按螺距 P 的大小分为粗牙和细牙。粗牙螺纹用于一般联接,细牙螺纹常用于细小零件和薄壁件,也可用于微调机构
圆柱管螺纹	55°	牙型角 $\alpha=55°$,牙顶有较大圆角,内外螺纹旋合后无径向间隙。该螺纹为英制细牙螺纹,公称直径近似为管子内径,紧密性好,用于压力在 1.5MPa 以下的管路联接
梯形螺纹	30°	牙型角 $\alpha=30°$,牙根强度高,对中性好,传动效率较高是应用较广的传动螺纹
锯齿形螺纹	30° 3°	工作面的牙型斜角为 3°,非工作面的牙型斜角为 30°,传动效率较梯形螺纹高,牙根强度也高,用于单向受力的传动螺旋机构,如用于轧钢机的压下螺旋和螺旋压力机等机械
矩形螺纹		牙型斜角为 0°,传动效率高,但牙根强度差,磨损后无法补偿间隙,定心性能差,一般很少采用

12.1.3 螺纹的主要参数

以圆柱普通螺纹为例介绍螺纹的主要几何参数,见图12-2。

(1) 大径 d(或 D):它是与外螺纹牙顶或内螺纹牙底相切的假想圆柱的直径,一般在标准中作为螺纹的公称直径。

(2) 小径 d_1:(或 D_1)它是与外螺纹牙底或内螺纹牙顶相切的假想圆柱的直径,在强度计算中常作为外螺纹螺杆危险剖面的直径。

(3) 中径 d_2(或 D_2):它是一个假想圆柱的直径,该圆柱的母线上的牙厚与牙间宽度相等。中径近似地等于螺纹的平均直径,即 $d_2 \approx (d_1+d)/2$。

(4) 螺纹线数 n:是指螺纹的螺旋线数目。沿一条螺旋线形成的螺纹称为单线螺纹,沿 n 条等距螺旋线形成的螺纹称为 n 线螺纹(见图12-3)。联接螺纹要求自锁性,多用单线螺纹;传动螺纹要求传动效率高,多用双线或三线螺纹。为便于制造,一般 $n<4$。

(5) 螺距 P:螺纹相邻二牙在中径线上对应两点间的轴向距离。

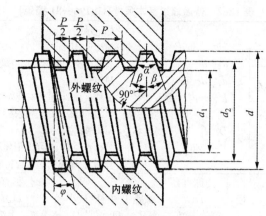

图 12-2　圆柱普通螺纹的主要参数

（6）导程 S：同一条螺旋线上的相邻两牙在中径线上对应两点间的轴同距离，$S=nP$。

（7）升角 λ：中径 d_2 圆柱上，螺旋线的切线与垂直于螺纹轴线的平面间的夹角。

$$\tan\lambda = nP/(\pi d_2) = S/(\pi d_2)。$$

$$所以\ S = \pi d_2\tan\lambda。$$

（8）牙型角 α：轴向截面内，螺纹牙型相邻两侧边的夹角。

（9）牙型斜角 β：牙型侧边与螺纹垂线间的夹角。对于对称牙型 $\beta=\alpha/2$。

（10）螺纹接触高度 h：在两个相互配合螺纹的牙型上，牙侧重合部分在垂直于螺纹轴线方向上的距离。常用作螺纹工作高度。

（11）螺纹的旋向：图 12-3 中，螺纹按旋向可分为左旋螺纹和右旋螺纹，将螺旋体的轴线垂直放置，螺旋线的可见部分自左向右上升的，为右旋，如图 12-3（a）所示；反之为左旋，如图 12-3（b）所示。常用螺纹为右旋螺纹，只有在特殊情况下才采用左旋螺纹。

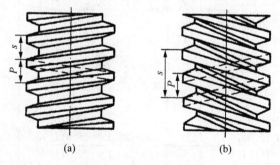

图 12-3　螺纹的线数和旋向

（12）当量摩擦角、螺旋副效率及自锁条件

当量摩擦角：$\varphi_v = \arctan\dfrac{f}{\cos\beta}$

螺旋副效率：$\eta = \dfrac{\tan\lambda}{\tan(\lambda+\varphi_v)}$（拧紧时），$\eta = \dfrac{\tan(\lambda-\varphi_v)}{\tan\lambda}$；

自锁条件：$\lambda \leqslant \varphi_v$

式中：φ_v 为当量摩擦角，η 为螺旋副效率，f 为摩擦系数。

普通螺纹基本尺寸见表 12-2。

表 12-2　普通螺纹基本尺寸(GB196—81 摘录)　(mm)

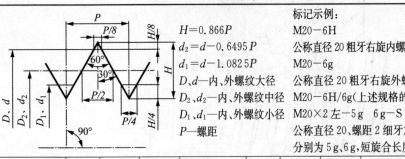

$H=0.866P$
$d_2=d-0.6495P$
$d_1=d-1.0825P$
$D、d$—内、外螺纹大径
$D_2、d_2$—内、外螺纹中径
$D_1、d_1$—内、外螺纹小径
P—螺距

标记示例:
M20—6H
公称直径20粗牙右旋内螺纹,中径和大径公差带均为6H
M20—6g
公称直径20粗牙右旋外螺纹,中径和大径公差带为6g
M20—6H/6g(上述规格的螺纹副)
M20×2左—5g　6g—S
公称直径20、螺距2细牙左旋外螺纹,中径和大径公差带分别为5g、6g,短旋合长度

公称直径 $D、d$ 第一系列	公称直径 $D、d$ 第二系列	螺距 P	中径 $D_2、d_2$	小径 $D_1、d_1$
3		0.5	2.675	2.459
		0.35	2.773	2.621
	3.5	(0.6)	3.110	2.850
		0.35	3.273	3.121
4		0.7	3.545	3.242
		0.5	3.675	3.459
	4.5	(0.75)	4.013	3.688
		0.5	4.175	3.959
5		0.8	4.480	4.134
		0.5	4.675	4.459
6		1	5.350	4.917
		0.75	5.513	5.188
8		1.25	7.188	6.647
		1	7.350	6.917
		0.75	7.513	7.188
10		1.5	9.026	8.376
		1.25	9.188	8.647
		1	9.350	8.917
		0.75	9.513	9.188
12		1.75	10.863	10.106
		1.5	11.026	10.376
		1.25	11.188	10.647
		1	11.350	10.917
	14	2	12.701	11.835
		1.5	13.026	12.376
		1	13.350	12.917
16		2	14.701	13.835
		1.5	15.026	14.376
		1	15.350	14.917
	18	2.5	16.376	15.294
		2	16.701	15.835

公称直径 $D、d$ 第一系列	公称直径 $D、d$ 第二系列	螺距 P	中径 $D_2、d_2$	小径 $D_1、d_1$
18		1.5	17.026	16.376
		1	17.350	16.917
20		2.5	18.376	17.294
		2	18.701	17.835
		1.5	19.026	18.376
		1	19.350	18.917
	22	2.5	20.376	19.294
		2	20.701	19.835
		1.5	21.026	20.376
		1	21.350	20.917
24		3	22.051	20.752
		2	22.701	21.835
		1.5	23.026	22.376
		1	23.350	22.917
27		3	25.051	23.752
		2	25.701	24.835
		1.5	26.026	25.376
		1	26.350	25.917
30		3.5	27.727	26.211
		2	28.701	27.853
		1.5	29.026	28.376
		1	29.350	28.917
33		3.5	30.727	29.211
		2	31.701	30.835
		1.5	32.026	31.376
36		4	33.402	31.670
		3	34.051	32.752
		2	34.701	33.835
		1.5	35.026	34.376
	39	4	36.402	34.670
		3	37.051	35.572

公称直径 $D、d$ 第一系列	公称直径 $D、d$ 第二系列	螺距 P	中径 $D_2、d_2$	小径 $D_1、d_1$
	39	2	37.701	36.835
		1.5	38.026	37.376
42		4.5	39.077	37.129
		3	40.051	38.752
		2	40.701	39.835
		1.5	41.026	40.376
	45	4.5	42.077	40.129
		3	43.051	41.752
		2	43.701	42.835
		1.5	44.026	43.376
48		4	44.752	42.587
		3	46.051	44.752
		2	46.701	45.835
		1.5	47.026	46.376
	52	5	48.752	46.587
		3	50.051	48.752
		2	50.701	49.835
		1.5	51.026	50.376
56		5.5	52.428	50.046
		4	53.402	51.670
		3	54.051	52.752
		2	54.701	53.835
		1.5	55.026	54.376
	60	(5.5)	56.428	54.046
		4	57.402	55.670
		3	58.051	56.752
		2	58.701	57.835
		1.5	59.026	58.376
64		6	60.103	57.505
		4	61.402	59.670
		3	62.051	60.752

注:(1)"螺距P"栏中第一个数值为粗牙螺距,其余为细牙螺距。
　(2)优先选用第一系列,其次第二系列,第三系列(表中未列出)尽可能不用。
　(3)括号内尺寸尽可能不用。

12.1.4 螺纹标记

(1) 普通螺纹的标记。按 GB/T197—2003/《普通螺纹公差》的规定,完整的普通螺纹标记由螺纹特征代号、尺寸代号、公差带代号及其他有必要做进一步说明的个别信息组成。普通纹的特征代号用字母"M"表示。单线螺纹的尺寸代号为"公称直径×Ph 螺距"。对粗牙螺纹,可以省略标注螺距项。多线螺纹的尺寸代号为"公称直径×Ph 导程 P 螺距"。如果要进一步说明螺纹的线数,可在后面加括号用英文说明。双线螺纹为"two starts"、三线螺纹为"three starts"、四线螺纹为"four starts",等等。例如,公称直径为 16 mm、螺距为 1.5 mm、导程为 3 mm 的双线普通螺纹应标记为 M16×Ph3P1.5(two starts)。

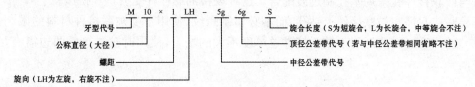

(2) 管螺纹标注。管螺纹应标注标记,其内容和格式如下:

例如:G1/2-LH 的含义如下所示:

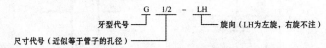

(3) 梯形螺纹标注。梯形螺纹应标注标记,其内容和格式如下:

例如:Tr32×12(P6)LH-8e-L 的含义如下所示:

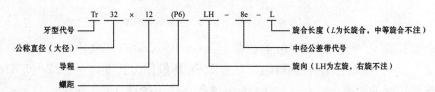

(4) 锯齿形螺纹标注。锯齿形螺纹应标注标记,其内容和格式如下:

例如:B32×12(P6)LH-8H-L 的含义如下所示:

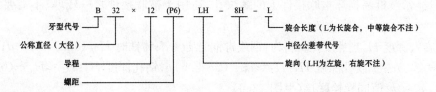

12.2 螺纹联接的主要类型、标准螺纹联接件及预紧与防松

12.2.1 螺纹联接的主要类型、特点和应用

1. 螺栓联接

螺栓联接分普通螺栓联接（螺栓与孔之间有间隙）和铰制孔用螺栓联接（螺杆外径与螺栓孔的内径具有同一基本尺寸，并常采用过渡配合）。普通螺栓联接（见图 12-4(a)）的螺栓杆与被联接件的孔之间存在间隙。这种联接的螺栓杆受拉。铰制孔用螺栓联接（见图 12-4(b)）的螺栓杆与被联接件孔采用基孔制过渡配合。这种联接的螺栓杆受剪切和挤压。

螺栓联接只需在被联接件上钻孔，而不必切制螺纹，使用不受被联接件材料的限制，其结构简单，装拆较方便，广泛用于被联接件总厚度不大的场合，使用时被联接件两边需有足够的装配空间。

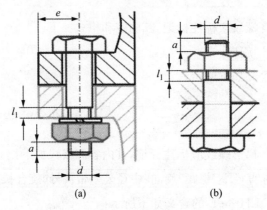

图 12-4 螺栓联接

(a) 普通螺栓联接 (b) 铰制孔用螺栓联接

螺纹余留长度 l_1（普通螺栓联接：静载荷 $l_1 \geqslant (0.3 \sim 0.5)d$；变载荷 $l_1 \geqslant 0.75d$；冲击载荷或弯曲载荷 $l_1 \geqslant d$。铰制孔用螺栓联接：l_1 尽可能小）螺纹伸出长度：$a \approx (0.2 \sim 0.3)d$；螺栓轴线到被联接件边缘的距离：$e = d + (3 \sim 6)$ mm；通孔直径：$d_0 \approx 1.1d$。

2. 螺钉联接

螺钉联接[见图 12-5(a)]螺钉直接旋入被联接件的螺纹孔中，省去了螺母，因此结构上比较简单，但经常装拆易损坏被联接件上的螺纹孔，适用于被联接件之一较厚、不需要经常装拆的场合。

螺纹旋入深度 H，当螺纹孔材料为：钢或青铜时 $H \approx d$；铸铁时 $H \approx (1.25 \sim 1.5)d$；铝合金时 $H \approx (1.5 \sim 2.5)d$；螺纹孔深度 H_1：$H_1 \approx H + (2 \sim 2.5)p$；钻孔深度 H_2：$H_2 \approx H_1 + (0.5 \sim 1.0)d$；图中 l_1，a，e，d_0 值同螺栓联接（见图 12-6）。

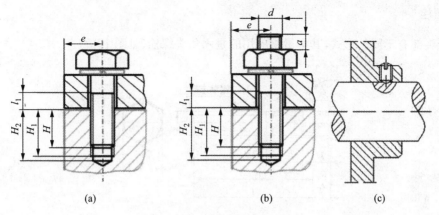

图 12-5 双头螺柱联接、螺钉联接
(a) 螺钉联接 (b)双头螺柱联接 (c) 紧定螺钉联接

3. 双头螺柱联接

双头螺柱[见图 12-5(b)]多用于被联接件之一较厚或为了结构紧凑而采用盲孔的联接。双头螺柱联接允许多次装拆而不损坏被联接零件。

4. 紧定螺钉联接

紧定螺钉联接[见图 12-5(c)]用紧定螺钉旋入一被联接件上的螺纹孔内,其末端顶紧另一被联接件,从而固定两零件的相对位置,同时可传递不大的力或转矩,多用于轴与轴上零件间的固定。

12.2.2 标准螺纹联接件的主要类型

螺纹联接中常采用标准螺纹联接件,设计时尽可能从有关国家标准中选用具体的尺寸和型号(见图 12-6)。

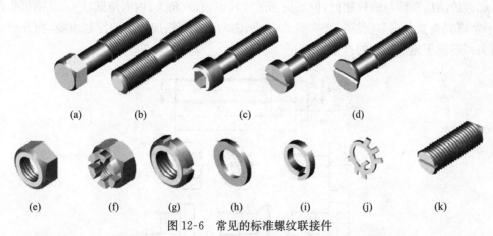

图 12-6 常见的标准螺纹联接件

(a) 六角头螺栓 (b) 双头螺柱 (c) 圆柱头内六角螺钉开槽圆柱头螺钉 (d) 开槽沉头螺钉 (e) 六角螺母
(f) 六角开槽螺母 (g) 圆螺母 (h) 平垫圈 (i) 弹簧垫圈 (j) 圆螺母用止动垫 (k) 圆锥端紧定螺钉

1. 螺栓

螺栓头部有不同的形式,其中最常应用的是六角头螺栓(见图 12-7)。

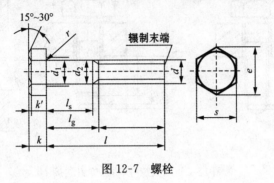

图 12-7　螺栓

2. 双头螺柱

双头螺柱的两端均制有螺纹,旋入被联接件螺纹孔的一端称为座端,另一端为螺母端(见图 12-8)。

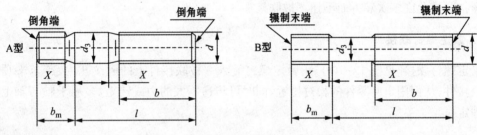

图 12-8　双头螺柱

3. 螺钉

螺钉的结构形状与螺栓相似,但其头部形式较多,有六角头、内六角圆柱头、开槽沉头及盘头、十字槽沉头及盘头等(见图 12-9)。六角头、内六角头可施加较大的拧紧力矩,而开槽或十字槽头都不便于施加较大的拧紧力矩。

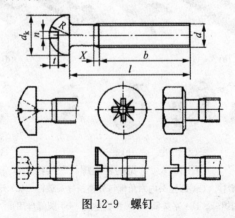

图 12-9　螺钉

4. 紧定螺钉

紧定螺钉的头部形式很多(见图 12-10),可以适应不同的拧紧程度,而末端的不同形状可用来顶住被联接件之一的表面或相应的凹坑,一般要求末端具有足够的硬度。

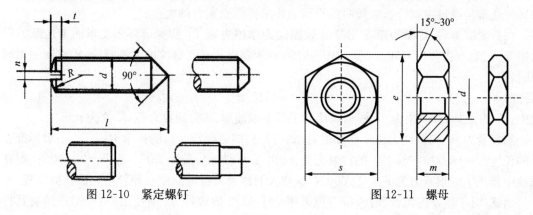

图 12-10　紧定螺钉

图 12-11　螺母

5. 螺母

螺母用来与螺栓、双头螺柱配合使用。螺母有六角形、圆形、方形等(见图 12-11),其中六角形螺母应用最广泛。

6. 垫圈

螺纹联接中常采用垫圈(见图 12-12)。平垫圈可增加被联接件的支承面积,减小接触处的压强,并避免旋紧螺母时刮伤被联接件的表面;弹簧垫圈还具有防松作用。其他形式的垫圈可参考有关资料。

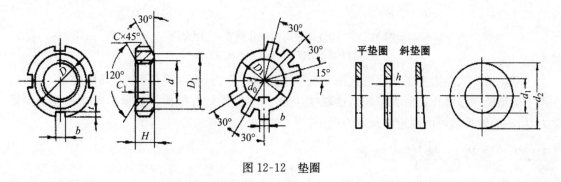

图 12-12　垫圈

12.3　螺纹联接的预紧和防松

12.3.1　螺纹联接的预紧

除个别情况外,螺纹联接在装配时都必须拧紧,这时螺纹联接受到预紧力的作用。对于重要的螺纹联接,预紧力的大小对螺纹联接的可靠性、强度和密封性均有很大的影响。过大的预紧力会导致整个联接的结构尺寸增大,也可能会使螺栓在装配时或在工作中偶然过载时被拉断。因此,对重要的螺纹联接,为了保证所需的预紧力,又不使联接螺栓过载,在装配时应控制预紧力。因此,为了保证联接所需要的预紧力,又不使联接件过载,对重要的螺纹联接,在装配时要控制预紧力。一般规定,拧紧后螺纹联接件的预紧力不得超过其材料屈服极限 σ_S 的80%。通常是通过控制拧紧螺母时的拧紧力矩来控制预紧力的大小。

在拧紧螺母时,拧紧力矩 T 等于螺纹副间的摩擦力矩 T_1 和螺母环形支承面上的摩擦阻力矩 T_2 之和。由分析可知,对于 M10~M68 的米制粗牙普通螺纹的钢制螺栓,螺纹副中无润滑时,有

$$T \approx 0.2F_0d \qquad (12-1)$$

式中:F_0 为预紧力,单位为 N,根据联接的工作要求确定;d 为螺纹大径,单位为 mm。

当预紧力 F_0 和螺纹大径 d 已知后,由式(12-1)即可确定所需的拧紧力矩 T。一般标准扳手的长度 $L=15d$,加在扳手上的拧紧力为 F,由 $T=FL$ 得,$F_0=75F$。若 $F=200\,N$ 时,则在螺栓中将产生的预紧力为 $F_0=15\,000\,N$,这样大的预紧力很可能使直径较小的螺栓被拉断。

因此,对于重要的螺栓联接,应避免采用小于 M12 的螺栓,必须使用时,应严格控制其拧紧力矩。

在工程实际中,常用指针式扭力扳手或预置式扭力扳手来控制拧紧力矩(见图 12-13)。指针式扭力扳手可由指针的指示直接读出拧紧力矩的数值。预置式扭力扳手可利用螺钉调整弹簧的压紧力,预先设置拧紧力矩的大小,当扳手力矩过大时,弹簧被压缩,扳手卡盘与圆柱销之间打滑,从而控制预紧力矩不超过规定值。

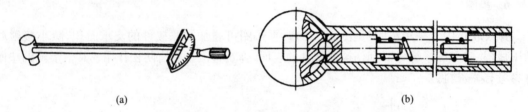

(a)   (b)

图 12-13 指针式扭力扳手和预置式扭力扳手
(a) 指针式扭力扳手 (b) 预置式扭力扳手

采用指针式扭力扳手或预置式扭力扳手来控制预紧力,操作简便,但准确性较差,也不适用于大型的联接螺栓。对大型的螺栓联接,可采用测量预紧时螺栓伸长量的方法来控制预紧力,所需的伸长量可由规定的预紧力确定。

12.3.2 螺纹联接的防松

在静载荷作用下,联接螺纹的螺旋升角 λ 较小,能满足自锁条件($\lambda \leqslant \varphi_v$)。但在受冲击、振动或变载荷以及温度变化大时,联接有可能自动松脱,容易发生事故。因此在设计螺纹联接时,为了保证螺纹联接的安全可靠,防止松脱,设计时必须采取有效的防松措施。

防松就是防止螺纹联接件间的相对转动。按防松装置的工作原理不同可分为摩擦防松、机械防松和破坏螺纹副关系防松等(见表 12-3、表 12-4、表 12-5)。

表 12-3　利用摩擦防松

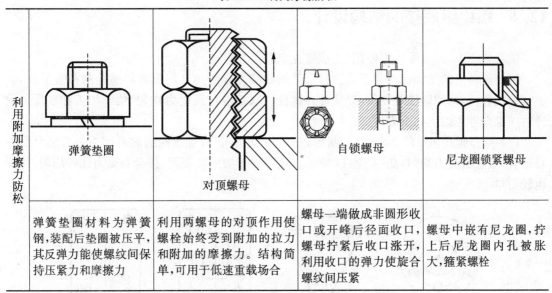

利用附加摩擦力防松	弹簧垫圈	对顶螺母	自锁螺母	尼龙圈锁紧螺母
	弹簧垫圈材料为弹簧钢,装配后垫圈被压平,其反弹力能使螺纹间保持压紧力和摩擦力	利用两螺母的对顶作用使螺栓始终受到附加的拉力和附加的摩擦力。结构简单,可用于低速重载场合	螺母一端做成非圆形收口或开峰后径面收口,螺母拧紧后收口涨开,利用收口的弹力使旋合螺纹间压紧	螺母中嵌有尼龙圈,拧上后尼龙圈内孔被胀大,箍紧螺栓

表 12-4　机械防松

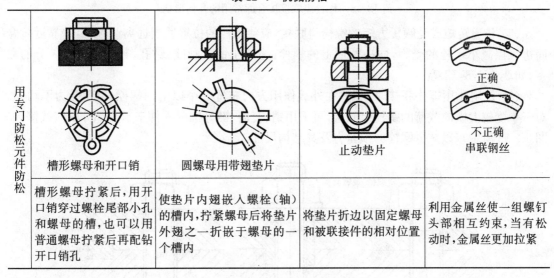

用专门防松元件防松	槽形螺母和开口销	圆螺母用带翅垫片	止动垫片	正确　　不正确串联钢丝
	槽形螺母拧紧后,用开口销穿过螺栓尾部小孔和螺母的槽,也可以用普通螺母拧紧后再配钻开口销孔	使垫片内翅嵌入螺栓(轴)的槽内,拧紧螺母后将垫片外翅之一折嵌于螺母的一个槽内	将垫片折边以固定螺母和被联接件的相对位置	利用金属丝使一组螺钉头部相互约束,当有松动时,金属丝更加拉紧

表 12-5　破坏螺纹副关系防松

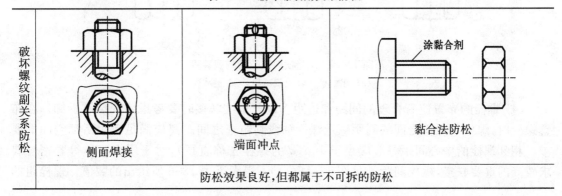

破坏螺纹副关系防松	侧面焊接	端面冲点	黏合法防松
	防松效果良好,但都属于不可拆的防松		

12.4　螺栓组联接的结构设计

工程实际中,螺栓常成组使用,组成螺栓组联接。

螺栓组联接的结构设计主要是选择合适的联接接合面的几何形状和螺栓的布置形式,确定螺栓的数目,选用防松装置等,以便使各螺栓和联接接合面受力均匀,便于加工和装配。设计时应综合考虑以下几个方面:

(1) 结合面几何形状力求简单(圆形、三角形、矩形等),且螺栓组的对称中心与结合面形心重合,结合面受力均匀,如图 12-14 所示。这样便于加工和装配,接合面受力比较均匀,计算也较简单。

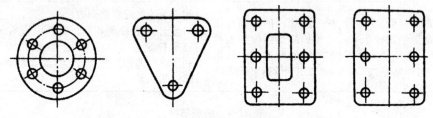

图 12-14　螺栓组联接接合面常用的几何形状

(2) 传递转矩或受倾覆力矩的螺栓组联接,应使螺栓的位置适当远离对称轴,并靠近接合面边缘以减小螺栓的受力,同一圆周上的螺栓,为便于钳工画线、钻孔,数目应取易等分的数字,如 3,4,6,8,12 等

(3) 铰制孔用螺栓联接时,不要在外载作用方向布置 8 个以上的螺栓,以免受力不均匀。对于承受较大横向载荷的螺栓组联接,可采用销、套筒、键等抗剪零件来承受部分横向载荷(如图 12-15 所示),以减少螺栓的预紧力及其结构尺寸。

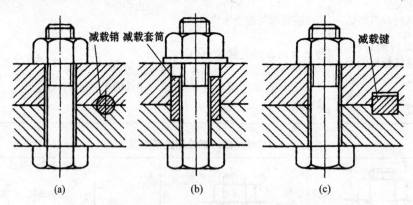

图 12-15　承受横向载荷的减载装置
(a) 销减载　(b) 套筒减载　(c) 键减载

(4) 螺栓的布置应有合理的间距和边距。设计螺纹联接时要考虑到安装和拆卸。在布置螺栓时,螺栓与螺栓之间的间距以及螺栓轴线到箱壁之间距离应满足扳手活动空间的要求。相邻螺栓的中心间距一般应小于 $10d$(d 为螺栓公称直径),对于压力容器等紧密性要求较高的重要联接,螺栓间距 t[见图 12-16(a)]不得大于表 12-6 所给出的数值。螺栓组的

相邻螺栓之间、螺栓与被联接件的机体壁间要留有足够的扳手活动空间[见图12-16(b)]，以便于装配。

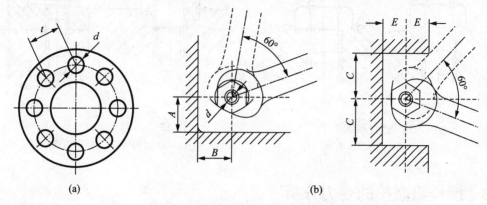

(a)　　　　　　　　　　(b)

图 12-16　螺栓间距 t 和扳手活动空间

(a) 螺栓间距 t　(b) 扳手活动空间

表 12-6　压力容器的螺栓间距 t　　　　　　　　　　(mm)

工作压力 p/MPa	螺栓间距 $t<$	工作压力 p/MPa	螺栓间距 $t<$
$\leqslant 1.6$	$7d$	$16\sim20$	$3.5d$
$1.6\sim10$	$4.5d$	$20\sim30$	$3d$
$10\sim16$	$4d$		

(5) 避免附加弯曲应力。由于设计、制造和装配不良等原因，会导致螺栓承受偏心载荷（见图12-17）。偏心载荷会在螺栓中引起附加弯曲应力，大大降低螺栓的强度。所以应从结构上和工艺上采取措施，避免产生附加弯曲应力。

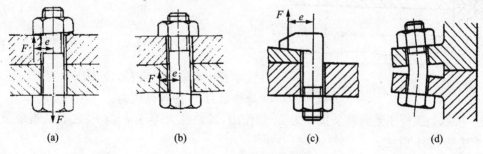

(a)　　　　　　(b)　　　　　　(c)　　　　　　(d)

图 12-17　螺栓受偏心载荷

(a)支承面不平　(b)螺栓杆头歪斜　(c)钓形螺栓　(d)被连接杆刚度不够

为保证螺栓和被联接件的各支承面平整并与螺栓轴线垂直，在粗糙表面上制出凸台或沉头座（见图12-18），采用球面垫圈或斜垫圈（见图12-19）等。

(6) 同一螺栓组中各螺栓的材料、性能等级、直径和长度应尽可能相同。

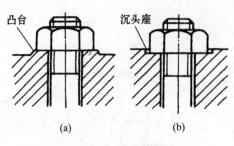

图 12-18　凸台和沉头座

(a)凸台　(b)沉头座

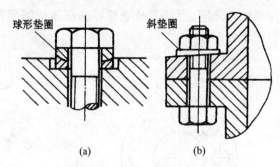

图 12-19　球面垫圈和斜垫圈

(a)球面垫圈　(b)斜垫圈

12.5　螺栓组联接的受力分析

螺栓组联接的受力分析时,通常假设螺栓组内各螺栓的材料、直径、长度和预紧力均相同;螺栓组的几何中心与联接接合面的形心重合;受载后联接接合面仍保持为平面;螺栓的变形在弹性变形范围内。

进行螺栓组联接受力分析的关键是根据联接的结构和受载情况,找出受力最大的螺栓,确定其受力的大小、方向和性质,以便对其进行强度计算。

下面对 4 种典型的受载情况进行分析。

1. 受轴向载荷的螺栓组联接

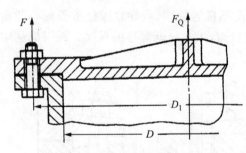

图 12-20　受轴向载荷的螺栓组联接

图 12-20 所示为压力容器的螺栓组联接,所受轴向载荷 F_Q 的作用线过螺栓组的几何中心。此时认为各螺栓所受工作载荷 F 相等,即

$$F_Q = \frac{\pi D^2}{4} p$$

$$F = \frac{F_Q}{z} \tag{12-2}$$

式中:F_Q 为轴向外载荷,D 为压力容器内径,z 为螺栓数目,p 为容器压力。

此外,单个螺栓还受到剩余预紧力 F_0' 的作用,其总拉力等于 F 与 F_0' 之和。剩余预紧力 F_0' 的求法见 12.6 所述。

2. 受横向载荷的螺栓组联接

图 12-21 所示为受横向载荷作用的螺栓组联接,横向载荷 F_R 的作用线与螺栓轴线垂直且通过螺栓组中心。横向载荷可通过两种不同方式传递,图 12-21(a)中用普通螺栓联接,图 12-21(b)中用铰制孔用螺栓联接。

(1)普通螺栓联接。螺栓只受预紧力 F_0 作用,横向载荷 F_R 靠预紧后在接合面间产生的摩擦力来传递。由被联接件的平衡条件得

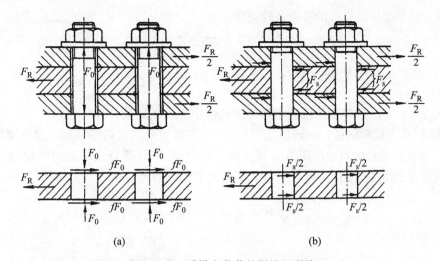

图 12-21　受横向载荷的螺栓组联接

(a) 用普通螺栓联接　(b) 用铰制孔用螺栓联接

$$f \cdot F_0 \cdot m \cdot z \geqslant k_n \cdot F_R$$

即

$$F_0 \geqslant \frac{k_n \cdot F_R}{f \cdot m \cdot z} \tag{12-3}$$

式中：f 为接合面摩擦因数；k_n 为可靠性系数，一般取 $k_n = 1.1 \sim 1.3$；m 为接合面数（图 12-21 中，$m = 2$）；z 为螺栓数目。

求得 F_0 后可按式(12-13)、式(12-16)进行强度计算。

(2) 铰制孔用螺栓联接。横向载荷 F_R 靠螺栓杆的剪切和螺栓杆与孔壁间的挤压来承受。设各螺栓所受的横向工作载荷 F_s 相同，即

$$F_s = \frac{F_R}{z} \tag{12-4}$$

求得 F_s 后可按式(12-17)、式(12-18)进行强度计算。

3. 受转矩的螺栓组联接

图 12-22 为受转矩 T 作用的螺栓组联接，要求工作时被联接件底板与基础间不得有相对转动，但有绕螺栓组形心转动的趋势，受力情况与承受横向工作载荷相似。

(1) 普通螺栓联接。设各螺栓的预紧力均为 F_0，转矩靠预紧后在接合面间产生的摩擦力

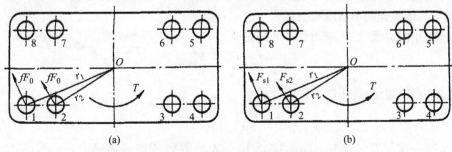

图 12-22　受转矩的螺栓组联接

(a) 用普通螺栓联接　(b) 用铰制孔用螺栓联接

对 O 点的力矩平衡。由底板的平衡条件可得

$$f \cdot F_0 r_1 + f \cdot F_0 r_2 + \cdots + f \cdot F_0 r_z \geqslant k_n \cdot T$$

即

$$F_0 \geqslant \frac{k_n T}{f(r_1 + r_2 + \cdots + r_z)} = \frac{k_n T}{f \cdot \sum_{i=1}^{z} r_i} \qquad (12\text{-}5)$$

式中：$r_1 \cdot r_2 \cdots r_z$ 为各螺栓轴线至螺栓组几何中心 O 的距离；k_n，f 同前。

（2）铰制孔用螺栓联接。在转矩 T 的作用下，各螺栓受到剪切和挤压。设各螺栓所受的剪力为 F_{si} 与其到螺栓组形心的距离 r_i 成正比。由分析可知：离 O 点最远的螺栓（如图 12-22（b）中 1，4，5，8 螺栓）所受的工作剪力最大。最大工作剪力 F_{smax} 为

$$F_{smax} = \frac{T r_{max}}{r_1^2 + r_2^2 + \cdots + r_z^2} = \frac{T r_{max}}{\sum_{i=1}^{z} r_i^2} \qquad (12\text{-}6)$$

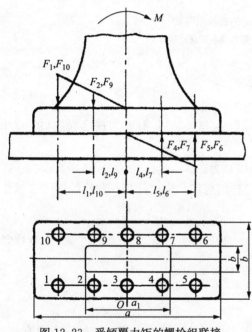

图 12-23　受倾覆力矩的螺栓组联接

4. 受倾覆力矩的螺栓组联接

图 12-23 所示为受倾覆力矩的螺栓组联接。分析时假定底板为刚体，与底板接合的基础为弹性体，同时认为在 M 的作用下，被联接件结合面仍保持为平面，底板有绕对称轴 O—O 倾转的趋势，即在 O—O 左侧，底板与基础趋于分离，在 O—O 右侧，底板与基础进一步压紧。设各螺栓轴线到对称轴 O—O 的距离分别为 l_i。由分析可知：螺栓所承受轴向工作载荷 F_i 与各螺栓轴线到螺栓组对称轴线 O—O 的距离 l_i 成正比；在底板与基础有分离趋势的一侧（如图 12-23 中对称轴 O—O 的左侧），离 O—O 最远的螺栓（如图 12-23 中 1，10 螺栓）所受的工作载荷最大 F_{max}，

$$F_{max} = \frac{M l_{max}}{l_1^2 + l_2^2 + \cdots + l_z^2} \qquad (12\text{-}7)$$

应注意此时的螺栓所受的总拉力并不等于工作拉力与预紧力之和，总拉力的求法见后。

此外，还应要求对称轴 O—O 左侧的底板与基础接合面间不出现间隙，及对称轴 O—O 右侧的底板与基础接合面不被压溃破坏。

受拉侧（左侧边缘）挤压应力最小处满足

$$\sigma_{p_{min}} = \frac{z F_0}{A} - \frac{M}{W} > 0 \qquad (12\text{-}8)$$

受压侧（右侧边缘）挤压应力最大处满足

$$\sigma_{p_{max}} = \frac{z F_0}{A} + \frac{M}{W} \leqslant [\sigma_p] \qquad (12\text{-}9)$$

式中：A 为接合面的有效面积，mm^2；W 为接合面的有效抗弯截面模量，mm^3，图 12-23 中，$W = \frac{1}{6a}(ba^3 - b_1 a_1^3)$；$[\sigma_p]$ 联接接合面材料的许用挤压应力，单位为 MPa（见表 12-7）。

表 12-7　接合面材料的许用挤压应力$[\sigma_p]$

结合面材料	混凝土	木材	铸铁	钢	砖(水泥浆缝)
$[\sigma_p]$	2～3MPa	2～4MPa	$(0.4～0.5)\sigma_b$	$0.8\sigma_b$	1.5～2MPa

当螺栓组联接受到比较复杂的工作载荷作用时,可先将各载荷向螺栓组的几何中心简化,即将复杂的受力状态简化为以上 4 种典型受载情况,再将各典型受载情况下的计算结果进行矢量叠加,便可求得各螺栓的总工作载荷。

12.6　螺栓联接的强度计算

在对螺栓组联接进行受力分析,找出受力最大的螺栓并确定其所受载荷后,还必须对其进行必要的强度计算。

螺栓联接的强度计算,主要是根据联接的类型和工作情况,按相应的强度条件确定或验算螺栓危险剖面的直径(螺纹小径)。螺栓的其他部分(螺纹牙、螺栓头等)和螺母、垫圈等的尺寸是根据等强度原则确定的,一般从标准中直接选用即可。

螺栓的主要失效形式有:

(1) 在轴向力作用下,静载荷螺栓的损坏多为螺纹部分的塑性变形和断裂。

(2) 变载荷螺栓的损坏多为螺栓杆部分的疲劳断裂,发生在从传力算起第一圈旋合螺纹处的约占 65%,光杆与螺纹部分交接处的约占 20%,螺栓头与杆交接处的约占 15%。

(3) 如果螺纹精度低或联接时常装拆,很可能发生滑扣现象。

(4) 在横向载荷作用下,当采用铰制孔用螺栓时,螺栓在联接接合面处受剪,并与被联接件孔壁互相挤压。联接损坏的可能形式有:螺栓被剪断、螺栓杆或孔壁被压溃等。

螺栓联接的主要计算是确定螺纹小径 d_1,然后按照标准选定螺纹公称直径(大径)d 及螺距 p 等。

对普通螺栓联接,螺栓工作时主要受轴向拉力作用,主要的破坏形式是螺栓杆螺纹部分发生疲劳断裂或过载断裂。疲劳断裂的破坏部位如图 12-24 所示,其设计准则是保证螺栓的抗拉强度。

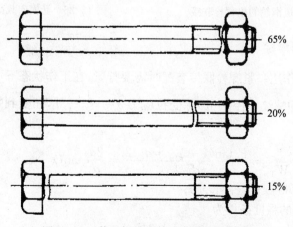

图 12-24　普通螺栓联接疲劳破坏的部位

对铰制孔用螺栓联接,螺栓工作时主要受横向力作用,主要的破坏形式是螺栓杆和孔壁的挤压破坏,也可能发生螺栓杆的剪切破坏,因而其设计准则是保证联接的挤压强度和螺栓杆的剪切强度。

12.6.1 单个普通螺栓联接的强度计算

1. 松联接的螺栓

如:起重机的滑轮螺栓仅受轴向工作拉力 F,其主要失效形式是拉断。

螺栓的抗拉强度条件为

$$\sigma = \frac{F}{\pi d_1^2/4} \leqslant [\sigma] \tag{12-10}$$

设计公式为:

$$d_1 \geqslant \sqrt{\frac{4F}{\pi[\sigma]}} \tag{12-11}$$

式中:σ 为螺栓的拉应力,MPa;d_1 为螺栓的小径,mm;$[\sigma]$ 为松联接时螺栓材料的许用拉应力,MPa,$[\sigma]$ 的值见表 12-8。

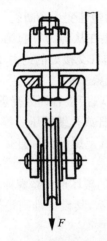

图 12-25 起重机滑轮的松螺栓联接

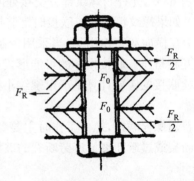

图 12-26 受横向载荷的普通螺栓联接

2. 紧联接的普通螺栓

(1) 只受预紧力作用。紧螺栓联接装配时需要拧紧,在工作状态下可能还需要补充拧紧。这时螺栓危险截面(即螺纹小径 d_1 处)除受拉应力 $\sigma = \dfrac{F_0}{\pi d_1^2/4}$ 外,还受到螺纹力矩 T_1 所引起的扭切应力

$$\tau_{\mathrm{T}} = \frac{T_1}{W_{\mathrm{T}}} = \frac{F_0 \tan(\lambda + \varphi_{\mathrm{v}}) \cdot d_2/2}{\pi d_1^3/16} = \frac{2d_2}{d_1}\tan(\lambda + \varphi_{\mathrm{v}}) \cdot \frac{F_0}{\pi d_1^2/4}$$

对钢制 M10~M68 螺栓:$\tau_{\mathrm{T}} \approx 0.5\sigma$;

故螺栓螺纹部分的强度条件为

$$\sigma = \frac{1.3F_0}{\pi d_1^2/4} \leqslant [\sigma] \tag{12-12}$$

设计公式为

$$d_1 \geqslant \sqrt{\frac{4 \times 1.3 F_0}{\pi [\sigma]}}$$ 　(12-13)

式中：$[\sigma]$ 为螺栓的许用应力，MPa。

由式(12-13)可知，紧联接螺栓受拉伸和扭转的联合作用，但在计算时，可只按拉伸强度计算，而用将螺栓拉力增大 30% 的方法来考虑扭转的影响。

(2) 受预紧力和工作拉力同时作用。在受预紧力和工作拉力的同时作用下，由于螺栓和被联接件的弹性变形，螺栓所受的总拉力并不等于预紧力与工作拉力之和。

由图 12-27(a)可知，预紧前，螺栓与被联接件均未受力，也不产生变形。预紧后未受工作拉力时[图 12-27(b)]，螺栓仅受预紧力 F_0 的拉伸作用，其伸长量为 δ_1；被联接件受预紧力 F_0 的压缩作用，其压缩量为 δ_2。在受到工作拉力 F 作用后[见图 12-27(c)]，螺栓的拉力由 F_0 增大到总拉力 F_Σ，增加量为 ΔF，同时螺栓的伸长量增加了 $\Delta \delta_1$；而被联接件由于螺栓的伸长而被放松，所受的压力由 F_0 减小至 F_0'，F_0' 称为剩余预紧力，并且被联接件的压缩量随之减小了 $\Delta \delta_2$。由分析可知，螺栓的总拉力为工作拉力与剩余预紧力之和，即

$$F_\Sigma = F_0 + \Delta F = F + F_0'$$ 　(12-14)

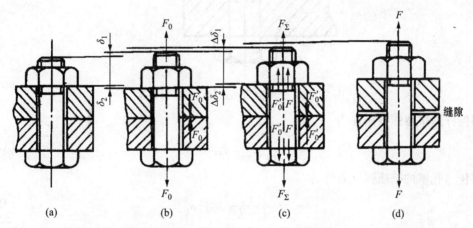

图 12-27 受预紧力和工作拉力同时作用时螺栓和被联接件的受力与变形情况
(a)预紧前　(b)预紧后未受工作拉力　(c)受工作拉力后　(d)工作载荷过大时

为了防止联接接合面间产生缝隙，保证联接的紧密性，应使剩余预紧力 $F_0' > 0$。表 12-8 给出了剩余预紧力的推荐值。选定剩余预紧力 F_0' 后，即可由式(12-14)求出螺栓所受的总拉力 F_Σ。

表 12-8　剩余预紧力 F_0' 的推荐值

联接情况		剩余预紧力 F_0'
紧固	工作拉力 F 稳定	$(0.2 \sim 0.6) F_0'$
	工作拉力 F 不稳定	$(0.6 \sim 1.0) F_0'$
紧密性		$(1.5 \sim 1.8) F_0'$

同理，考虑扭转作用，强度条件为：

$$\sigma_c = \frac{1.3F_\Sigma}{\pi d_1^2/4} \leqslant [\sigma] \qquad (12\text{-}15)$$

设计公式为

$$d_1 \geqslant \sqrt{\frac{4 \times 1.3F_\Sigma}{\pi[\sigma]}} \qquad (12\text{-}16)$$

12.6.2　单个铰制孔用螺栓联接的强度计算

铰制孔用螺栓联接,工作中主要承受横向力(见图 12-28),螺栓杆与孔壁间的接触表面受挤压作用,螺栓杆部受剪切作用,应分别计算其挤压强度和抗剪强度。

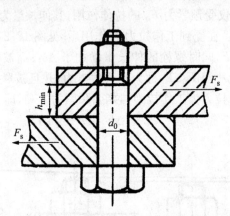

图 12-28　受横向力的铰制孔用螺栓联接

螺栓杆的抗剪强度条件为

$$\tau = \frac{F_s}{m \cdot \pi d_0^2/4} \leqslant [\tau] \qquad (12\text{-}17)$$

螺栓与孔壁的挤压强度条件为

$$\sigma_p = \frac{F_s}{d_0 \cdot h_{\min}} \leqslant [\sigma_p] \qquad (12\text{-}18)$$

式中:d_0 为螺栓杆剪切面的直径,mm;$h_{\min}$ 为螺栓杆与孔壁间的最小接触高度,mm,设计时应使 $h_{\min} \geqslant 1.25d_0$;$m$ 为螺栓受剪面面数;$[\sigma_p]$ 为螺栓与孔壁材料的许用挤压应力,MPa,见表 12-9;$[\tau]$ 为螺栓材料的许用切应力,单位为 MPa,见表 12-9。

12.6.3　螺纹联接件的材料和许用应力

1. 螺纹联接件的材料

螺栓的材料和许用应力

螺栓的常用材料为 Q215、Q235、10、35 和 45 钢,重要和特殊用途的螺纹联接件可采用 15Cr、40Cr、30CrMnSi 等力学性能较高的合金钢。国家标准规定螺纹联接件按其力学性能进行分级(见表 12-9)。表 12-10 列出了螺纹联接件常用材料的抗拉伸力学性能。

表 12-9　螺栓、螺钉、螺柱和螺母的力学性能等级

（摘自 GB/T 3098.1—2000 和 GB/T 3098.2—2000）

		性能级别	3.6	4.6	4.8	5.6	5.8	6.8	8.8≤ M16	8.8> M16	9.8	10.9	12.9
螺栓 螺钉 螺柱	抗拉强度 σ_b/MPa	公称值	300	400	400	500	500	600	800	800	900	1 000	1 200
		最小值	330	400	420	500	520	600	800	830	900	1 040	1 220
	屈服强度 σ_s/MPa	公称值	180	240	320	300	400	480	640	640	720	900	1 080
		最小值	190	240	340	300	420	480	640	660	720	940	1 100
	硬度 HBS	最小值	90	114	124	147	152	181	238	242	276	304	366
	推荐材料		10 Q215	15 Q235	15 Q215	25 35	15 Q235	45	35	35	35 45	40Cr 15MnVB	30CrMnSi 15MnVB
相配螺母	性能级别		4 或 5			5		6	8 或 9		9	10	12
	推荐材料		10 Q215					10 Q215	35		40Cr 15MnVB	30CrMnSi 15MnVB	

注：(1) 性能等级的标记代号含义："."前的数字为公称抗拉强度 σ_b 的 1/100，"."后的数字为公称屈服强度 σ_s 与公称抗拉强度比值的 10 倍。

(2) 9.8 级仅适于螺纹大径 $d \leqslant 16$ mm 的螺栓、螺钉和螺柱。

(3) 8.8 级及其以上性能等级的屈服强度为屈服点 $\sigma_{0.2}$。

(4) 计算时 σ_b 与 σ_s 取表中最小值。

表 12-10　螺纹联接件的常用材料及其力学性能

钢号	抗拉强度极限 σ_B	屈服极限 σ_S	钢号	抗拉强度极限 σ_B	屈服极限 σ_S
10	340～420	210	35	540	320
Q 215	340～420	220	45	650	360
Q235	410～470	240	40Cr	750～1 000	650～900
25	500	300			

表 12-11　普通螺栓(受拉)的许用应力

类型	许用应力	相关因数			安全系数 S		
普通螺栓联接(受拉)	$[\sigma] = \sigma_S/S$	松联接			1.2～1.5		
		紧联接	控制预紧力	测力矩或定力矩扳手	1.6～2		
				测量螺栓伸长量	1.3～1.5		
			不控制预紧力	材料	M6～M16	M16～M32	M30～M60
				碳钢	4～3	3～2	2～1.3
				合金钢	5～4	4～2.5	2.5

螺栓的常用材料为 Q215、Q235、10、35 和 45 钢，重要和特殊用途的螺纹联接件可采用 15Cr、40Cr、30CrMnSi 等力学性能较高的合金钢。这些材料的力学性能见表 12-9。螺纹联接

的许用应力及安全系数见表 12-11 和表 12-12。

表 12-12　铰制孔用螺栓（受剪）的许用应力

材料	许用应力	剪切		挤压	
		许用应力	S	许用应力	S
静载	钢	$[\tau]=\sigma_S/S$	2.5	$[\sigma]_P=\sigma_S/S$	1.25
	铸铁			$[\sigma]_P=\sigma_b/P$	2~2.5
变载	钢	$[\tau]=\sigma_S/S$	3.5~5	按静载降低 20%~30%	
	铸铁				

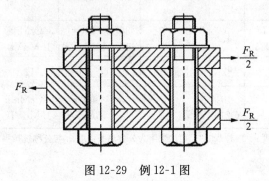

图 12-29　例 12-1 图

例 12-1　如图 12-29 所示的紧螺栓联接，已知横向载荷 $F_s=20\,000$ N，接合面数 $m=2$，摩擦系数 $f=0.12$，螺栓数 $z=2$。不严格控制预紧力，试确定螺栓的公称直径。

解　(1)计算所需预紧力

此例为工作中只受预紧力的紧螺栓联接。

$$F_0 \geqslant \frac{K_n F_s}{fmz}$$

取联接的可靠性系数 $K_n=1.2$，并将已知值代入上式，得：

$$F_0 \geqslant \frac{1.2 \times 20\,000}{0.12 \times 2 \times 2} = 50\,000\,\text{N}$$

(2) 螺栓的材料选用 Q235，由表 12-8 查其 $\sigma_s=240$ MPa。

(3) 按式(12-13)用试算法计算螺栓的公称直径 d。

假设螺栓为 M20，由 GB/T196—1981 查得 $d_1=17.294$ mm。计算许用应力$[\sigma]$。查表 12-11，取 $S=3$。

$$[\sigma] = \frac{\sigma_S}{S} = \frac{240}{3} = 80\,\text{MPa}$$

计算螺纹小径 d_1'。由式(12-14)

$$d_1' \geqslant \sqrt{\frac{5.2F_0}{\pi[\sigma]}} = \sqrt{\frac{5.2 \times 50\,000}{\pi \times 80}} = 32.16(\text{mm}) > 17.294(\text{mm})$$

计算所得的螺纹小径。d_1'大于假设的 d_1，故需重新计算

假设螺栓为 M36，由 GB/T196—1981 查得 $d_1=31.670$ mm。

计算许用应力$[\sigma]$。查表 12-11，取 $S=2$。

$$[\sigma] = \frac{\sigma_S}{S} = \frac{240}{2} = 120\,\text{MPa}$$

再计算螺纹小径 d_1'

$$d_1' \geqslant \sqrt{\frac{5.2F_0}{\pi[\sigma]}} = \sqrt{\frac{5.2 \times 50\,000}{\pi \times 120}} = 26.26(\text{mm}) < 31.670(\text{mm})$$

故 M36 满足要求。

12.7　提高螺栓联接强度的措施

螺栓联接承受轴向变载荷时,其损坏形式多为螺栓杆部分的疲劳断裂,通常都发生在应力集中较严重之处,即螺栓头部、螺纹收尾部和螺母支承平面所在处的螺纹。

12.7.1　降低螺栓的应力幅

螺栓所受的轴向工作载荷 F_Σ 在 $0\sim F_\Sigma$ 间变化时,总拉伸载荷 F_Σ 的变化范围为 $F_0\sim F_a$。若减小螺栓刚度或增大被联接件刚度都可以减小 F_Σ 的变化范围。这对防止螺栓的疲劳损坏是十分有利的。

为了减小螺栓刚度,可减小螺栓光杆部分直径或采用空心螺杆(见图 12-30),有时也可增加螺栓的长度。

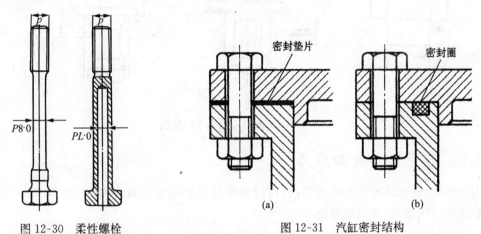

图 12-30　柔性螺栓　　　　　　　图 12-31　汽缸密封结构

被联接件本身的刚度是较大的,但被联接件的接合面因需要密封而采用软垫片(见图 12-31(a))时将降低其刚度。若采用全属薄垫片或采用 O 形密封圈作为密封元件(见图 12-31(b)),则仍可保持被联接件原采的刚度值。

12.7.2　改善螺纹牙间的载荷分配不均匀现象

采用普通螺母时,如图 12-32 轴向不均的程度也越显著。在旋合螺纹各圈间的分布是不均匀的,旋合圈数越多,载荷分布不均的程度也越显著。所以,采用圈数多的厚螺母,并不能提高联接强度、若采用悬置(受拉)螺母和环槽螺母(见图 12-33),则有助于减少螺母与栓杆的螺距变化差,从而使载荷分布比较均匀。

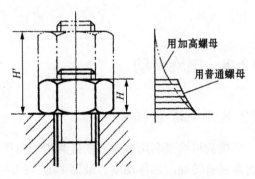

图 12-32　旋合螺纹间的载荷分布

12.7.3　减小应力集中

如图 12-34 所示,增大过渡处圆角[见图

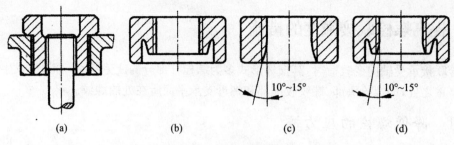

图 12-33　改进的螺母结构

12-34(a)]、切制卸载槽[见图 12-34(b)、(c)]都是使螺栓截面变化均匀减小应力集中的有效方法。

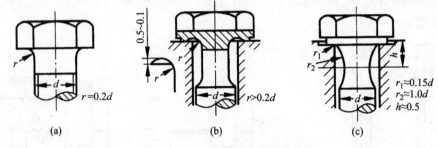

图 12-34　减小应力集中的措施

12.7.4　避免附加弯曲应力

由于设计、制造或安装上的疏忽,有可能使螺栓受到附加弯曲应力(见图 12-35),这对螺栓疲劳强度影响很大,应设法避免。

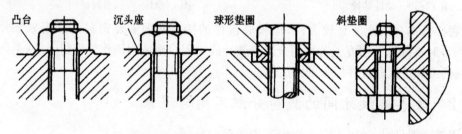

图 12-35　支撑面结构

12.8　螺旋传动

12.8.1　螺旋机构

螺旋机构是利用螺旋副联接两相邻构件的一种常用机构。螺旋机构中除了螺旋副之外,通常还有转动副和移动副。最简单的三构件螺旋机构如图 12-36 所示。它由螺杆、螺母和机架组成。图 12-36(a)中 B 为螺旋副,导程为 L_B,A 为转动副,C 为移动副。当螺杆转过 φ 角时,螺母沿螺杆的轴向位移 s 为

$$s = L_B \frac{\varphi}{2\pi} \tag{12-19}$$

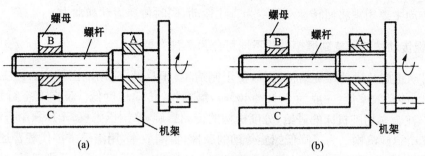

图 12-36 滑动螺旋机构

12.8.2 差动螺旋机构

如果把图 12-36(a)中的转动副 A 也换成螺旋副,其导程为 L_A,便得到如图 12-36(b)所示的螺旋机构。如果螺旋副 A 和 B 的螺纹旋向相同,则当螺杆转过 φ 角时,螺母的轴向位移 s 为两个螺旋副移动量之差,即

$$s = (L_B - L_A) \frac{\varphi}{2\pi} \tag{12-20}$$

由式(12-20)可知,当 L_A,L_B 相差很小时,螺母的位移会很小。这种含双螺旋副且两螺旋副旋向相同的螺旋机构称为差动螺旋机构,常用于微量调节、测微和分度装置中,如图 12-37(a)所示为镗床调节镗刀进刀量的差动螺旋机构。两螺旋副均为右旋,导程 $L_A = 1.25\,\text{mm}$,$L_B = 1\,\text{mm}$,当螺杆转动一周时,镗刀相对镗杆的位移仅为 $0.25\,\text{mm}$,故可实现进刀量的微量调节,以保证加工精度。

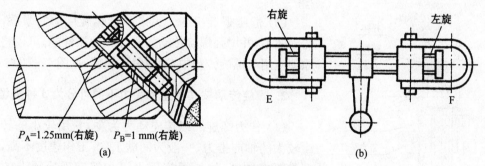

图 12-37 螺旋机构的应用

12.8.3 复式螺旋机构

在图 12-37(b)所示的螺旋机构中,若 A,B 两螺旋副旋向相反(一为左旋,一为右旋),当螺杆转过 φ 角时,螺母相对机架的位移为

$$s = (L_B + L_A) \frac{\varphi}{2\pi} \tag{12-21}$$

由式(12-21)可知,螺母可产生很快的移动。这种含双螺旋副且两螺旋副旋向相反的螺旋机构称为复式螺旋机构。图 12-37(b)所示为用于车辆连接的复式螺旋机构,它可以使车钩 E 和 F 较快地靠近或离开。

12.8.4　滚动螺旋和静压螺旋机构

螺旋传动主要用来将回转运动转变为直线运动,同时传递运动和动力。

1. 螺旋传动按其螺旋副摩擦性质不同可分为3种类型

(1) 滑动螺旋。滑动螺旋结构简单,便于制造,易于自锁,应用范围较广。但主要缺点是摩擦阻力大,传动效率低(一般为 30%～40%),磨损快,传动精度低。反向有空行程,低速有爬行现象。在金属切削机床的进给,分度机构的传动螺旋,摩擦压力机,千斤顶中有应用。

(2) 滚动螺旋机构。为了降低螺旋传动的摩擦,提高效率,用滚动摩擦代替普通螺旋机构中的滑动摩擦,制成了滚动螺旋。其工作原理如图 12-38 所示。当螺杆或螺母转动时,滚珠依次沿螺纹滚道滚动,借助于返回装置使滚珠不断循环。滚珠返回装置的结构可分为外循环和内循环两种。图 12-38(a)为外循环,滚珠在螺母的外表面经返回通道循环。图 12-38(b)为内循环,每一圈螺纹有一反向器,滚珠只在本圈内循环。

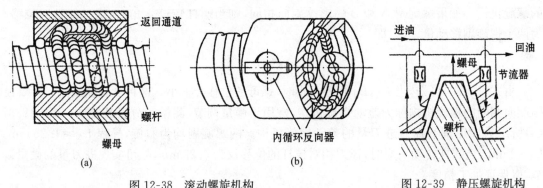

图 12-38　滚动螺旋机构　　　　　　　　图 12-39　静压螺旋机构

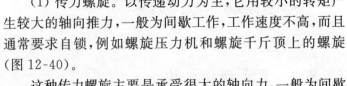

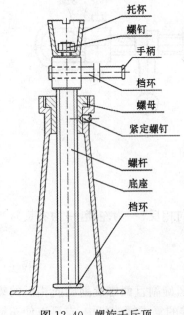

图 12-40　螺旋千斤顶

(3) 静压螺旋机构。为了降低螺旋传动的摩擦,提高传动效率,并增强螺旋传动的刚性和抗振性能,可以将静压原理应用于螺旋传动中,制成静压螺旋(见图 12-39)。

2. 螺旋传动按其用途和受力不同可分为3种类型

(1) 传力螺旋。以传递动力为主,它用较小的转矩产生较大的轴向推力,一般为间歇工作,工作速度不高,而且通常要求自锁,例如螺旋压力机和螺旋千斤顶上的螺旋(图 12-40)。

这种传力螺旋主要是承受很大的轴向力,一般为间歇性工作,每次的工作时间较短,工作速度也不高,通常具有自锁能力。传力螺旋传动承受的载荷较大,因此要有足够的强度。

(2) 传导螺旋。以传递运动为主,常要求具有高的运动精度,一般在较长时间内连续工作,工作速度也较高,如机床的进给螺旋(丝杠)。

（3）调整螺旋。用于调整并固定零件或部件之间的相对位置，一般不经常转动，要求自锁，有时也要求很高精度，如机器和精密仪表微调机构的螺旋。按调整螺旋用来调整、固定零件间的相对位置，如机床、仪器中微调机构的螺旋。它不经常转动，一般在空载下调整。

12.8.5　滑动螺旋传动材料和设计计算

（1）滑动螺旋传动材料。螺杆材料要有足够的强度和耐磨性，以及良好的加工性；不经热处理的螺杆一般可用 Q255、Y40Mn、45、50 钢；重要的经热处理的螺杆可用 65Mn、40Cr 或 20CrMnTi 钢；精密传动螺杆可用 9MnV、CrWMn、38CrMoAl 钢等。

螺母材料除要有足够的强度外，还要求在与螺杆材料配合时摩擦系数小和耐磨；常用的材料是铸锡青铜 ZCuSn10P1、ZCuSn5Pb5Zn5；重载低速时用高强度铸造铝青铜 ZCuAl10Fe3 或铸造黄铜 ZCuZn25Al6Fe3Mn3；重载时可用 35 钢或球墨铸铁；低速轻载时也可用耐磨铸铁。尺寸大的螺母可用钢或铸铁作外套，内部浇注青铜。高速螺母可浇注锡锑或铅锑轴承合金（即巴氏合金）。

（2）滑动螺旋传动设计计算。滑动螺旋在工作时主要承受转矩和轴向力作用，并在螺纹副间存在相对滑动。由于主要失效形式是螺纹磨损，因此滑动螺旋的设计准则是先由耐磨性条件确定螺杆的基本尺寸（如螺杆直径、螺母高度等），并参照标准确定螺杆各主要参数，然后对可能发生的其他失效进行校核。例如，对于受力较大的传力螺旋，要校核螺杆危险剖面及螺母牙的强度；对于长径比很大的受压螺杆，要校核其稳定性；对于有自锁要求的传力、调整螺旋，要校核其自锁性；对于精密的传导螺旋，要校核螺杆的刚度；对于高速旋转的长螺杆，还要校核其临界转速等。具体设计时，要根据传动的类型、工作条件及主要失效形式来确定其设计准则。

本章小结

联接可分为可拆联接和不可拆联接，本章主要讲螺纹联接及螺旋传动。螺纹类型有普通螺纹、管螺纹、矩形螺纹、梯形螺纹、锯齿形螺纹和圆弧螺纹。普通螺纹、管螺纹和圆弧螺纹主要用作螺纹联接，矩形螺纹、梯形螺纹、锯齿形螺纹主要用于螺纹传动。螺纹联接的 4 种基本形式有螺栓联接、双头螺柱联接、螺钉联接、紧定螺钉联接。控制拧紧力矩方法有拧紧力矩（扳手力矩）、拧紧力矩的控制。防松的根本问题在于防止螺纹副相对转动，按工作原理来看，可分为利用摩擦防松、机械防松和破坏螺纹副。螺纹联接的强度计算包括松螺栓、紧联接的普通螺栓（只受预紧力作用）、受预紧力和工作拉力同时作用、受剪螺栓（铰制孔用螺栓）。提高螺栓联接强度的措施有降低螺栓的应力幅、改善螺纹牙间的载荷分配不均匀现象、减小应力集中、避免附加弯曲应力。

螺旋传动按其用途分为传力螺旋、传导螺旋、调整螺旋；按摩擦方式可分为滑动螺旋、滚动螺旋、静压螺旋。

思考题与习题

12-1　如何判断螺纹的旋向？螺纹的导程和螺距是什么关系？

12-2 为什么绝大多数螺纹联接都要预紧?主要有哪些防松措施?

12-3 为避免螺纹联接承受过大的轴向载荷或横向载荷,可分别采用哪些措施?

12-4 螺纹联接预紧力的大小如何确定?怎样控制?为什么对重要的螺栓联接不宜采用小于 M12～M16 的螺栓?

12-5 进行螺栓组联接的结构设计时应考虑哪些方面的问题?

12-6 螺纹联接的主要类型有哪几种?各使用在什么场合?

12-7 承受横向工作载荷时,采用普通螺栓联接和铰制孔用螺栓联接各有何特点?其强度计算方法有何不同?

12-8 通常采用凸台或沉头座来支承螺母,理由何在?

12-9 在受锁紧力和工作拉力作用的螺栓联接中,螺栓所受的总拉力 F_Σ 与工作拉力 F 及剩余预紧力 F_0' 有何关系?

12-10 在变载荷作用下,一般采取哪些措施可使螺栓的疲劳强度提高?

12-11 如题 12-11 图所示,用 8 个 5.6 级普通螺栓与两块钢盖板相联接,拉力 $F=30$ kN,摩擦系数 $f=0.2$,控制预紧力,试确定所需螺栓的直径。

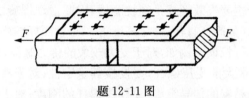

题 12-11 图

12-12 如题 12-12 图所示,已知:联轴器接合面外径 $D=300$ mm,内径 $D_1=150$ mm,接合面对数 $m=1$,其摩擦系数 $f=0.14$,螺栓数目 $Z=6$,所应传递的计算扭矩 $T=1\,600$ N·m。试确定铸铁凸缘联轴器的紧联接螺栓的公称直径 d。

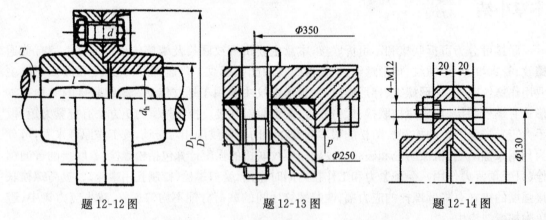

题 12-12 图   题 12-13 图   题 12-14 图

12-13 如题 12-13 图所示为一气缸盖螺栓组联接。已知气缸内的工作压力 p 在 0～1.5 MPa 间变化,缸盖与缸体均为钢制。为保证气密性要求,试选择螺栓材料,并确定螺栓数目和尺寸。

12-14 如题 12-14 图所示凸缘联轴器,两半联轴器采用 8 个铰制孔用螺栓联接,螺栓的性能等级为 6.8 级,联轴器材料为 HT200,允许传递的最大转矩 $T=650$ N·m,试确定螺栓的直径。

12-15　差动螺旋装置如题 12-15 图所示。螺杆 1 与机架 2 的螺母组成螺旋副 A，与滑板 3 的螺母组成螺旋副 B，滑板 3 与机架 2 的导轨组成移动副。螺旋副 A 的直径 $d_A=16\,\text{mm}$，螺距 $p_A=1.5\,\text{mm}$，螺旋副 B 的直径 $d_B=12\,\text{mm}$，螺距 $p_B=1\,\text{mm}$，且均为单线螺纹。

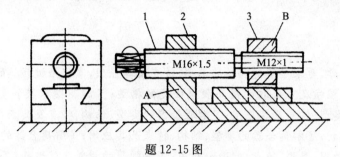

题 12-15 图

　　(1) 若螺旋副 A，螺旋副 B 均为右旋，当螺杆按图示转向转动一周时，滑板相对机架移动了多少距离？方向如何？

　　(2) 若螺旋副 A 为左旋，螺旋副 B 为右旋，当螺杆按图示转向转动一周时，滑板相对机架移动了多少距离？方向如何？

第 13 章　其他常用联接

教学要求

　　通过本章的教学,要求了解键联接的类型、特点及其应用,掌握平键联接的主要失效形式、选择与相应的强度校核及可采取的提高联接强度的措施;了解花键联接的类型、特点及其应用;了解销联接的类型、特点及其应用;了解联轴器的类型、结构、特点及其应用;了解联轴器的选择计算与使用维护;了解离合器的类型、结构、特点及其应用;了解离合器的选择计算与使用维护;了解弹簧的功用、类型、特点、制造与应用;了解弹簧的材料及其选择;了解圆柱螺旋压缩(拉伸)弹簧的结构、几何尺寸与稳定性计算及特性线的绘制。

13.1　轴-毂联接

　　轴与轴上零件的轮毂之间的联接,称为轴-毂联接,其作用主要是实现轴和轴上零件之间的周向固定,以传递转矩和运动。

　　轴-毂联接的形式很多,有键联接、花键联接、销联接、成形联接、过盈联接等,本节主要讨论键联接、花键联接、销联接。

13.1.1　键联接

　　键联接要主要用于轴上零件轮毂与轴之间的周向固定并传递转矩;有的在轴上沿轴向移动时起导向作用。

　　键是标准件,可分为平键、半圆键、楔键和切向键等几类。平键和半圆键构成松键联接,楔键和切向键构成紧键联接。

1. 平键联接的特点和类型

　　平键是矩形截面的联接件。如图 13-1 所示,键的两个侧面为工作面,工作时靠键和键槽侧壁的挤压来传递扭矩。平键的上表面与轮毂槽底之间留有间隙,相互之间没有挤压,故对中

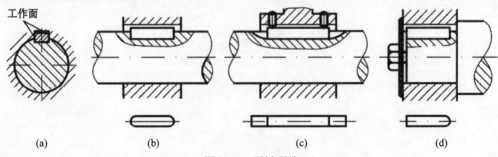

图 13-1　平键联接

(a)平键联接　(b)圆头平键　(c)方头平键　(d)单圆头平键

性好。

平键不能承受轴向力，所以对轴上零件不能起到轴向固定作用。由于轴上开有键槽，对轴的强度有一定影响。但平键联接结构简单、装拆方便，对中性好，所以得到广泛应用。按用途不同，平键可分为普通平键、导向平键和滑键 3 种。

（1）普通平键。普通平键用于轴和毂之间没有轴向移动的静联接。如图 13-1 所示，按键的形状又分为 A 型、B 型、C 型 3 种。A 型平键又称圆头平键，其轴上键槽是用端铣刀加工的，键在键槽中轴向固定良好，但键槽端部的应力集中较大。B 型平键又称方头平键，其轴上键槽是用圆盘铣刀加工的。键槽端部的应力集中较小，但键在键槽中轴向固定不好，当键的尺寸较大时，需用紧定螺钉将键固定在键槽中。C 型键又称单圆头平键，适合在轴端使用。轮毂上的键槽一般用插刀、刨刀或拉刀加工。

（2）导向平键和滑键。导向平键和滑键用于轮毂需在轴上作轴向移动的动联接。如图 13-2 所示，导向平键是一种较长的键，键与轮毂上的键槽采用间隙配合。为防止导向平键因轮毂在轴上作轴向移动时脱落，用两个小螺钉将键固联在轴上的键槽中。为便于拆卸，在键的中部有螺孔，用于起键。适用于轴上零件轴向移动量不大的场合，如变速箱中的前移齿轮。

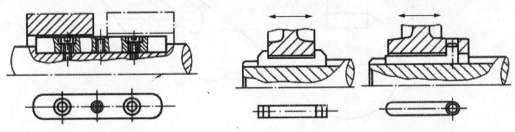

图 13-2　导向平键联接　　　　　　　图 13-3　滑键联接

滑键如图 13-3 所示，键固定在轮毂上，键与轮毂一同沿着轴上的键槽移动，适用于轴上零件滑移距离较大的场合。

（3）平键的选择和强度校核。平键的尺寸已经标准化，选择的办法是先根据工作要求选择其类型，再按照轴径 d 的大小从国家标准（见表 13-1）中选出平键的宽度 b 和高度 h，然后按轮毂宽度确定键的长度 L，L 应小于轮毂的宽度且符合键的长度系列。

键的材料常用抗拉强度不小于 590 MPa 的钢，如 45 钢，当轮毂材料为非金属或有色金属时，也可用 20 钢或 Q235 钢制造。

表 13-1　普通平键的主要尺寸（mm）

轴的直径 d	$6<d\leqslant8$	$8<d\leqslant10$	$10<d\leqslant12$	$12<d\leqslant17$	$17<d\leqslant22$	$22<d\leqslant30$
键宽 b×键高 h	2×2	3×3	4×4	5×5	6×6	8×7
轴的直径 d	$30<d\leqslant38$	$38<d\leqslant44$	$44<d\leqslant50$	$50<d\leqslant58$	$58<d\leqslant65$	$65<d\leqslant75$
键宽 b×键高 h	10×8	12×8	14×9	16×10	18×11	20×12
轴的直径 d	$75<d\leqslant85$	$85<d\leqslant95$	$95<d\leqslant110$	$110<d\leqslant130$		
键宽 b×键高 h	22×14	25×14	28×16	32×18		
键的长度系列 L	6,8,10,12,14,16,18,20,22,25,28,32,36,40,45,50,56,63,70,80,90,100,110,125,140,180,200,220,250,280,320,360,…					

注：本表摘自 GB/T 1095—2003 和 GB/T 1096—2003。

普通平键联接的主要失效形式是键、轴和轮毂中强度较弱的工作表面被压溃,对于导向平键和滑键联接,其主要失效形式是工作面的过度磨损。因此,通常按工作面上的压力进行条件性的强度校核计算。如图 13-4 所示,若键传递的转矩为 T,载荷在键的工作面上均匀分布,则普通平键联接的强度条件为

$$\sigma_{p} = 2T/dkl \leqslant [\sigma_{p}] \tag{13-1}$$

导向平键和滑键的强度条件为

$$p = 2T/dkl \leqslant [p] \tag{13-2}$$

式中:T 为轴传递的转矩,N·mm;k 为键与轮毂的接触高度,近似可取 $k=h/2$,mm;l 为键的工作长度,对 A 型键 $l=L-b$,对 B 型键 $l=L$,对 C 型键 $l=L-b/2$,mm;d 为轴的直径,mm;$[\sigma_{p}]$ 为键、轴、轮毂三者中最弱材料的许用挤压应力,MPa,其值见表 13-2;$[p]$ 为键、轴、轮毂三者中最弱材料的许用压力,MPa,其值见表 13-2。

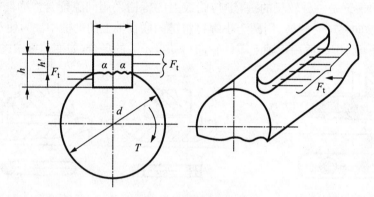

图 13-4　平键的受力分析

表 13-2　键联接的许用挤压应力 $[\sigma_p]$ 和许用压强 $[p]$

许用应力	联接工作方式	键或毂、轴的材料	载荷性质		
			静载荷	轻微冲击	冲击
$[\sigma_p]$	静联接	钢	120~150	100~120	60~90
		铸铁	70~80	50~60	30~45
$[p]$	动联接	钢	50	40	30

注:如与键有相对滑动的被联接件表面经过淬火,则动联接的许用压强 $[p]$ 可提高 2~3 倍。

如校核结果强度不够时,则可采取以下措施:

① 如果轮毂允许适当加长,可增加键的长度,以提高键联接的强度。但由于传递转矩时键上载荷沿其长度分布不均,故键的长度不宜过大。当键的长度 $>2.25d$ 时,其多余的长度实际上可认为并不承受载荷,故一般键长不宜超过 $(1.6~1.8)d$。

② 采用双键。两个键沿周向相隔 180° 布置。考虑到两个键上载荷分配的不均匀性,在强度校核中只按 1.5 个键计算。

2. 其他形式的键联接

除了平键之外,键联接还有半圆键联接、楔键联接和切向键联接。

（1）半圆键联接。图 13-5 所示为半圆键联接。轴上键槽用半径和宽度均与半圆键相同的键槽铣刀铣出，因而键在键槽中能绕其几何中心摆动以适应轮毂中键槽的斜度。半圆键工作时，和平键一样，靠其侧面来传递转矩。这种键联接的优点是工艺性好、装配方便，尤其适用于锥形轴端与轮毂的联接。其缺点是轴上键槽较深，对轴的削弱较大，故一般只用于轻载联接中。

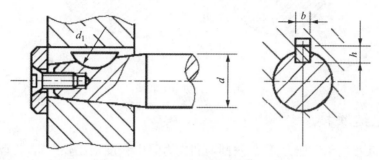

图 13-5　半圆键联接

（2）楔键联接。楔键联接如图 13-6 所示。楔键的上下两面是工作面，键的上表面和与它相配合的轮毂槽底面均具有 1:100 的斜度。装配后，键即楔紧在轴和轮毂的键槽里。工作时，靠键的楔紧力所产生的摩擦力来传递转矩，同时还可以承受单向的轴向载荷。楔键联接的主要缺点是键楔紧后，轴和轮毂的配合产生偏心和偏斜，因此主要用于定心精度不高和转速低的轮毂类零件。

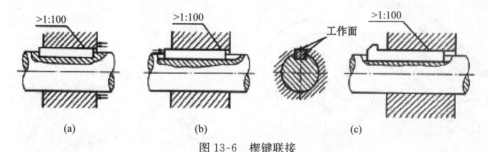

图 13-6　楔键联接
（a）用圆头楔键　（b）用平头楔键　（c）用钩头楔键

楔键分普通楔键和钩头楔键两种，普通楔键有圆头、平头和单圆头 3 种。装配时，圆头楔键要先放入轴上键槽中，然后打紧轮毂；平头、单圆头和钩头楔键则在轮毂装好后才将键放入键槽并打紧。钩头楔键的钩头供拆卸用，如装在轴端时，应注意加装防护罩。

楔键因能承受单向轴向力，故设计时应特别注意拆卸问题，必须留有足够的拆卸空间和拆卸手段。

（3）切向键联接。切向键联接是由一对斜度为 1:100 的楔键组成，如图 13-7 所示。切向键的工作面是一对楔键沿斜面拼合后相互平行的两个窄面，其中一个窄面通过轴心线的平面。被联接的轴和轮毂上都制有相应的键槽。装配时，把一对楔键分别从轮毂的两端打入，拼合后的切向键沿轴的切线方向楔紧在轴和轮毂之间。工作时，靠工作面上的挤压力和轴与轮毂之间的摩擦力来传递转矩。用一个切向键时，只能传递单向的转矩，当要传递双向转矩时，必须用两个切向键，两者的夹角为 120°～135°。这种键联接对中性差，对轴的强度削弱较大，因此常用于对中性要求不高且直径大于 100 mm 的轴上。

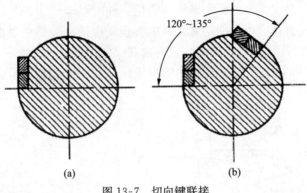

图 13-7　切向键联接

13.1.2　花键联接

由于平键联接的承载能力低,轴被削弱和应力集中程度都比较严重,为改善这些缺点,将多个平键与轴形成一体,便形成花键轴或称外花键,同它配合的便是花键孔或称内花键,如图 13-8 所示。

花键轴和花键孔组成的联接,称为花键联接。与平键联接相比,花键联接承载能力强,轴被削弱和应力集中程度有所改善,并且有良好的定心精度和导向性能,适用于定心精度高,载荷大的静联接和动联接。但花键的制造要采用专用设备,成本较高。

花键联接按其齿形,分为矩形花键、渐开线花键两种,均已标准化。

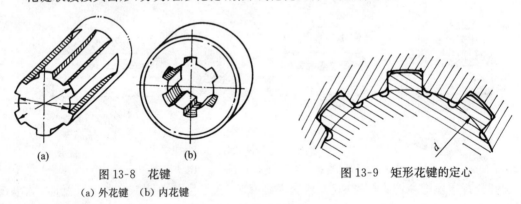

图 13-8　花键　　　　　　　　图 13-9　矩形花键的定心
(a) 外花键　(b) 内花键

1. 矩形花键

矩形花键如图 13-9 所示,齿的两个侧面互相平行,齿形简单、精度较高,导向性能好,应用最广泛。矩形花键的主要参数为小径 d(公称尺寸)、大径 D、齿宽 B 和齿数 z。按齿高的不同,国家标准中规定了轻系列和中系列两个系列。轻系列的承载能力较小,多用于静联接或轻载联接,中系列用于中等载荷的联接。

矩形花键的定心方式为小径定心(见图 13-9),即外花键和内花键的小径为配合面。其特点是定心精度高,定心的稳定性好,能用磨削的方法消除热处理后的变形。

2. 渐开线花键

渐开线花键的齿廓为渐开线如图 13-10 所示。分度圆压力角有 30°和 45°两种。与渐开线齿轮相比,渐开线花键的齿较短,齿根较宽,不发生根切的齿数较少。

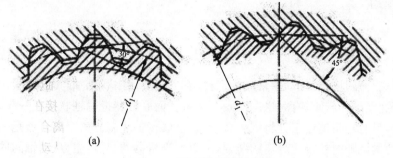

图 13-10　渐开线花键的齿廓

(a) $\alpha=30°$　(b) $\alpha=45°$

渐开线花键的定心方式为齿形定心,当齿受载时,齿上的径向力能起到自动定心作用,有利于各齿均匀承载。

渐开线花键可以用制造齿轮的方法来加工,工艺性较好,制造精度也高,花键齿的根部强度高,应力集中小,易于定心。当传递的转矩较大且轴径也大时,宜采用渐开线花键。

压力角为 45° 的渐开线花键,由于齿形钝而短,与压力角 30° 的渐开线花键相比,对联接件的削弱较少,但齿的工作面的高度较小,故承载能力低,多用于载荷较强、直径较小的静联接,特别适用于薄壁零件的轴-毂联接。

13.1.3　销联接

按销的用途,销可分为联接销、定位销、安全销 3 种。联接销用于轴-毂联接,如图 13-11 所示,可传递不大的载荷,实现周向、轴向固定。定位销用于确定零件之间的相对位置,通常不承受载荷,数目一般为两枚,如图 13-12 所示。安全销用于安全装置中,作为过载剪断元件,如图 13-13 所示。

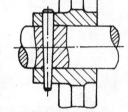

图 13-11　销联接

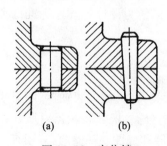

图 13-12　定位销

(a) 圆柱销　(b) 圆锥销

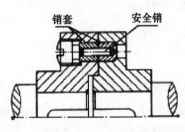

图 13-13　安全销

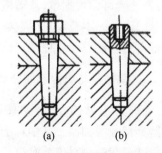

图 13-14　端部带螺纹的圆锥销

(a) 螺尾圆锥销　(b) 内螺纹圆锥销

按销的形状不同,销可分为圆柱销、圆锥销两大类。圆柱销靠过盈配合固定在孔中,不宜经常拆装。圆锥销具有 1:50 的锥度,小头直径为标准值,销在孔中可以自锁。圆锥销装拆方便,用于需多次装拆的场合,为便于拆卸,圆锥销的端部可带螺纹,如图 13-14 所示。

13.2 轴间联接

13.2.1 联轴器与离合器的分类和应用

联轴器与离合器是机械传动中常用的部件，它们主要用来联接轴与轴(或联接轴与其他回转零件)，以传递运动与转矩，有时也用作安全装置。而联轴器把两轴联接在一起，机器运转时两轴不能分离，只有在机器停车并将联接拆开后，被联接轴才能分离。离合器是一种在机器运转过程中，可使两轴随时接合或分离的装置，可以实现机器的起停，主、从动轴间的同步运动和相互超越运动，实现变速及换向，以及控制传递转矩大小，满足要求的接合时间等。

用联轴器联接的两轴，由于制造和安装误差，受载后的变形以及温度变化等因素的影响，往往不能保证严格地对中，两轴间会产生一定程度的相对位移或偏斜，称为偏移。偏移的形式有轴偏移、径向偏移、角偏移和综合偏移，如图 13-15 所示。因此，联轴器除了能传递所需的转矩外，还应在一定程度上具有补偿两轴间偏移的性能。

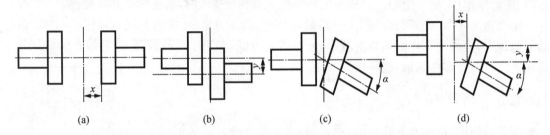

图 13-15　两轴间的相对位移

(a) 轴向位移　(b) 径向位移　(c) 角位移　(d) 综合位移

联轴器和离合器的种类繁多，不同的类型可以满足不同的工况要求，以适应机器的工作性能、工作特点及应用场合的需求。常用的联轴器和离合器都已经标准化或系列化，一般情况下，设计者可以根据主、从动机械传动特点和要求选择合适的联轴器和离合器，必要时可以进行专门设计。本节仅对少数典型的结构和相关的知识作些介绍，以便为设计者选择标准件和进行自主创新设计时提供理论基础。

1. 联轴器与离合器的分类

(1)联轴器的分类。联轴器的型式、品种较多，主要分为三大类，即机械式联轴器、液力联轴器和特种联轴器。其中对于机械式联轴器国家标准又有规定的分类，根据联轴器对所联接的两轴存在的相对位移有没有补偿的能力，又可以分为刚性联轴器和挠性联轴器两类，还有一类是起安全保护作用的安全联轴器。而挠性联轴器又可按是否有弹性元件分为有弹性元件的挠性联轴器和无弹性元件的挠性联轴器两个类别。

(2)离合器的分类。离合器在各类机器中得到广泛应用，离合器主要分为操纵离合器和自控离合器两大类。操纵离合器又分为机械离合器、电磁离合器、液压离合器和气压离合器 4 类；自控离合器又分为超越离合器、离心离合器、安全离合器和液体黏性离合器 4 类。

2. 联轴器和离合器计算转矩的确定

联轴器和离合器大多已标准化或系列化,设计时只需参考手册,根据工作要求选择合适的类型,并按轴的直径、工作转矩和转速选定具体尺寸,使它们在允许范围内即可。必要时对其易损零件作强度校核。

在计算联轴器和离合器所需传递的转矩时,通常引入一个工作情况系数 K 来考虑由于机器启动产生的动载荷和运转中可能出现的过载现象等因素的影响,因此其计算转矩 T_{ca} 按下式(13-3)计算:

$$T_{ca} = KT \tag{13-3}$$

式中:T 为公称转矩(N·m);K 为工作情况系数,见表 13-3。

表 13-3　工作情况系数 K

工 作 机		K			
		原 动 机			
转矩变化及冲击载荷	举例	电动机汽轮机	四缸和四缸以上内燃机	双缸内燃机	单缸内燃机
变化很小	小型的发动机、通风机和离心泵	1～1.3	1.5	1.8	2.2
变化小	透平压缩机、木工机床、运输机	1.5	1.7	2.0	2.4
变化中等	搅拌机、增压泵、压缩机、冲床	1.7	1.9	2.2	2.6
变化中等有中等冲击	水泥搅拌器、织布机、拖拉机	1.9	2.1	2.4	2.8
变化较大有较大冲击	造纸机、挖掘机、起重机、碎石机	2.3	2.5	2.8	3.2
变化大有强烈冲击	压延机、重型初轧机	3.1	3.3	3.6	4.0

根据计算转矩 T_{ca} 及所选的联轴器类型,按照式(13-4)的条件即可以由标准中选定该联轴器型号。式(13-4)中[T]为该型号联轴器的许用转矩。

$$T_{ca} \leqslant [T] \tag{13-4}$$

13.2.2　刚性联轴器

刚性联轴器不具有补偿被连两轴轴线相对偏移的能力,也不具有缓冲减震性能;但结构简单,价格便宜。只有在载荷平稳,转速稳定,能保证被连两轴轴线相对偏移极小的情况下,才可选用刚性联轴器。在先进工业国家中,刚性联轴器已淘汰不用。这类联轴器有套筒联轴器、夹壳联轴器和凸缘联轴器等。

1. 套筒联轴器

套筒联轴器由整体公用套筒借用锥销或键等联接件实现两轴的联接。当采用键联接时,应采用锥端紧定螺钉做轴向固定。采用圆锥销联接时,不需采用紧定螺钉,两圆锥销可成 90°。如图 13-16 所示。

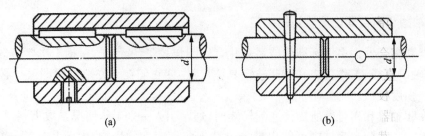

图 13-16　套筒联轴器

（a）平键套筒联轴器　（b）圆锥销套筒联轴器

　　套筒联轴器结构简单、制造方便、径向尺寸小，成本低，但要求两轴安装精度高，装拆时需将轴沿轴向移动，因此套筒与轴的配合不宜采用过盈配合。由于配合较松，连接中会有微小位移，产生微动磨损。两轴的许用相对径向位移不超过 0.05 mm，许用相对角位移在 1 m 长度上不超过 0.05 mm。

　　套筒联轴器用于等轴径，要求两轴对中性好；轻载、工作平稳、无冲击载荷；经常正反转，且最高转速不超过 250 r/min 的联接中，如普通车床、龙门刨床等。

2. 夹壳联轴器

　　如图 13-17 所示，夹壳联轴器由两个沿轴向剖分的夹壳通过螺栓拧紧后产生的夹紧力压在两轴的表面上，从而实现两轴的联接。转矩的传递是靠夹壳与轴表面间的摩擦力来进行，通常还利用平键来加以辅助，为使旋转平衡。相邻螺栓在装配时其头部应方向相反。

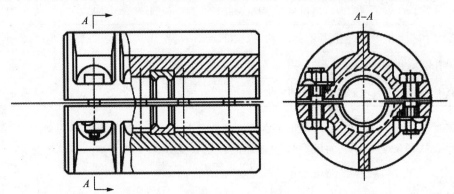

图 13-17　夹壳联轴器

　　夹壳联轴器装拆方便，不需要使轴做轴向移动，但两轴的轴线对中精度低，结构和形状较复杂，平衡精度低，制造成本高。通常用于等轴径联接，低速、轻载、平稳、无冲击、长传动轴的联接，如搅拌器、立式泵等。

3. 凸缘联轴器

　　凸缘联轴器由两个凸缘盘式半联轴器组成，利用键和螺栓实现两轴的联接，如图 13-18 所示。当采用普通螺栓联接时，转矩是依靠凸缘间摩擦力来传递的；当采用铰制孔用螺栓联接时，转矩是靠联接螺栓所承受的剪切力和挤压力来传递的。

　　在图 13-18 中，图 13-18(a)表示用铰制孔用螺栓联接的联轴器，螺栓孔与螺栓为过渡配合,能保证一定的对中精度,装拆时轴不需要做轴向运动。图 13-18(b)表示用普通螺栓联接的联轴器,螺栓孔与螺栓有间隙,为保证对中精度,在联轴器端面上加工出榫槽,装配时靠一个半联轴器上的凸肩与另一个半联轴器上的凹槽相配合而对中,但装拆时需使轴作轴向的移动。图 13-18(c)表示带防护缘的联轴器,具有安全防护作用,还可作制动盘用。

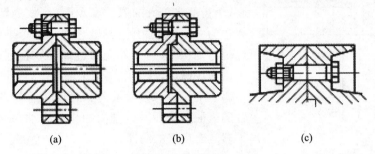

图 13-18 凸缘联轴器
(a) 无对中椎 (b) 有对中椎 (c) 带防护缘

凸缘联轴器结构简单,制造成本低,装拆方便,能保证两轴具有较高的对中精度,传递转矩大,但不能吸收振动与冲击,当两轴有相对位移时,就会在机件内引起附加载荷。通常用于等轴径联接,低速、轻载、平稳、无冲击力、长传动轴的联接,如搅拌器、立式泵中轴的联接。

13.2.3 挠性联轴器

1. 无弹性元件挠性联轴器

无弹性元件的挠性联轴器,具有依靠零件之间的相对运动来自动补偿被联接两轴线相对位置误差的能力,但因无弹性元件,故不能缓冲减振。常用的有以下几种:

(1) 十字滑块联轴器。如图 13-19 所示为十字滑块联轴器,主要由两个在端面上通过中心开有凹槽的半联轴器 1、3,和一个两侧有相互垂直的十字形凸榫的中间滑块 2 组成。装配时凸榫嵌入凹槽中,工作时凸榫在凹槽内滑动,可以补偿被联接两轴轴线的相对径向位移,同时也可补偿一定的相对角位移。工作时十字滑块的中心做圆周运动,圆周运动的直径等于轴线偏移量,会产生很大的离心力,引起较大的动载荷及磨损。因此应尽量减少中间滑块的重量,限制轴线偏移量和工作转速。一般用于转速不大于 250 r/min,两轴许用相对径向位移为 $0.04d(d$

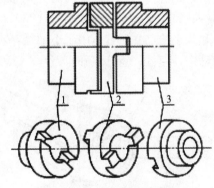

图 13-19 十字滑块联轴器

为轴径),许用相对角位移为 30°。联轴器的材料可用 45 钢,为提高耐磨性,其工作表面需经高频淬火,硬度为 HRC46~50,也可采用铸铁 HT200。这种联轴器结构简单,径向尺寸小,制造较复杂,适用两轴线相对径向位移较小、转速不高、无剧烈冲击和刚度较大的两轴联接。

与十字滑块联轴器相似的一种联轴器是滑块联轴器,其两边的半联轴器上的凹槽很宽,中间滑块改为不带凸牙的方形滑块,这种联轴器结构简单,尺寸更紧凑,适用于小功率、高转速、

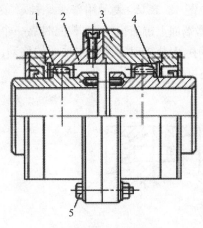

图 13-20　齿式联轴器

1、4—半联轴器　2、3—外壳　5—螺栓

无剧烈冲击的两轴联接。

（2）齿式联轴器。如图 13-20 所示，这种联轴器由两个具有外齿的半联轴器 1、4 和两个具有内齿的外壳 2、3 组成。外壳与半联轴器通过内、外齿的相互啮合而相联，轮齿留有较大的侧隙和顶隙，廓线为渐开线，压力角通常为 20°，齿数相同，模数相等。两个半联轴器分别通过键与轴相联，两个外壳通过螺栓联接起来。外齿轮的齿顶做成球面，球面中心位于轴线上，转矩靠啮合的齿轮传递。工作时有较大轴向和径向位移以及角位移，相啮合的齿面间不断地做轴向的相对滑动，必须保证这种联轴器具有良好的润滑。

由于鼓形齿较之直齿，能够改善轮齿沿齿宽方向的接触状态，现已将外齿的轮齿由直齿改成鼓形齿，鼓形齿联轴器比直齿器联轴器具有更大的补偿能力和承载能力，提高了使用寿命，但加工复杂，制造成本高。适用于传递大转矩，有较大相对位移，安装精度要求不高的两轴联接，在重型机器和起重设备中应用较广。

（3）十字轴万向联轴器。万向联轴器属于空间连杆机构，联接空间同一平面上相交的两轴，传递运动和转矩，不但允许有相当大的轴间夹角，还允许轴间夹角在限定的范围内随工作需要而变动。万向联轴器种类很多，一般可分为非等速型、准等速型和等速型 3 种。

图 13-21(a)中为单十字轴万向联轴器，属于非等速型万向联轴器，由两个分别固定在主、从动轴上的叉形接头 1、2 和一个十字形零件(称十字轴)3 组成，叉形接头和十字轴是铰接的，形成转动副。当主动轴等速转动时，从动轴不等速转动，相对十字轴中心摆动，引起附加冲击载荷，影响传动效率，两轴间的夹角最大可达 45°。这种联轴器一般需自行设计，通常轴径为 10～40 mm，许用转矩为 12.5～1280 N·mm，各元件的材料多选用合金钢，以获得较高的耐磨性和较小的尺寸。它适用于小轴径，传递转矩不大，两轴线相交的传动，如汽车、钻床等的辅助传动中，不宜用于转速高的场合。

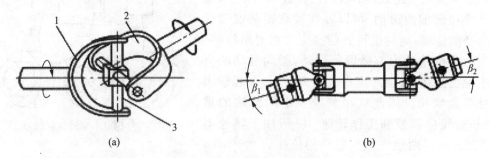

(a)　　　　　　　　　　　(b)

图 13-21　十字轴万向联轴器

图 13-21(b)中为双十字轴万向联轴器，属于准等速型万向联轴器，它实际是由两个十字轴单万向联轴器按等角速度条件串联组合而成。安装时应注意保证两轴与中间轴之间的夹角相等，即 $\beta_1 = \beta_2$，并且中间轴两端的叉形接头应在同一平面内，这样可以使输出轴获得与输入轴相等的角转速。这种联轴器的主、从动轴之间允许较大的夹角，一般达 50°。由于两轴的角

速度相等,传递载荷平稳,但结构复杂,适用于要求两轴有较大角位移,对轴向尺寸又有一定限制的场合,目前主要用于中小型车辆中。

2. 金属弹性元件挠性联轴器

有弹性元件的挠性联轴器,具有依靠弹性元件的变形来自动补偿被连接两轴线相对位置误差的能力;还具有不同程度的减振、缓冲作用,改善传动系统的工作性能。金属弹性元件挠性联轴器是指制造弹性元件的材料为金属,因此联轴器具有强度高、尺寸小、寿命长的特点。

如图 13-22 所示为膜片联轴器,其弹性元件为一定数量的很薄的多边环形(或圆环形)金属膜片叠合而成的膜片组,两组膜片通过短螺栓与各自的半联轴器 1、4 相连,两组膜片之间加中间短节 3,用长螺栓相连,长短螺栓交错布置,以传递转矩。靠膜片的弹性变形来补偿相连两轴的相对位置误差,每组膜片通常 12 片,每片厚约 0.4 mm。

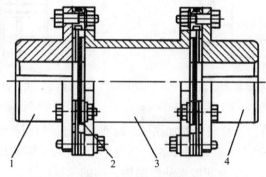

图 13-22　膜片联轴器

这种联轴器结构比较简单,对中性好,不需润滑,维护方便,但受金属膜片强度限制传递功率不大,缓冲吸振能力较差。在一定范围内,一般可取代齿式联轴器,多用于载荷平稳的泵和压缩机及发电机等轴间的联接。

金属弹性元件挠性联轴器,除膜片联轴器外,还蛇形弹簧联轴器、径向弹簧片联轴器等,如图 13-23 和图 13-24 所示。

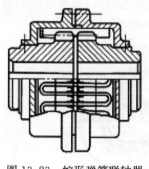

图 13-23　蛇形弹簧联轴器

图 13-24　径向弹簧片联轴器

3. 非金属弹性元件挠性联轴器

非金属弹性元件挠性联轴器是指制造弹性元件的材料为非金属,常用的非金属材料为橡胶、塑料等。

（1）弹性套柱销联轴器。如图 13-25 所示为弹性套柱销联轴器，它是通过装在两个半联轴器 1、2 凸缘孔中的柱销 4 和套在它上面的梯形截面环状整体弹性套 3 来实现两轴的联接并传递转矩。弹性套材料常用耐油橡胶，与半联轴器的圆柱孔有间隙配合，且易发生弹性变形，能补偿两轴的相对位移，缓冲吸振。

这种联轴器结构简单，制造容易，更换方便，不需润滑。但由于弹性套厚度较小，变形量有限，弹性较差，且弹性套容易磨损，寿命短。适用于对中精度要求较高，正反转变化较多、中小功率、运转平稳的两轴联接，如水泵、鼓风机等。

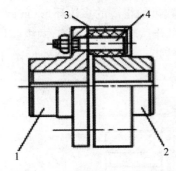

图 13-25　弹性套柱销联轴器

1—半联轴器　2—半联轴器　3—弹性套　4—柱销

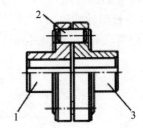

图 13-26　弹性柱销联轴器

1—半联轴器　2—柱销　3—半联轴器

（2）弹性柱销联轴器。这种联轴器如图 13-26 所示，它是利用若干个非金属材料制成（通常为尼龙）的柱销 2 置于两个半联轴器 1、3 的凸缘中，实现两个半联轴器的联接，主要靠尼龙的弹性以及柱销与柱销孔的配合间隙来补偿两轴之间的相对位移。

弹性柱销联轴器耐磨性好，结构简单，装拆、更换方便。用于联接两轴有一定相对位移和一般减振要求、中等载荷、起动频繁的场合。如离心泵、鼓风机等。

（3）梅花形弹性联轴器。如图 13-27 所示为梅花形弹性联轴器，它是利用梅花形弹性元件 2 放置于两个联轴器 1、3 凸爪之间，实现两个半联轴器的联接。梅花形弹性元件的形式有圆形（如图 13-27 所示）、矩形和长弧形凸部，而圆形凸部可改善载荷分布的不均匀性，能传递较大的转矩。弹性元件常用的材料为橡胶、聚氨酯工程塑料等。

这种联轴器零件数量少，外形尺寸小，装拆方便，承载能力较高，具有良好的减振、缓冲性能，适用于对两轴补偿性能，缓冲减振要求不高的中小功率传动。

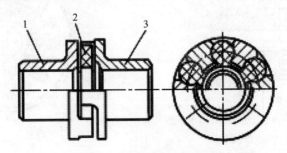

图 13-27　梅花形弹性联轴器

（4）轮胎式联轴器。如图 13-28 所示为轮胎式联轴器。它由一个无骨架的轮胎环、两个半联轴器、压板、螺钉及垫圈组成，靠摩擦力来传递转矩。这种联轴器弹性好，能有效降低动载荷和补偿较大的轴向位移,工作时无噪声,当转矩较大时,会产生附加轴向载荷,因此不适用于载荷较大,转速较高的场合,且轮胎环的装配比较困难。

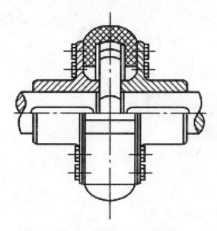

图 13-28　轮胎式联轴器

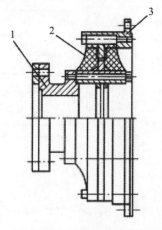

图 13-29　橡胶金属环联轴器
1—半联轴器　2—橡胶组合件　3—半联轴器

（5）橡胶金属环联轴器。如图 13-29 所示为橡胶金属环联轴器。它是利用橡胶硫化黏结在内、外金属环上形成的橡胶组合件 2,用螺栓与两个半联轴器 1、3 联接,工作时靠橡胶元件的扭转变形来补偿两轴的相对位移。

这种联轴器弹性好,防振性能好;阻尼性能好,能缓冲吸振。但它外形尺寸大,结构复杂。

（6）安全联轴器。安全联轴器工作时,当传递的工作转矩超过联轴器所允许的极限转矩时,联接件会发生折断、脱开或打滑,以使重要零件不致破坏。

安全联轴器的种类也很多,图 13-30 所示为一种销式安全联轴器。剪切销钉安装在组合式淬火套筒内,套筒被压入联轴器中,销钉有时在预定剪切处做成 V 形槽,材料一般为 45 钢。可以做成单剪式或双剪式。这种安全联轴器结构简单,但限定的安全转矩准确性不高,销钉安全联轴器没有自动恢复工作的能力,更换销钉时,必须停机,使用不便。

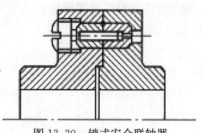

图 13-30　销式安全联轴器

13.2.4　常用离合器的类型及应用

离合器是用于原动机与工作机之间或机器内部主动轴与从动轴之间,实现运动和动力传递与分离功能的重要组件,在各类机器中得到广泛应用。一个好的离合器在工作时应接合平稳、分离迅速;操作省力,修理方便;具有好的耐磨性和散热能力。离合器的种类繁多,大多数都已实现标准化或系列化,下面仅就常用的离合器加以介绍。

1. 牙嵌离合器

如图 13-31 所示为带辊子接合机构的牙嵌离合器,当左端接合子向右滑移,通过辊子推动从动牙嵌盘向右移动,弹簧被压缩,此时主从动牙嵌盘啮合,离合器实现接合。当接合子向左滑移时,在弹簧恢复力的作用下,主从动牙嵌盘脱离,实现离合器的分离。这种离合器在接合时牙面上存在轴向分力,因此要求其接合机构在离合器接合后具有自锁功能。

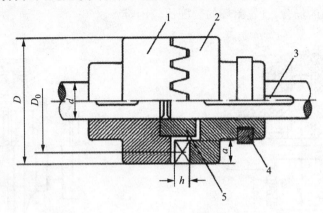

图 13-31 牙嵌离合器

1、2—半离合器 3—导向平键 4—滑环 5—对中环

牙嵌离合器常用的牙形有三角形、矩形、梯形和锯齿形等。三角形牙用于传递小转矩的低速离合器;矩形牙无轴向分力,但不便于接合与分离,磨损后不能补偿,使用较少;梯形牙强度高,能自动补偿牙的磨损与间隙,传递较大的转矩,应用较广;锯齿形牙的强度高,但只能传递单向转矩,用于特定的工作场合。

2. 圆盘摩擦离合器

圆盘摩擦离合器是依靠主从动盘的接触面间产生的摩擦力矩来传递转矩的,有单盘式和多盘式两种。如图 13-32 所示为一种单盘式圆盘摩擦离合器,工作时通过压紧力将安装在主动轴上的摩擦盘压紧在安装在从动轴上的摩擦盘上,依靠两盘接触面间产生的摩擦力来传递转矩。

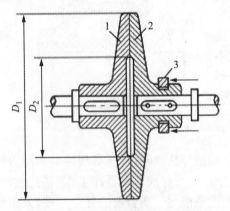

图 13-32 单盘式摩擦离合器

1—主动摩擦盘 2—从动摩擦盘 3—操纵环

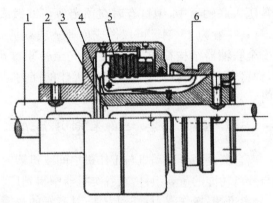

图 13-33 多盘式摩擦离合器

如图 13-33 所示为一种多盘式摩擦离合器。它拥有两组摩擦盘:一组外摩擦盘,安装在主动轴上,可做轴向移动;另一组为内摩擦盘,安装在从动轴上,也可做轴向移动。工作时在推力作用下,接合子向左移动通过曲臂压杆压紧摩擦片,实现离合器接合。当操纵接合子向右移动时,压紧力消失,离合器分离。显然,多盘摩擦离合器比单盘摩擦离合器能传递更大的转矩。

牙嵌式离合器和摩擦式离合器的操纵方法有机械的、电磁的、液压的和气动的等数种。

机械式多用杠杆机构操纵离合器,如图 13-33 所示。电磁式通过激磁线圈的电流所产生的磁力来操纵离合器,图 13-34 所示就是一种牙嵌式电磁离合器,图 13-35 所示为一种多盘摩擦电磁离合器,它们都是通过电磁线圈导电后产生的电磁力来实现离合器的接合和分离。

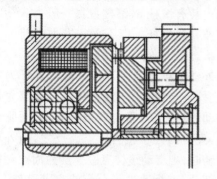

图 13-34　牙嵌式电磁离合器

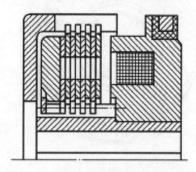

图 13-35　带滑环多盘摩擦电磁离合器

而液压式和气动式的分别通过油缸和气缸所提供的压力来操纵离合器。

3. 安全离合器

安全离合器工作时,当传递的工作转矩超过离合器所限定的转矩,会产生短暂的永久性脱开,起到过载保护的作用。

图 13-36 所示为一种摩擦式安全离合器,内外摩擦盘 3、4 通过弹簧力被压紧,将动力传递给外套筒,并通过半联轴器输出,螺钉 1 用来调整弹簧 2 以改变弹簧压紧力,起到过载保护的作用。

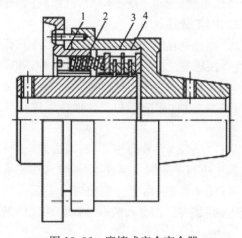

图 13-36　摩擦式安全离合器

1—螺钉　2—弹簧　3—内摩擦盘　4—外摩擦盘

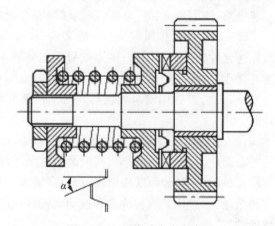

图 13-37　牙嵌式安全离合器

图 13-37 所示为一种牙嵌式安全离合器,端面有牙的两个半离合器安装在同一轴上,通过调节螺母来改变弹簧的压紧力,起到过载保护的作用。

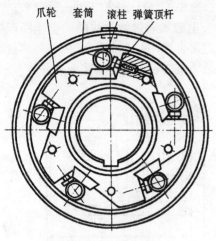

爪轮　套筒　滚柱　弹簧顶杆

图 13-38　超越离合器

4. 超越离合器

图 13-38 所示为滚柱式定向离合器,图中星轮 1 和外环 2 分别装在主动件和从动件上,星轮和外环间的楔形空腔内装有滚柱 3,滚柱数目一般为 3～8 个,每个滚柱都被弹簧推杆 4 以不大的推力向前推进而处于半楔紧状态。

星轮和外环均可作为主动件。现以外环为主动件来分析,当外环逆时针方向回转时,以摩擦力带动滚柱向前滚动,进一步楔紧内外接触面,从而驱动星轮一起转动,离合器处于接合状态。反之,当外环顺时针方向回转时,则带动滚柱克服弹簧力而滚到楔形空腔的宽敞部分,离合器处于分离状态,所以称为定向离合器。当星轮与外环均按顺时针方向作同向回转时,根据相对运动原理,若外环转速小于星轮转速,则离合器处于接合状态。反之,如外环转速大于星轮转速,则离合器处于分离状态,因此又称为超越离合器。定向离合器常用于汽车、机床等的传动装置中。

13.2.5　联轴器与离合器类型的选择

1. 联轴器的选择

大多联轴器已标准化或系列化,一般设计者的任务是选用,而不是设计。正确选择联轴器考虑的因素很多,如连接件本身的结构、几何尺寸、特性参数、传动系统的动力特性、载荷情况、安装维修、使用寿命和价格等,现就联轴器选择考虑的因素分述如下。

(1) 联轴器的传递载荷。一般来说,传递载荷大,则选用刚性联轴器、无弹性元件或有金属弹性元件的挠性联轴器;传递载荷变化范围大,使联接轴发生扭转振动,引起轴系冲击振动,则可选用缓冲、减振性能好的簧片联轴器,也可选择具有变刚度特性的联轴器。超载时,会引起安全事故,需选用安全联轴器。对于传递轻载荷的联接轴,常选用非金属弹性元件挠性联轴器。

(2) 联轴器的转速。联轴器的转速越高,外缘离心力越大,导致磨损增加、润滑恶化、材料失效。因此,每种联轴器都对其最高转速或外缘线速度进行了限制。高速下,通常选用平衡精度较高的联轴器,如齿式联轴器、膜片联轴器。在变速下工作时,由于速度突变会引起惯性冲击和振动,应选用对这种冲击和振动有较好适应能力的联轴器,如金属或非金属弹性元件的挠性联轴器。

(3) 联接两轴的相对位移。由于制造和安装误差、材料磨损、工作时的受载变形和热变形等原因,联轴器所联接的两轴会产生相对位移。如果相对位移量较小,可选用刚性联轴器;相对位移量较大,可选用无弹性元件挠性联轴器或有弹性元件挠性联轴器。无弹性元件挠性联轴器补偿能力大,但有滑动摩擦,引起磨损、发热,需进行润滑,有弹性元件挠性联轴器补偿能力小,但可以缓冲和吸振,多数不需润滑。对于不在同一轴线的两轴,可选用万向联轴器。

（4）联轴器的传动精度。对于精密传动和伺服传动,往往要求两轴转动必须同步,包括瞬间和启动时均需同步。由于挠性联轴器零件之间存在间隙或因弹性元件扭转刚度低,不能满足同步的要求,不能选用。因此,对于传动精度要求高的传动装置应选用刚性联轴器。

（5）联轴器的加工、安装及使用、维护。在满足性能要求的前提下,应选用制造工艺性较好、安装方便、使用维护简单的联轴器。对于安装空间较小,不便于移动的场合,尽量选用装拆时沿径向移动的联轴器。对于长期连续工作的轴系,应选用经久耐用,无须维护的联轴器,如膜片联轴器。对于立式传动的机械,为便于装拆,宜选用夹壳联轴器等。

（6）联轴器的工作环境。选用联轴器时还应考虑环境对它的影响,如温度、腐蚀性介质等。高温对橡胶、塑料弹性元件影响较大,易引起老化,不同类型的橡胶和塑料使用的温度也不同,应选用与温度相适应的橡胶或塑料作为弹性元件。对于在腐蚀性介质环境中工作的联轴器,应选用耐腐蚀性材料制成的联轴器。

2. 离合器的选择

离合器的种类繁多,大多数都已经实现了标准化和系列化,不同种类的离合器适合不同的场合,满足不同的要求。现将几种不同种类离合器在选用时应注意的情况分述如下。

（1）机械离合器。机械刚性离合器适用于不需要经常离合的场合,只允许在静止或转速很低的状态下接合,为减少磨损,使用时应把滑动的半离合器放在从动轴上。

机械摩擦离合器可以实现转差率很高情况下的平稳接合,由于是靠摩擦来传递转矩,因此必须有良好的散热措施。过载后,出现打滑,起到安全保护作用。适用于工作机需要经常离合,传动要求平稳,工作时一端转动惯量很大或启动要快,且不要求传动比准确的场合。

（2）电磁离合器。摩擦式电磁离合器,能吸收冲击,防止过载,能在短时间内准确接合,由于会产生剩磁,必须采取消磁措施。对于需要长期打滑,要求转速差,或需要自动控制,远距离操纵,防止过载的场合,可以选用这种离合器。

牙嵌电磁离合器,没有空转力矩,发热和磨损小,能保证接合重复精度要求,适用于各种机械上作控制操纵作用,或用于要求定传动比的场合。

（3）液压离合器。液压离合器传递转矩大,调整油压可控制输出转矩大小,离合平稳无冲击,但反应较慢。对于频繁离合,传递转矩大,需要远距离控制和自动控制的场合,可选用这种离合器。

（4）气动离合器。气动离合器操纵力大,离合迅速,允许频繁操作,无污染,可远距离控制,并允许在易燃易爆的环境中工作。对于需要传递大转矩、离合频繁、工作环境有特别要求的场合,可以选用这种离合器。

（5）超越离合器。超越离合器能够随着速度的变化或回转方向的变换而实现自动接合或脱离。啮合式超越离合器只能传递单向的转矩,由于啮合时有冲击,接合位置受角度限制,适用于低速传动装置。摩擦式超越离合器也只能单向运动和转矩,接合平稳,无噪声,能够在较高的转速差下实现接合,对于高速且要求接合平稳的场合,可以选用这种离合器。

还有一些其他种类的离合器,这里就不作过多介绍,但涉及的时候,可以查阅相关的手册和技术资料。

13.3 弹性联接

利用弹性零件实现被联接件在有限区间内运动,并保持固定联系的动联接,称为弹性联接。机械设计中利用各种类型的弹性零件(即弹簧)来实现这种联接,应用非常广泛。

13.3.1 弹簧的功用和类型

1. 弹簧的功用

弹簧是利用材料的弹性和其结构的特点,通过变形和储存能量而工作的一种机械零件,在各种机械和日常生活中应用极为广泛。弹簧的主要的功用有:

(1) 缓冲和减振。如车辆下的减振弹簧,各种缓冲器中的弹簧等。

(2) 控制运动。如内燃机气缸的气阀弹簧,离合器中的控制弹簧等。

(3) 测量力的大小。如测力器和弹簧秤中的弹簧等。

(4) 储存及输出能量。如钟表和仪表中的弹簧等。

2. 弹簧的类型

大部分弹簧用金属材料制成。按照承受载荷的不同,弹簧可分为拉伸弹簧、压缩弹簧、扭转弹簧和弯曲弹簧4种;按照弹簧形状的不同,弹簧可分为螺旋弹簧、碟形弹簧、环形弹簧、板弹簧、平面涡卷弹簧等;此外还有非金属材料制作的橡胶弹簧、空气弹簧。在一般机械中最常应用的是金属丝圆柱螺旋弹簧。表13-4列出了常用弹簧的基本类型。

表 13-4 弹簧的基本类型

按形状分 \ 按载荷分	拉 伸	压 缩		扭 转	弯 曲
螺旋形	圆柱螺旋拉伸弹簧 	圆柱螺旋压缩弹簧 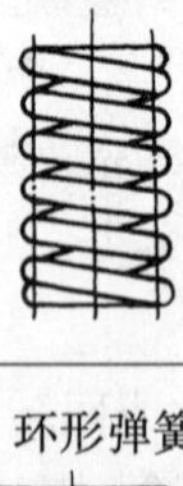	圆锥螺旋压缩弹簧 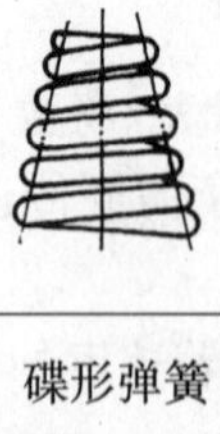	圆柱螺旋扭转弹簧 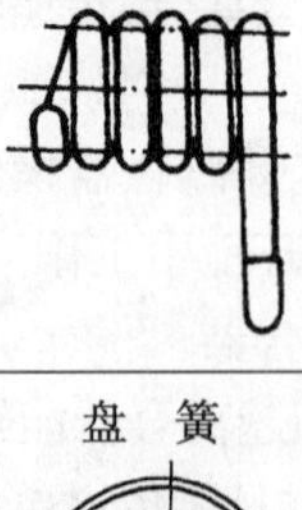	
其他形状		环形弹簧 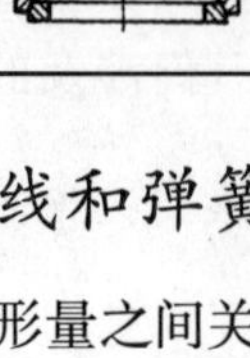	碟形弹簧 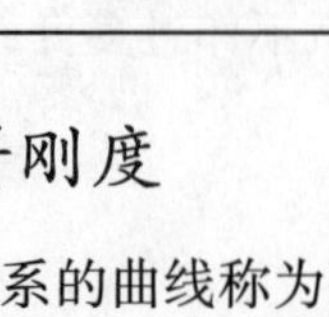	盘 簧 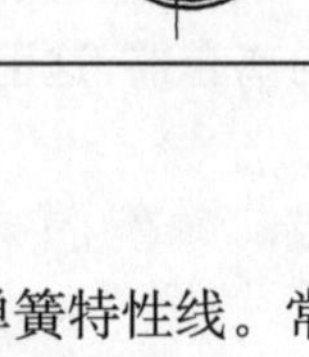	板 簧 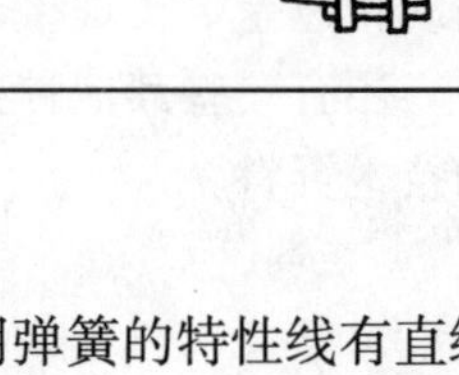

13.3.2 弹簧的特性线和弹簧刚度

表示弹簧工作载荷和变形量之间关系的曲线称为弹簧特性线。常用弹簧的特性线有直线型、刚度渐增型等。圆柱螺旋弹簧的特性线即为直线型(图 13-39 和图 13-43)。

使弹簧产生单位变形量的弹簧载荷称为弹簧刚度,用 C 表示。

对于拉伸和压缩弹簧 $$C=\mathrm{d}F/\mathrm{d}\lambda \qquad (13\text{-}5)$$

对于扭转弹簧 $$C'=\mathrm{d}T/\mathrm{d}\varphi \qquad (13\text{-}6)$$

式中:F 为拉力或压力;λ 为弹簧的伸长量或压缩量;T 为转矩;φ 为弹簧的扭转角。

弹簧刚度越大,弹簧越硬;反之,弹簧越软。直线型特性线弹簧的弹簧刚度为一常数,称为定刚度弹簧;其他特性线的弹簧为变刚度弹簧。刚度渐增型特性线的弹簧将愈压愈硬。在承受动载荷或冲击载荷的场合,常采用刚度渐增型弹簧。

13.3.3 弹簧的材料和制造

1. 弹簧材料

为使弹簧可靠地工作,弹簧材料应具有高的弹性极限、疲劳极限、冲击韧度和良好的热处理性能。

各种弹簧钢是最常用的弹簧材料。若弹簧受力较小同时又要求具有耐腐蚀、防磁、导电性好的特性,则可采用锡青铜、硅青铜等铜合金。非金属弹簧材料主要是橡胶,近年来正发展用塑料制造弹簧。此外,空气也可用作弹簧材料。

我国弹簧钢主要有以下几种:

(1)碳素弹簧钢其优点是价格便宜,来源方便;缺点是弹性极限较低,淬透性差,可用作尺寸较小(钢丝直径 $d \leqslant 8\,\mathrm{mm}$)的螺旋弹簧材料,工作温度低于 120℃。

(2)低锰弹簧钢(如 65Mn)与碳素弹簧钢相比,低锰弹簧钢的强度较高,淬透性好,但淬火后容易产生裂纹并具有热脆性,常用作一般机械中尺寸不大的弹簧材料,如离合器中弹簧。

(3)硅锰弹簧钢(如 60Si2MnA)硅锰弹簧钢中由于加入了硅,显著地提高了弹性极限,并提高了回火稳定性,可以在更高的温度下回火而得到良好的力学性能。硅锰弹簧钢在工业中应用广泛,一般用作制造汽车、拖拉机中所需的螺旋弹簧。

(4)50 铬钒钢 50 铬钒钢中加入钒后晶粒细化,提高了强度和冲击韧度,具有较高的耐疲劳性能和良好的抗冲击性能,淬透性和回火稳定性好,能在 -40～350℃ 的温度下工作,但价格较贵。常用于重要场合,如航空发动机调节系统中柱塞油泵的柱塞弹簧。

此外,一些不锈钢具有良好的耐腐蚀、耐高温、耐低温性能,常用于制造化工设备中的弹簧。由于其不容易热处理,一般机械中很少采用。

在选择弹簧材料时,应考虑弹簧的功用、重要程度、工作条件(载荷的大小、性质、工作温度、周围介质情况等),以及加工、热处理、经济性等因素,同时参考现有设备中的弹簧,选择比较合适的材料。

2. 弹簧制造

螺旋弹簧的制造过程主要有:卷制、挂钩的制作或端面圈的加工、热处理、工艺性试验和强压处理等。

弹簧卷制方法有冷卷法和热卷法。弹簧丝直径小于 8～10 mm 的弹簧用冷卷法,采用经预先热处理过的冷拉碳素弹簧钢丝在常温下卷制成型,卷成后一般不再进行淬火处理,只经低温回火以消除内应力。热卷法在 $800\sim1\,000\,℃$ 的温度下进行，热卷的弹簧卷成后须经淬火和回火处理。对于重要的压缩弹簧，为了保证两端的承压面与其轴线垂直，应将端面圈在专用的磨床上磨平。对于拉伸弹簧和扭转弹簧，为了便于联接和加载，两端应制有挂钩和杆臂。

弹簧制成后，如再进行一次强压处理，一般可提高其承载能力约 25％。强压处理是将弹簧在超过其极限载荷下受载 $6\sim48\,h$，从而在弹簧材料表层产生与工作应力方向相反的残余应力，这种有益的残余应力在弹簧工作时可以抵消一部分工作应力，因此提高了弹簧的承载能力。经强压处理后的弹簧不允许再进行热处理，也不宜在较高温度 $(150\sim450\,℃)$、长期振动及有腐蚀介质的场合工作。

由于弹簧的疲劳强度和抗冲击强度在很大程度上取决于弹簧丝的表面状况，因此弹簧丝表面必须光洁，无裂纹和伤痕等表面缺陷。此外，表面脱碳会严重影响材料的疲劳强度和抗冲击性能，所以在验收弹簧的技术条件中应详细规定脱碳层深度和其他表面缺陷。

13.3.4 圆柱螺旋压缩弹簧和拉伸弹簧的结构形式

1. 圆柱螺旋压缩弹簧

在自由状态下，圆柱螺旋压缩弹簧（见图 13-39）各圈之间应有适当的间距 δ，以便弹簧受压时能产生相应的变形。为了使弹簧在压缩后仍能保持一定的弹性，在最大载荷作用下各圈之间仍需保留一定的间距 δ，δ 的大小一般为 $\delta=0.1d\geqslant0.2\,mm$，其中 d 为弹簧丝的直径。

压缩弹簧的两端各有 $0.75\sim1.75$ 圈与邻圈并紧，工作中不参与变形，只起支承作用，称为

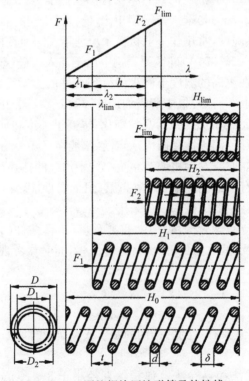

图 13-39　圆柱螺旋压缩弹簧及特性线

支承圈数。当弹簧的工作圈数 $n \leqslant 7$ 时,每端的支承圈数约为 0.75 圈;$n > 7$ 时,每端的支承圈数为 1~1.75 圈。

压缩弹簧的端部有多种形式(见图 13-40)。其中,YⅠ型[见图 13-40(a)]为两端面圈并紧并磨平,可保证两支承端面与弹簧轴线垂直,防止弹簧工作时产生歪斜,常用于重要场合。YⅡ型[见图 13-40(b)]为两端面圈并紧磨平或不磨平,当弹簧丝直径 $d \leqslant 0.5$ mm 时可不磨平,用于对支承要求不是很高的情况。YⅢ型[见图 13-40(c)]两端面圈不并紧,结构最简单,一般用于不太重要的弹簧。在两端面圈磨平时,磨平部分应不少于圆周长的 3/4,端尖的厚度一般不小于 $d/8$。

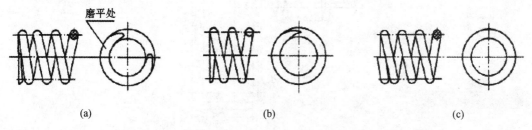

图 13-40　圆柱螺旋压缩弹簧的端部形式

(a) YⅠ型　(b) YⅡ型　(c) YⅢ型

当压缩弹簧的高细比 $b = H_0/D_2$ 比较大时,受力后容易失去稳定性(见图 13-41),从而影响弹簧的正常工作。为了避免失稳现象,应控制弹簧的高细比不能太大。当一端为固定端、另一端为回转端支承[见图 13-41(b)]时,$b < 3.7$;当弹簧两端为固定支承[见图 13-41(c)]时,$b < 5.3$;当两端均为回转端支承时,$b < 2.6$。如弹簧不满足稳定性条件,应设置导杆[见图 13-42(a)]或导套[见图 13-42(b)]。

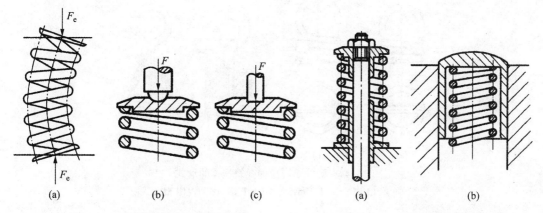

图 13-41　压缩弹簧的失稳与支承

(a) 失稳　(b) 回转端支承　(c) 固定端支承

图 13-42　压缩弹簧的导杆和导套

(a) 导杆　(b) 导套

2. 圆柱螺旋拉伸弹簧

圆柱螺旋拉伸弹簧(见图 13-43)分为无预应力和有预应力两种,空载时弹簧各圈应相互并拢。无预应力的拉伸弹簧受拉时各圈间产生间隙。有预应力的拉伸弹簧各圈间具有一定的压紧力,只有在外加拉力大于压紧力后各圈才开始分离,因而可节省弹簧的轴向工作空间。

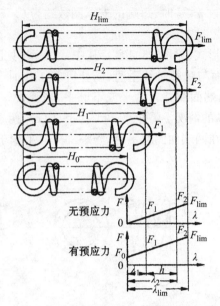

图 13-43　圆柱螺旋拉伸弹簧及特性线

拉伸弹簧的两端部制有挂钩，以便弹簧的安装和加载。挂钩的形式有 LⅠ～LⅧ型共 8 种，图 13-44 给出了其中的 4 种。LⅠ～LⅥ型的钩环由弹簧丝弯曲制成，制造方便，应用很广。但因在钩环弯折处会产生很大的弯曲应力，故只宜用于弹簧丝直径 $d \leqslant 10\,\text{mm}$ 的弹簧中。LⅦ～LⅧ型两端的钩环不与弹簧丝联成一体，弹簧强度不受钩环的影响，并且钩环可以转到任意方向，便于安装，适用于受力较大的场合，但其价格较高。

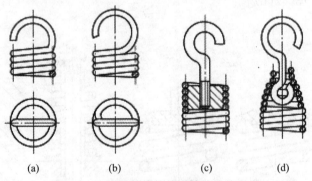

图 13-44　圆柱螺旋拉伸弹簧挂钩的形式
(a) LI 型　(b) LIII 型　(c) LVII 型　(d) LVIII 型

本章小结

轴毂联接中最常见的是键联接、花键联接和销联接，它们均属可拆联接。

键联接通过键实现轴与轮毂之间的周向固定以传递转矩，有的可实现轴上零件的轴向固定或轴向滑动的导向。平键联接结构简单、装拆方便、对中性较好，不能承受轴向力，不能起轴向固定作用；半圆键联接工艺性较好，装配方便，尤其适用于锥形轴端与轮毂的联接，但是键槽对轴的强度削弱较大，一般只用于轻载静联接中；楔键联接可以承受单向的轴向载荷，对轮毂起到单向的轴向固定作用,但是楔键联接使轴和轮毂产生偏心和偏斜,主要用于毂类零件的定心精度要求不高和低转速的场合;切向键联接靠工作面上的挤压力和轴与轮毂间的摩擦力来传递转矩。用一个切向键只能传递单向转矩,用两个切向键可以传递双向转矩,切向键的键槽对轴的削弱较大,常用于直径大于100 mm的轴上。根据其工作条件选择键联接类型,按轴的公称直径从标准中选择键的剖面尺寸,根据轮毂长度选择键长并应符合标准长度系列。键联接的主要失效形式是压溃(静联接)或过度磨损(动联接),应分别按挤压强度或压强进行条件性强度计算。

花键联接是平键联接在数目上的发展。但是,由于结构型式和制造工艺的不同,花键联接在强度、工艺和使用方面较平键联接优良;但是花键需用专门设备加工;成本较高。花键联接适用于定心精度要求高、载荷大或经常滑移的联接。

销联接除用作轴毂联接外,还常用来确定零件间的相互位置(定位销)或作安全装置(安全销)。

轴间联接主要采用联轴器和离合器。要根据工作载荷的大小和性质、转速、两轴间相对偏移的大小及形式、装拆维护和经济性等方面的因素,选择联轴器和离合器类型;根据计算转矩、轴伸直径和工作转速,选择确定联轴器和离合器的型号及相关尺寸。

弹性联接是依靠弹簧实现被联接件在有限相对运动时,仍保持固定联系的动联接,具有缓冲吸振、控制运动、储能输能、测量载荷等功用。弹簧是重要的弹性零件,有冷卷和热卷两种制造方法,其所受载荷与其变形的关系曲线,称为弹簧特性线,是弹簧的类型选择、试验及检验的重要依据。对压缩弹簧,应当进行强度、刚度计算并进行稳定性校核。可求得弹簧丝直径 d 的大小主要与弹簧所受的最大载荷及弹簧材料有关。

思考题与习题

13-1 试比较平键联接及楔键联接在结构、工作面、传力方式、定心精度等方面的区别。

13-2 与普通平键相比,花键有什么特点?

13-3 导向平键与滑键在结构上各有什么特点? 分别适用于什么场合?

13-4 普通平键的尺寸是如何确定的? 它的主要失效形式是什么?

13-5 销联接有几类? 各用在什么场合? 什么时候用圆柱销? 什么时候用圆锥销?

13-6 某减速器的低速轴与凸缘联轴器及圆柱齿轮之间分别用键联接,结构尺寸如题13-6图

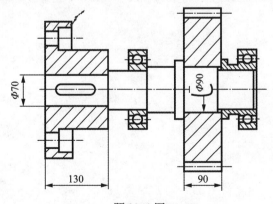

题 13-6 图

所示,轴的材料为 45 钢,联轴器材料为铸铁,齿轮材料为锻钢,齿轮分度圆直径 $d_1 = 350\,mm$,齿轮上的圆周力 $F_t = 2\,000\,N$,有轻微冲击,试选择两处的 A 型键的尺寸,并进行强度校核。

13-7 联轴器和离合器有什么共同点? 又有何不同?

13-8 在套筒式联轴器、齿式联轴器、凸缘联轴器、十字滑块联轴器和弹性套柱销联轴器等 5 种联轴器中,能补偿综合位移的联轴器有哪些?

13-9 某刚性凸缘联轴器采用在 $D = 120\,mm$ 的圆周上均布的 4 个 M12(小径 $1d = 10.106\,mm$,配合直径 $0d = 13\,mm$)铰制孔用螺栓联接,螺栓与半联轴器孔相配合的最小长度 $minL = d$(螺栓公称尺寸);螺栓材料的许用应力为:$[\tau] = 100\,MPa$,$[p] = 200\,MPa$,$[\sigma] = 120\,MPa$;联轴器为铸铁,许用挤压应力 $[p] = 100\,MPa$。

(1) 求此联轴器所能传递的最大扭矩 T;

(2) 若联轴器的结构尺寸和材料均不变,而将铰制孔用螺栓改用普通螺栓联接,并设轴器结合面间的摩擦系数 $f = 0.15$,试问联轴器所能传递的最大扭矩是多大?

13-10 试简述常用弹簧的类型、功能和特点及在不同使用条件和要求下弹簧材料的选择。

13-11 冷卷和热卷在制造上有什么不同? 简述强压处理的目的与方法,许用应力与什么因素有关? 如何确定?

13-12 为什么要考虑弹簧的稳定性? 稳定性与哪些因素有关? 为了保证其稳定性,可采取什么措施?

13-13 弹簧的特性曲线表示弹簧的什么性能? 它在设计中起什么作用? 为什么有的弹簧具有消振作用?

第 14 章 轴

教学要求

通过本章的教学,要求掌握轴按载荷分类及其相应的载荷和应用,掌握轴最常用的材料及设计轴的基本要求;掌握轴的结构设计有关的轴上零件的轴向固定、周向固定、轴上零件的布置及轴的结构工艺性等基本知识;掌握轴的强度计算及设计轴的一般步骤,了解轴的刚度计算。

14.1 概述

14.1.1 轴的功用及分类

轴是组成机器的重要零件之一,其主要功用是支持机器中作回转运动的零件并传递运动和动力。机器中各种作回转运动的零件,如齿轮、带轮、链轮、车轮等都必须安装在轴上,才能实现其功能。

根据轴的受载情况,轴可分为 3 类:

(1) 心轴。只承受弯矩不承受扭矩的轴,称为心轴。心轴又分为固定心轴(见图 14-1)和转动心轴(见图 14-2)。

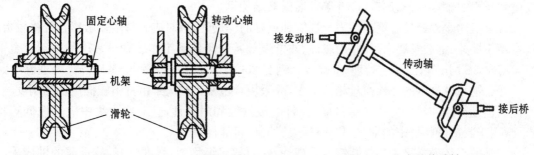

图 14-1 固定心轴   图 14-2 转动心轴   图 14-3 汽车的传动轴

(2) 传动轴。只承受扭矩不承受弯矩或弯矩很小的轴称为传动轴。如汽车变速箱至后桥差速器的轴(见图 14-3)。

(3) 转轴。同时承受弯矩和扭矩的轴。如减速器的输入或输出轴(见图 14-4)。

轴按其轴线形状不同可分为直轴(见图 14-1～图 14-4)和曲轴(见图 14-5)两大类。曲轴常用于往复式机械中。本章主要讨论直轴。

直轴按其外形不同,又可分为光轴(见图 14-6)和

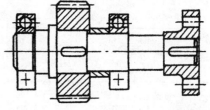

图 14-4 转轴

阶梯轴(见图15-4)两种,光轴主要用作传动轴,阶梯轴便于轴上零件的装拆和定位,在机器中应用最为广泛。

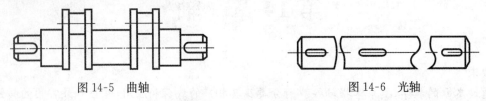

图 14-5　曲轴　　　　　　　　　　　　　图 14-6　光轴

直轴一般都制成实心的,当结构需要或为了减轻重量时,可采用空心轴,如机床主轴(见图14-7)。此外还有一些特殊用途的轴,如能把转矩和回转运动灵活地传到任何位置的挠性轴(见图14-8)。挠性轴常用于振捣器等移动设备中。

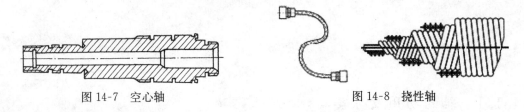

图 14-7　空心轴　　　　　　　　　　　　图 14-8　挠性轴

14.1.2　轴的材料及选用

由于轴工作时大多受变应力作用,因此,轴的材料应具有足够的疲劳强度,且对应力集中的敏感性低。另外,轴还应有足够的耐磨性,同时还应考虑工艺性和经济性等因素。轴常用的材料为碳素钢和合金钢。

碳素钢比合金钢价廉,对应力集中敏感性低,并可经过调质或正火处理改善其综合力学性能,故应用广泛。常用的有 35,40,45,50 等优质中碳钢。其中以 45 钢最为常用,对于不重要或受力较小的轴,可用 Q235,Q275 等普通碳素结构钢。

合金钢比碳素钢具有更高的力学性能和更好的淬透性,但对应力集中较敏感且价格较贵,故常用于高速、重载及要求耐磨、耐腐蚀、非常温等特殊条件下工作的轴。常用的中碳合金钢有 40Cr,35SiMn 等,经调质处理;低碳合金钢有 20Cr,20,CrMnTi 等,经渗碳淬火处理。

合金钢与碳素钢的弹性模量相差不多,故采用合金钢代替碳素钢并不能提高轴的刚度。

高强度铸铁和球墨铸铁具有价廉,良好的吸振性和耐磨性,且对应力集中敏感性低等特点,常用于制造形状复杂的轴,但其质量不易控制,可靠性差。

钢轴的毛坯通常采用热轧圆钢或锻件,锻件内部组织均匀,强度较好,故重要的轴应采用锻造毛坯。

轴的常用材料及其力学性能列于表 14-1。

表 14-1　轴的常用材料及其主要力学性能

材料及热处理	毛坯直径(mm)	硬度(HBS)	抗拉强度极限 σ_S(MPa)	屈服强度极限 σ_S(MPa)	弯曲疲劳极限 σ_S(MPa)	剪切疲劳极限 σ_S(MPa)	许用弯曲应力 $[\sigma_S]$(MPa)	应用说明
Q235-A,热轧或锻后空冷	≤100		400~420	225	170	105	40	用于不重要及受载荷不大的轴
	>100~250		375~390	215				

材料及热处理	毛坯直径（mm）	硬度（HBS）	抗拉强度极限 σ_S(MPa)	屈服强度极限 σ_S(MPa)	弯曲疲劳极限 σ_S(MPa)	剪切疲劳极限 σ_S(MPa)	许用弯曲应力 $[\sigma_S]$(MPa)	应用说明
35,正火	≤100	149～187	520	270	250	140	45	有好的塑性和适当的强度,可做一般的转轴
45,正火回火	≤100	170～217	590	295	255	140	55	用于较重要的轴,应用最广泛
	>100～300	162～217	570	285	245	135		
45,调质	≤200	217～255	640	355	275	155	60	
40Cr,调质	≤100	241～286	735	540	355	200	70	用于载荷较大而无很大冲击的重要轴
	>100～300		685	490	335	185		
35SiMn,调质	≤100	229～286	800	520	400	205	69	性能接近40Cr,用于重要的轴
	>100～300	217～269	750	450	350	190		
38SiMnMo,调质	≤100	229～286	735	590	365	210	70	用于重要的轴
	>100～300	217～269	685	540	345	195		
35CrMo,调质	≤100	207～269	750	550	390	215	70	用于重载荷的轴
20Cr,渗碳淬火回火	15	表面56～62HRC	850	550	375	215	60	用于强度、韧性和耐磨性均较高的轴
	≤60		650	400	280	160		
QT600-3		190～270	600	370	215	185		用于制造复杂外形的轴
QT800-2		245～335	800	480	290	250		

注:等效系数 ψ 碳素钢, ψ_σ=0.1～0.2, ψ_τ=0.05～0.1;合金钢, ψ_σ=0.2～0.3, ψ_τ=0.1～0.5

14.1.3 轴的设计内容

轴的设计包括两部分内容:一部分是强度设计,即保证轴具有足够的强度;有些机器的轴还应进行刚度计算,如机床主轴;对高速轴,应进行振动稳定性计算。另一部分是结构设计,即合理地确定轴各部分的结构形状和尺寸。

14.2 轴的结构设计

14.2.1 轴的结构应满足的基本要求

影响轴结构的因素很多,如零件在轴上的位置及其和轴的联接方式,作用在轴上的载荷性质、大小及分布,轴在机器中的安装位置和形式,轴的加工工艺和装配工艺等。所以,轴没有标

准的结构形式,设计时,应针对不同情况进行具体分析。通常轴的结构应满足的基本要求是:

(1) 轴上零件有准确的位置和可靠的相对固定。

(2) 轴上零件应便于装拆和调整。

(3) 轴应具有良好的制造和装配工艺性。

(4) 应使轴受力合理,应力集中少。

(5) 应有利于减轻重量,节约材料。

14.2.2 轴的组成

如图14-9所示。轴上被轴承支承部分称为轴颈(①和⑤处);与传动零(带轮、齿轮、联轴器)轮毂配合部分称为轴头(④和⑦处);联接轴颈和轴头的非配合部分叫轴身(⑥处)。阶梯轴上直径变化处叫做轴肩,起轴向定位作用。图中⑥与⑦间的轴肩使联轴器在轴上定位;①与②间的轴肩使左端滚动轴承定位。③处为轴环。

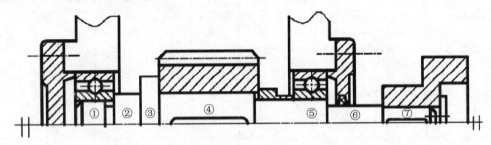

图14-9 轴的组成

14.2.3 轴的结构设计的一般步骤和方法

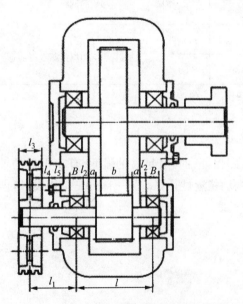

图14-10 单级圆柱齿轮减速器结构简图

下面以单级圆柱齿轮减速器的输入轴为例,来说明轴结构设计的一般步骤和方法。

图14-10所示为减速器结构简图,图中给出了减速器主要零件的相互位置关系。

轴设计时,即可按此确定轴上主要零件的安装位置(见图14-11(a))。考虑到箱体可能有铸造误差,故使齿轮距箱体内壁的距离为a,滚动轴承内侧与箱体内壁的距离为l_2,带轮与轴承端盖的距离为l_4(a,l_2和l_4均为经验数据)。

1. 拟定轴上零件的装配方案

轴的结构形式取决于轴上零件的装配方案,因而在进行轴的结构设计时,必须先拟定几种不同的装配方案,以便进行比较与选择。图14-11 (c)所示为单级减速器输入轴的一种装配方案,即依次将平键6、齿轮7、套筒5、左轴承4从左端装入,从右端装入右轴承,然后将轴置于减速器箱体的轴承孔中,装上左、右轴承盖,再自左端依次装入平键、V带轮2和轴端压板1。图14-11(d)所示为输入轴的另一种装配方案。

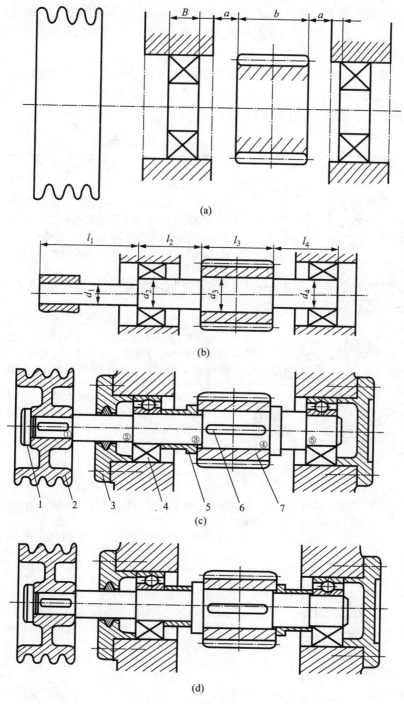

图 14-11　轴的结构设计分析

2. 轴上零件的定位和固定

为了保证轴上零件在轴上有准确可靠的工作位置，进行轴的结构设计时，必须考虑轴上零件的轴向定位和周向定位。

(1) 轴上零件的轴向定位及固定。轴上零件的轴向定位和固定常采用的方式有:轴肩、轴环、弹性挡圈、套筒、圆螺母和止动垫圈、轴端挡圈、螺钉锁紧挡圈以及圆锥面和轴端挡圈等。其特点和应用见表 14-2。

(2) 轴上零件的周向固定。轴上零件常用的周向固定方法有:键、花键、销、弹性环、过盈配合及成形联接等,其中以键和花键联接应用最广,其结构、特性、应用及设计计算见第 13 章。在传力不大时,也可用紧定螺钉做周向固定。

表 14-2　轴上零件的轴向定位和固定方法

方法	简　图	特点与应用
轴肩 轴环		结构简单、定位可靠,可承受较大轴向力。常用于齿轮、带轮、链轮、联轴器、轴承等的轴向定位 为保证零件紧靠定位面,应使 $r<C$ 或 $r<R$ 轴肩高度 h 应大于 R 或 C,通常可取 $h=(0.07\sim0.1)d$ 轴环宽度 $b\approx1.4h$ 滚动轴承相配合处的 h 与 r 值应根据滚动轴承的类型与尺寸确定
套筒		结构简单、定位可靠,轴上不需开槽、钻孔和切制螺纹,因而不影响轴的疲劳强度。一般用于零件间距较小的场合,以免增加结构重量。轴的转速很高时不宜采用
圆螺母		固定可靠,装拆方便,可承受较大轴向力。由于轴上切制螺纹,使轴的疲劳强度有所降低。常用双圆螺母或圆螺母与止动垫圈固定轴端零件 当零件间距离较大时,亦可用圆螺母代替套筒以减少结构重量
弹性挡圈		结构简单紧凑,只能承受很小的轴向力,常用于固定滚动轴承 轴用弹性挡圈的具体尺寸参见 GB894.1—86
圆锥面		能消除轴与轮毂间的径向间隙,装拆较方便,可兼做周向固定,能承受冲击载荷。大多用于轴端零件固定,常与轴端挡圈或圆螺母联合使用,使零件获得双向轴向固定。但加工锥形表面较困难
轴端挡圈		适用于固定轴端零件。可以承受剧烈的振动和冲击载荷 轴端挡圈的具体尺寸参看 GB891—86 和 GB892—86

方法	简　图	特点与应用
紧定螺钉		适用于轴向力很小,转速很低或仅为防止零件偶然沿轴向滑动的场合 紧定螺钉同时亦可起周向固定作用 紧定螺钉的尺寸见 GB71—85

3. 轴各段直径和长度的确定

进行轴的结构设计时,由于轴上支反力作用点的位置还没有确定,因而不能按轴所受的实际载荷来确定轴的直径。这时通常先根据轴所传递的转矩,按扭转强度来初步估算轴的直径,并圆整成标准值,作为整根轴的最小直径 d_{min},再按照装配方案和结构要求,确定各轴肩高度,从而得到各轴段直径。

各轴段的长度,主要是根据该段所装零件与其配合部分的轴向尺寸与相邻零件的间距以及机器(或部件)的总体布局要求而确定的,如图 14-11(b)所示。

在确定轴的结构尺寸时,必须注意的是:

(1) 仅受扭矩的那段轴上如有键槽,应适当增大轴径(见 14.3.1 节)。

(2) 轴各段直径应与装配在该轴段上所装零件的标准孔径相匹配,并取标准值;而非配合轴径可不取标准值,但亦应取整数,相邻两段直径之差,通常可取为 5～10 mm。

(3) 若轴上零件需在轴上作轴向固定时,应使该轴段长度略小于(2～3 mm)所装零件与其配合部分的轴向尺寸,以保证轴上零件轴向固定可靠,如图 14-11 中安装齿轮段和联轴器段的轴长均小于轮毂宽度。

(4) 安装标准件(如轴承)的轴段长度由标准件与其配合部分的轴向尺寸确定。

4. 轴的结构工艺性

轴的结构应便于加工和轴上零件的装拆。为了便于加工,同一根轴上有两个以上键槽时,键槽应开在同一条母线上,且键槽尺寸也应尽可能一致;同一根轴上的圆角应尽可能取相同半径;当轴需磨削或切制螺纹时,应设有砂轮越程槽[见图 14-12(a)]或退刀槽[见图 14-12(b)],并且其尺寸应取相同的标准值,轴上倒角也应取相同尺寸;为了便于轴上零件装拆,轴应设计

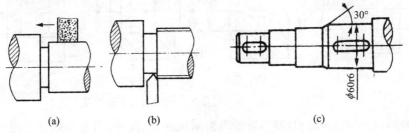

(a)　　　　　　　(b)　　　　　　　(c)

图 14-12　轴的结构工艺性

(a) 砂轮越程槽　(b) 螺纹退刀槽　(c) 轴的过盈配合压入端

成阶梯形,轴端应加工出 45°(或 30°,60°)倒角;对于采用过盈联接的轴段,压入端常加工出导向锥面[见图 14-12(c)];安装轴承处的定位轴肩(或套筒)的定位高度应小于轴承内圈的厚度,以便于拆卸轴承(见图 14-13)。

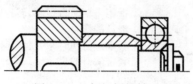

图 14-13　便于拆卸轴承

14.2.4　提高轴强度的措施

　　轴大多在变应力下工作,结构设计时应采取措施尽量减少应力集中,以提高其疲劳强度,这对合金钢轴尤为重要。

　　轴的截面尺寸突变处会造成应力集中,因此,对阶梯轴相邻段轴径变化不宜过大($D/d<1.15\sim1.2$);在轴径变化处的过渡圆角半径不宜过小($r/d>0.1$);在重要的结构中可采用凹切圆角[见图 14-14(a)]或过渡肩环[见图 14-14(b)],以增加轴肩处过渡圆角半径,减小应力集中,在轴上设卸载槽[见图 14-14(c)];为减小轮毂和轴过盈配合引起的应力集中[见图 14-15(a)],轮毂上开卸荷槽[见图 14-14(b)],可采取轴上开卸荷槽并辊压[见图 14-15(c)],增大配合处直径[见图 14-15(d)]等措施;应尽量避免在轴上开横孔(尤其是盲孔)、切口和加工螺纹,必须开横孔的,孔口要倒角。

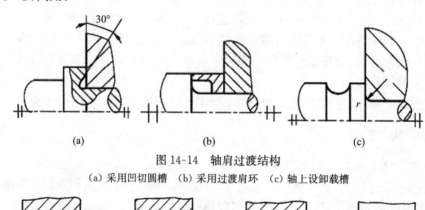

图 14-14　轴肩过渡结构

(a) 采用凹切圆槽　(b) 采用过渡肩环　(c) 轴上设卸载槽

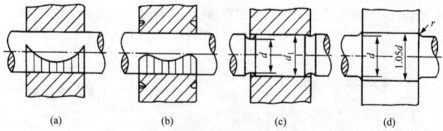

图 14-15　减少轴上过盈配合处应力集中的措施

　　此外,合理选择轴的表面粗糙度,对轴表面采用辊压、淬火、喷丸等强化处理,均可提高轴的疲劳强度。

　　在进行轴的结构设计时,还可采用合理布置轴上零件的措施,以改善轴的受力情况,提高其强度。如当轴上的转矩需由两轮输出时,按图 14-16(b)所示布置,则轴传递的最大转矩等于输入转矩(T_1+T_2)。若将输入轮布置在中间,如图 14-16(a)所示,则轴传递的最大转矩减小为 T_1 或 T_2。又如图 14-17 所示的起重机卷筒机构,将大齿轮和卷筒装配在一起,转矩经大齿轮直接传给卷筒,使卷筒轴只受弯矩,不受转矩,减轻了轴所受的载荷。

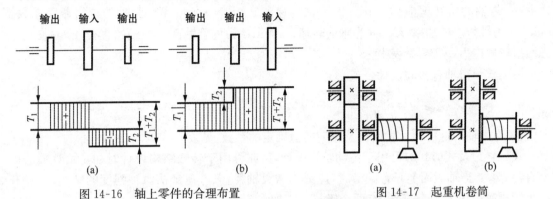

图 14-16　轴上零件的合理布置　　　　　图 14-17　起重机卷筒
　　　　　　　　　　　　　　　　　　(a)齿轮和卷筒分开布置　(b)齿轮与卷筒联成一体

例 14-1　指出图 14-18(a)中轴的结构设计有哪些不合理之处?并画出改进后轴的结构图。

解　根据结构设计的几项基本要求来检查,共有下列几处不合理(不考虑轴承外圈的定位):

(1) 轴上多处未倒角;

(2) 齿轮右侧未作轴向固定;

(3) 轴与齿轮配合处平键键槽太短;

(4) 轴上 2 个键未设置在轴的同一母线上;

(5) 轴端挡圈可能压不紧轴端零件,因为该轴段长度等于其上配合零件的宽度;

(6) 轴上与齿轮和右轴承配合的轴段均太长,导致齿轮与右轴承装拆不便;

(7) 左轴承处轴肩过高,轴承无法拆卸。

改进后的结构如图 14-18(b)所示。

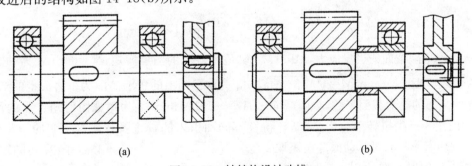

图 14-18　轴结构设计改错

14.3　轴的强度计算

轴的强度计算应根据轴上所受载荷情况采用相应的计算方法。对仅传递扭矩的传动轴,按扭转强度条件计算;对于既受弯矩又受扭矩的转轴应按弯扭合成强度条件计算。

14.3.1 按扭转强度计算

对于圆截面轴,其扭转强度条件为:

$$\tau_T = T/W_T = 9.55 \times 10^6 / 0.2 d^3 \cdot P/n \leqslant [\tau_T] \tag{14-1}$$

式中:τ_T 为轴的扭转剪应力,MPa;T 为轴传递的转矩,N·mm;W_T 为轴的抗扭截面系数,mm³;P 为轴传递的功率,kW;n 为轴的转速,r/min;d 为危险截面处的轴的直径,mm;$[\tau_T]$ 为许用扭转剪应力,MPa,见表14-3。

由上式可得轴直径的设计公式

$$d \geqslant \sqrt[3]{\frac{9.55 \times 10^6 P}{0.2 [\tau_T] n}} = \sqrt[3]{\frac{9.55 \times 10^6}{0.2 [\tau_T]}} \cdot \sqrt[3]{\frac{P}{n}} = C \sqrt[3]{\frac{P}{n}} \, \text{mm} \tag{14-2}$$

式中:C 为由轴的材料和承载情况及相应的值确定的系数,见表14-3。

式(14-1)及式(14-2)可用于传动轴强度计算,亦可用于转轴结构设计时初步估算轴的最小直径 d_{min}。当轴截面上开有键槽时,应适当增大轴径,以考虑键槽对轴强度的削弱,一般有一个键槽时需加大3%~5%,有两个键槽时需加大7%。

表 14-3　轴常用材料的[τ_T]和 C 值

轴的材料	Q235,20	35	45	40C,35SiMn,38SiMnMo
[τ_T]/MPa	12~20	20~30	30~40	40~52
C	135~160	118~135	107~118	98~107

注:(1) 当只受扭矩或弯矩相对扭矩较小时,C 取较小值,[τ_T]取较大值。
　　(2) 当用 Q235 及 35SiMn 钢时,[τ_T]取较小值,C 取较大值。

14.3.2 按弯扭合成强度计算

在初步进行了轴的结构设计后,轴的支点位置已确定,可以对轴进行受力计算,并绘制出轴的弯矩图和扭矩图,进而可按弯扭合成强度计算轴的直径。对于常用的钢制轴可按第三强度理论计算,其强度条件为:

$$\sigma_e = \frac{M_e}{W} = \frac{\sqrt{M^2 + (\alpha T)^2}}{0.1 d^3} \leqslant [\sigma_{-1}]_b \, \text{mm} \tag{14-3}$$

式中:σ_e 为轴危险截面的当量应力,MPa;M_e:轴危险截面的当量弯矩,N·mm;M 为轴的危险截面的合成弯矩,N·mm,$M = \sqrt{M_H^2 + M_V^2}$;M_H 为水平面上的弯矩;M_V 为垂直面上的弯矩;W 为轴危险截面的抗弯截面系数,对圆截面轴,$W \approx 0.1 d^3$,mm³;α 为考虑由弯矩产生的弯曲应力 σ_b 和由扭矩产生扭转剪应力 τ_T 循环特性不同而引入的校正系数。对不变的扭矩取 $\alpha = [\sigma_{-1}]_b / [\sigma_{+1}]_b \approx 0.3$;对脉动循环扭矩取 $\alpha = [\sigma_{-1}]_b / [\sigma_0]_b \approx 0.6$;对于频繁正、反转的轴,可视为对称循环的扭矩,取 $\alpha = [\sigma_{-1}]_b / [\sigma_{-1}]_b = 1$。$[\sigma_{-1}]_b$,$[\sigma_0]_b$,$[\sigma_{+1}]_b$ 分别为轴材料在对称循环、脉动循环及静应力状态下的许用弯曲应力,其值可查有关设计手册。设计时,当转矩变化规律不同时或即使转矩大小不变,但考虑到启动、停车等因素,一般按脉动循环计算。

由式(14-3)可推得轴设计公式为

$$d \geqslant \sqrt[3]{\frac{M_e}{0.1 [\sigma]_b}} \, \text{mm} \tag{14-4}$$

14.3.3 轴的刚度计算概念

轴的刚度不足,工作时将产生过大的弹性变形而影响机器的正常工作,轴的刚度分为弯曲刚度和扭转刚度两种,弯曲刚度以挠度 y 或偏转角 θ 度量(见图 14-19),足够的弯曲刚度是轴上传动零件和轴承正常工作所必需的。扭转刚度以扭转角 φ 来度量(见图 14-20),轴的刚度不足会影响机器的工作精度和性能。所以,对于有刚度要求的轴必须进行刚度计算。

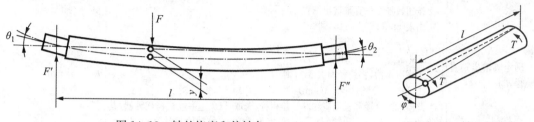

图 14-19　轴的挠度和偏转角　　　　　图 14-20　轴的扭转角

轴的刚度计算,就是验算轴在工作受载时的变形量,并控制在允许的范围内,即:$y \leqslant [y]$ 或 $\theta \leqslant [\theta]$;$\varphi \leqslant [\varphi]$。$[y]$、$[\theta]$、$[\varphi]$ 分别为轴的许用挠度、许用偏转角和许用扭转角,其值可从有关参考书查取。轴在工作受载时的变形量 y,θ,φ 可按材料力学公式计算。

14.3.4 转轴设计的一般步骤

(1) 选择轴的材料。根据轴的工作要求,并考虑工艺性和经济性,选择合适的材料。

(2) 初估轴的最小直径 $d_{\min}$。可按扭转强度条件由式(14-2)计算轴最小直径 $d_{\min}$,也可采用类比法确定。

(3) 轴的结构设计。根据轴上安装零件的数量,工作情况及选定的装配方案,画出阶梯轴结构设计草图;由轴的最小直径 $d_{\min}$ 逐渐递推各段轴直径;再根据轴上安装零件与其配合部分的轴向尺寸、与相邻零件间距要求和机器的总体布局等,确定各轴段的长度。

(4) 轴的强度校核。首先对轴上传动零件进行受力分析,并分别画出其受力简图,计算出水平面支反力和垂直面支反力;画出水平面上的弯矩 M_H 图和垂直面上的弯矩 M_V 图,再画出合成弯矩 M 图;作扭矩图;画出当量弯矩图;求出危险截面处的当量弯矩 M_e。按式(14-3)或式(14-4)对轴的危险截面进行强度校核。当校核不合格时,还要修改轴的结构,改变危险截面尺寸,重新校核。因此,轴的设计过程是反复、交叉进行的。

对有刚度要求的轴还要进行刚度校核。

对于一般用途的轴,按上述方法设计计算已足够精确,但对于重要的轴,还应按疲劳强度条件精确校核安全系数。其计算方法可查阅有关参考书。

下面举例说明轴的设计的过程。

例 14-2 图 14-21 所示为用于带式运输机的单级斜齿圆柱齿轮减速器,由电动机驱动。已知输出轴传递的功率 $P = 11\,\mathrm{kW}$,转速 $n = 210\,\mathrm{r/min}$,作用在齿轮上的圆周力 $F_t = 2\,618\,\mathrm{N}$,径向力 $F_r = 982\,\mathrm{N}$,轴向力 $F_a = 653\,\mathrm{N}$,大齿轮分度圆直径 $d_H = 382\,\mathrm{mm}$,轮毂

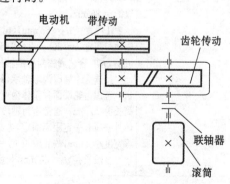

图 14-21　斜齿轮减速器

宽度 $b=80\,mm$。试设计该减速器的输出轴。

解 列表给出本题设计计算过程和结果：

设计项目	设计计算与说明	结 果
1. 选择轴的材料并确定许用应力	(1) 选用 45 钢正火处理 (2) 由表 15-1 查得强度极限 $\sigma_B=600\,N/mm^2$ (3) 由表 15-1 查得其许用弯曲应力 $[\sigma_{-1}]_b=55\,N/mm^2$	选用 45 钢 $[\sigma_{-1}]_b=55\,N/mm$
2. 确定轴输出端直径 d_{min}	(1) 按扭转强度估算轴输出端直径 (2) 由表 14-3 取 $C=110$，则 $$d=C\sqrt[3]{\frac{P}{n}}=110\sqrt[3]{\frac{11}{210}}=41.2\,(mm)$$ (3) 考虑有键槽，将直径增大 5%，则 $d=41.2\times(1+5\%)=43.3\,(mm)$ (4) 此段轴的直径和长度应和联轴器相符，选取 TL7 型弹性柱销联轴器，其轴孔直径为 45 mm，和轴配合部分长度为 84 mm，故轴输出端直径 $d_{min}=$ 45 mm	$d_{min}=45\,mm$
3. 轴的结构设计	(1) 轴上零件的定位、固定和装配 　单级减速器中，可将齿轮安排在箱体中间，相对两轴承对称分布(图 14-22)，齿轮左面由轴肩定位，右面用套筒轴向固定，周向靠平键和过渡配合固定。两轴承分别以轴肩和套筒定位，周向则采用过渡配合或过盈配合固定。联轴器以轴肩轴向定位，右面用轴端挡圈轴向固定，平键联接作周向固定。轴做成阶梯形，左轴承从左面装入，齿轮、套筒、右轴承和联轴器依次从右面装到轴上。 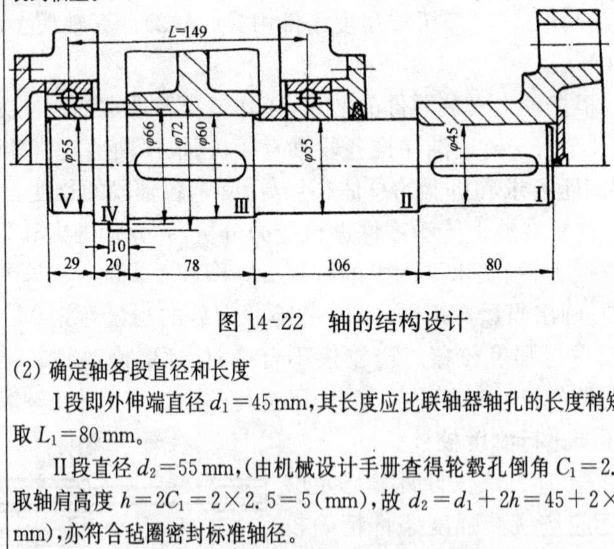 图 14-22　轴的结构设计 (2) 确定轴各段直径和长度 　Ⅰ段即外伸端直径 $d_1=45\,mm$，其长度应比联轴器轴孔的长度稍短一些，取 $L_1=80\,mm$。 　Ⅱ段直径 $d_2=55\,mm$，(由机械设计手册查得轮毂孔倒角 $C_1=2.5\,mm$，取轴肩高度 $h=2C_1=2\times2.5=5\,(mm)$，故 $d_2=d_1+2h=45+2\times5=55\,mm$)，亦符合毡圈密封标准轴径。 　初选 311 型深沟球轴承，其内径为 55 mm，宽度为 29 mm。 　考虑齿轮端面和箱体内壁、轴承端面与箱体内壁应有一定距离，则取套筒长为 20 mm。通常密封轴段长度应根据密封盖的宽度，并考虑联轴器和箱体外壁应有一定距离而定，为此取该段长为 55 mm。安装齿轮段长度应比轮毂宽度小 2 mm，故Ⅱ段长 $L_2=2+20+29+55=106\,(mm)$。 　Ⅲ段直径 $d_3=60\,mm$，长度 $L_3=80-2=78\,(mm)$。	$d_1=45\,mm$ $L_1=80\,mm$ $d_2=55\,mm$ $L_2=106\,mm$ $d_3=60\,mm$

设计项目	设计计算与说明	结　果
3.轴的结构设计	IV 段直径 $d_4=72$（由手册查得出 $C_1=3$ mm 取 $h=2C_1=2\times3=6$ (mm)，$d_4=d_3+2h=60+2\times6=72$ mm），其长度和右面套筒长度相同，即 $L_4=20$ mm。但此轴段左面为滚动轴承的定位轴肩，考虑便于轴承的拆卸和安装，应按轴承标准查取。由机械设计手册查得其安装尺寸为 $D_1=66$ mm，它和 d_4 不符，故把 IV 段设计成阶梯形（或锥形），左段直径为 66 mm。V 段直径 $d_5=55$，长度 $L_5=29$ mm。 　　(3) 绘制轴的结构设计草图，如图 14-22 所示。 　　(4) 由上述轴各段长度可算得轴支承跨距 $L=149$ mm。	$L_3=78$ mm d_4 左段直径为 66 mm $L_4=20$ mm $d_5=55$ mm $L_5=29$ mm 轴支承跨距 $L=149$ mm
4.按弯扭合成强度校该轴的强度	(1) 绘制轴受力简图（见图 14-23a）。 　　(2) 绘制垂直面弯矩图（见图 14-23b）。 轴承支反力： $$F_{RAV}=\frac{F_a\cdot\dfrac{d_{\rm II}}{2}-F_r\cdot\dfrac{L}{2}}{L}=\frac{653\times\dfrac{0.382}{2}-982\times\dfrac{0.149}{2}}{0.149}=345.6({\rm N})$$ 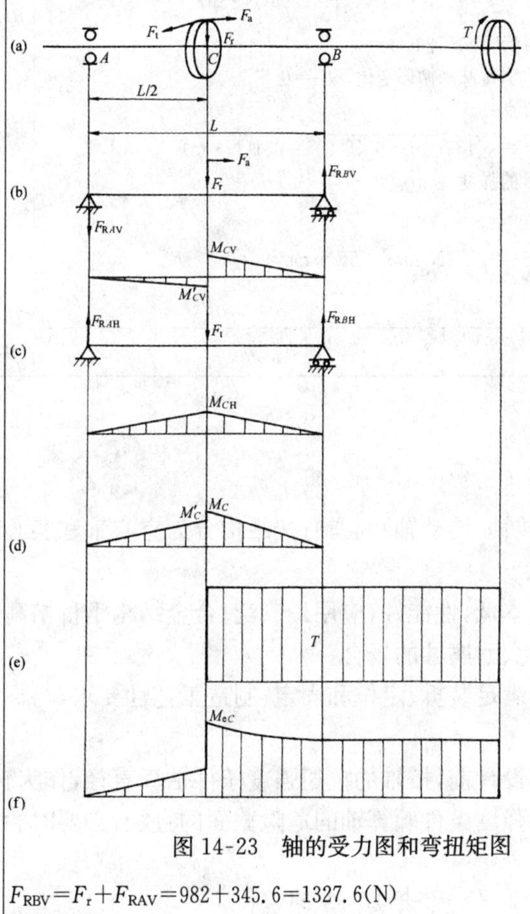 图 14-23　轴的受力图和弯扭矩图 $F_{RBV}=F_r+F_{RAV}=982+345.6=1327.6({\rm N})$ 计算弯矩： 截面 C 右侧弯矩 $M_{CV}=F_{RBV}\cdot\dfrac{L}{2}=1327.6\times\dfrac{0.149}{2}=99({\rm N\cdot m})$ 截面 C 左侧弯矩	

设计项目	设计计算与说明	结　果
4.按弯扭合成强度校该轴的强度	$M'_{CV}=F_{RAV}\cdot\dfrac{L}{2}=345.6\times\dfrac{0.149}{2}=25.7(\text{N}\cdot\text{m})$ (3) 绘制水平面弯矩图(见图 14-23(c)) 轴承支反力: $F_{RAH}=F_{RBH}=\dfrac{F_t}{2}=\dfrac{2\,618}{2}=1\,309(\text{N})$ 截面 C 处的弯矩: $M_{CH}=F_{RAH}\cdot\dfrac{L}{2}=1\,309\times\dfrac{0.149}{2}=97.5(\text{N}\cdot\text{m})$ (4) 绘制合成弯矩图(图 14-23(d)) $M_C=\sqrt{M_{CV}^2+M_{CH}^2}=\sqrt{99^2+97.5^2}=139(\text{N}\cdot\text{m})$ $M'_C=\sqrt{(M'_{CV})^2+M_{CH}^2}=\sqrt{25.7^2+97.5^2}=100.8(\text{N}\cdot\text{m})$ (5) 绘转矩图(见图 15-23(e)) 转矩　$T=9.55\times10^3\dfrac{P}{n}=9.55\times10^3\times\dfrac{11}{210}=500(\text{N}\cdot\text{m})$ (6) 绘制当量弯矩图(见图 14-23(f)) 转矩产生的扭转剪应力按脉动循环变化,取 $\alpha=0.6$ 截面 C 处的当量弯矩为 $M_{eC}=\sqrt{M_C^2+(\alpha T)^2}=\sqrt{139^2+(0.6\times500)^2}=331(\text{N}\cdot\text{m})$ (7) 校核危险截面 C 的强度 由式(14-3) $\sigma_e=\dfrac{M_{eC}}{0.1d_3^3}=\dfrac{331\times10^3}{0.1\times60^3}=15.3\,\text{N/mm}^2<55\,\text{N/mm}^2$ 强度足够	$M_{ec}=331\text{N}\cdot\text{m}$ 强度足够
5.绘制轴的工作图	.	(略)

本章小结

　　轴按所受的载荷情况分为转轴、传动轴和心轴;按结构分为空心轴和实心轴、直轴和曲轴;直轴又可分为光轴和阶梯轴。

　　轴的材料中,优质碳素钢成本低,性能好,应用最广泛;合金结构钢价格高,用于高强度,结构要求紧凑或高温、低温、抗氧化、耐腐蚀的场合。

　　在轴的结构设计中,重点要满足装拆、定位和固定、制造工艺性要求,与标准零件的配合尺寸要求及疲劳强度要求。

　　对于轴的强度设计,在结构设计前,按轴的抗扭强度条件估算直径,作为转轴的最小直径;在轴的结构设计后,按弯扭合成强度条件验算轴的危险截面的直径,必要时验算轴的刚度。

思考题与习题

　　14-1　试分析自行车的前轴、中轴、后轴的受力情况,并指出它们各属于什么类型的轴?

　　14-2　什么是心轴、传动轴、转轴? 试举例说明。

　　14-3　对轴的材料有哪些要求? 轴的常用材料有哪些? 各有什么特点和应用?

14-4 影响轴结构的主要因素有哪些？一般轴的结构设计应满足哪些基本要求？

14-5 观察多级齿轮减速器，为什么高速轴的直径总是比低速轴的直径小？

14-6 在进行轴的结构设计时，应考虑哪些方面的问题？轴上零件的定位和固定方法有哪些？各适用于什么场合？轴的结构工艺方面应注意哪些问题？提高轴的疲劳强度的基本方法有哪些？

14-7 如题14-7图所示提重机传动系统，齿轮2空套在轴Ⅲ上，齿轮1、齿轮3均和轴用键联接；卷筒和齿轮3固联而和轴空套。试回答：(1)轴工作时，Ⅰ～Ⅲ轴分别承受何种类型的载荷？(2)说明各轴产生什么应力？

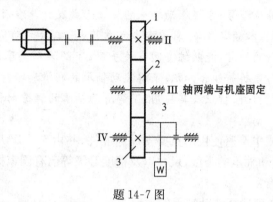

题 14-7 图

14-8 分析题14-8图所示减速器的输出轴的结构错误，并加以改正。

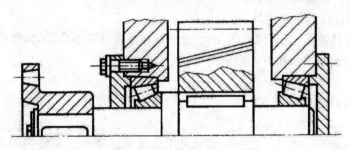

题 14-8 图

14-9 如题14-9图所示轴上装有4个带轮，有两种布置方案：由轮4输入功率，其余三轮输出；由轮2输入功率，其余三轮输出。试画出两种方案所受转矩的示意图，并比较哪种方案轴受力情况较合理？

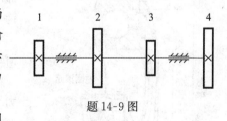

题 14-9 图

14-10 设计题14-10图所示斜齿圆柱齿轮减速器的从动轴。已知该轴传递功率 $P=12\,kW$，转速 $n=235\,r/min$，从动齿轮齿数 $z_2=72$，模数 $m=4\,mm$，轮毂宽度 $b=80\,mm$，选用轻系列深沟球轴承，两轴承中心间距离为 $140\,mm$。

14-11 设计例14-2中的输入轴，带传动对轴的压力 $F_Q=1850\,N$，带轮轮毂宽度为 $52\,mm$，小齿轮分度圆直径 $d_1=120\,mm$，其轮毂宽度为 $85\,mm$。

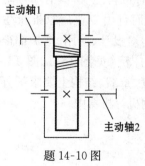

题 14-10 图

第 15 章　轴承

教学要求

　　通过本章的教学,要求了解轴承的功用与类型;了解滚动轴承构造,熟练掌握滚动轴承的类型、特点及其应用;熟练掌握滚动轴承代号的具体意义;掌握滚动轴承类型的选择原则,能根据工作要求合理地选择轴承型号;掌握滚动轴承的失效形式及计算准则,掌握滚动轴承的寿命计算及静强度计算,理解基本额定寿命、轴承寿命可靠度、基本额定动负荷、当量动负荷概念,掌握角接触轴承轴向负荷的计算,能熟练查阅有关手册;了解滚动轴承尺寸选择;掌握滚动轴承轴向定位、调整、配合与装拆等组合知识;了解滚动轴承的润滑和密封方式的特点及选择;了解滑动轴承的类型、结构、材料、特点及其应用;了解滑动轴承的润滑剂和润滑方式的选择。

　　滚动轴承是各类机械中普遍使用的重要支撑标准件,并由专业厂大批量生产。是本课程的重点章节之一,由于滚动轴承的类型,尺寸以及精度等级等已有国家标准,因此,在机械设计中需要解决的问题主要有:

　　(1) 根据工作条件合理选择滚动轴承的类型。

　　(2) 滚动轴承的承载能力计算。

　　(3) 滚动轴承部件的组合设计。

　　滑动轴承用于转速高、旋转精度高、能承受重载和冲击载荷场合,结构简单,成本较低。

　　本章主要讲述滚动轴承和滑动轴承。

15.1　轴承的功用与类型

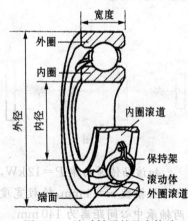

图 15-1　滚动轴承的基本构造

　　轴承是用于支承轴和轴上零件绕固定轴线转动的零部件。轴承的功用有:①支承轴及轴上转动的零件;②保持一定的旋转精度;③减少摩擦和磨损。

　　根据工作时摩擦类型的不同,轴承可分为滚动轴承和滑动轴承两大类。

　　滚动轴承是机械中最常用的标准件之一,具有摩擦阻力小、启动灵活、效率高的优点,而且由专业厂家批量生产,类型尺寸齐全,标准化程度高,对设计、使用、维护都很方便,因此在一般机器中应用较广泛(见图 15-1、图 15-2)。滑动轴承常用在高速、高精度、重载、结构上要求剖分等场合,如汽轮机、大型电机、轧钢机等机器中。

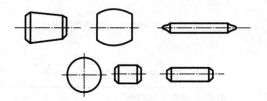

图 15-2 滚动体的类型

15.2 滚动轴承的组成、类型和代号

15.2.1 滚动轴承的组成

滚动轴承一般由内圈、外圈、滚动体和保持架组成。内圈装在轴颈上,外圈装在机座或零件的轴承孔内。多数情况下,外圈不转动,内圈与轴一起转动。当内外圈之间相对旋转时,滚动体沿着滚道滚动。保持架使滚动体均匀分布在滚道上,并减少滚动体之间的碰撞和磨损。

滚动轴承的内、外圈及滚动体一般是用含铬轴承钢制成,常用材料有 GCr15、GCr15SiMn等,工作表面经磨削和抛光,硬度一般不低于 60 HRC,保持架多数用低碳钢冲压而成,也有用铜合金、铝合金或塑料等制成的实体式。

滚动轴承已经标准化,由轴承厂大量生产。在设计时只需根据具体工作条件从轴承手册中选择适当的轴承类型和尺寸,并进行轴承的组合设计,解决诸如轴承的配合、调整、润滑、密封等问题。

15.2.2 滚动轴承的主要类型及选择

1. 滚动轴承的主要类型

如图 15-3、表 15-1 所示,滚动轴承按其所受外载荷方向的不同可分为向心轴承和推力轴承两大类。

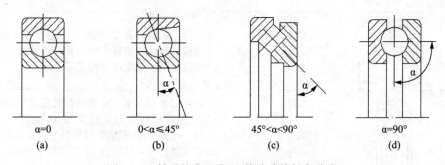

$\alpha=0$ $0<\alpha\leqslant45°$ $45°<\alpha<90°$ $\alpha=90°$

(a)   (b)   (c)   (d)

图 15-3 轴承的主要类型(按公称接触角分类)

(a)径向接触轴承 (b)向心角接触轴承 (c)推力角接触轴承 (d)轴向推力轴承

滚动轴承的滚动体与外圈滚道接触处的法线方向与轴承径向平面之间所夹的锐角 α 称为(公称)接触角。接触角越大,轴承能承受的轴向载荷的相对值也越大。

根据公称接触角的不同,滚动轴承可分为向心轴承($0°\leqslant\alpha\leqslant45°$)、推力轴承($45°<$

$\alpha \leqslant 90°$)。

　　向心轴承又可分为径向接触轴承和角接触向心轴承,推力轴承又可分为角接触推力轴承和轴向接触轴承。

表 15-1　滚动轴承的主要类型和特性

轴承名称 类型代号	结构简图	承载 方向	极限 转速	内外圈轴线间 允许的角偏斜	主要特性和应用
调心球 轴承 1		中	2°~3°	主要承受径向载荷,同时也能承受少量的轴向载荷。因为外圈滚道表面是以轴承中点为中心的球面,故能调心,允许角偏斜为在保证轴承正常工作条件下内、外圈轴线间的最大夹角
调心滚子 轴承 2		低	0.5°~2°	能承受很大的径向载荷和少量轴向载荷,承载能力较强。滚动体为鼓形,外圈滚道为球面,因而具有调心性能
推力调 心滚子 轴承 2		低	2°~3°	能同时承受很大的轴向载荷和不大的径向载荷。滚子呈腰鼓形,外圈滚道是球面,故能调心
圆锥滚子 轴承 3		中	2'	能同时承受较大的径向、轴向联合载荷,因为是线接触,承载能力大于"7"类轴承。内、外圈可分离,装拆方便,成对使用
推力球 轴承 5	(a) 单列 (b) 双列	低	不允许	只能承受轴向载荷,而且载荷作用线必须与轴线相重合,不允许有角偏差。具体有两种类型:单列承受单向推力,双列承受双向推力。高速运转时,因滚动体离心力大,球与保持架摩擦发热严重,寿命降低,故仅适用于轴向载荷大、转速不高之处。紧圈内孔直径小,装在轴上;松圈内孔直径大,与轴之间有间隙,装在机座上
深沟球 轴承 6		高	8'~16'	主要承受径向载荷,同时也可承受一定量的轴向载荷。当转速很高而轴向载荷不太大时,可代替推力球轴承承受纯轴向载荷
角接触球 轴承 7		较高	2'~10'	能同时承受径向、轴向联合载荷,公称接触角越大,轴向承载能力也越强,公称接触角 α 有 15°、25°、40°3 种,内部结构代号分别为 C、AC 和 B,通常成对使用,可以分装于两个支点或同装于一个支点上
圆柱滚子 轴承 N		较高	2'~4'	能承受较大的径向载荷,不能承受轴向载荷,因是线接触,内、外圈只允许有极小的相对偏转,轴承内、外圈可分离

轴承名称 类型代号	结构简图	承载 方向	极限 转速	内外圈轴线间 允许的角偏斜	主要特性和应用
滚针轴承 NA		低	不允许	只能承受径向载荷，承载能力强，径向尺寸很小，一般无保持架，因而滚针间有摩擦，轴承极限转速低。这类轴承不允许有角偏差。轴承内、外圈可分离，可以不带内圈

2. 滚动轴承类型的选择

选择滚动轴承的类型非常重要，选择不当，会使机器的性能要求得不到满足或降低了轴承寿命。由于滚动轴承类型很多，在选用时首先要解决如何选择合适的类型。而类型选择的主要依据是：轴承工作载荷的大小、方向和性质；转速的高低及回转精度的要求；调心性能要求；安装空间的大小、装拆方便程度及经济性等。选择滚动轴承类型时，可参考下列原则。

（1）如果转速较高，载荷不大，旋转精度要求较高，宜选用点接触的球轴承；由于滚子轴承是线接触，多用于载荷较大、速度较低的情况。

（2）如果是纯径向载荷可选择深沟球轴承、圆柱滚子轴承及滚针轴承；纯轴向载荷可选择推力轴承，但其允许的工作转速较低，当转速较高而载荷又不大时，可采用深沟球或角接触轴承。

当径向载荷及轴向载荷都较大时，若转速高，宜选用角接触球轴承；如果转速不高，宜用圆锥滚子轴承。

当径向载荷比轴向载荷大很多，且转速较高时，常用深沟球轴承或角接触球轴承；若转速较低，也可采用圆锥滚子轴承；当轴向载荷比径向载荷大很多，且转速不高时，常采用推力轴承与圆柱滚子轴承或深沟球轴承的组合结构，以分别承受轴向载荷和径向载荷。

（3）有冲击载荷时宜选用滚子轴承。

（4）各类轴承内外圈轴线的偏斜角是有限制的，超过允许值，会使轴承的寿命降低。由于各种原因导致弯曲变形大的轴以及多支点轴，应选择具有调心作用的轴承；线接触轴承（如圆柱滚子轴承、圆锥滚子轴承、滚针轴承等）对偏斜角较为敏感，轴应有足够的刚度，且对同一轴上各轴承座孔的同轴度要求较高。

（5）在要求安装和拆卸方便的场合，常选用内、外圈能分离的可分离型轴承，如圆锥滚子轴承、圆柱滚子轴承等。

（6）选择轴承类型时要考虑经济性。通常外廓尺寸接近时，球轴承比滚子轴承价格低，深沟球轴承价格最低；公差等级越高，价格也越高，选用高等级轴承应特别慎重。

15.2.3 滚动轴承的代号

滚动轴承的规格、品种繁多，国家标准规定统一的代号来表征滚动轴承在结构、尺寸、精度、技术性能等方面的特点和差异。根据国家标准 GB/T 272-1993，我国滚动轴承的代号由基本代号、前置代号和后置代号构成，用字母和数字等表示，其排列顺序见表 15-2。其中基本代号是轴承代号的基础，前置代号和后置代号都是轴承代号的补充，只有在遇到对轴承结构、形状、材料、公差等级、技术要求等有特殊要求时才使用，一般情况可部分或全部省略。

表 15-2　滚动轴承代号的构成及排列顺序（摘自 GB/T 272—1993）

前置代号	基本代号					后置代号轴						
轴承分部件	五	四	三	二	一	内部结构	密封与防尘及套圈变形	保持架及其材料	轴承材料	公差等级	游隙	配置	其他
	类型代号	尺寸系列代号		内径代号								
		宽（高）度系列	直径系列									

1. 基本代号

基本代号表示轴承的基本类型、结构和尺寸。一般滚动轴承（滚针轴承除外）的基本代号由类型代号、尺寸系列代号和内径代号构成，见表 15-1。滚针轴承的基本代号由轴承类型代号和表示轴承配合安装特征的尺寸构成，具体见 GBIT 272—1993。

（1）轴承内径代号。基本代号右起第一、第二位数字代表内径尺寸，表示方法见表 15-3。

表 15-3　轴承内径代号

内径代号	04～99（代号乘以 5 即为内径）	00	01	02	03
内径尺寸 d(mm)	20～480	10	12	15	17

对于内径小于 10 mm 或大于 480 mm 的轴承，其内径表示方法可参看 GB/T 272—1993。

（2）尺寸系列代号。为了满足不同承载能力的需要，把同一内径的轴承，做成不同的外径和宽度。这种内径相同而外径和宽度不同的变化系列称为尺寸系列。GB/T272—93 规定轴承的尺寸系列代号由基本代号左起第三、四位数字表示。尺寸系列代号包括直径系列代号和宽（高）度系列代号。

直径系列代号：直径系列代号用基本代号右起第三位数字表示。所谓直径系列是指结构相同、内径相同而外径不同的尺寸系列，其代号为 7,8,9,0,1,2,3,4,5，尺寸依次递增，见图 15-4。

宽（高）度系列代号：右起第四位数字代表宽（高）度系列代号。如图 15-4 宽（高）度系列是指结构、内径和直径系列都相同的轴承，对向心轴承，配有不同宽度的尺寸系列，代号取 8,0,1,2,3,4,5,6，尺寸依次递增；当宽度系列为 0 时，多数轴承可将 0 省略，但圆锥滚子轴承不可省略 0。对推力轴承，配有不同高度的尺寸系列，代号取 7,9,1,2，尺寸依次递增。

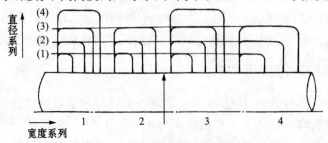

图 15-4　直径系列和宽度系列

（3）轴承类型代号。轴承类型用右起第五位数字或字母表示，见表15-1。

2. 前置代号

前置代号表示轴承的分部件，以字母表示，如 K 代表滚子轴承的滚子和保持架组件，L 代表可分离轴承的可分离套圈等。

以上内容仅介绍了轴承代号中最基本、最常用的部分。对于未涉及到的部分，可查阅 GB/T 272—1993。

3. 后置代号

轴承的后置代号表示轴承的内部结构、密封、材料、公差、游隙、配置及其他特性要求，用数字和字母表示。后置代号共分 8 组，排列顺序见表15-2。

（1）内部结构代号。内部结构代号是表示同一类型轴承的不同内部结构，用字母紧跟着基本代号表示。如用 C，AC 和 B 分别表示接触角为 15°，25°和 40°的角接触球轴承。

（2）公差等级代号。轴承公差等级，是指不同的尺寸精度和旋转精度的特定组合。精度由高到低有/P2，/P4，/P5，/P6X，/P6 和/P0 共 6 个级别，其中/P0 级为普通级，在轴承代号中可不标出。

（3）游隙代号。轴承的滚动体与内、外圈滚道之间的间隙称为游隙。游隙按大小分组，由小到大依次有/C1，/C2，/C0，/C3，/C4 和/C5 共 6 个组别。其中/C0 为常用游隙组，在轴承代号中可不标出。公差代号与游隙代号同时标注时，可省去后者字母，如/P6，/C3，应标注为/P63。

（4）配置代号。成对安装的轴承有 3 种配置方式，分别用 3 种代号表示:/DB——背对背安装;/DF——面对面安装;/DT——串联安装。代号示例如 7210ClDF、30208/DB

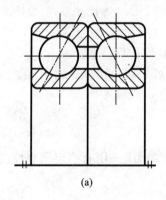 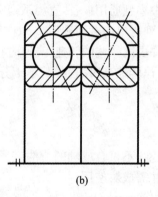 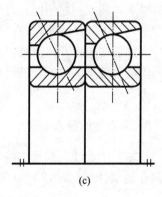

(a)　　　　　　　　　(b)　　　　　　　　　(c)

图 15-5　配置方式代号

例 15-1　试说明 30412、N208/P54 轴承代号的意义。

解　30412 轴承代号的意义为:3 表示圆锥滚子轴承,0（圆锥滚子轴承宽度系列代号不省略）宽度系列 0,4 表示直径系列 4,10 表示内径 60 mm,公差等级/P0,游隙组别/C0。

N208/P54 轴承代号的意义为:N 表示圆柱滚子轴承,宽度系列 0（省略）,2 表示直径系列为 2,08 表示内径为 40 mm,公差等级别/P5,游隙组别/C4。

15.3　滚动轴承类型的选择

选择轴承的类型时,主要考虑以下因素:

1. 载荷的大小、方向和性质

轴承所受载荷的大小、方向和性质是选择轴承的主要依据。当承受载荷大且有冲击时,应优先选用滚子轴承;载荷小而平稳时,应优先选用球轴承。这主要是由于滚子与滚道为线接触,而球是点接触的缘故。但当内径小于 20 mm 时,滚子轴承和球轴承的承载能力相差不大,但造价却高,故应选球轴承。

当承受纯径向载荷时,一般选径向接触轴承,如 60000 型,N0000 型。当承受纯轴向载荷时,一般选用轴向接触轴承,如 50000 型。当承受径向载荷和不大的载荷时,可选用深沟球轴承 60000 型或接触角不大的角接触向心轴承,如 7000C 或 30000 型。当承受径向载荷和较大的轴向载荷时,可选用接触角较大的角接触向心轴承,如 70000AC、70000B 或 30000B 型,也可选用径向接触轴承和轴向接触轴承组合在一起的结构。

2. 轴承的转速

球轴承比滚子轴承有较高的极限转速,故高速时优先选用球轴承。

在内径相同的条件下,外径越小,则滚动体就越小,滚动体的质量越小,运转时滚动体加在外圈滚道上的离心惯性力也就越小,因而也就更适于在更高的转速下工作。故在高速时,宜选用外径尺寸小的直径系列。外径尺寸大的直径系列,只适用于低速重载的场合。如果用一个外径小的直径系列的轴承而承载能力不足时,可考虑采用宽系列的轴承,或者把两个同直径系列的轴承并装在一起使用。对于中小型通用设备,直径系列常选用 1,2,3 等尺寸系列,宽度系列常选用 0,1 等尺寸系列,高度系列对单向载荷选用 1,双向载荷选用 2 等尺寸系列。

实体保持架比冲压保持架允许更高一些的转速,高速时宜采用实体保持架。

因推力轴承的转速较低,当工作转速高时,若载荷不十分大,可采用角接触球轴承承受纯轴向力。

3. 调心性的要求

当轴的中心线与轴承座的中心线不重合或轴的弯曲变形较大时,应采用有一定调心性能的调心轴承,如 10000,20000 等,并需成对使用。

4. 装拆方便的要求

在轴承座没有部分面而必须沿轴向安装和拆装时,为装拆方便,应优先选用内外圈可分离的轴承,如 N0000,30000 型等。

5. 经注性的要求

滚子轴承价格高于球轴承,调心轴承价格最高。同型号的精度为/P0,/P6,/P5,/P4 的轴承,价格比约为 1∶1.8∶2.7∶7。在满足使用功能的前提下,应尽量选用低精度、价格便宜的轴承。

15.4 滚动轴承工作情况分析及寿命计算

15.4.1 失效形式和计算准则

1. 滚动轴承载荷

(1) 向心轴承中的载荷分布。滚动轴承内、外套圈间有相对运动,滚动体既有自转又围绕轴承中心公转(见图 15-6)。以径向接触轴承为例,轴承承受中心轴向力 F_A 与径向力 F_R。在理想状态下,轴向力由各滚动体均匀分担,而径向力只由半圈滚动体承受,最下面的滚动体所受载荷最大。轴承在工作状态下,滚动体与旋转套圈承受变化的脉动接触应力,固定套圈上最下端一点承受最大脉动接触应力。

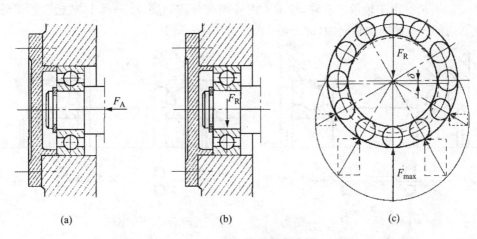

(a)   (b)   (c)

图 15-6 向心轴承载荷分析

(a) 受轴向载荷作用 (b) 受径向载荷作用 (c) 径向载荷作用时的滚动体载荷分布

(2) 角接触向心轴承的轴向力。角接触球轴承和圆锥滚子轴承承受径向载荷时,在滚动体与外圈滚道接触处存在着接触角。当它承受径向载荷时,作用在滚动体上的法向力可分解为径向分力和轴向分力(如图 15-7)。各个滚动体上所受轴向分力的合力即为轴承的内部轴向力 F_s。内部轴向力 F_s 的大小的近似计算式见表 15-4。内部轴向力 F_s 的方向为从外圈的

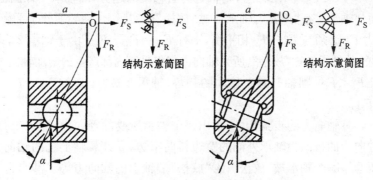

图 15-7 角接触向心轴承轴向载荷分析

宽边指向窄边。

表 15-4 角接触向心轴承的派生轴向力 F_S 的计算公式

轴承类型	角接触球轴承			圆锥滚子轴承 30000 型
	70000C($\alpha=15°$)	70000AC($\alpha=25°$)	70000B($\alpha=40°$)	
附加轴向力 F_S	eF_R	$0.68F_R$	$1.15F_R$	$F_R/(2Y)$

注:(1) 表中的 Y 值为表 15-5 中 $F_A/F_R > e$ 时的 Y 值。

(2) 表中的 e 由表 15-5 查出。

(3) 角接触轴承轴向载荷 F_{A1} 与 F_{A2} 的计算(见图 15-8)。F_a 为作用于轴上的轴向工作载荷,F_{R1}、F_{R2} 为两轴承所受径向力,可求得的附加轴向力分别为 F_{S1} 和 F_{S2} 方向如图 5-8 所示。根据轴上轴向力的平衡关系可确定轴承 1、轴承 2 所受的轴向力。

如图 15-8(a),如果 $F_{S1}+F_a>F_{S2}$,则轴有向右移动的趋势,因轴承 2 外圈的右端受限位,从而使轴承 2 被"压紧",轴承 1 被"放松"。轴承 2 的总轴后力 F_{A2} 必须与 $F_{S1}+F_a$ 相平衡,则有 $F_{A2}=F_{S1}+F_a$。由于轴承 1 右移,轴承 1 内外圈有分离趋势,故轴承 1"放松",所受轴向力仅仅是其内部产生的附加轴向力,即 $F_{A1}=F_{S1}$。

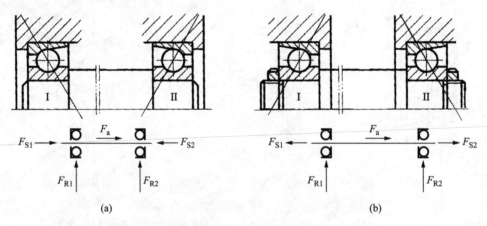

图 15-8 角接触向心轴承轴向力

(a) 面对面安装 (b) 背对背安装

如果 $F_{S1}+F_a<F_{S2}$,则轴有向左移动的趋势,轴承 1 被"压紧",$F_{A1}=F_{S2}-F_a$;轴承 2 被"放松",$F_{A2}=F_{S2}$。

如图 15-8(b)如果 $F_{S2}+F_a>F_{S1}$,则轴有向右移动的趋势,因轴承 1 外圈的右端受到轴承盖的限位,从而使轴承 1 被"压紧",轴承 2 被"放松"。实际上,轴必须处于平衡位置。因此,轴承 1 的总轴向力 F_{A1} 必须与 $F_{S2}+F_a$ 相平衡,则有 $F_{A1}=F_{S2}+F_a$。由于轴承 2 右移动,轴承 2 外圈的右端无限位,故轴承 2 被"放松",所受轴向力仅仅是其内部产生的附加轴向力,即 $F_{A2}=F_{S2}$。

如果 $F_{S2}+F_a<F_{S1}$,则轴有向左移动的趋势,轴承 2 被"压紧",$F_{A2}=F_{S1}-F_a$;轴承 1 被"放松",$F_{A1}=F_{S1}$。

综上所述,计算轴向力的步骤为:①求出每个轴承所受的径向力;②求出每个轴承的派生轴向力,派生轴向力的指向为轴承外圈的宽边指向窄边;③计算轴上总的轴向力的指向,判别哪个轴承被"压紧",哪个轴承被"放松";④"放松"端轴承的轴向力等于其自身派生的轴向力,"压紧端"轴承的轴向力等于外部轴向力与"放松"端轴承派生轴向力的代数和。

2. 滚动轴承的主要失效形式

滚动轴承的失效形式主要有:疲劳点蚀、永久变形和磨损等。

(1)疲劳点蚀。外载荷作用下,由于内外圈和滚动体有相对运动,滚动体和内外圈接触处将产生接触应力。轴承元件上任一点处的接触应力都可看做是脉动循环应力,在长时间作用下,内外圈滚道或滚动体表面将形成疲劳点蚀,从而产生噪声和振动,致使轴承失效。

(2)塑性变形。当轴承转速很低或间歇摆动时,如果有过大的静载荷或冲击载荷,会使轴承工作表面的局部应力超过材料的屈服点而出现塑性变形,从而使轴承不能正常工作而失效。

(3)磨损。在密封不可靠、润滑剂不洁净,或在多尘环境下,轴承极易发生磨粒磨损;当润滑不充分时,会发生黏着磨损直至胶合。速度越高,磨损越严重。

3. 滚动轴承的计算准则

在确定轴承尺寸时,必须针对主要失效形式进行必要的计算。计算准则为:

(1)正常工作条件下做回转运动的滚动轴承,主要是疲劳点蚀破坏,故应进行接触疲劳寿命计算,当载荷变化较大或有较大冲击载荷时,还应作静强度校核。

(2)对于转速很低($n < 10 \text{ r/min}$)或摆动的轴承,主要是失效形式是塑性变形,按静强度计算即可。

(3)对高速轴承,为防止发生黏着磨损,除进行寿命计算外,还要校验极限转速。

15.4.2 滚动轴承的寿命计算

基本额定寿命和基本额定动载荷。

在脉动循环变化的接触应力作用下,轴承中任何一个元件第一次出现疲劳点蚀以前运转的总转数,或一定转速下工作的小时数,称为轴承的寿命。

大量实验证明,由于材料、热处理和加工等因素不可能完全一致,即使同类型、同尺寸的轴承在相同条件下运转,其寿命也不会完全相同,甚至相差很大。因此,必须采用数理统计的方法,确定一定可靠度下轴承的寿命(见图 15-9)。

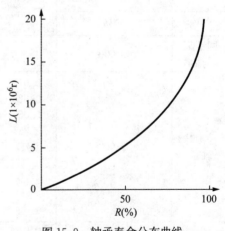

图 15-9 轴承寿命分布曲线

1. 基本额定寿命

一批相同的轴承,在相同的条件下运转,90%以上的轴承在疲劳点蚀前能达到的总转数或一定转速下工作的小时数,称为轴承的基本额定寿命,以 L_{10}(10^6 转为单位)或 L_{10h}(小时为单位)表示。寿命计算时,通常以基本额定寿命作为辅承的寿命指标。

2. 基本额定动载荷

基本额定寿命为 10^6 转时,轴承所能承受的最大载荷称为轴承的基本额定动载荷,以 C 表示。轴承在基本额定动载荷作用下,运转 10^6 转而不发生疲劳点蚀的可靠度为 90%。基本额定动载荷是衡量轴承抵抗疲劳点蚀能力的主要指标,其值越大,抗点蚀能力越强。

轴承基本额定动载荷的大小与轴承类型、结构、尺寸和材料等有关,由轴承样本或设计手册提供。

基本额定动载荷可分为径向基本额定动载荷(C_r)和轴向基本额定动载荷(C_a)。前者对于向心轴承(角接触轴承除外)是指径向载荷,对于角接触轴承是指使轴承套圈间产生相对于径向位移的载荷径向分量;后者对于推力轴承,为中心轴向载荷。

15.4.3 滚动轴承的当量动载荷

在实际使用中,当轴承既承受径向载荷又承受轴向载荷时,将实际的轴向、径向载荷等效为一假想的当量动载荷来处理,在此载荷作用下,轴承的工作寿命与在实际工作载荷下的寿命相等。此种假定载荷就称为当量动载荷,用 P 表示。

当量动载荷的计算如下:

$$P = f_P(XF_R + YF_A) \tag{15-1}$$

式中:X 为径向载荷系数;Y 为轴向载荷系数;F_R 为轴承所受的径向载荷;F_A 为轴承所受的轴向载荷。

X,Y 的值在表 15-5 中查取。表中 e 值反映了轴向载荷对轴承承载能力的影响,它与轴承类型和 F_A/C_{0r} 有关。

f_P 载荷系数,在实际支承中还会出现一些附加载荷,如冲击力、不平衡作用力、惯性力等的影响,查表 15-6。

表 15-5 单列轴承当量动载荷计算的 X、Y 系数

轴承类型		相对轴向载荷 F_A/C_{0r}①	判断系数 e	$F_A/F_R \leqslant e$		$F_A/F_R > e$	
名称	代号			X	Y	X	Y
圆锥滚子轴承	30 000	—	1.5tanα②	1	0	0.4	0.4cotα②
深沟球轴承	60 000	0.015	0.19	1	0	0.56	2.30
		0.028	0.22				1.99
		0.056	0.26				1.71
		0.084	0.28				1.55
		0.11	0.30				1.45
		0.17	0.34				1.31
		0.28	0.38				1.15
		0.42	0.42				1.04
		0.56	0.44				1.00
角接触球轴承	70 000C(α=15°)	0.015	0.38	1	0	0.44	1.47
		0.029	0.40				1.40
		0.058	0.43				1.30
		0.087	0.46				1.23
		0.12	0.47				1.19
		0.17	0.50				1.12
		0.29	0.55				1.02
		0.44	0.56				1.00
		0.58	0.56				1.00

轴承类型		相对轴向载荷 F_A/C_{0r}①	判断系数 e	$F_A/F_R \leqslant e$		$F_A/F_R > e$	
名称	代号			X	Y	X	Y
角接触球轴承	70 000AC($\alpha=25°$)	—	0.68	1	0	0.41	0.87
	70 000B($\alpha=40°$)	—	1.15	1	0	0.35	0.57

注：(1) 按 GB/T 6391—1995，深沟球轴承的 F_A/C_{0r} 值应依次为 0.012，0.023，0.046，0.067，0.089，0.132，0.217，0.321，0.427；$\alpha=15°$ 的角接触球轴承的 F_A/C_{0r} 应依次为 0.012，0.024，0.047，0.070，0.092，0.136，0.225，0.332，0.438。但为使计算时能查到资料，故本表仍沿用吴宗泽、罗圣国主编的高等学校教材《机械设计课程设计手册》所列数据。

(2) α 具体数值按不同型号轴承由产品目录或有关手册给出，有一些手册直接列 e 值、Y 值。

表 15-6　载荷系数 f_P

载荷性质	应 用 举 例	载荷系数 f_P
无冲击或轻微冲击	电机、汽轮机、通风机、水泵等	1.0～1.2
中等冲击或中等惯性力	车辆、动力机械、起重机、造纸机、冶金机械、选矿机械、水力机械、卷扬机、木材加工机械、机床、传动装置、内燃机等	1.2～1.8
强大冲击	破碎机、轧钢机、钻探机、振动筛等	1.8～3.0

15.4.4　滚动轴承的寿命计算

如图 15-10 所示，大量的实验表明，滚动轴承的基本额定寿命 L_{10} 与当量动载荷 P 有如下关系

$$P^\varepsilon L = 常数 \tag{15-2}$$

式中：ε 为轴承寿命指数。对于球轴承，$\varepsilon=3$；对于滚子轴承，$\varepsilon=10/3$。

当基本额定寿命 $L=1$（10^6 转）时，轴承的载荷为基本额定动载荷 C，由式（15-2）

可得

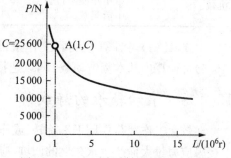

图 15-10　6207 滚动轴承的 P-L 曲线

$$P^\varepsilon L_{10} = C^\varepsilon 10^6$$

即

$$L_{10} = \left(\frac{c}{P}\right)^\varepsilon (10^6 转) \tag{15-3}$$

通常，轴承寿命是按一定转速下的工作小时计算的，

$$L_{10h} = \frac{10^6}{60n}\left(\frac{C}{P}\right)^\varepsilon$$

当轴承温度高于 120° 时，轴承的寿命会降低，影响基本额定动载荷，应引入温度系数 f_t（见表 15-7），于是有：

$$L_{10h} = \frac{10^6}{60n}\left(\frac{f_t C}{P}\right)^\varepsilon \tag{15-4}$$

如果已知轴承的当量动载荷 P、转速 n，设计机器时所要求的轴承预期寿命 L'_{10h} 也已确定，则可计算出轴承应具有的基本额定动载荷 C' 值，从而可根据 C' 值选用所需要的轴承

$$C' = \frac{f_P P}{f_t} \sqrt[\varepsilon]{\frac{60 n L'_{10h}}{10^6}} \tag{15-5}$$

表 15-7　温度系数 f_t

轴承工作温度 $t(℃)$	≤120°	125	150	175	200	225	250	300	350
温度系数 f_t	1	0.95	0.9	0.85	0.80	0.75	0.7	0.6	0.50

表 15-8　推荐的轴承预期寿命值

使用条件		示　例	预期寿命(h)
不经常使用的仪器设备		闸门启闭装置等	300～3 000
间断使用的机械	中断使用不致引起严重后果	手动机械、农业机械、自动送料装置等	3 000～8 000
	中断使用将引起严重后果	发电站辅助设备、带式运输机、车间起重机等	8 000～12 000
每日工作 8 小时的机械	经常不满载使用	电动机、压碎机、起重机、一般齿轮传导装置等	10 000～25 000
	满载荷使用	机床、木材加工机械、工程机械、印刷机械等	20 000～30 000
24 小时连续工作的机械	正常使用	压缩机、泵、电动机、纺织机械等	40 000～50 000
	中断使用将引起严重后果	电站主要设备、纤维机械、造纸机械、给排水设备等	≈100 000

由式(15-4)可计算在实际工作条件下已定轴承的寿命,可对轴承寿命进行校核;由式(15-5)可计算出基本额定动载 C',以选择合适的轴承尺寸和型号。

15.4.5　滚动轴承的静载荷

在较大工作载荷作用下不旋转、或作低速旋转以及缓慢摆动的轴承,由于滚动体接触表面上接触应力过大而产生永久性的凹坑,应按照轴承静强度来选择轴承的尺寸。

使受载最大的滚动体与滚道接触中心处引起的接触应力达到一定值(对于向心球轴承为4 200 MPa,调心轴承 4 600 MPa,滚子轴承 4 000 MPa)的载荷,称为基本额定静载荷,用 C_0 表示,其具体数值可查轴承手册。应该指出,上述接触应力作用下产生的永久变形,除了对那些要求转动灵活性高和振动低的轴承外,一般不会影响其正常工作。

轴承上作用的径向载荷 F_R 和轴向载荷 F_A 应折合成一个当量静载荷 P_0。

$$P_0 = X_0 F_R + Y_0 F_A \tag{15-6}$$

式中:X_0,Y_0 分别为径向静载荷系数和轴向静载荷系数,见表 15-9。

表 15-9　单列轴承当量静载荷计算的 X_0,Y_0 系数

轴承类型		X_0	Y_0
圆锥滚子轴承		0.5	$0.22\cot\alpha$
深沟球轴承		0.6	0.5
角接触球轴承	70 000C	0.5	0.46
	70 000AC	0.5	0.38
	70 000B	0.5	0.26

轴承静载能力选择轴承的公式为

$$C_0 \geqslant S_0 P_0 \tag{15-7}$$

式中：S_0 称为轴承静强度安全系数（见表 5-10）。

表 15-10　静强度安全系数 S_0

使用要求或载荷性质	S_0
对于旋转精度和平稳性要求高或受较大冲击载荷的轴承	1.2～2.5
一般工作精度和轻微冲击情况下	0.8～1.2
旋转精度要求较低，允许摩擦力矩较大，没有冲击振动的轴承	0.5～0.8

15.5　滚动轴承的尺寸选择

滚动轴承在类型选择好以后，接下来就是尺寸的选择。尺寸选择主要指轴承内径和尺寸系列的选择。在一般情况下，轴承的内径在轴的设计中已经决定，所以轴承尺寸选择计算是在轴承的类型决定后，针对轴承的失效形式，选定轴承的尺寸系列代号。

（1）已知轴承内径尺寸，结合选定的轴承类型，从轴承样本中预选某一型号的轴承，查出其所具有的基本额定动载荷 C；

（2）利用式(15-4)，算出预选轴承的寿命 L_h，并与预期使用寿命 L_h' 比较，看是否满足 $L_h \geqslant L_h'$ 的要求，如不满足，可更换型号尺寸，重新计算，直到满足寿命要求为止；或利用式(15-5)求出在预期使用寿命 L_h' 下，轴承应具有的基本额定动载荷 C'，然后与预选轴承所具有的基本额定动载荷 C 相比较，看是否满足 $C \geqslant C'$ 的要求，如不满足，可更换型号尺寸，重新计算，直到满足要求为止。

（3）对于转速较高又同时承受冲击载荷的轴承，除进行寿命计算外，还要进行轴承的静强度校核。

（4）对于高速轴承，除进行寿命计算外还应检验极限转速。若不能满足要求则可放大轴承尺寸。

例 15-2　如图所示，一台斜齿轮减速器中的输出轴采用一对角接触轴承正装支承。已知轴上的斜齿轮为右旋，分度圆直径 $d=205\text{ mm}$，啮合点位于分度圆上的图示位置，圆周力 $F_t=3\,000\text{ N}$，径向力 $F_r=1\,116\text{ N}$，轴向力 $F_a=638\text{ N}$，轴承型号为 7\,206AC，试求两轴承的轴向力。

解　(1)求两轮承所受径向力。画齿轮受力分析图 15-11(b)。

求垂直平面支反力 F_{RV}

$$F_{RV1} = \frac{F_r \times 100 - F_a \times \dfrac{d}{2}}{100 + 100} = 231\text{ N}, F_{RV2} = \frac{F_r \times 100 + F_a \times \dfrac{d}{2}}{100 + 100} = 885\text{ N}$$

求水平面的支反力 F_{RH}

$$F_{RH1} = F_{RH2} = \frac{F_t}{2} = 1\,500\text{ N}$$

由水平面和铅垂面内的径向力合成得

$$F_{R1} = \sqrt{F_{RH1}^2 + F_{RV1}^2} = \sqrt{1\,500^2 + 231^2} = 1\,518(\text{N})$$

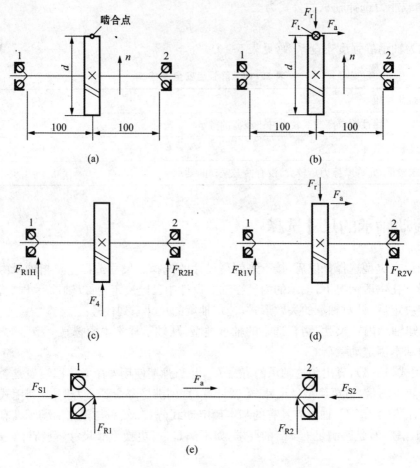

图 15-11 例 15-2 图

(a) 输出轴受轴支承　(b) 齿轮受力图　(c) 水平面内的受力

(d) 铅垂面内的受力　(e) 轴承轴向力分析

$$F_{R2} = \sqrt{F_{RH2}^2 + F_{RV2}^2} = \sqrt{1500^2 + 885^2} = 1742(N)$$

（2）求轴承的轴向力。由表 15-4 知 7206AC 轴承的附加轴向力为 $F_S = 0.68F_R$，所以有：

$F_{S1} = 0.68F_{R1} = 0.68 \times 1518 = 1032(N)$，$F_{S2} = 0.68F_{R2} = 0.68 \times 1742 = 1185(N)$

其方向如图 15-11(e)所示。

因为：$F_{S1} + F_a = 1032 + 638 = 1670 > F_{S2}$

所以，轴承 2 被"压紧"，轴承 1 被"放松"。

因此，$F_{A1} = F_{S1} = 1032N$，$F_{S2} = F_{S1} + F_a = 1670 N$

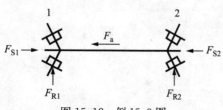

图 15-12　例 15-3 图

例 15-3　如图 15-12 所示，在轴上正装一对圆锥滚子轴承，其型号为 30305，已知轴承的径向载荷分别为 $F_{R1} = 2500N$，$F_{R2} = 5000N$，外加轴向力 $F_a = 2000N$，该轴承在常温下工作，预期工作寿命为 $L_h' = 2000$ 小时，载荷系数 $f_P = 1.5$，转速 $n = 1000$ r/min。试校核该对轴承是否满足寿命要求。

解 由轴承手册得 30305 型轴承基本额定动载荷 $C_r = 44\,800\mathrm{N}$，$e = 0.30$，$Y = 2$。

1. 计算两轴承的派生轴向力 F

由表 15-4 查得，圆锥滚子轴承的派生轴向力为 $F_S = F_R/(2Y)$，则

$$F_{S1} = \frac{F_{R1}}{2Y} = \frac{2\,500}{4} = 625(\mathrm{N})，\text{方向向右}$$

$$F_{S2} = \frac{F_{R2}}{2Y} = \frac{25\,000}{4} = 1\,250(\mathrm{N})，\text{方向向左}$$

2. 计算两轴承的轴向载荷 F_{A1}、F_{A2}

$F_{S2} + F_a = 1\,250 + 2\,000 = 3\,250(\mathrm{N})$，

因为　$F_{S2} + F_a > F_{S1}$

所以　轴承 1 被"压紧"，轴承 2 被"放松"，故

$$F_{A1} = F_{S2} + F_a = 3\,250\,\mathrm{N}$$

$$F_{A2} = F_{S2} = 1\,250\,\mathrm{N}$$

3. 计算两轴承的当量动载荷 P

轴承 1 的当量动载荷 P_1：

$$\frac{F_{A1}}{F_{R1}} = \frac{3\,250}{2\,500} = 1.3 > e = 0.30$$

查表 15-5 得 $X_1 = 0.4$，$Y_1 = 2$

$$P_1 = f_P(X_1 F_{R1} + Y_1 F_{R2}) = 1.5(0.4 \times 2\,500 + 2 \times 3\,250) = 11\,250(\mathrm{N})$$

轴承 2 的当量动载荷 P_2：

$$\frac{F_{A2}}{F_{R2}} = \frac{1\,250}{5\,000} = 0.25 < e = 0.30$$

查表 15-5 得 $X_2 = 1$，$Y_2 = 0$

$$P_2 = f_P F_{R2} = 1.5 \times 5\,000 = 7\,500(\mathrm{N})$$

4. 验算两轴承的寿命

由于轴承是在正常温度下工作，$t < 120℃$，查表 15-7 得 $f_t = 1$；
滚子轴承的 $\varepsilon = 10/3$，则轴承 1 的寿命

$$L_{10h1} = \frac{10^6}{60n}\left(\frac{f_t C}{P}\right)^\varepsilon = \frac{10^6}{60 \times 1\,000}\left(\frac{1 \times 44\,800}{11\,250}\right)^{\frac{10}{3}}\mathrm{h} = 1\,668\,\mathrm{h}$$

轴承 2 的寿命

$$L_{10h2} = \frac{10^6}{60n}\left(\frac{f_t C}{P}\right)^\varepsilon = \frac{10^6}{60 \times 1\,000}\left(\frac{1 \times 44\,800}{7\,500}\right)^{\frac{10}{3}}\mathrm{h} = 6\,445\,\mathrm{h}$$

由此可见，轴承 1 不满足寿命要求，而轴承 2 满足要求。

15.6 滚动轴承的组合设计

要保证滚动轴承的正常工作和有效发挥其支承作用，除了正确地选择轴承的类型和尺寸

外,还必须正确地解决轴承的组合结构设计问题,包括轴承的固定、配合、间隙调整、装拆、润滑、密封等一系列问题。

15.6.1　滚动轴承的轴向固定

滚动轴承内、外圈与轴的轴向固定取决于载荷的性质、大小和方向,以及轴承的类型和支承情况。

1. 常用的轴承外圈轴向固定方法

有:①轴承端盖[见图 15-13(a)]、②孔用弹性挡圈和轴承座凸肩[见图 15-13(b)]、③嵌入轴承外圈的轴用弹性挡圈和轴承端盖[见图 15-13(c)]和④轴承座凸肩和轴承端盖[见图 15-13(ad)]等。

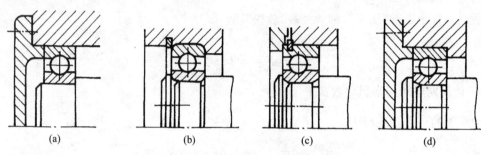

(a)　　　　(b)　　　　(c)　　　　(d)

图 15-13　滚动轴承外圈与轴承座的固定

2. 常用轴承内圈固定方法

有:①轴肩[见图 15-14(a)]、②轴用弹性挡圈和轴肩[见图 15-14(b)]、③轴端挡圈和轴肩[见图 15-14(c)]和④圆螺母、止动垫片和轴肩[见图 15-14(d)]等。

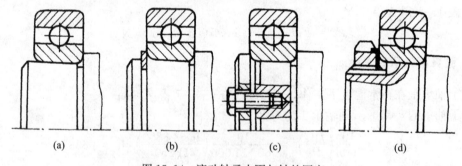

(a)　　　　(b)　　　　(c)　　　　(d)

图 15-14　滚动轴承内圈与轴的固定

15.6.2　轴的支承结构形式

滚动轴承是轴的支承部件,合理的轴的支承结构形式,应使轴和轴上零件在机器中有确定的位置,能够承受径向载荷和轴向载荷,并能在由于工作温度升高使轴受热膨胀时,轴和轴上零件也能顺利工作。轴的支承结构形式有以下 3 种。

1. 两端单向固定

轴的两个支点分别限制轴在不同方向的单向移动,两个支点合起来便可限制轴的双向移动,这种固定方式称为双支承单向固定。它适用于工作温度变化不大的短轴(支承跨距小于350 mm)。考虑到轴因受热伸长,对于深沟球轴承,如图 15-15(a)所示,可在轴承盖与外圈端面之间,留出热补偿间隙 $C=0.2\sim0.4$ mm。该间隙可通过调整垫片组的厚度或修磨轴承端盖的端面获得。对于角接触球轴承和圆锥滚子轴承,不仅可以用垫片调节,也可用调整螺钉调整轴承外圈的方法来调节,如图 15-15(b)所示。

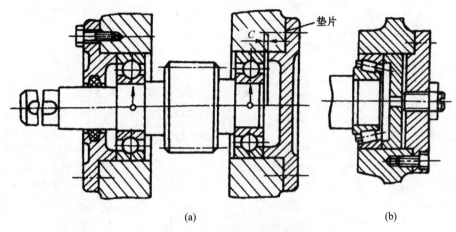

(a)   (b)

图 15-15   两端支承单向固定

2. 一端双向固定一端游动

当支承跨距较大($l>350$ mm)、工作温度较高($\Delta t\geqslant50℃$)时,轴受热伸长量较大,必须给轴系以热膨胀的余地,以免轴承被卡死,同时又要保证轴系相对固定以实现其正确的工作位置,应采用一端双向固定,另一支点游动的配置型式。

如图 15-16 所示,轴的两个支点中只有一个支点限制轴的双向移动,另一个支点则可作轴向游动,这种固定方式称为单支承双向固定。固定支承的轴承的内、外圈都必须作双向固定。

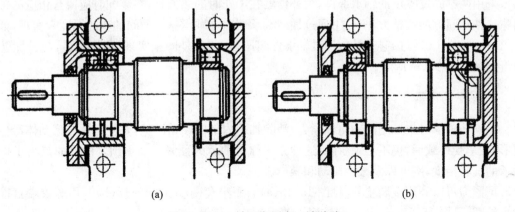

(a)   (b)

图 15-16   一端双向固定一端游动

游动支承的轴承可选用深沟球轴承或内、外圈可作轴向移动的 N 类轴承。使用 N 类轴承时[见图 15-16(a)]内外圈均应作双向固定。使用深沟球轴承时[见图 15-16(b)],内圈应在轴上双向固定,允许外圈在轴承座中作轴向游动。

3. 两端游动

如图 15-17 所示的人字齿轮传动的高速轴,为了使轮齿受力均匀或防止齿轮卡死,轴的两端均使用 N 类游动轴承,轴在两个方向均不固定,这种方式称为双支承游动,又称全游式支承。这种方式只在人字齿轮的高速轴或其他特殊情况中使用。

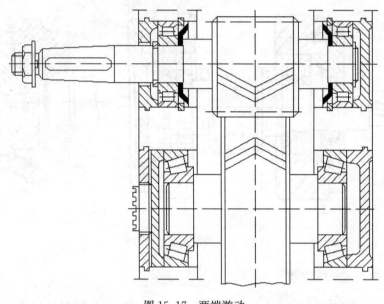

图 15-17　两端游动

15.6.3　滚动轴承组合的调整

1. 轴承间隙的调整

采用两端固定支承的轴承部件,为补偿轴在工作时的热伸长,在装配时应留有相应的轴向间隙。轴承间隙的调整方法有:①通过加减轴承端盖与轴承座端面间的垫片厚度来实现,如图 15-15(a)所示;②通过调整螺钉,经过轴承外圈压盖,移动外圈来实现,在调整后,应拧紧防松螺母,如图 15-15(b)所示。

2. 轴承的预紧

在安装轴承时加一定的轴向预紧力,消除轴承内部的原始游隙,并使套圈与滚动体产生预变形,在承受外载后,仍不出现游隙,这种方法称为轴承的预紧。轴承预紧的目的是为了提高轴承的旋转精度、刚度以及减少振动和噪声。

预紧力可以利用金属垫片[见图 15-18(a)]、磨窄套圈[见图 15-18(b)]、用螺纹端盖推压轴承外圈[见图 15-18(c)]用于圆锥滚子轴承等方法获得。

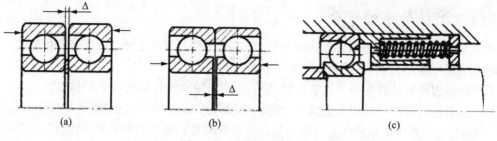

图 15-18　轴承的预紧方法

3. 轴承组合位置的调整

蜗杆传动要求蜗轮的中间平面通过蜗杆轴线[见图 15-19(a)]，圆锥齿轮传动要求两圆锥齿轮的节锥顶点重合[见图 15-19(b)]，故要求整个轴系可以作轴向调整。图 15-19(c)是圆锥齿轮传动轴的结构图，轴系位置可以通过增减垫片 1 的厚度得以改变。垫片 2 则是用来调整轴承的轴向游隙。

图 15-19(c)所示为这种轴承组合形式，整个轴系装在套杯中，通过调整套杯与机座间的垫片 1，即可调整锥齿轮的轴向位置。

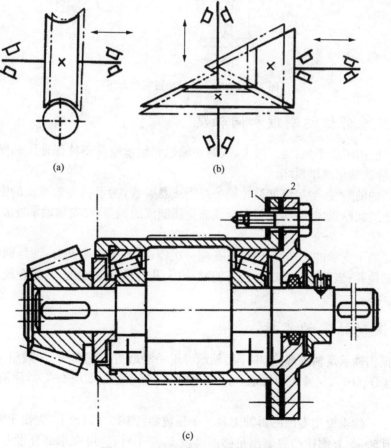

图 15-19　轴承组合轴向位置调整

15.6.4　滚动轴承的配合

滚动轴承的周向固定是靠轴承内圈与轴颈、轴承外圈与座孔之间的配合来实现的。

滚动轴承是标准件，它在配合方面有下述特点：

（1）轴承内孔与轴的配合采用基孔制，轴承外圈与轴承座孔的配合采用基轴制。

（2）轴承的内孔与外径均为上偏差为零、下偏差为负的公差带，这与普通圆柱体公差的国家标准不同，这一规定使轴承内孔与轴的配合比通常的基孔制同类配合要紧得多。

（3）在装配图上不需标注轴承内径和外径的公差符号，只需标注轴和轴承座孔的公差符号。

轴常用的公差代号有 j6，k6，m6，n6，座孔常用的公差代号有 G7，H7，J7 等。选择具体配合时，请查轴承手册。

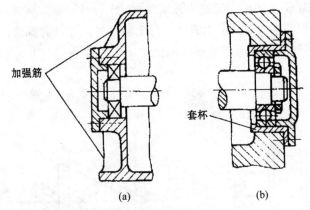

图 15-20　支承外的加强筋和套杯

15.6.5　支承部位的刚度和同轴度

轴和轴承座的刚度不足、变形过大，或两端轴颈和轴承座孔不能保证同轴度时，将使滚动体运动受阻，导致轴承过早损坏。

为了提高轴的刚度，要尽可能缩短轴的跨距或悬臂长；为了提高轴承座的刚度，应在机座支承轴承处适当加厚或加筋；对于轻合金或非金属制成的机壳，在安装轴承处应采用钢制的套杯（见图 15-20）。

为了保证两个支承的同轴度，两个座孔应一次镗出；当机壳是剖分式时，则应将两半个机壳组装在一起镗孔；当两个轴承的外径不同时，按大孔直径一次镗出，然后在较小的轴承上加装套杯结构。

15.6.6　滚动轴承的装拆

为了不损伤轴承及轴颈部位，中小型轴承可用手锤敲击装配套筒（一般用铜套）安装轴承［见图 15-21(a)、(b)］；尺寸大的轴承，可先在油中加热（不超过 80～90℃），使轴承内孔胀大后再套在轴上。

拆卸轴承一般也要用专门的拆卸工具——顶拔器［图 15-21(c)］。为便于安装顶拔器，应使轴承内圈比轴肩、外圈比凸肩露出足够的高度 h，对于盲孔，可在端部开设专用拆卸螺纹孔［见图 15-21(d)］。

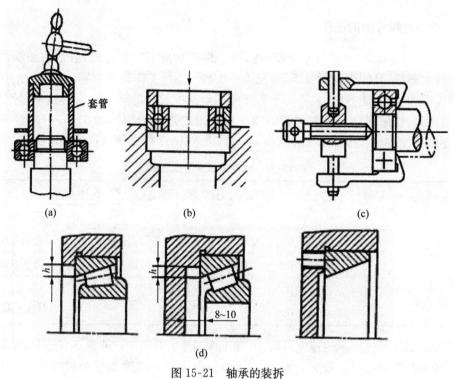

图 15-21 轴承的装拆

15.6.7 滚动轴承的润滑

1. 轴承润滑的目的

轴承的润滑不仅可以减少摩擦、降低磨损,还可以散热、缓冲吸振和防止锈蚀。润滑不良,易引起轴承早期失效,所以必须十分重视轴承的润滑问题。

轴承润滑的主要目的是减少摩擦和磨损,还有吸收振动、降低温度等作用。滚动轴承的润滑方式可根据速度因数 dn 值来选择。d 为轴承内径(mm),n 为轴承转速(r/min)。dn 值间接反映了轴颈的线速度。浸油润滑是使轴承浸入油中,浸入深度一般不得超过滚动体直径的 1/3,以免搅油损耗过大。

表 15-11　适用于脂润滑和油润滑的 dn 值界限/mm·r/min

	脂润滑	油　润　滑			
		油浴润滑	滴油润滑	循环油润滑	喷雾润滑
深沟球轴承	160 000	250 000	400 000	600 000	＞600 000
调心球轴承	160 000	250 000	400 000		
角接触球轴承	160 000	250 000	400 000	600 000	＞600 000
圆柱滚子轴承	120 000	250 000	400 000	600 000	
圆锥滚子轴承	100 000	160 000	230 000	300 000	
调心滚子轴承	80 000	120 000		250 000	
推力球轴承	40 000	60 000	120 000	150 000	

2. 润滑油与润滑脂的选择

当 dn<(1.5~2)×10⁵ mm·r/min 时，可选用脂润滑。当超过时，宜选用油润滑。脂润滑可承受较大载荷，且便于密封及维护，充填一次润滑脂可工作较长时间。油润滑的优点是比脂润滑摩擦阻力小，并能散热，主要用于高速或工作温度较高的轴承。润滑脂不易流失，便于密封、不会污染，使用周期长。润滑脂的填充量不得超过轴承空隙的 1/3~1/2，过多则阻力大，易引起轴承发热。可按轴承工作温度、dn 值，由表 15-7 中选用合适的润滑脂。

表 15-12　滚动轴承润滑脂选择

轴承工作温度(℃)	dn 值[mm(r/min)]	使用环境	
		干　燥	潮　湿
0~4	>80 000	2 号钙基脂、2 号钠基脂	2 号钙基脂
	<80 000	3 号钙基脂、3 号钠基脂	3 号钙基脂
40~80	>80 000	2 号钠基脂	3 号钡基脂、3 号锂基脂
	<80 000	3 号钠基脂	

润滑油的黏度可按轴承的速度因数 dn 和工作温度 t 来确定。油量不宜过多，如果采用浸油润滑则油面高度不超过最低滚动体的中心，以免产生过大的搅油损耗和热量。高速轴承通常采用滴油或喷雾方法润滑。按 dn 值和工作温度，由图 15-22 选择润滑油的黏度，图中值为 40℃时的运动黏度，单位为 cSt(mm²/s)。

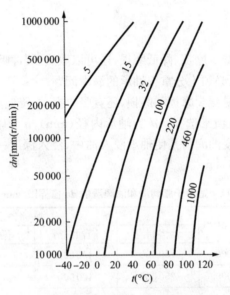

图 15-22　润滑油的黏度选择

15.6.8　滚动轴承的密封

滚动轴承的密封是为了防止外界灰尘、水及其他杂物进入轴承，同时也为了防止润滑剂的流失，造成环境污染和产品污染。密封按其原理的不同可分为接触式密封和非接触式密封两大类。密封的主要类型和适用范围见表 15-13。选择密封方式时应考虑密封的目的、润滑剂的种类、工作环境、温度、密封表面的线速度等。

表 15-13 轴承密封装置

密封类型		结　　构	使用条件	原理和特点
接触式密封	毛毡圈密封		脂润滑。要求环境清洁,轴颈圆周速度不大于 4～5 m/s,工作温度不大于 90℃	矩形截面毡圈嵌入梯形截面槽内,压紧在轴上。毡圈上需加油或脂,以便润滑轴颈
	皮碗密封		脂或油润滑。圆周速度<7 m/s,工作温度不大于 100℃	唇口用环形弹簧压紧在轴表面上。密封有单向性,分有骨架和无骨架两种
非接触式密封	油沟式密封		脂润滑。干燥清洁环境	靠轴与盖间的细小环形间隙密封,间隙越小越长,效果越好,间隙 0.1～0.3 mm
	迷宫式密封		脂或油润滑。密封效果可靠	旋转件与静止件之间间隙做成迷宫形式,在间隙中充填润滑油或润滑脂以加强密封效果
组合密封			脂或油润滑	组合密封的一种形式,毛毡加迷宫,可充分发挥各自优点,提高密封效果

15.7　滑动轴承

15.7.1　滑动轴承的应用和类型

由于滑动轴承摩擦损耗大,维护也较复杂,所以在很多场合常为滚动轴承所取代。但是在高速、高精度、重载、结构上要求剖分等情况下,滑动轴承有其独特的优点,在某些场合仍占有重要地位。

1. 滑动轴承摩擦状态

按表面润滑情况,将摩擦分为以下几种状态:干摩擦、边界摩擦、液体摩擦和混合摩擦等(见图 15-23)。

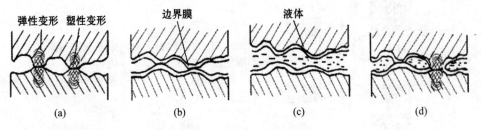

图 15-23　滑动轴承的摩擦状态
(a) 干摩擦状态　(b) 边界摩擦状态　(c) 流体摩擦状态　(d) 混合摩擦状态

2. 滑动轴承的应用

滑动轴承目前主要用于:①工作转速极高的轴承;②要求对轴的支承特别精确的轴承;③特别重型的轴承和特别小的轴承;④承受巨大冲击和振动载荷的轴承;⑤根据装配要求必须做成剖分式的轴承;⑥当轴排列紧密、由于空间尺寸的限制,必须采用径向尺寸较小的轴承;⑦在水或腐蚀性介质等特殊工作条件下工作的轴承。

3. 滑动轴承的类型

按受载荷方向不同可分为:径向轴承和止推轴承;

按润滑状态不同可分为:液体摩擦(润滑)轴承和混合摩擦(非液体润滑)轴承。其中,液体摩擦(润滑)轴承又可分为液体动压润滑轴承和液体静压润滑轴承。

本节主要介绍混合摩擦(润滑)轴承。

15.7.2　滑动轴承的结构

1. 径向滑动轴承

常用的径向滑动轴承的结构形式可分为整体式[如图 15-24(a)]和剖分式[如图 15-24(b)]。

整体式滑动轴承结构简单,成本低,装拆时必须通过轴端,磨损后间隙无法调整用于低速、轻载等场合径向滑动轴承。

剖分式滑动轴承装拆方便,轴承间隙可在一定范围内调整。径向力方向应在剖分面垂线左右各 35°范围内。

2. 调心式滑动轴承

当轴承宽度 B 与轴颈直径 d 之比 $B/d>1.5$ 时,轴的变形可能会使轴瓦端部和轴颈出现边缘接触,导致轴承过早被损坏。将轴瓦与轴承座配合表面做成球面,使其自动适应轴或机架

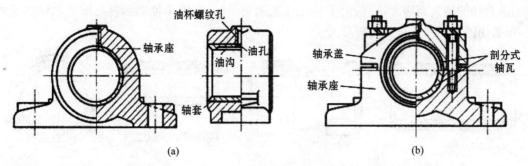

图 15-24　径向滑动轴承的结构形式

工作时的变形造成轴颈与轴瓦不同轴的情况,避免出现边缘接触。这种轴承称为调心轴承,如图 15-25 所示。

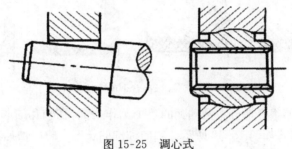

图 15-25　调心式

3. 止推滑动轴承

止推面可以利用轴的端面,也可在轴的中段做出凸肩或装上推力圆盘。空心式止推滑动轴承轴颈剖面的中空部分可储油,压强比较均匀,承载能力不大。多环式止推滑动轴承压强较均匀,能承受较大载荷。由于各环承载不均匀,环数不能太多(见图 15-26)。

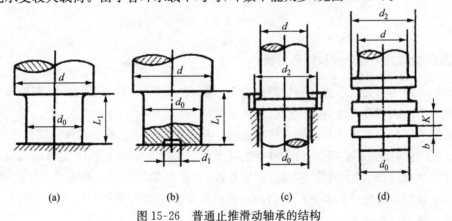

图 15-26　普通止推滑动轴承的结构

4. 轴瓦的结构

轴瓦分为剖分式和整体式结构(见图 15-27)。

剖分式轴瓦的结构见图 15-28。为改善轴瓦表面的摩擦性质,常在其内表面上浇注一层或两层减摩材料,通常称为轴承衬,所以轴瓦又有双金属轴瓦和三金属轴瓦。轴承衬的厚度应随轴承直径的增大而增大,一般由十分之几毫米到 6 mm。为了使轴承衬与轴瓦基体联接可靠,可采用图 15-29 所示的沟槽形式。

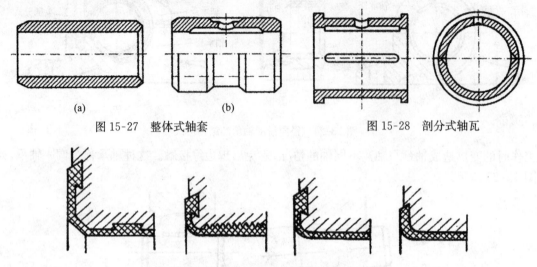

图 15-27　整体式轴套　　　　　　　图 15-28　剖分式轴瓦

图 15-29　轴承衬背上的沟槽形式

为了使润滑油能够很好地分布到轴瓦的整个工作表面,在轴瓦的非承载区上要开出油孔和油沟,常见的油沟型式如图 15-30 所示。轴向油沟的长度一般取轴瓦轴向长度的 80%。

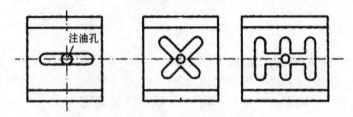

图 15-30　常见油沟型式

5. 滑动轴承的失效形式和轴承材料

滑动轴承的主要失效形式有磨粒磨损、刮伤、胶合(咬黏磨损)、疲劳剥落、腐蚀 5 种,有时还会出现气微动磨损和侵蚀(包括气蚀、流体浸蚀、电蚀)。

所谓轴承材料就是指轴瓦和轴承衬的材料。根据轴瓦失效形式及工作时轴瓦不损伤轴颈的原则,轴瓦材料应满足下列要求:①良好的减摩性、耐磨性和磨合性;②足够的强度;③良好的顺应性和嵌藏性;④耐腐蚀性;⑤良好的导热性;⑥良好的工艺性。其中顺应性是指轴瓦材料补偿对中误差和其他几何误差的能力。嵌藏性是指轴瓦材料容纳污物和外来微粒,防止刮伤和磨损的能力。

常用的滑动轴承材料有三大类:金属材料、多孔质金属材料、非金属材料。

1. 金属材料

(1) 轴承合金(巴氏合金、白合金)。它是锡、铅、锑、铜的合金,又分为锡锑轴承合金和铅锑轴承合金两类。它们各以较软的锡或铅作基体,均匀悬浮锑锡和铜锡的硬晶粒,常用作轴

— 290 —

承衬。

（2）铜合金。铜合金是传统的轴瓦材料，品种很多，可分为青铜和黄铜两类。青铜的性能仅次于轴承合金的轴瓦材料，应用较多。黄铜为铜锌合金，减摩性不及青铜，但易于铸造及机加工。可作为低速、中载下青铜的代用品。

（3）铝合金。这种轴瓦材料强度高，耐腐蚀，导热性良好，但顺应性、嵌藏性、磨合性较差，要求轴颈表面硬度高、粗糙度低以及配合间隙较大。它一般作为轴承衬材料。

（4）铸铁。有普通灰铸铁、耐磨铸铁或球墨铸铁，所含石墨具有润滑作用。耐磨铸铁表面经磷化处理可形成一多孔性薄层，有利于提高耐磨性。

2. 粉末冶金材料

粉末冶金材料是由铜、铁、石墨等粉末经压制，烧结而成的多孔隙（占总体积的 10%～35%）轴瓦材料。常用的粉末冶金材料有多孔铁、多孔青铜、多孔铝等。

3. 非金属材料

橡胶轴承具有较大的弹性，可以减小振动使运转平稳，还可以用水润滑，常用于潜水泵、沙石清洗机、钻机等有泥沙的场合。

塑料轴承具有摩擦系数低，可塑性、跑合性良好，耐磨，耐腐蚀，可以用水、油及化学溶液润滑等优点。但它的导热性差，膨胀系数较大，容易变形。为了改善这些缺陷，可将薄层塑料作为轴承衬材料布附在金属轴瓦上使用。

碳石墨具有良好的自润滑性能，高温稳定性好，常用于要求清洁的工作场合。

常用的轴承材料见表 15-14。

表 15-14　常用轴瓦材料的性能及应用

轴承材料		最大许用值		最高工作温度（℃）	最小轴颈硬度（HBS）	应用范围
名称	牌号	$[p]$（MPa）	$[pv]$〔MPa·(m/s)〕			
锡锑轴承合金	ZSnSb11Cu6	平稳、载荷		150	150	用于高速、重载的重要轴承，变载荷下易疲劳价格贵
		25	20			
	ZSnSb16Cu4	冲击载荷				
		20	15			
铅锑轴承合金	ZPbSb16Sn16Cu2	15	10	150	150	用于中速、中载的轴承，不宜承受显著的冲击载荷
	ZPbSb15Sn15Cu3	5	5			
锡青铜	ZcuSn1OP1	15	15	280	300～400	用于中速、重载及受变载荷的轴承
	ZCuSn5Pb5Zn5	5	10			用于中速、中载的轴承
铅青铜	ZCuPb30	25	30	250～280	300	用于高速、重载的轴承，能承受变载荷和冲击载荷

轴承材料		最大许用值		最高工作温度(℃)	最小轴颈硬度(HBS)	应用范围
名称	牌号	$[p]$(MPa)	$[pv]$ $[MPa\cdot(m/s)]$			
铝青铜	ZcuAl1OFe3	15	12	280	280	用于润滑良好的低速、重载轴承
	ZcuAl1OFe3Mn2	20	15			
灰铸铁	HT150～HT250	0.1～6	0.3～4.5	150	200～250	用于低速、轻载的不重要轴承

15.7.3　混合摩擦滑动轴承校核计算

不完全油膜滑动轴承工作时,轴颈与轴瓦表面间处于边界摩擦或混合摩擦状态,其主要的失效形式是磨粒磨损和黏附磨损。因此,防止失效的关键是在轴颈与轴瓦表面之间形成一层边界油膜,以避免轴瓦的过度磨粒磨损和因轴承温度上升过高而引起黏附磨损。

目前对不完全油膜滑动轴承的设计计算主要是进行轴承压强 p(避免过度磨损)、轴承滑动速度 v(限制滑动速度以防止因滑动速度过高而加速磨损)和 pv 值(限制轴承压强-速度值以控制发热)的验算,使它们不超过轴承材料的相应许用值。

混合摩擦滑动轴承的设计计算

1. 设计步骤

设计时,一般已知轴颈直径 d,轴的转速 n 及径向载荷 F_R。

其设计计算步骤如下:

(1) 根据轴承使用要求和工作条件,确定轴承的结构形式,选择轴承材料;

(2) 选定轴承宽径比 B/d,一般取 $B/d\approx0.7～1.3$,确定轴承宽度 B;

(3) 验算轴承的工作能力。

① 验算比压 p,保证工作时不致过度磨损。比压应满足

$$p = \frac{F_R}{Bd} \leqslant [p] \tag{15-8}$$

式中:$[p]$为许用比压,MPa,见表 15-9;F_R 为轴承的径向载荷,N;d 为轴颈直径,mm;B 为轴承宽度,mm。

② 验算 pv。对于载荷较大和速度较高的轴承,为保证工作时不致因过度发热产生胶合,应限制轴承单位面积上的摩擦功耗 fp_v(f 为材料的摩擦因数)。在稳定的工作条件下,f 可近似地看作常数。因此,p_v 反映了轴承的温升。

pv 应满足下列条件

$$pv = \frac{F_R}{Bd} \frac{\pi dn}{60 \times 1\,000} = \frac{F_R n}{19\,100B} \leqslant [pv] \tag{15-9}$$

式中:n 为轴的转速,r/min;$[pv]$为许用 pv 值,MPa·m/s,见表 15-9。

③ 验算轴颈的滑动速度 v,轴颈速度太高,易使轴承剧烈磨损。v 应满足

$$v = \frac{\pi dn}{60 \times 1\,000} \leqslant [v] \tag{15-10}$$

式中:$[v]$ 为滑动速度的许用值,见表 15-14。

④ 选择轴承的配合。不同的使用条件要求轴承具有不同的间隙,一般靠所选配合来保证。

常用的配合有 H7/g6,H7/f7,H7/f9,H7/e8 等。

非液体摩擦止推滑动轴承的计算与向心轴承相似,只是对止推轴承用环形面积计算比压,用平均直径计算速度。$[pv]$ 值则大致取 $2\sim4\,\mathrm{MPa\cdot m/s}$。

15.7.4 滑动轴承的润滑

1. 润滑方法的选择

滑动轴承的润滑方法可根据由经验公式求得的 k 值选择。

$$k = \sqrt{pv^3} \tag{15-11}$$

式中:p 为轴承压强,单位为 MPa;v 为轴颈圆周速度,单位为 m/s。

当 $k\leqslant2$ 时,用润滑脂润滑;$2<k\leqslant15$,用润滑油润滑(可用针阀式滴油油杯等);$15<k\leqslant30$,用油环润滑或飞溅润滑;$k>30$ 时,必须用压力循环润滑(见图 15-31、图 15-32)。

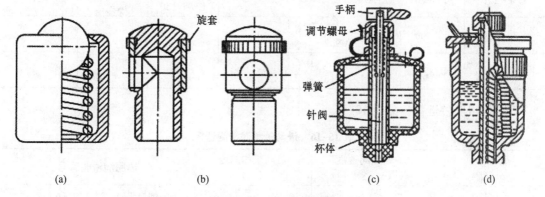

(a)   (b)   (c)   (d)

图 15-31　常用油杯形式

(a) 压注式压注油杯　(b) 旋套式注油杯　(c) 针阀式注油杯　(d) 油芯式注油杯

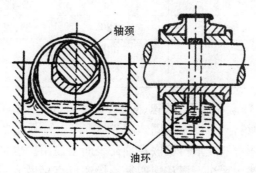

图 15-32　油环润滑

(1) 脂润滑。旋盖油杯:润滑方式简单,加一次脂可用较长时间。适用于低速轻载场合,$k\leqslant2$。

(2) 油润滑。压注油杯:用油壶或油枪手工定期加油。用于轻载、低速、不重要场合,$k\leqslant2$。

(3) 芯捻油杯。连续供油。如要调节油量,可使用针阀式油杯。用于载荷、速度都不太大的场合 k 值在 2~16 范围。

(4) 油环。适用于 $1<v<10\,\mathrm{m/s}$ 的水平轴,低速时可用油链代替油环,在减速箱内,也用浸油的大齿轮溅起来的油来润滑轴承,k 值在 16~32 范围。

(5) 压力供油。润滑可靠,结构复杂,费用高,油压一般为 $(0.1\sim0.5)\mathrm{MPa}$,$k>32$。

2. 滑动轴承的润滑剂及其选择

(1) 润滑油的选择。见表 15-15。

表 15-15　滑动轴承常用润滑油牌号选择

轴颈圆周速度 $v/(\mathrm{m/s})$	轻载($p_{\mathrm{m}}<3\mathrm{MPa}$) 工作温度(10~60℃)		中载($p_{\mathrm{m}}=3\sim7.5\mathrm{MPa}$) 工作温度(10~60℃)		重载($p_{\mathrm{m}}>7.5\sim30\mathrm{MPa}$) 工作温度(20~80℃)	
	运动黏度 $v_{40}/(\mathrm{cSt})$	适用油牌号	运动黏度 $v_{40}/(\mathrm{cSt})$	适用油牌号	运动黏度 $v_{40}/(\mathrm{cSt})$	适用油牌号
0.3~1.0	60~80	L-AN①46,L-AN68	85~115	L-AN100	10~20	L-AN100 L-AN150
1.0~2.0	40~80	L-AN46,L-AN68	65~90	L-AN100 L-AN150		
5.0~9.0	15~50	L-AN15,L-AN22, L-AN32				
>9	5~22	L-AN7,L-AN10 L-AN15				

(2) 润滑脂的选择。见表 15-16。

表 15-16　滑动轴承润滑脂选择

轴承压强 $p(\mathrm{MPa})$	轴颈圆周速度 $v[(\mathrm{m\cdot s^{-1}})]$	最高工作温度 (℃)	选用润滑脂牌号
<1.0	≤1.0	75	钙、锂基脂 L-XAAMHA3,ZL-3
1.0~6.5	0.5~5.0	55	钙、锂基脂 L-XAAMHA2,ZL-2
>6.5	≤0.5	75	钙、锂基脂 L-XAAMHA3,ZL-3
≤6.5	0.5~5.0	120	钠、锂基脂 L-XACMGA2,ZL-2
1.0~6.5	≤0.5	110	钙钠基脂 ZGN-2
1.0~6.5	≤1.0	50~100	锂基脂 ZL-3

(3) 固体润滑剂。当轴承在高温、低速、重载、真空条件下工作,或者必须避免润滑油污染,不宜使用润滑油、脂的场合,可以采用固体润滑剂。可以涂覆或烧结在轴瓦表面,或者混入轴瓦材料中,或者将固体润滑剂成形再镶嵌在轴瓦表面上使用。也可将这些固体润滑剂做成粉剂,与润滑油或脂混合使用。炭石墨和聚四氟乙烯还可直接做成不需润滑的轴瓦。滑动轴承常用的固体润滑剂有炭石墨、二硫化铝和聚四氟乙烯等。

本章小结

本章讲述了滚动轴承的基本组成和工作特性；滚动轴承类型、特点及代号及其表示方法。滚动轴承已标准化，设计人员根据工作要求合理地选择滚动轴承的类型、尺寸。滚动轴承的失效形式及设计准则，滚动轴承的主要失效形式有疲劳点蚀、胶合和塑性变形。滚动轴承的寿命计算、当量载荷的计算、向心角接触轴承轴向力的计算："压紧"端轴承所受的轴向载荷等于除其自身内部轴向力其余各轴向力的代数和；"放松"端轴承所受的轴向载荷就等于其自身内部的轴向力。滚动轴承的组合设计要考虑轴承的固定、调整、配合、装拆、润滑与密封等问题。

滑动轴承的分类及应用：按摩擦状态不同可分为液体摩擦（润滑）轴承和混合摩擦（非液体润滑）轴承。按承载方向的不同，滑动轴承可分为承受径向力的向心轴承和承受轴向力的止推轴承。滑动轴承的常用的轴承材料有轴承合金、青铜、铸铁、多孔质金属材料及非金属材料。其中最常用的是轴承合金（又称巴氏合金），轴承合金分锡锑轴承合金和铅锑轴承合金两类。滑动轴承的主要失效形式为磨损和胶合，目前采用的计算方法是间接的、条件性的，主要是限制轴承的压强、速度、压强和轴颈线速度的乘积。

实训五　减速器的拆装和结构分析

1. 实训目的

（1）熟悉减速器的基本结构，了解常用减速器的用途和特点。

（2）了解减速器各组成零件的结构特点及功用，并分析其结构工艺性。

（3）了解减速器中零件的装配关系及安装调整过程。

（4）了解轴承和齿轮的润滑及减速器的密封。

（5）掌握减速器基本参数的测定方法。

（6）为进行机械设计基础课程设计时，能设计一台合理的减速器打下良好的基础。

2. 实训内容

（1）按步骤拆装一种减速器，分析减速器的结构及各零件的功用。

（2）测量并计算所拆减速器的主要参数，绘制其传动示意图。

（3）测量减速器传动副的接触精度和齿侧间隙，测量轴承的轴向间隙。

（4）分析轴系部件的结构、周向和轴向定位、固定及调整方法。

3. 实训设备与工具

（1）单级减速器。

（2）拆装工具。

（3）测量工具。

4. 实训步骤

（1）观察减速器的外形，判断传动方式、级数、输入/输出轴等，用手来回推动减速器的输入/输出轴，体会轴向窜动，打开窥视孔盖，转动高速轴，观察齿轮的啮合情况。注意窥视孔开设的位置及尺寸大小；通气器的结构及特点；螺栓凸台位置（并注意扳手空间是否合理）；轴承座加强肋的位置及结构；吊环及吊钩的形式；减速器箱体的铸造工艺特点及加工方法。特别要注意观察箱体与轴承盖接合面的凸台结构。

（2）观察定位销孔的位置，取出定位销，再用扳手旋下箱盖上的相应螺钉，借助于启盖螺钉将箱盖打开，并翻转180°将其放置平稳，以免损坏接合面。

（3）观察箱体内轴及轴系零件的结构及各零、部件间的相互位置，分析传动零件所受的径向力和轴向力向机座传递的过程，并进行必要的测量，将测量结果记录于实验报告的表格中，画出减速器的传动示意图。

（4）取出轴承压盖，将轴系部件取出并放在胶皮上，详细观察轴系部件上齿轮、轴承、密封圈等零件的结构，分析轴及轴上零件的轴向定位、固定方法和轴上零件的周向定位、固定方法；分析由于轴的热胀冷缩时，轴承预紧力的调整方法和零件的安装、拆卸方法。

（5）观察减速器润滑与密封结构装置，分析齿轮与轴承的润滑方法及轴承的密封方法；油槽及封油环、挡油环的应用；加油方式及放油螺塞、油面指示器的位置和结构。

（6）利用钢卷尺、卡尺等简单工具，根据实验收报告的要求，测量减速器各主要部分参数与尺寸。如测出外廓尺寸、中心距、中心高及轴承的型号、螺栓规格等。将测量结果记录于实验报告的相关表格中。

（7）按拆卸的相反顺序将减速器装配复原，并拧紧螺钉

（8）整理工具，经指导老师检查后，才能离开实验室。

思考题与习题

15-1 试说明滚动轴承的基本零件组成和各自的作用。滚动轴承有哪些基本类型？各有何特点？选择滚动轴承应考虑哪些因素？

15-2 什么是滚动轴承的尺寸系列？如何选择尺寸系列？

15-3 说明下列滚动轴承代号的意义：N208/P5,6208,5208,7308C,并指出上述轴承中精度最高的轴承、承受轴向载荷最大的轴承、承受径向载荷最大的轴承和极限转速最高的轴承。

15-4 什么是滚动轴承的额定动载荷、当量动载荷？轴承的失效形式和计算准则是什么？

15-5 哪些类型的滚动轴承在承载时将产生内部轴向力？是什么原因造成的？哪些类型的滚动轴承在使用中应成对使用？

15-6 某向心球轴承承载 10 kN,寿命为 10 000 h,若其他条件不变,承载增为 20 kN,寿命是否降为 5 000 h,为什么？

15-7 应该怎样选择轴的支承结构形式？

15-8 滚动轴承的配合有何特点？应如何选择配合？

15-9 滑动轴承的润滑状态有哪几种？润滑油的主要性能指标是什么？滑动轴承常用

的润滑装置有哪些?

15-10　滑动轴承适用于哪些场合? 滑动轴承的常用材料有哪些?

15-11　滑动轴承的失效形式有哪些? 对于非液体摩擦滑动轴承,需要做哪些校核?

15-12　如题 15-12 图所示斜齿圆柱齿轮减速器低速轴转速 $n=196$ r/min, $F_t=1\,890$ N, $F_r=700$ N, $F_a=360$ N,轴颈直径 $d=30$ mm,轴承预期寿命 $L_h=20\,000$ h, $f_P=1.2$。试选择轴承型号。

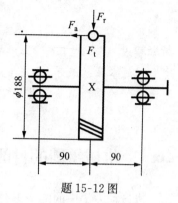

题 15-12 图

(1) 选用深沟球轴承;

(2) 选用圆锥滚子轴承。

15-13　如题 15-13 图所示某轴用一对 30309 轴承支承。轴上载荷 $F=6\,000$ N, $F_a=1\,000$ N,已知, $L_1=100$ mm, $L_2=200$ mm,轴的转速 $n=960$ r/min,轴承受轻微冲击,载荷系数 $f_P=1.2$。30309 轴承特性参数: $C=64\,800$ N; $C_o=61\,200$ N,派生轴向力 $F_s=F_R/2Y$, $Y=2.1$。试分析:

(1) 轴承 I、II 所受的轴向力及当量动载荷;

(2) 哪个轴承危险?

(3) 若预期寿命 $L_h'=15\,000$ h,该轴承能否合用?

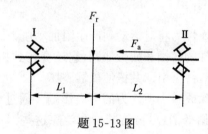

题 15-13 图

第 16 章　机械的平衡与调速

教学要求

通过本章的教学,要求了解机械平衡的目的分类及方法,掌握回转件平衡分类与计算,了解回转件的平衡试验及其原理与方法,了解机械速度波动的调节目的和方法。

16.1　机械平衡的目的与分类

机械动力学中的两个重要的问题就是机械的平衡和调速。

机械在运转的过程中,只要不是等速直线运动或是惯性主轴与回转轴线时刻都重合的等角速度的转动,都将不同程度地产生惯性力(或惯性力矩);随着运转过程中的动能变化,还将引起运转速度的波动。机械的平衡和调速就是要解决这些问题。

16.1.1　机械平衡的目的

机械运转时运动构件的惯性力将对运动副产生附加动压力。这种动压力会增加运动副中的摩擦,降低机械效率,使零件的磨损和疲劳加剧;它还会传到机架上,使整个机器发生振动、噪声、运转精度及可靠性下降,甚至引起共振使机器破坏。

机械平衡的目的就是消除或减小惯性力的不良影响。通过调整机械构件的质量分布,使机器各运动构件的惯性力互相抵消,尽可能减少和消除这些附加动压力,避免其引起不良后果,提高机械的运行质量和使用寿命。

16.1.2　机械平衡的分类

机械的平衡通常分为两类。

(1)绕固定轴回转构件的平衡回转件即所谓转子,其惯性力的平衡简称转子的平衡。由于其质量分布不均,致使其中心惯性主轴与回转轴线不重合而产生的离心惯性力系不平衡。离心惯性力的方向随转子的运动作周期性变化。

当转子速度较低、变形不大时,可认为它是刚体,故称刚性转子。随着工作转速与转子本身临界转速之比值的提高,转子在回转过程中随速度的上升将产生明显变形,故称挠性转子。

这两类转子的平衡问题,分别称为刚性转子的平衡和挠性转子的平衡。

(2)机构在机架上的平衡除转子不平衡引起机械振动外,一般机构中作往复或平面复合运动的构件也将产生惯性力。这些惯性力(或惯性力矩)不可能像转子一样在其内部得到平衡。为消除由此而来的机械振动,则要通过重新分配整个机构质量使机构在机架上得到平衡。

本章仅讨论刚性回转件的平衡问题。

16.2 刚性回转件的平衡

由于转子的结构、材料、制造、工作状态等因素的不同,转子质量分布不均匀程度及不平衡形式具有很大的不同。而这类问题的实质是消除附加动压力达到平衡,因此不妨分成两种情况考虑:一种是当转子的质量可以被认为是分布在同一回转面内时(宽径比 $L/D \leqslant 1/5$,如齿轮、带轮、盘型凸轮等),又称静平衡问题;另一种是转子的质量分布不在同一回转面内(宽径比 $L/D > 1/5$,如电机转子、曲轴、车床主轴等),又称动平衡问题。

16.2.1 回转件的静平衡

1. 回转件的静平衡原理

如图 16-1(a)所示,转子上有不平衡质量 m_1, m_2, m_3,其质心为 c_1, c_2, c_3,在同一转动平面内,向径分别为 r_1, r_2, r_3。当转子以角速度 ω 转动时,3 个质量所产生的离心惯性力 F_1, F_2, F_3 之和不为零,则构件为静不平衡转子。欲使之达到静平衡,应在转子上加上(或减去)产生惯性力 $F = m_b \omega^2 r_b$ 的一个平衡质量 m,其质心为 c,向径为 r,使之能平衡原有的力系。即

$$F + F_1 + F_2 + F_3 = 0 \tag{16-1}$$

或
$$m_b \omega^2 r_b + m_1 \omega^2 r_1 + m_2 \omega^2 r_2 + m_3 \omega^2 r_3 = 0$$

即

$$m_b r_b + m_1 r_1 + m_2 r_2 + m_3 r_3 = 0 \tag{16-2}$$

式(16-2)中的质量与向径的乘积称为质径积。同理,对任何静不平衡转子,无论有多少个偏心质量,只要所加(或减)的平衡质量所产生的离心惯性力与原有的质量所产生的离心惯性力构成平衡力系,则可达到静平衡的目的。通过矢量多边形可求得所需加的平衡质径积。

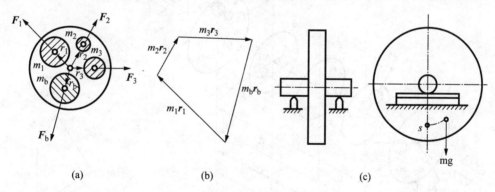

图 16-1 回转件的静平衡原理和试验

2. 回转件的静平衡试验

由于转子的质量分布情况是很难知道的(如材料分布不匀、制造误差等),故通常用静平衡试验来确定所要求的平衡质量的大小和方位。

图 16-1(b)为一试验方法。互相平行的钢制刀口导轨水平放置,将欲平衡的转子支承在预先调好水平的导轨上,转子不平衡时其质心必在重力矩作用下偏离回转轴线,转子将在导轨

上滚动直到质心转到铅垂下方。显然应将平衡质量置于转子质心的相反方向,不断调整平衡质量的大小和向径直,直到转子在任意位置均可静止不动。此法简单可靠,精度也可满足一般生产要求,但效率较低。

16.2.2 回转件的动平衡

1. 回转件的动平衡原理

图 16-2(a)是长度较大的曲轴,各不平衡质量所产生的离心惯性力系是一个空间力系。其受力简图如图 16-2(b)所示。要使该转子得以平衡,就必须使各质量产生的惯性力之和等于零($\Sigma F=0$),及这些惯性力所构成的惯性力偶之和等于零($\Sigma M=0$)。

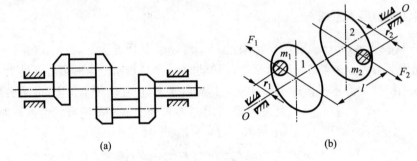

(a)

图 16-2 曲轴及空间力系

(a) 曲轴 (b) 空间力系

下面用图 16-3 讨论构件的动平衡原理。如图 16-3(a)所示,设有 m_1、m_2、m_3 为 1、2、3 三个不同回转平面内的质量,r_1、r_2、r_3 分别是各质量质心到回转轴线的距离,当转轴以角速度 ω

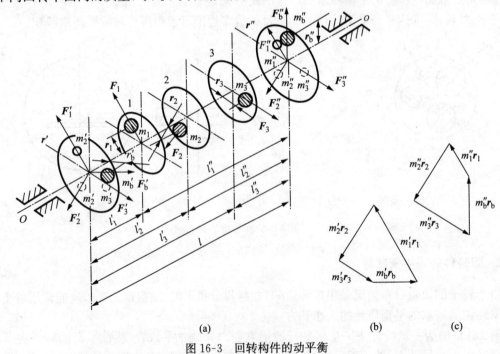

(a)   (b)   (c)

图 16-3 回转构件的动平衡

回转时,各质量产生的离心惯性力为:$F_1=m_1\omega^2 r_1$、$F_2=m_2\omega^2 r_2$、$F_3=m_3\omega^2 r_3$,若将 F_1、F_2、F_3 分解到选定的平衡平面 T' 和 T'' 内,只要保证

$$\left.\begin{aligned}F_1 &= F_1{}' + F_1{}''\\ F_2 &= F_2{}' + F_2{}''\\ F_3 &= F_3{}' + F_3{}''\end{aligned}\right\} \tag{16-3}$$

$$\left.\begin{aligned}F_1{}'l_1{}' &= F_1{}''l_1{}''\\ F_2{}'l_2{}' &= F_2{}''l_2{}''\\ F_3{}'l_3{}' &= F_3{}''l_3{}''\end{aligned}\right\} \tag{16-4}$$

则 6 个力 $F_1{}'$,$F_1{}''$,$F_2{}'$,$F_2{}''$,$F_3{}'$,$F_3{}''$ 和原惯性力 F_1,F_2,F_3 所产生的不平衡效应相同。这样一来,就把空间力系转化成了两个平面力系,即把动平衡问题转换成了两个平面内的静平衡问题。

在平衡平面 T' 和 T'' 内分别加平衡质量 $m_b{}'$ 和 $m_b{}''$,其质心的向径分别为 $r_b{}'$,$r_b{}''$,它们所产生的离心惯性力为 $F_b{}'$ 和 $F_b{}''$。将 $m_b{}'$,$m_b{}''$,$r_b{}'$,$r_b{}''$ 这些未知量适当取值,可满足平衡条件(图 16-3(b)和图 16-3(c)),即

T' 平面内:$\qquad m_1{}'r_1+m_2{}'r_2+m_3{}'r_3+m_b{}'r_b{}'=0 \tag{16-5}$

T'' 平面内:$\qquad m_1{}''r_1+m_2{}''r_2+m_3{}''r_3+m_b{}''r_b{}''=0 \tag{16-6}$

由上述可知,对任何不平衡的构件,无论有多少个质量分布平面,也无论每个质量分布平面内有多少个偏心质量,都只需要任选两个平衡平面 T' 和 T'',并在各平衡平面内加上(当然也可减去)适当的平衡质量按静平衡问题解决。显然,动平衡的构件一定是静平衡的,而静平衡的构件却不一定是动平衡的。

2. 回转件的动平衡实验

与静平衡问题一样,一般也是用试验方法在动平衡机上来完成动平衡的。图 16-4 所示为一带微机系统的硬支承动平衡机,该动平衡机由驱动系统、预处理电路和微机 3 个主要部分组成。

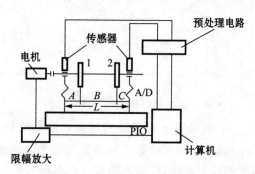

图 16-4　带微机系统的硬支承动平衡机原理示意图

一般用变速电机经联轴器与试验转子相连;振动信号预处理电路把不平衡量引起的支承系统的振动参数,通过传感器 1,2 得到信号送到预处理电路进行处理。再经计算机放大计算后,由显示器显示不平衡量的大小。另外,由限幅放大器放大后的信号与基准信号一同送入计算机,经处理后由显示器显示不平衡的相位。

16.2.3 平衡精度

经过平衡试验的构件由于试验精度等问题,并不能完全消除不平衡惯性力所造成的影响。工程上将转子平衡效果的优良程度称为转子平衡精度。ISO 组织以 $G=e\omega/1\,000(\text{mm/s})$ 作为平衡精度等级。其中,e 为许用偏心距,μm,ω 为转子的工作转速,rad/s。

选定平衡精度 G 后,可根据转子的工作转速 ω 和质量 m,求得许用偏心距 $[e]$ 或许用质径积 $[me]$。

16.3 机械运转速度波动的调节

16.3.1 运动不均匀系数

由于机械是在驱动力的作用下克服各种不同类型的阻力运转的,由能量守恒定律可知,在任意时间间隔内,驱动功与阻力功的差值即为该时间间隔内的机械动能变化。对于机械中的运动构件而言,当驱动功大于阻力功时,则构件速度上升;当驱动功小于阻力功时,构件速度下降。

可见,机械动能的变化引起了机械速度的变化,这就是速度的波动。对于大多数机械,在稳定运动阶段速度的波动是周期性的,如图 16-5 所示,机械主轴的角速度 ω 在一个运动周期 T 中的变化范围在 $\omega_{max}\sim\omega_{min}$ 之间,但实际的平均角速度计算是较繁复的,故常用算术平均角速度即机械的"名义转速"来表示机械运转时的速度

$$\omega_m = (\omega_{max} + \omega_{min})/2 \tag{16-7}$$

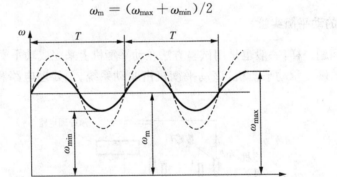

图 16-5 机械的周期性速度波动

但由于 ω_{max} 和 ω_{min} 仅是一个运动循环中主轴的最高和最低的角速度,它们的反差也只反映机械主轴角速度波动的绝对量,而相同的速度波动量对于不同速度的机械的影响程度将是不同的。为反映机械运转的不均匀程度,故引入机械运转不均匀系数

$$\delta = (\omega_{max} - \omega_{min})/\omega_m \tag{16-8}$$

表 16-1 列出了几种常用机械的许用运动不均匀系数。

表 16-1 几种常用机械的许用运动不均匀系数

机械名称	破碎机	冲床和剪床	船用发动机	减速器	直流发电机	航空发动机
$[\delta]$	$0.1\sim0.2$	$0.05\sim0.15$	$0.02\sim0.05$	$0.015\sim0.02$	$0.005\sim0.01$	0.005 或更小

当机械的名义转速和其许用的速度不均匀系数确定后,机械在一个运动循环中许用的最高和最低角速度值可由下式求得:

$$\left.\begin{array}{l}\omega_{max} = \omega_m(1+\delta/2)\\\omega_{min} = \omega_m(1-\delta/2)\end{array}\right\} \tag{16-9}$$

16.3.2 速度波动的调节原理和方法

为了使机械的运转更加平稳,减少速度的波动,提高机械的运行质量,通常要对机械的运转速度波动予以调节。

1. 周期性的速度波动调节

当机械的速度波动遵循一定的运动规律呈周期性变化时,属于周期性速度波动调节问题。周期性的速度波动会在运动副中产生附加动压力,加速轴承的损坏,降低机械效率,引起机械振动,从而降低机械的使用寿命和工作精度,使产品质量下降。一般可用安装飞轮的方法进行周期性速度波动的调节。

当机械的主轴装上飞轮后,当驱动功超过阻力功时,飞轮就把多余的能量积蓄起来而只使主轴的角速度略增;反之,当阻力功超过驱动功时,飞轮就放出能量而使主轴的角速度略降。这样就使机械的速度波动不会太大。合理的飞轮转动惯量值,能把速度的波动限制在允许范围内,但并不能彻底消除。

此外,由于飞轮能用积蓄的能量来弥补运转周期中短时内因阻力功(载荷)的增加而不足的能量,所以安装飞轮后,原动机的功率可比不用飞轮时选得小些。

2. 非周期性的速度波动调节

无论是匀速或是作周期性速度波动的机械,若在运转时其驱动力或工作阻力突然变化,又不能及时恢复原状,致使主轴速度向一个方向发展,这种驱动功与阻力功一直不能相等而引起的主轴速度变化,称为非周期性速度波动。

非周期性速度波动的调节,一般采用调速器装置。其原理是通过该装置自动控制和调节输入功和载荷所消耗功以达到平衡,保持速度稳定。

调速器的类型很多,图 16-6 为机械式离心调速器的工作原理图。当工作机 1 的负荷减小时,动力机械 2 的输出转速升高,经传动齿轮 3、4 使调速器的转速也增大,在离心力的作用下,重球 G,G' 将绕轴转动而向外扩张,使套筒 N 向上移动,从而带动连杆将节流阀门 V 关小,减少动力机械的原料供给量以减小其速度。反之,当动力机械 2 的输出转速下降时,阀门 V 将开大,增大原料供给量以增大其速度。

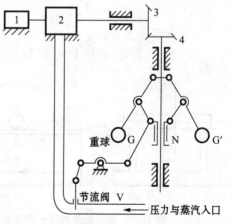

图 16-6 离心调速器的工作原理

本章小结

机械的平衡分为转子(刚性转子和挠性转子)的

平衡和机构的平衡两类。刚性转子的平衡分为静平衡和动平衡。

刚性转子静平衡的条件为:分布于该回转件上各质量的离心力的合力为零或质径积的矢量和等于零。

刚性转子动平衡的条件为:转子内各质量的离心惯性力的力矢量和等于零,且离心惯性力引起的力偶矩的矢量和也等于零。

机械运转过程中会产生速度的波动。对周期性速度波动,可采用安装飞轮的方法调节;对非周期性速度波动,可采用速度调节器进行调节。

实训六 刚性转子的平衡试验

(一)刚性转子的静平衡试验

1. 试验目的

(1)加深理解刚性回转件平衡的基本理论知识。

(2)掌握刚性回转静平衡试验方法。

2. 试验原理

回转件的平衡是回转件绕固定轴线旋转时惯性力系的平衡。由于回转的质量分布不均匀、安装误差等原因,使其质心偏离自身旋转轴线而产生的离心惯性力系不平衡。

静平衡试验测出刚性回转不平衡质径积的大小和方位,并在相反方向加一个适当的量,即可实现静平衡。

3. 试验设备和用具

(1)导轨式静平衡架。

(2)静平衡回转试件。

(3)静平衡配重(橡皮泥)。

(4)天平。

(5)水平仪。

(6)钢尺、扳手、游标卡尺、量角器等。

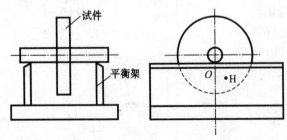

图 16-7 刚性转子的静平衡试验

4. 试验步骤

(1)用水平仪分别沿纵向、横向校正静平衡架导轨的水平度,达到说明书要求。

(2)将回转试件放在平衡架导轨上,使之自由转动,如图 16-7 所示,等试件静止后,试件质心 H 位于轴心 O 的铅垂下方为止,画一条通过轴心的铅垂线。

(3)在铅垂线相反方向上选适当。半

径处加一平衡质量(如橡皮泥),再使回转试件在平衡架导轨上自由转动,观察转动方向,判断所加平衡质量过大或过小,不断调整平衡质量大小及所在径向位置,直至试件在任意位置均能静止不转为止。

(4) 用天平称出配重质量,用钢尺和量角器分别测出配重位置的半径和相位角(以校正面内预先确定的径向基准线为 0°,逆时针方向为正)。

5. 思考题

(1) 静平衡试验法适用于哪类回转试件? 为什么?
(2) 若考虑试件与平衡架导轨之间的滚动摩擦力的影响,该试验应怎样进行?

(二)刚性转子的动平衡试验

1. 试验目的

(1) 巩固刚性转子动平衡的有关基本知识。
(2) 了解用动平衡机对刚性转子进行动平衡试验的基本工作原理,并掌握其基本试验方法。

2. 试验内容及要求

(1) 试验前预习试验指导书,熟悉动平衡试验机的工作原理及操作方法。
(2) 在动平衡试验机上对刚性转子试件进行动平衡试验。

3. 试验设备

(1) 动平衡试验机及其附件。
(2) 试验用转子。
(3) 平衡配件。

4. 试验原理及步骤

详见具体产品说明书。

思考题与习题

16-1 机械平衡的目的是什么?

16-2 机械的平衡有哪些类型?

16-3 回转件的静平衡和动平衡有什么区别?

16-4 如何衡量平衡的精度?

16-5 机械运转时为什么存在速度波动? 对于速度波动的调节,将起什么作用?

16-6 周期性速度波动如何衡量? 如何调节?

16-7 什么是非周期性速度波动? 应该如何调节?

第 17 章　机械传动方案综合分析与工程应用

教学要求

通过本章教学,要求学生在学习了常用机械传动类型的设计基础上,通过比较和综合分析各种传动类型的特点,懂得在机械传动系统设计工程中应考虑的主要问题,并通过对机械传动工程应用实例的分析和课堂讨论,进一步熟悉和掌握在不同工作情况下选择机械传动的一般原则和方法。

17.1　机械传动系统设计

17.1.1　各种机械传动主要性能的比较分析

1. 机器的组成及应用

由动力机、传动装置和工作机共同组成的机器,通常称为机组。其基本组成形式如图 17-1 所示。单流传动应用最广,如图 17-1(a)所示,其特点是:

(1) 全部能量依次通过每一零件传递,故尺寸较大,设计时宜尽量使各零件的承载能力相近。

(2) 为使总效率最高,宜选用效率较高的传动。工作机和动力机转速相同时,传动装置可以省去。

若工作机的工作机构较多,但总功率不大时,可以采用分流传动,如图 17-1(b)所示。低速、重载、大功率的工作机,为了减小机器的体积、重量和转动惯量,可以采用多个动力机共同驱动一个工作机的汇流传动,如图 17-1(c)所示。

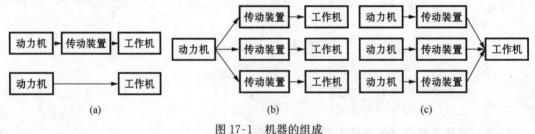

图 17-1　机器的组成

(a) 单流传动　(b) 分流传动　(c) 汇流传动

2. 动力机种类

(1) 直接利用自然能源的动力机械称为一次动力机,如汽轮机、内燃机、水轮机、风力机等。

（2）利用一次动力机得到的电能、液能、气能等能源转变为机械能的动力机械称为二次动力机，如电动机、液压电动机、气动电动机等。

3. 传动装置

传动装置是一种在距离间传递能量并兼实现某些其他作用的装置。这些作用是：①能量的分配；②转速的改变；③运动形式的改变（如回转运动改变为往复运动），等等。

机器中所以要采用传动装置是因为：

（1）工作机构所要求的速度、转矩或力，通常与动力机不一致。

（2）工作机构常要求改变速度，用调节动力机速度的方法来达到这一目的往往不很经济。

（3）动力机的输出轴一般只作等速回转运动，而工作机构往往需要多样的运动，如螺旋运动、直线运动或间歇运动等。

（4）一个动力机有时要带动若干个运动形式和速度都不同的工作机构。传动装置是大多数机器的主要组成部分。例如，在汽车中，制造传动部件所花费的劳动量约占制造整个汽车的50%，而在金属切削机床中则占 60% 以上。

4. 传动的分类及特点

传动分为机械传动、流体传动和电传动 3 类。在机械传动和流体传动中，输入的是机械能，输出的仍是机械能；在电传动中，则把电能变为机械能或把机械能变为电能。

机械传动分为啮合传动和摩擦传动；流体传动分为液压传动和气压传动。各种传动的特点见表 17-1。

表 17-1　各种传动的特点

特　点	电传动	机械传动		流体传动	
		啮合传动	摩擦传动	液压传动	气压传动
是否能集中供应能量	是			是	是
是否便于远距离输送能量	是				
是否易于储蓄能量				是	是
是否动力分配与传送容易	是			是	是
是否能高速回转	是				是
是否能保持准确传动比		是			
是否无级变速范围大	是		是	是	
是否传动系统结构简单	是			是	是
是否传动效率较高	是	是			
是否直线运动时工作机构简单		是	是	是	是
是否作用于工作部分压力较大		是		是	
是否易于操纵（自动和远程操纵）	是			是	是
是否制造容易，精度要求一般	是	是	是		

特 点	电传动	机械传动		流体传动	
		啮合传动	摩擦传动	液压传动	气压传动
是否安装布置较易	是			是	是
是否制造成本较低		是	是		
是否维修方便	是				
是否有过载保护作用			是	是	是
是否噪声较低			是		
是否质量较轻,体积较小				是	是

在机械设计课程中,由于只研究作回转运动的啮合传动和摩擦传动,所以以后提到传动(略去机械)二字,仅指这两种传动。

17.1.2 摩擦传动与啮合传动的比较

摩擦传动和啮合传动都可分为直接接触的和有中间机件的两种。机械传动的分类见17-2,各种机械传动的主要特性见表17-3。

表 17-2 机械传动的分类

机械传动分类	直接接触的传动	有中间机件的传动
摩擦传动	摩擦轮传动 摩擦无级变速器	带传动 绳传动 摩擦无级变速器
啮合传动	齿轮传动 蜗杆传动 螺旋传动 凸轮机构、连杆机构、组织机构	链传动 同步带传动

表 17-3 机械传动的主要特性

特 性	摩擦传动			啮合传动		
	摩擦轮传动	平带传动	V带传动	齿轮传动	蜗杆传动	链传动
传动效率(%)	80~90	94~98	90~96	95~99	50~90	92~98
圆周速度 v_{max}(m/s)	25(20)	60(10~20)	30(10~20)	150(15)	35(15)	40(5~20)
单级传动比	20(5~12)	6(开式)	10(7)	8(10)	1 000(8~100)	15(8)
传动功率 kW	200(20)	3 500(20)	500	40 000	750(50)	3 600(100)
中心距大小	小	大	中	小	小	中
传动比是否准确	否	否	否	是	是	是(平均)
能否用于无级调速	能	能	能	否	否	能(特种)
能否过载保护	能	能	能	否	否	否

特　性	摩擦传动			啮合传动		
	摩擦轮传动	平带传动	V 带传动	齿轮传动	蜗杆传动	链传动
缓冲、减振能力	因轮质而异	好	好	差	差	有一些
寿命长短	因轮质而异	短(可换带)	短(可换带)	长	中	中
噪声	小	小	小	大	小	大
价格(包括轮子)	中等	廉	廉	较贵	较贵	中等

注：(　)内为常用数字,对于蜗杆传动,v_{max} 为最大相对滑动速度 v_s。

摩擦传动的外廓尺寸较大,由于打滑和弹性滑动等原因,其传动比不能保持恒定。但它的回转体要远比啮合传动简单,即使精度要求很高,制造也不困难。摩擦传动运行平稳、无噪声。大部分摩擦传动(自动压紧的除外)都能起安全作用,可借助接触零件的打滑来限制传递的最大转矩。摩擦传动的另一优点是易于实现无级调速,无级变速装置中以摩擦传动作基础的很多。

啮合传动具有外廓尺寸小、效率高(蜗杆传动除外)、传动比恒定、功率范围广等优点。因为靠着金属元件间的齿的啮合来传递动力,所以即使有很小的制造误差及齿廓变形,在高速时也将引起冲击和噪声,这是啮合传动的主要缺点。提高制造精度和改用螺旋齿可以减轻这一缺点,但不能完全消除。

以有齿的橡胶带作为中间挠性件的同步带传动,因为相啮合的一对齿中有一个是非金属元件,所以对制造精度要求不高。传动圆周速度可达 100 m/s。

17.1.3　选择机械传动的一般原则

机械传动方案的选择是一项比较复杂的工作,需要综合运用多方面的技术知识和实践设计经验,从多方面分析比较,才能拟定出合理的传动方案,并经过实践检验,不断改进和完善。以下是选择机械传动方案的一般原则,供方案设计时参考。

1. 小功率传动

宜选择结构简单、价格便宜、标准化程度高的传动,以降低制造费用。

2. 大功率传动

宜优先选用传动效率高的传动,以节约能源、降低生产费用。齿轮传动效率最高,自锁蜗杆传动和普通螺旋传动效率最低。

3. 速度低、大传动比传动

有多种方案可供选择:

(1)采用多级传动,这时,带传动宜放在高速级,链传动宜故在低速级。

(2)要求结构尺寸小时,宜选用多级齿轮传动、蜗轮-蜗杆传动或多级蜗杆传动。传动链应力求短些,以减少零件数目。

4. 常用机械传动类型的选择应注意事项

（1）链传动只能用于平行轴间的传动。

（2）带传动主要用于平行轴间的传动，功率小、速度低时；也可用于半交叉或交错轴间的传动。

（3）蜗杆传动能用于两轴空间交错的传动，交错角为 90°的最常用。

（4）齿轮传动能适应各种轴线位置。

5. 工作中可能出现过载的设备

宜在传动系统中设置一级摩擦传动，以便起到过载保护的作用。但摩擦有静电发生，在易爆、易燃的场合，不能采用摩擦传动。

6. 载荷经常变化、频繁换向的传动

宜在传动系统中设置一级能缓冲、吸振的传动（如带传动、链传动），或工作机采用液力传动（中速）或气力传动（高速）。

7. 工作温度较高、潮湿、多粉尘、易燃、易爆的场合宜采用链传动或闭式齿轮传动、蜗杆传动

8. 要求两轴严格同步

不能采用摩擦传动和流体传动，只能采用齿轮传动或蜗杆传动。

9. 合理分配传动比

（1）各种传动均有一个合理的传动比范围，每一级传动的传动比宜在该种传动常用传动比范围内选取。

（2）一级传动的传动比如果过大，宜分成两级或多级传动，以减小系统的结构尺寸和重量。但对于带传动一般不采用多级传动。

（3）对于多级减速传动，按照"前小后大"的原则分配传动比，有利于减轻传动系统的重量，且使相邻两级传动比的差值不会太大。

（4）为了润滑方便，在两级卧式圆柱齿轮减速器中，应按高速级和低速级的大齿轮浸入油池，深度大致相近的条件进行传动比分配。

10. 考虑经济性要求

传动方案的设计应在满足功能要求的前提下从设计制造、能源和原材料消耗、合理经济的使用寿命、管理和维护方便等各方面进行综合考虑，使传动方案的费用最低。

17.1.4 机械传动系统的设计过程

传动系统方案设计是机械系统方案设计的重要组成部分。当完成了执行系统的方案设计和原动机的预选型后，即可根据执行机构所需要的运动和动力条件及原动机的类型和性能参数,进行传动系统的方案设计了。通常其设计过程如下。

1. 确定传动方案

传动方案一般用机构简图表示,它反映传动系统的运动和动力传递路线以及各部件的组成与联接关系。合理的传动方案应首先满足机器的功能要求,如传递功率的大小、转速和运动形式。此外还要适应工作条件(环境、场地、工作制度等),满足工作可靠、结构简单、尺寸紧凑、传动效率高、使用维护方便、工艺性和经济性合理等要求。要同时满足这些要求是比较困难的,要通过比较多种方案来选择能保证重点要求的较好的传动方案。初步选定的传动方案在设计过程中可能要不断修改和完善。

在根据系统的设计要求及各项技术、经济指标选择了传动类型后,若对选择的传动机构作不同的顺序布置或作不同的传动比分配,则会产生出不同效果的传动方案。只有合理安排传动路线、恰当布置传动机构和合理分配各级传动比,才能使整个传动系统获得满意的性能。

根据功率传递,即能量流动的路线,传动系统中传动路线大致可分为以下几类。

(1) 串联式单路传动。其传动路线如图 17-2 所示。当系统中只有一个执行机构和采用一个原动机时,采用这种传动路线较为适宜。它可以是单级传动,也可以是多级传动。由于全都能量流过每一个传动机构,故所选的传动机构必须都具有较高的效率,以保证传动系统具有较高的总效率。

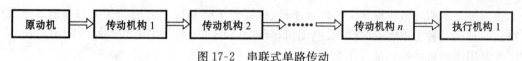

图 17-2　串联式单路传动

(2) 并联式分路传动其传动路线如图 17-3 所示。

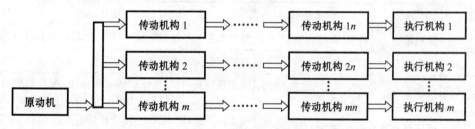

图 17-3　并联式分路传动

当系统中有多个执行机构、而各执行机构所需的功率之和并不很大时,可采用这种传动路线。为了使传动系统具有较高的总效率,在传递功率最大的那条路线上,应注意选择效率较高的传动机构。

(3) 并联式多路联合传动。其传动路线如图 17-4 所示。当系统中只有一个执行机构,但需要多个低速运动、且每个低速运动传递的功率都很大时,宜采用这种传动路线。多个原动机共同驱动反而有利于减小整个传动系统的体积、转动惯量和重量。远洋船舶、轧钢机、球磨机中常采用这种传动路线。

(4) 混合式传动。其传动路线如图 17-5 所示。它是串联式和并联式几种传动路线的复合。齿轮加工机床中刀具和工件的传动系统采用的就是这种传动路线。

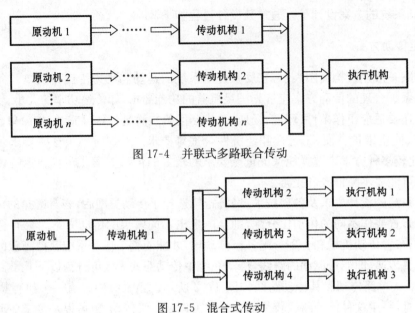

图 17-4　并联式多路联合传动

图 17-5　混合式传动

2. 选择原动机

机械装置的原动机应按其工作环境条件、机器的结构和相关的运动和动力参数要求进行选择。原动机的种类主要有内燃机、电动机、气动和液压件等,其中电动机最为常用。表 17-4 列出了常用原动机的特点及应用场合。

表 17-4　常用原动机的应用实例

原动机	动力来源	输出运动	应用场合
内燃机	燃料燃烧	转动,有较大振动	野外作业无电源独立移动机器,如草坪修剪机、汽车等
电动机	电源电力	转动,运动平衡	整机固定的机器设备,如机床、食品机械、木工机械等
气压马达	压缩空气	转动,速度波动大	可无级调速,有过载保护和防爆作用,可负载启动,多用于矿山机械,如风钻、风板手、风砂轮,风动产刮机等
液压马达	液压泵站	转动,速度有波动	可无级调速,体积较小,用于矿山、工程、建筑、起重运输机械的行走回转、牵引绞车、搅拌装置等
气压缸	压缩空气	直线运动	自动化生产线、公交车开关门等往复运动机构
液压缸	液压泵站	直线运动	液压机床、汽车翻斗和吊臂等车载和强力输出机构

液压传动的主要优点是速度、扭矩和功率均可连续调节;调速范围大,能迅速换向和变速;传递功率大;结构简单,易实现系列化、标准化,使用寿命长;易实现远距离控制、动作快速;能实现过载保护。缺点主要是传动效率低,不如机械传动精确;制造、安装精度要求高;对油液质量和密封性要求高。

气压传动的优点是易快速实现往复移动、摆动和高速转动,调速方便;气压元件结构简单、适合标准化、系列化,易制造、易操纵;响应速度快、可直接用气压信号实现系统控制,完成复杂动作;管路压力损失小,适于远距离输送;与液压传动相比,经济且不易污染环境,安全、能适应恶劣的工作环境;缺点是传动效率低;因压力不能太高,故不能传递大功率;因空气的可压缩性,故载荷变化时,传递运动不太平稳;排气噪声大。

电气传动的特点是传动效率高、控制灵活、易于实现自动化。由于电气传动的显著优点和计算机技术的应用,传动系统也正在发生着深刻变化。在传统系统中作为动力源的电动机虽仍在大量应用,但已出现了具有驱动、变速与执行等多重功能的伺服电机,从而使原动机、传动机构、执行机构朝着一体化的最小系统发展。目前,它已在一些系统中取代了传动机构,而且这种趋势还会增强。考虑到普通电动机目前仍然是主要的原动机,以下主要讨论普通电动机的选用问题。

电动机是一种标准系列产品,具有效率高、价格低、选用方便等特点,应用最为广泛。选择电动机要从以下几方面选取:

(1) 选择电动机类型和结构形式。首先根据电源(交流或直流、三相或两相)、工作条件(温度、环境、空间尺寸等)和载荷特点(性质、大小、启动性能和过载情况)选择电动机类型和结构形式。没有特殊要求时均选用交流电动机,其中以三相笼型异步电动机应用最多,其中 Y 系列电动机为我国推广采用的新设计产品,适于不易燃、不易爆、无腐蚀性气体的场合,以及要求具有良好起动性能的机械。在经常起动、制动和反转的场合(如起重机),要求电动机具有转动惯量小和过载能力大的特点,应选用起重及冶金用三相异步电动机 YZ 型(笼型)或 YZR 型(绕线型)电动机。电动机结构有开启式、防护式、封闭式和防爆式等,可根据防护要求选择。同一类型的电动机又有几种安装形式,应根据安装条件确定。

(2) 选择电动机的额定功率。所选电动机的额定功率应等于或稍大于工作要求的功率,主要由运行时发热条件限定。对于长期工作在静载荷或变化很小的载荷下的机械,只要电动机的负载不超过额定值,电动机就不会发热,一般不必校核发热和起动力矩。所以,电动机的所需功率可作如下计算:

$$P_d = P_w/\eta \tag{17-1}$$

式中:P_d 为工作机实际需要的电动机功率(kW);P_w 为工作机所需输入功率(kW);η 为电动机之间传动装置的总效率。

$$\eta = \eta_1 \eta_2 \eta_3 \cdots \eta_n \tag{17-2}$$

式中:η_1,η_2,η_3,$\cdots$,η_n 分别为传动装置中每一传动副、每对轴承和每个联轴器的效率,其值可查有关手册。

(3) 确定电动机的转速。同一类型电动机,相同的额定功率有多种转速可供选用。若选用低速电动机,可使传动系统的总传动比及总体尺寸减小,但电动机的磁级对数增加,因而其外廓尺寸及重量增大,价格较高。若选用高速电动机则相反。因此应全面考虑其利弊,选用合适的转速,使电动机与传动系统相匹配。按照工作机转速要求和传动机构的合理传动比范围(可查有关手册),可以推算出电动机转速的可选取范围,如

$$n = (i_1 i_2 \cdots i_n)n_w \tag{17-3}$$

式中:n 为电动机可选转速范围(r/min);$i_1 i_2 \cdots i_n$ 为各级传动机构的合理传动比范围(可查有关手册)。

对于 Y 系列电动机,一般多选用同步转速为 1 500 r/min 或 1 000 r/min 的电动机,如无特殊需要,不选用同步转速低于 750 r/min 的电动机。

根据选定电动机的类型、结构、功率和转速,由手册满载转速、外形尺寸、中心高、轴伸尺寸、键联接尺寸、安装地脚尺寸等参数。设计传动装置时一般按工作机实际需要的电动机功率

P_d 计算,转速取满载转速。

3. 确定传动系统的总传动比和传动类型

传动装置的总传动比计算为

$$i = n_d/n_w \tag{17-4}$$

式中:n_d 为电动机满载转速(r/min)。

选择传动类型时要根据设计任务书中所规定的功能要求,执行系统对动力、传动比或速度变化的要求以及原动机的工作特性,选择合适的传动装置类型。选择传动装置类型时要注意以下原则:

(1) 执行系统的工况和工作要求与原动机的机械特性相匹配。当原动机的性能完全适合执行系统的工况和工作要求时,可采用无滑动的传动装置使两者同步;当原动机的运动形式、转运、输出力矩及输出轴的几何位置完全符合执行机构的要求时,可采用联轴器直接联接。

当执行系统要求输入速度能调节,而又选不到调速范围合适的原动机时,应选择能调速的传动系统,或采用原动机调速和传动系统调速相结合的方法。

当传动系统起动时的负载扭矩超过原动机的起动扭矩时,需在原动机相传动系统间增设离合器或液力变矩器,使原动机可空载起动。

当传动机构要求正反向工作或停车反向(例如提升机械)或快速反向(例如磨床、刨床)时,应充分利用原动机的反转特性。若选用的原动机不具备此特性,则应在传动系统中设置反向机构。

当执行机构需频繁起动、停车或频繁变速时,若原动机不能适应此工况,则设计的变速装置中应设置空档,让原动机脱开传动链空转。

此外,传动类型的选择还应考虑使原动机和执行机构的工作点都能接近各自的最佳工况。

(2) 考虑工作要求传递的功率和运转速度。选择传动类型时应优先考虑技术指标中的传递功率和运转速度两项指标。在一般情况下各种传动的最高圆周速度见表 17-3。不同的传动,限制其圆周速度的因素也各不同,对于摩擦轮传动是接触面的磨损;对于平带传动是离心应力;对于 V 带传动是带进入和离开带轮时的弯曲频率;对于齿轮传动是制造误差;对于链传动则是链节进入链轮时所产生的冲击。

各种传动所能传递的最大功率见表 17-3,可供参考。因为功率等于圆周速度与传递载荷的乘积,所以限制圆周速度的各因素也同样限制着传递的功率。限制传递载荷的因素主要是传动的宽度(或中间挠性件的根数),因为传动的宽度越大(或根数越多),载荷沿接触面(或每根上的载荷)的分布就越不均匀,所以当宽度超过一定限度以后,对提高承载能力的作用也就甚微。

(3) 有利于提高传动效率。大功率传动时尤其要优先考虑传动效率。原则是:在满足系统功能要求的前提下,优先选用效率高的传动类型;在满足传动比、功率等技术指标的条件下,尽可能选用单级传动,以缩短传动链,提高传动效率。效率 η 表示能量的利用程度,损失率 $\xi = 1 - \eta$ 表示能量的损耗程度。效率是评定传动优劣的重要指标之一。

损失率 ξ 的大小一方面表示耗费于非生产能量的大小,另一方面还间接评定传动的发热和磨损。对于大功率传动,非生产能量的花费和由于发热、磨损而付出的维护费,时常是很高的。例如,一个功率为 $100\,kW$ 并经常工作的减速机,如果效率提高 1%,每年节电费用也很可观。

在各种传动中齿轮传动的损耗率最小,依次为链传动、平带传动、V带传动、摩擦轮传动,蜗杆传动的损耗率最大。蜗杆传动即使效率相当高($\eta=0.90$),它的损耗也要比齿轮传动大好几倍。

(4)尽可能选择结构简单的单级传动装置。在满足工作要求的传动比的前提下,尽量选择结构简单、效率高的单级传动;若单级传动不能满足工作对传动比的要求,则需采用多级传动。

(5)考虑结构布置。应根据原动机输出轴线与执行系统输入轴线的相对位置和距离来考虑系统的结构布置,并选择传动类型。

(6)考虑经济性。首先考虑选择寿命长的传动类型,其次考虑费用问题,包括初始费用(即制造、安装费用)、运行费用和维修费用。

(7)考虑机械安全运转和环境条件。要根据现场条件,包括场地大小、能源条件、工作环境(包括是否多尘、高温、易腐蚀、易燃、易爆等),来选择传动类型。

当执行系统载荷频繁变化、变化量大又有可能过载时,为保证安全运转,应考虑选用有过载保护性能的传动类型,或在传动系统小增设过载保护装置;当执行系统转动惯量较大或有紧急停车要求时,为缩短停车过程和适应紧急停车,应考虑安装制动装置。

(8)尽量减小质量和尺寸。下面以传动功率 $P=7.5\,kW$、传动比 $i=4$ 为例,各种传动的尺寸和质量比较见表17-5。其中以蜗杆传动的尺寸和质量为最小。

表 17-5　各种传动的尺寸和质量

传动种类	带 传 动			啮 合 传 动		
	平带传动	有张紧轮的平带传动	V带传动	链传动	齿轮传动	蜗杆传动
中心距(mm)	5 000	2 300	1 800	830	280	280
轮宽(mm)	350	250	130	360	160	60
质量(kg)	500	550	500	500	600	450

注:带传动的圆周速度为 $23.6\,m/s$;链传动的圆周速度为 $7\,m/s$;蜗杆传动的圆周速度为 $5.85\,m/s$。

4. 选择传动链中各传动机构的顺序

拟定传动链的布置方案要根据空间位置、运动和动力传递路线及所选传动装置的传动特点和适用条件,合理拟定传动路线,安排各传动机构的先后顺序,以完成从原动机到各执行机构之间的传动系统的总体布置方案。传动链布置的优劣对整个机械的工作性能和结构尺寸都有重要影响,在安排各机构在传动链中的顺序时,通常应遵循下述原则。

(1)有利于提高传动系统的效率。尤其是对于长期连续运转或传递较大功率的机械,提高传动系统的效率更为重要。例如,蜗杆蜗轮机构效率较低,若与齿轮机构同时被选用组成两级传动,且蜗轮材料为锡青铜时,应将蜗杆蜗轮机构安排在高速级,以使其齿面有较高的相对滑动速度,易于形成润滑油膜而提高传动效率。

(2)有利于减少功率损失。功率分配应按"前大后小"的原则,即消耗功率较大的运动链应安排在前,这样既可减少传送功率的损失,又可减小构件尺寸。例如,机床中一般带动主轴运动的传动链消耗功率较大,应安排在前;而带动进给运动的机构传递的功率较小,应安排在后。

（3）有利于机械运转平稳和减少振动及噪声。一般将动载小、传动平稳的机构安排在高速级。例如,带传动能缓冲减振,且过载时易打滑,可防止后续传动机构中其他零件损坏,故一般将其布置在高速级,而链传动冲击振动较大,运转不均匀,一般宜安排在中、低速级。只有在要求有确定传动比、不宜采用带传动时,高速级才安排齿形链轮机构。又如同时采用直齿圆柱齿轮机构和平行轴斜齿圆柱齿轮机构两级传动时,因斜齿轮传动较平稳、动载荷较小,宜布置在高速级上。

（4）有利于传动系统结构紧凑、尺寸匀称。通常,把用于变速的传动机构(如带轮机构、摩擦轮机构等)安排在靠近运动链的始端与原动机相联,这是因为此处转速较高、传递的扭矩较小,因此可减小传动装置的尺寸;而把转换运动形式的机构(如连杆机构、凸轮机构等)安排在运动链的末端,即靠近执行构件的地方,这样安排运动链简单、结构紧凑、尺寸匀称。

（5）有利于加工制造。由于尺寸大而加工困难的机构应安排在高速轴。例如,圆锥齿轮尺寸大时加工困难,因此应尽量将其安排在高速轴并限制其传动比,以减小其模数和直径,有利于加工制造。

此外,还应考虑传动装置的润滑和寿命、装拆的难易、操作者的安全以及对产品的污染等因素。例如,开式齿轮机构润滑条件差、磨损严重、寿命短,应将其布置在低速级;而将闭式齿轮机构布置在高速级,则可减小其外部尺寸。若机械生产的产品为不可污染的药品、食品等,则传动链的末端(即低速端)应布置闭式传动装置。若在传动链的末端直接安排有工人操作的工位时,也应布置闭式传动装置,以保证操作安全。

5. 分配传动比

根据传动系统的组成方案,将传动系统的总传动比合理地分配至各级传动装置,是传动系统方案设计中的重要一环。若分配合理,达到了整体优化,则既可使各级传动机构尺寸协调和传动系统结构匀称紧凑,又可减小零件尺寸和机构重量,降低造价,还可以降低转动构件的圆周速度和等效转动惯量,从而减小动载,改善传动性能、减小传动误差。

传动比分配通常需考虑以下几点:

（1）每一级传动比应在各类传动机构的合理范围内选取。

（2）当齿轮传动链的传动比比较大时,通常采用多级齿轮传动当传动比大于8～10时,采用两级齿轮传动;当传动比大于30时,则采用两级以上的齿轮传动。

（3）当各中间轴有较高转速和较小扭矩时,轴及轴上的零件可取较小的尺寸,从而使整个结构较为紧凑为达此目的,在分配各级传动比时,若传动链为升速传动,则应在开始几级就增速,增速比逐渐减小;若传动链为降速传动,则应按传动比逐级增大的原则分配为好,且相邻两级传动比之差值不要太大。对于以提高传动精度、减小回程误差为主的降速齿轮传动链设计时,从输入端到输出端的各级传动比应按"前小后大"的原则来选取,且最末两级传动比应尽可能大,同时应提高齿轮的制造精度,这样可减小齿轮固有误差、安装误差和回转误差对输出轴运动精度的影响。

（5）对于负载变化的齿轮传动装置,各级传动比应尽可能采用不可约的分数,以避免同时啮合。此外,相啮合两轮的齿数最好为质数。

（6）对于传动比很大的传动链，应考虑将周转轮系与定轴轮系或其他类型的传动结合使用。

（7）在考虑传动比分配时，还应注意使各传动件之间、传动件与机架之间不要干涉、碰撞。例如，带传动中若传动比选得过大，大带轮直径大于减速器中心轴高度时，则大带轮会与机座碰撞。

（8）设计减速器时还应考虑到润滑问题。为使各级传动中的大齿轮都能浸入油池、且深度大致相同，各级大齿轮直径应接近，高速级传动比应大于低速级。

由于考虑问题的出发点不同，会有不同的传动比分配方案。设计者应根据具体要求和条件，综合运用以上原则进行设计。

6. 确定传动装置的主要参数

确定各级传动机构的基本参数和主要几何尺寸，计算传动系统的各项运动学和动力学参数，如各轴的转速、功率和转矩等。为各级传动机构的结构设计、强度计算和传动系统方案评价提供依据和指标。

17.2 机械传动系统设计工程应用实例分析

1. 立盘式过滤机传动系统改造方案

（1）问题的提出。图 17-6 为某铝厂立盘过滤机主传动系统图，其中电动机转速为 960 r/min，主轴由蜗轮带动，并由尼龙轴瓦支撑，其转速为 1.8 r/min。蜗杆传动主要参数为：模数 $m=12.5$，蜗轮齿数 $Z_2=100$，蜗杆头数 $Z_1=2$，直径系数 $q=8.96$。在使用中发现，由于主轴径向载荷较大，主轴轴瓦磨损较快，且蜗杆传

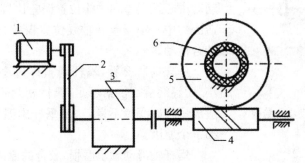

图 17-6　立盘过滤机主传动系统

1—电动机　2—V 带传动　3—定轴轮系　4—蜗杆　5—蜗轮　6—轴套

动常出现阻力过大而发热情况，导致电动机过载。问：该传动系统设计是否合理？如不合理应如何改进？试提出改进方案。

（2）问题分析。造成蜗杆副温升高的原因分析如下：

由已知得蜗杆的螺旋升角

$$\lambda = \arctan \frac{Z_1}{q} = \arctan \frac{2}{8.96} = 12.583°$$

按蜗轮转速 $n_2 = 1.8\,\text{r/min}$ 计,蜗杆转速为

$$n_1 = n_2 \times \frac{Z_2}{Z_1} = 1.8 \times \frac{100}{2}\text{r/min} = 90\,\text{r/min}$$

蜗杆的线速度为

$$V_1 = \frac{\pi d_1 n_1}{60 \times 1\,000} = \frac{\pi \times 12.5 \times 8.96 \times 90}{60 \times 1\,000}\text{m/s} = 0.53\,\text{m/s}$$

蜗杆副滑动速度为

$$V_2 = \frac{V_1}{\cos\lambda} = \frac{0.53}{\cos 12.583°}\text{m/s} = 0.54\,\text{m/s}$$

由此可得蜗杆副当量摩擦角 $\rho_v = 3°10'$,于是蜗杆副啮合效率为

$$\eta_1 = \frac{\tan\lambda}{\tan(\lambda + \rho_v)} = \frac{\tan 15.583°}{\tan(12.583 + 3.17)°} = 0.79$$

取搅油效率 $\eta_2 = 0.99$,滚动轴承效率 0.99,滑动轴承效率 0.98,则轴承总效率为 $\eta_3 = 0.98 \times 0.99$

传动总效率为

$$\eta = \eta_1 \eta_2 \eta_3 = 0.79 \times 0.99 \times 0.98 \times 0.99 = 0.76$$

蜗杆副散热面积应为

$$A = \frac{1\,000(1-\eta)P}{K_t(t_1 - t_0)} = \frac{1\,000(1-0.76) \times 15}{12 \times (80-30)}\text{m}^2 = 6\text{m}^2$$

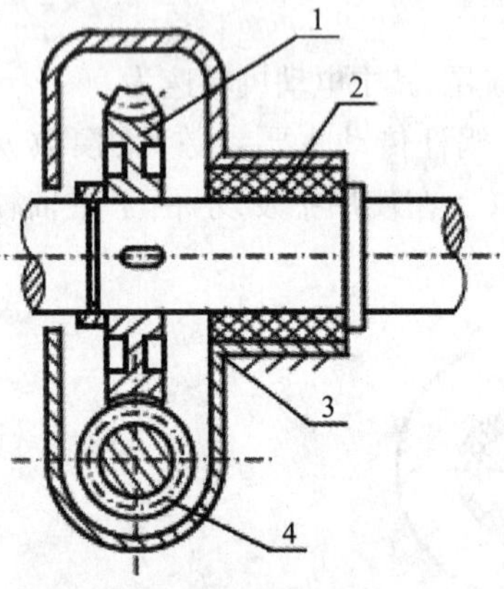

图 17-7 蜗杆传动支承结构
1—蜗轮 2—尼龙轴瓦
3—箱体 4—蜗杆

而实际散热面积仅为 1.92m^2,散热面积不足是蜗杆副温升过高的主要原因。

蜗杆副的支撑结构见图 17-7,蜗轮箱既支承蜗杆,同时又是过滤机立盘组主轴的滑动轴承支座,当该轴承出现磨损后,主轴将向蜗杆偏移,使蜗杆副中心距减小,蜗杆传动对中心距误差和轴线位置误差比较敏感,以上诸多因素造成的中心距误差和轴线位置误差自然影响蜗杆的正常啮合传动。

从现场情况看,蜗杆副箱体过小不仅使散热面积减小,而且润滑剂供给不足,箱体密封不严,常有碱液进入,造成蜗杆副润滑不良,这是蜗杆副温升过高,磨损严重的第三个原因。

蜗杆轴滑动轴承磨损、胶合的原因分析如下:

蜗杆轴支承方式采用了一对滚动轴承和一对滑动轴承支承的两对轴承支承方式,这对轴承座和轴的同轴度要求非常高,而箱体密封条件差造成轴承的磨损,使轴承之间的同轴度很难保证,从而使轴瓦应力集中严重。轴瓦磨损后,磨粒进入轴瓦内进一步加大磨损速度和摩擦阻力,造成了电动机过载。

立盘式过滤机传动系统改造方案如下:过滤机传动系统改造方案简图见图 17-8。

用一对开式渐开线直齿圆柱齿轮传动代替原蜗杆传动,利用渐开线齿廓的可分性,能够适应主轴的中心距和中心线误差,满足传动的要求,经设计,齿轮分度圆半径

$$r_1 = 144$$

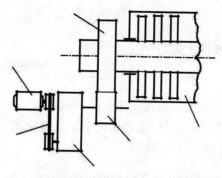

图 17-8　立盘过滤机传动系统改造方案
1—电动机　2—V带　3—减速装置　4—小齿轮　5—大齿轮　6—立盘主机

基圆半径

$$r_{b1} = 135.32$$

大齿轮分度圆半径

$$r_2 = 632$$

中心距

$$a = 776$$

齿顶圆半径

$$r_{a2} = 648$$

设大齿轮齿顶啮合点对应小齿轮半径为 r_{k1}，则

$$r_{k1} = \sqrt{r_{a2}^2 + a^2 - 2r_{a2}a\cos(\alpha_{a2} - \alpha)}$$

式中：

$$\alpha_{a2} = \arccos\frac{r_{b2}}{r_{a2}} = \arccos\frac{593.89}{648} = 22.58°$$

$$\alpha = 20°$$

由此可得：

$$r_{k1} = 135.46 \approx r_{b1}$$

于是最大滑动速度 V_{smax} 可简化为

$$V_{smax} \approx \omega_2 r_{a2}\sin\alpha_{a2} \approx 0.259\omega_2$$

大齿轮线速度为 $V_2 = r_2\omega_2 = 0.632\omega_2$

滑动速度与圆周速度之比为

$$\frac{V_{smax}}{V_2} = 0.41$$

因为

$$\omega_2 = \frac{n_2 \times 2\pi}{60} = \frac{1.8 \times 2\pi}{60} = 0.1885(\text{rad/s})$$

故有

$$V_{smax} = 0.259\omega_2 = 0.259 \times 0.1885 = 0.049(\text{m/s})$$

再看原蜗轮滑动速度，仍按 $n_2 = 1.8$ r/min 计算蜗轮线速度为：

$$V_2 = \frac{2\pi n_2 \times r_2}{60 \times 1000} = \frac{2\pi \times 1.8 \times 625}{60 \times 1000} \approx 1.2(\text{m/s})$$

蜗轮滑动速度与线速度的比值为

$$\frac{V_s}{V_2} = 4.58$$

可见改造后齿轮的滑动速度仅为圆周速度的40%左右,而原蜗杆副的滑动速度为蜗轮圆周速度的4.58倍。齿轮的滑动速度仅是原蜗轮滑动速度的9%。从而大大提高了传动效率,减小了磨损量,提高使用寿命,节省了能源。

2. 自动三轴钻床传动路线的选择及机构顺序的安排

(1) 传动路线的选择。半自动钻床需要完成两个工艺动作:一是3个钻头同时同速进行钻削运动,二是工件垂直向上的进给运动,因此需要两个执行机构。由于两路传动的功率都不大且均需减速,故可采用一个原动机,并共用第一级减速,然后再分路传动,即采用如图17-9所示的混合式传动路线。

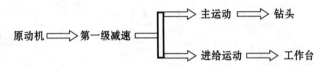

图17-9 半自动钻床传动链

(2) 机构顺序的安排。半自动三轴钻床各运动链中机构的安排顺序如图17-10所示。半自动三轴钻床各运动链中机构简图如图17-11所示。

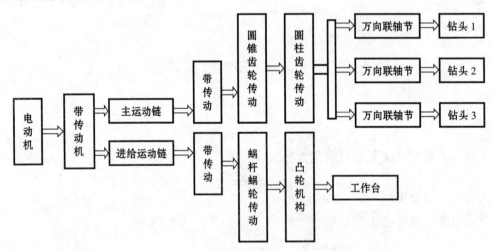

图17-10 半自动三轴钻床各运动链中机构的安排顺序

在机构的排列顺序上,首先,考虑将减速机构安排在运动链的前端,将变换运动形式的机构安排在运动链的末端;其次,考虑减速机构中有一定的传递距离,可选用带传动机构。此外,为了改变传动方向,可选用蜗杆蜗轮机构和圆锥齿轮机构。根据运动链中机构排列的原则,带传动机构应安排在高速轴;为防止圆锥齿轮尺寸过大难于加工,应将圆锥齿轮机构安排在圆柱齿轮机构之前。在主运动链中,为使3个钻头同时同速转动完成切削运动,可选用3个相同的圆柱齿轮均布于同一圆周同时啮合传动,3个从动齿轮轴通过3个相同的双万向联轴器的中

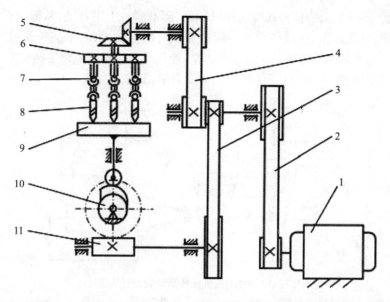

图 17-11　三轴钻床各运动链中机构简图

1—电动机　2—V 带传动 1　3—V 带传动 2　4—V 带传动 3　5—圆锥齿轮机构　6—圆柱齿轮机构
7—万向联轴节　8—钻头　9—工作台　10—凸轮机构　11—蜗杆传动机构

间轴,分别带动 3 个钻头杆。在进给运动链中,将蜗杆蜗轮机构安排在带传动机构之后,以同时完成减速和改变传动方向的双重功能;蜗轮与凸轮同轴,其间安装一离合器。当离合器合上时,蜗轮带动凸轮机构完成工作台的升降动作。

3. 启闭机机械传动装置设计方案分析

水工建筑中控制水位、调节流量、放运船只和排除泥沙等工作是通过启闭放水口闸门来控制的,用来开启和关闭放水口闸门的传动装置称之为启闭机。

现需设计启闭机的启闭力为 2×10^5 N,启门速度为 2.1m/min,启门高度 13 m。初步提出两种传动方案。

(1)方案一。如图 17-12 所示为螺杆式启闭机传动方案,传动路线为电动机→带传动→蜗杆传动→螺旋传动→闸门。图中螺母固联在蜗轮孔内,由蜗轮带动作旋转运动而不作轴向

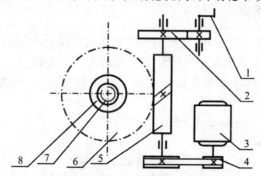

图 17-12　启闭机机械传动装置设计方案一

1—手柄　2—齿轮传动　3—电动机　4—带传动　5—蜗杆　6—蜗轮　7—螺杆　8—螺母

运动,螺杆固联于闸门,由蜗杆传动带动螺母转动,驱动螺杆上下移动,从而提升或关闭闸门。为了在无电源时也能操作,在蜗杆的另一端设置了齿轮传动,可由手柄摇动齿轮带动蜗杆转动,从而由人工实现对闸门的操作。应注意的是,使用电动机时必须将手柄脱离,以保证安全。

(2) 方案二。如图 17-13 所示为卷扬式启闭方案,其传动路线为

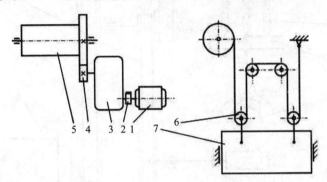

图 17-13　启闭机机械传动装置设计方案二

1—电动机　2—联轴器、制动器　3—齿轮减速器　4—开式齿轮　5—卷筒　6—滑轮组　7—闸门

电动机→齿轮减速器→开式齿轮→卷筒→钢丝绳滑轮组→闸门。下面分别对两种方案进行分析。方案一各级传动型式选择合理,传动路线先后顺序安排得当,而且螺旋传动和蜗杆传动都具有自锁作用,可防止闸门因自重而下落,安全可靠。该方案具有构造简单、结构紧凑、工作可靠、管理维护方便、价格低廉等优点。该方案的主要缺点是启闭行程短,达不到 13 m 的要求;启闭速度较慢,启闭力较小,多用于中小平面闸门(启闭力在 1.5×10^5 N 以下,启闭速度在 1 m/min 以下),且螺杆容易产生由于安装精度低或关闭操作时施加压力过大而造成的弯曲,从而影响闸门的启闭。

方案二由于传动比大,又可通过滑轮组进行倍率放大,因而启门力较大,行程也很大。钢丝绳的受力方向调节灵活,使闸门与启闭机的配合具有较大的灵活性。适用于启闭速度较快,经常启闭的闸门,不仅可用于平面闸门,而且可用于弧形闸门。该方案的缺点是:由于传动系统没有自锁,需要安装工作可靠的制动装置。若闸门在启闭过程中途停留,必须依靠制动或锁定,否则容易因自重而坠落,不够安全。钢丝绳易生锈,维护不便。

经比较分析,方案二比较合适。目前卷扬式启闭机已在各种场合得到广泛应用。

4. 绕线机传动方案的设计

已知电动机转速 $n_d = 960$ r/min,绕线轴有效长度 $L = 125$ mm,线径 $d = 1$ mm,要求每分钟绕线 4 层,且布线均匀。要求拟定机械传动方案并计算传动参数。

(1) 运动分析。用一台电动机带动绕线和布线两种运动,要求两种运动准确协调配合。传动过程为

电动机→传动系统 $\begin{cases} \text{绕线运动:线轴匀速回转} \\ \\ \text{布线运动:导线匀速往复运动} \end{cases}$

绕线轴转速计算:每绕一层线线轴需要转数为

$$\frac{L}{d} = \frac{125}{1} \text{r} = 125 \text{r}$$

故线轴转速为

$$n_3 = 125 \times 4\,\mathrm{r/min} = 500\,\mathrm{r/min}$$

布线速度:每分钟 4 层,即布线往复运动速度为 $n_6 = 2$ 次/min

电动机至线轴之间的传动比计算:

$$i_{d3} = \frac{n_d}{n_3} = \frac{960}{500} = 1.92$$

电动机至布线杆之间的传动比计算:

$$i_{d6} = \frac{n_d}{n_6} = \frac{960}{2} = 480$$

(2) 拟定机械传动方案。因电动机至线轴之间的传动比不大,可用 V 带传动、齿轮传动、链传动或摩擦轮传动等。考虑到紧凑,用一级齿轮传动。

电动机与布线机构之间传动比较大,又要求均匀布线,因此无法用杆机构来完成,拟选用摆动从动件凸轮机构。采用齿轮与蜗杆传动组合完成大传动比减速。传动方案如图 17-14 所示。

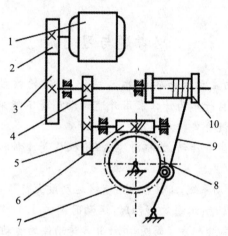

图 17-14　绕线机传动方案

1—电动机　2—齿轮 1　3—齿轮 2　4—齿轮 3　5—齿轮 4　6—蜗杆　7—蜗轮
8—凸轮基圆　9—绕线杆　10—绕线轴

(3) 传动系统参数计算。

第一级齿轮传动比 $i_{12} = i_{d3} = 1.92$,取 $z_1 = 25$,$z_2 = 25 \times 1.92 = 48$;

取第二级齿轮传动比 $i_{34} = 4$,$z_3 = 20$,$z_4 = 20 \times 4 = 80$;

则蜗杆传动比为

$$i_{56} = \frac{i_{d6}}{i_{12}i_{34}} = \frac{480}{1.92 \times 4} = 62.5$$

取 $z_5 = 2$,$z_6 = 2 \times 62.5 = 125$(功率很小,可以适用)。

(4) 凸轮轮廓曲线设计(从略)。

本章小结

机械传动装置是大多数机器的主要组成部分。在汽车中,制造传动部件所花费的劳动量约占制造整个汽车的 50%，而在金屑切削机床中则占 60% 以上。机械传动分为啮合传动和摩擦传动。啮合传动包括齿轮传动、蜗杆传动、螺旋传动、链传动和同步带传动等；摩擦传动包括摩擦轮传动、带传动和绳传动等。摩擦传动的外廓尺寸较大。由于打滑和弹性滑动等原因，其传动比不能保持恒定。但它的回转体要远比啮合传动简单，即使精度要求很高，制造也不困难；摩擦传动运行平稳、无噪声。大部分摩擦传动（自动压紧的除外）都能起安全作用，可借助接触零件的打滑来限制传递的最大转矩。摩擦传动的另一优点是易于实现无级调速，无级变速装置中以摩擦传动作基础很多。

啮合传动具有外廓尺寸小、效率高（蜗杆传动除外）、传动比恒定、功率范围广等优点。因为靠金属元件间的齿的啮合来传递动力，所以即使有很小的制造误差及齿廓变形，在高速时也将引起冲击和噪声，这是啮合传动的主要缺点。提高制造精度和改用螺旋齿可以减轻这一缺点，但不能完全消除。

在进行机械传动方案设计时，要综合考虑各种因素，充分发挥各种机械传动的优点，使机械传动方案设计取得优化。

思考题与习题

17-1 自行车链传动的主动大链轮齿数 $z_1 = 48$，小链轮齿数 $z_2 = 18$，车轮直径为 28in（$D = 711.2\,\mathrm{mm}$）。试问：①自行车为什么采用升速传动？能不能采用带传动？为什么？②自行车走 1 公里时，车轮和大链轮要转几圈？

17-2 螺旋传动、齿轮齿条传动、曲柄滑块、凸轮机构等 4 种机构都能把回转运动变为移动，各有什么特点？

17-3 设计一工作台传动系统，工作台左右直线运动最大行程各为 200\,mm，运动频率为 20 次/min，每次移动距离为 0.15\,mm，每次移动时，运动时间占 1/4，停止时间占 3/4，电动机转速 1420\,r/min，试拟定传动方案，绘制方案简图，并计算各传动件的运动参数，不必进行强度计算。

17-4 立式搅拌机由电动机远距离传动如题 17-4 图，连续工作，搅拌机转速 $n = 30\,\mathrm{r/min}$，电动机转速 $n_d = 1440\,\mathrm{r/min}$，功率 $P = 5.5\,\mathrm{kW}$。试设计传动方案，画出传动简图，分配各级传动比。

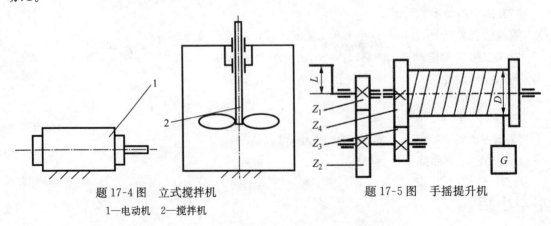

题 17-4 图　立式搅拌机
1—电动机　2—搅拌机

题 17-5 图　手摇提升机

题 17-4 图　立式搅拌机　　　　　　题 17-5 图　手摇提升机

17-5 如17-5图所示为手摇提升装置,采用二级开式齿轮传动,两对齿轮中心距和齿轮模数均相等,且 $z_1=z_3$,$z_2=z_4$,卷筒直径 $D=500$ mm,提升重物 $G=3\,000$ N,手柄力臂长度 $L=280$ mm,加于手柄的最大作用力 $F=150$ N,设传动的总效率 $\eta=0.78$,试确定:①齿轮传动的总传动比。②各级齿轮的传动比及各齿轮的齿数。

17-6 如题17-6图所示为一家用手动面条机。若将该面条机改为电动面条机,其传动系统应如何设计才能使体积最小?已知压面轴1转速为 60 r/min,切面轴2和3的转速均为 80 r/min。试问:

① 采用何种机械传动才能使改装后的电动面条机体积最小?成本最低?

② 如何实现各输入轴的独立运动?

③ 如何选择电动机?

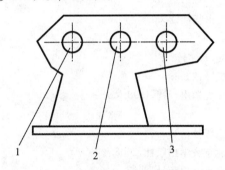

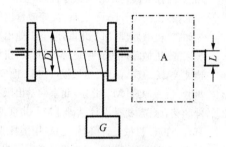

题 17-6 图 手摇面条机　　　　　题 17-7 图 手动简易起重机

1—压面皮输入轴　2—切宽面条输入轴　3—切窄面条输入轴

17-7 设计手动简易起重机机械传动系统 A。用手摇动手柄,通过传动系统 A 带动卷筒转动,重物通过绕在卷筒上的钢丝绳悬挂于卷筒上,重物重量 $G=20$ kN,卷筒直径 $D=250$ mm,手柄长度 $L=250$ mm,手臂最大推力 $F=150$ N。传动系统中无制动装置。试画出传动系统简图,说明各级传动的运动参数(如传动比、齿轮齿数等)。

参 考 文 献

[1] 黄泽森,侯长来. 机械设计基础[M]. 北京:北京大学出版社,2008.
[2] 邱宣怀. 机械设计[M]. 3版. 北京:高等教育出版社,2003.
[3] 孙恒,陈作模. 机械原理[M]. 5版. 北京:高等教育出版社,1996.
[4] 濮良贵,纪名刚. 机械设计[M]. 6版. 北京:高等教育出版社,1996.
[5] 余梦生,吴宗泽. 机械零部件手册·造型设计指南[M]. 北京:机械工业出版社,1996.
[6] 吕慧瑛. 机械设计[M]. 南京:东南大学出版社,2001.
[7] 郑志祥,徐锦康,张磊. 机械零件[M]. 北京:高等教育出版社,2000.
[8] 徐锦康. 机械设计[M]. 北京:高等教育出版社,2002.
[9] 朱如鹏. 机械原理[M]. 北京:航空工业出版社,1998.
[10] 吴宗泽. 机械零件设计手册[M]. 北京:机械工业出版社,2003.
[11] 诸文俊,陈晓南,陈刚. 机械设计[M]. 西安:西安交通大学出版社,1998.
[12] 禹营. 机械原理[M]. 北京:北京大学出版社,2005.
[13] 邓昭铭,张莹. 机械设计基础.[M]. 北京:高等教育出版社,1999.
[14] 郑江,许瑛. 机械设计[M]. 北京:中国林业出版社,北京大学出版社,2006.
[15] 王良才,张文信,黄阳. 机械设计基础[M]. 北京:北京大学出版社,2007.
[16] 申永胜. 机械原理教程[M]. 北京:清华大学出版社,1999.
[17] 范思冲. 机械基础[M]. 北京:机械工业出版社,2000.
[18] 邹慧君. 机械运动方案设计手册[M]. 上海:上海交通大学出版社,1994.
[19] 吕慧瑛. 机械设计基础学习与训练指导[M]. 北京:清华大学出版社,2002.
[20] 机械设计手册编委会. 机械设计手册[M]. 北京:机械工业出版社,2005.
[21] 成大先. 机械设计手册[M]. 4版. 北京:化学工业出版社,2002.
[22] 徐灏. 机械设计手册[M]. 2版. 北京:机械工业出版社,2003.
[23] 全国机器轴与附件标准化技术委员会. 花键与键联结卷[M]. 2版. 北京:中国标准出版社,2005.
[24] 全国齿轮标准化技术委员会. 齿轮与齿轮传动卷(上、下)[M]. 北京:中国标准出版社,2004.
[25] 全国滚动轴承标准化技术委员会. 滚动轴承用材料和热处理卷[M]. 北京:中国标准出版社,2004.
[26] 全国滚动轴承标准化技术委员会. 滚动轴承[M]. 2版. 北京:中国标准出版社,2004.
[27] 全国螺纹标准化技术委员会. 螺纹卷[M]. 3版. 北京:中国标准出版社,2005.
[28] 全国链传动标准化技术委员会. 链传动卷[M]. 北京:中国标准出版社,2002.
[29] 张策. 机械原理与机械设计[M]. 北京:机械工业出版社,2004.
[30] 徐春燕. 机械设计基础[M]. 北京:北京理工大学出版社,2006.